高职高专教育"十三五"规划建设教材

饲料添加剂

方希修　陈　明　孙攀峰　主编

中国农业大学出版社

·北京·

内 容 简 介

　　本书以项目形式对营养性添加剂、非营养性添加剂、预混料的载体与稀释剂、添加剂预混料产品设计、添加剂预混料的加工工艺和设备、添加剂预混料的质量控制与管理、饲料添加剂与畜产品安全及环境保护、新型饲料添加剂资源的开发利用等进行了详细论述，并配有职业能力和职业资格测试，内容体现了科学性、先进性、实用性和针对性。

　　本书可供全国高等农业院校动物科学专业、畜牧兽医专业、饲料加工专业、药学专业、水产养殖专业师生和科研单位、饲料与饲料添加剂加工厂、兽药生产企业、饲料添加剂检测部门及基层畜牧饲料科技人员在教学与工作中参考应用，是行业最佳培训教材。

图书在版编目(CIP)数据

饲料添加剂/方希修,陈明,孙攀峰主编.—北京:中国农业大学出版社,2015.5
ISBN 978-7-5655-1198-1

Ⅰ.①饲…　Ⅱ.①方…②陈…③孙…　Ⅲ.①饲料添加剂　Ⅳ.①S816.7

中国版本图书馆 CIP 数据核字(2015)第 050036 号

书　　名	饲料添加剂
作　　者	方希修　陈　明　孙攀峰　主编

策划编辑	康昊婷　伍　斌	责任编辑	田树君
封面设计	郑　川	责任校对	王晓凤
出版发行	中国农业大学出版社		
社　　址	北京市海淀区圆明园西路 2 号	邮政编码	100193
电　　话	发行部 010-62731190,2620	读者服务部	010-62732336
	编辑部 010-62732617,2618	出　版　部	010-62733440
网　　址	http://www.cau.edu.cn/caup	e-mail	cbsszs @ cau.edu.cn
经　　销	新华书店		
印　　刷	涿州市星河印刷有限公司		
版　　次	2015 年 5 月第 1 版　　2015 年 5 月第 1 次印刷		
规　　格	787×1092　　16 开本　　23.75 印张　　590 千字		
定　　价	49.00 元		

图书如有质量问题本社发行部负责调换

P 前 言
PREFACE

饲料添加剂是畜禽配（混合）合饲料的核心，是决定配（混）合饲料质量和效果的最重要和最关键的因素，对饲料工业的发展起着推动作用。饲料工业中，使用饲料添加剂不仅改善了饲料品质，而且使其达到色、香、味、形和组织结构俱佳，增强了饲料营养成分，延长了饲料保质期，还便于改进饲料加工工艺，提高饲料生产率、饲料利用率，从而提高畜禽生产性能和经济效益等。饲料添加剂是现代饲料工业必然使用的原料，对强化基础饲料营养价值，提高动物生产性能，保证动物健康，节省饲料成本，改善畜产品品质等有明显的效果。

随着我国菜篮子工程的实施，人们对畜产品提出了越来越高的要求：一方面要求畜产品营养丰富；另一方面要求无毒无害，绿色环保。因此，生产中应科学地生产与使用添加剂，使用国家有关法规确定的饲料添加剂，同时加强添加剂的质量监测、控制和管理。饲料添加剂分析是饲料工业生产中的重要环节，是保证饲料添加剂原料和各种产品质量的重要手段。通过对添加剂进行定性或定量测定，以对饲料添加剂的品质做出正确的、全面的评定。

饲料添加剂是饲料与动物营养专业的主干专业课。通过本门课的理论学习和实践锻炼，可以掌握饲料添加剂与分析检测技术的具体操作技能和整体驾驭专业知识的能力，培养出从事饲料添加剂生产、分析检测、生产组织管理、质量控制的高技术技能型人才。本书以项目形式对营养性添加剂、非营养性添加剂、预混料的载体与稀释剂、添加剂预混料产品设计、饲料添加剂预混料的生产、饲料添加剂预混料的质量控制与管理、饲料添加剂与畜产品的安全与环境保护、饲料添加剂的分析与检测技术以及饲料添加剂法规等进行了详细论述，并配有职业能力和职业资格测试。本书内容体现了科学性、先进性、实用性和针对性。

本书是由教学、科研和生产第一线技术人员编写，编写组具有"产学研"结合，职称高，学历高，教学、科研与生产经验丰富的特点。编者们总结了近年来饲料加工工艺与设备科研成果，收集了国内外相关的著作、杂志、会议材料、论文集、学位论文、饲料添加剂企业的技术资料、饲料添加剂加工企业生产及管理方面的经验、教师教学科研成果等。本教材可供全国高等农业院校动物科学专业、畜牧兽医专业、饲料加工专业、药学专业、水产养殖专业师生和科研单位、饲料与饲料添加剂加工厂、兽药生产企业、饲料添加剂检测部门及基层畜牧饲料科技人员在教学与工作中参考应用，也是行业最佳培训教材。我们相信，本书的出版将对广大读者深入了解和应用饲料添加剂有很大帮助，对于树立饲料安全生产意识、掌握安全检验的基本知识与技术具有重要意义。

由于编者业务水平有限，难免存在缺欠，恳请读者在教学和生产实践中，提出批评意见，以便更正。

编 者
2014 年 6 月 28 日

C目 录
ONTENTS

饲料添加剂

绪　论

　　饲料添加剂是现代饲料工业必然使用的原料，对强化基础饲料营养价值，提高动物生产性能，保证动物健康，节省饲料成本，改善畜产品品质等有明显的效果。随着动物营养学、生理学、饲养学、生物化学、生物工程学、药物学、微生物学等多门学科的发展，现在的饲料添加剂已融合了多门学科和多种新技术，其功能和应用范围也得到了进一步的拓展。

一、饲料添加剂的概念

（一）饲料添加剂

饲料添加剂是指在饲料加工、制作、使用过程中添加的少量或者微量物质，在饲料中用量很少但作用显著。饲料添加剂包括营养性饲料添加剂、一般饲料添加剂和药物饲料添加剂。

饲料添加剂是现代饲料工业使用的原料，对强化基础饲料营养价值，提高动物生产性能，保证动物健康，节省饲料成本，改善畜产品品质等方面有明显的效果。在配合饲料中添加饲料添加剂，其目的在于强化日粮的全价营养性，增强动物对疾病的抵抗力，促进动物生长，减少饲料贮存期的养分损失等，最终提高饲料利用率，增加产品产量和改善产品质量，提高畜禽生产的经济效益。

饲料添加剂的使用剂量通常以 mg/kg（百万分之一）计，部分添加剂按百分含量添加。

（二）营养性饲料添加剂

营养性饲料添加剂是指为补充饲料营养成分而掺入饲料中的少量或者微量物质，包括饲料级氨基酸、维生素、矿物质微量元素、酶制剂、非蛋白氮等。

（三）一般饲料添加剂

一般饲料添加剂是指为保证或者改善饲料品质、提高饲料利用率而掺入饲料中的少量或者微量物质。

（四）药物饲料添加剂

药物饲料添加剂是指为预防、治疗动物疾病而掺入载体或者稀释剂的兽药的预混合物质。

二、饲料添加剂的基本条件

安全、可靠、经济、有效与使用方便是研究、开发饲料添加剂必须遵循的基本原则，作为饲料添加剂必须满足的基本条件如下：

1. 安全

长期使用或在添加剂使用期内不会对动物产生急、慢性毒害作用及其他不良影响；不会导致种畜生殖生理的恶变或对其胎儿造成不良影响；在畜产品中无蓄积，或残留量在安全标准之内，其残留及代谢产物不影响畜产品的质量及畜产品消费者——人的健康；不得违反国家有关饲料、食品法规定的限用、禁用等规定。

2. 有效

在畜禽生产中使用，有确实的饲养效果和经济效益。

3. 稳定

符合饲料加工生产的要求，在饲料的加工与存储中有良好的稳定性，与常规饲料组分无配伍禁忌，生物学效价好。

4. 适口性好

在饲料中添加使用,不影响畜禽对饲料的采食。

5. 对环境无不良影响

经畜禽消化代谢、排出机体后,对植物、微生物和土壤等环境无有害作用。

三、饲料添加剂的分类

目前我国添加剂的分类方法很多,按饲料添加剂的作用和性质,将其分为营养性添加剂和非营养性添加剂。

(一)营养性添加剂

营养性添加剂指用于补充天然饲料中缺少的、动物营养必需的成分和平衡饲料成分的添加剂。营养性添加剂是最常用且最重要的一类添加剂,包括三大类别:氨基酸类、维生素类、矿物质元素类。

(二)非营养性添加剂

非营养性添加剂指为保证或改善饲料品质、促进动物生长、保障动物健康、提高饲料利用率而掺入饲料中的少量和微量的添加剂。

1. 抑菌促生长剂类

抑菌促生长剂类指促进动物生长、提高增重速度和饲料转化率、增进动物健康、防治动物疾病的一类添加剂,包括抗生素、酶制剂、微生态制剂、抗菌促生长剂、中草药类。

2. 驱虫保健剂

驱虫保健剂指为了维持动物机体内环境的正常平衡、保证动物健康生长发育,并能预防和治疗各种寄生虫疾病的一类添加剂,包括抗球虫剂和驱蠕虫剂。

3. 改善饲料质量类

改善饲料质量类主要有着色剂类、增香剂类、调味剂类、乳化和稳定剂类、抗结块剂类、黏结剂类、防霉剂类、抗氧化剂类等。

4. 饲料保存剂

饲料保存剂指在饲料的贮存过程中为防止饲料品质的下降(如防止饲料养分被氧化、腐败、霉烂等)而在饲料中添加的一类物质,包括抗氧化剂、防霉剂、青贮添加剂和粗饲料调制剂。

(三)拟增加的饲料添加剂新品种

全国饲料评审委员会办公室在汇总行业意见的基础上,组织专家进行了充分讨论,起草了修订说明,并编制了 2010 版 5 目录 6 征求意见稿。该目录将添加 42 种新饲料添加剂,拟删除缩二脲和叶黄素两种添加剂。缩二脲的禁用,与其生产工艺易产生三聚氰胺有关。

1. 拟增加的品种

(1)维生素类。25-羟基维生素 D_3,适用于猪、家禽。

(2)矿物元素及其络(螯)合物类。葡萄糖酸钙,适用于养殖动物。

(3)酶制剂类。角蛋白酶:产自地衣芽孢杆菌;淀粉酶:产自大麦芽;纤维素酶:产自黑曲霉、孤独腐质霉、绳状青霉 * (其中绳状青霉加 * 号);β-葡聚糖酶:产自解淀粉芽孢杆菌、棘孢曲霉;葡萄糖氧化酶:产自黑曲霉;脂肪酶:产自米曲霉;β-甘露聚糖酶:产自黑曲霉、长柄木霉;果胶酶:产自棘孢曲霉;木聚糖酶:产自黑曲霉。

(4)微生物类。婴儿双歧杆菌、长双歧杆菌、短双歧杆菌、青春双歧杆菌、嗜热链球菌、罗伊氏乳杆菌、动物双歧杆菌、黑曲霉、米曲霉、迟缓芽孢杆菌、短小芽孢杆菌、纤维二糖乳杆菌、发酵乳杆菌,适用于养殖动物;布氏乳杆菌、产丙酸杆菌,适用于牛饲料和青贮饲料;副干酪乳杆菌,适用于青贮饲料。

(5)非蛋白氮类和酸度调节剂类。氯化铵,适用于反刍动物。

(6)抗氧化剂类。特丁基对苯二酚,适用于养殖动物。

(7)着色剂类。柠檬黄、日落黄、苋菜红、诱惑红、胭脂红、亮蓝、靛蓝、二氧化钛,适用于宠物;红法夫酵母,适用于水产动物。

(8)多糖和寡糖类。麦芽糊精,适用于养殖动物。

(9)防霉剂、防腐剂和酸度调节剂类。焦磷酸钠、三聚磷酸钠、六偏磷酸钠,适用于宠物。

2.拟删除的品种

缩二脲、叶黄素。

3.拟修订的品种

将碳酸钴适用范围修订为反刍动物、猫、犬;将天然叶黄素(源自万寿菊)的适用范围修订为家禽、水产养殖动物;删除淀粉酶生产菌种长柄木霉、米曲霉所带＊号;删除蛋白酶生产菌种长柄木霉所带＊号;支链淀粉酶属于淀粉酶范畴,将前者并入后者;删除地衣芽孢杆菌、两歧双歧杆菌、乳酸乳杆菌、戊糖片球菌所带＊号;保加利亚乳杆菌的适用范围修订为养殖动物;将半胱胺盐酸盐含量规格修改为≤27%。

4.保护期满拟纳入的饲料添加剂新品种

苜蓿提取物(有效成分为苜蓿多糖、苜蓿黄酮、苜蓿皂苷);碱式氯化铜;凝结芽孢杆菌;杜仲叶提取物(有效成分为绿原酸、杜仲多糖、杜仲黄酮);侧孢芽孢杆菌;L-赖氨酸硫酸盐(产自乳糖发酵短杆菌);淫羊藿提取物(有效成分为淫羊藿苷);壳寡糖。

5.拟纳入的保护期内的饲料添加剂新品种

包括2008版目录6发布后评审通过的新饲料添加剂,具体为:北京伟嘉人生物技术有限公司申请的藤茶黄酮,上海艾魁英生物科技有限公司申请的溶菌酶,杭州惠佳丰牧科技有限公司申请的丁酸梭菌,江西民和科技有限公司申请的苏氨酸锌螯合物。

四、饲料添加剂使用技术

(1)严格遵守国家的有关法律、法规和法令。

(2)选择合适的饲料添加剂。饲料添加剂种类很多,又具有不同的特点,因此应根据各种饲料添加剂的特性、动物类型、基础日粮特性等,选用适合的饲料添加剂,即缺什么加什么。

(3)切实掌握饲料添加剂的使用量、中毒量和致死量,注意使用期限,防止动物产生生理障碍和不良后果。

(4)饲料添加剂加到配合饲料中一定要混合均匀。

(5)准确掌握饲料添加剂之间的配伍禁忌,注意矿物质、维生素及其相互间的颉颃关系。

(6)饲料添加剂应贮存于干燥、低温及避光处。

一、添加剂预混料的意义及其概念

由于添加剂种类多,性质差异大,发挥作用的条件各不相同。同时各种饲料添加剂在配合饲料中的添加量很少,直接加入配合饲料难于混匀,部分动物可能摄入过多而出现中毒,而另一些动物可能根本吃不上。而且许多活性物质相互影响或受到其他因素的影响而降低其活性,故在配合时,对设备的生产性能和生产技术要求都很高,而这些设备和生产技术在中小型饲料厂通常是不具备的。为了简化配合饲料厂的工艺设备,提高生产效率,改善混合性能,满足中小型配合饲料厂的需要,保证微量组分的添加效果、安全性和配合饲料的质量,可将各种微量组分制成预混合饲料,从而克服上述问题,充分发挥添加剂的功效。如在预混料的生产过程中通过载体、稀释剂、抗氧化剂、黏结剂、防结块剂等保护剂和加工辅助剂的科学使用,利用混合技术可解决或改善各种添加剂的稳定性,与其他物料的相容性和混合特性,从而保证其在日粮中的活性和分布均匀;通过乳化剂的应用,改变饲料添加剂的溶解性,即将脂溶性物质改变为水溶性,或将水溶性改变为脂溶性,扩大饲料添加剂的应用范围和增加其使用的方便性。

1. 添加剂预混合饲料

添加剂预混合饲料是指以 2 种(类)或者 2 种(类)以上营养性饲料添加剂为主,与载体和(或)稀释剂按照一定比例配制的饲料,包括复合预混合饲料、微量元素预混合饲料和维生素预混合饲料。

2. 复合预混合饲料

复合预混合饲料是指以矿物质微量元素、维生素、氨基酸中任何 2 类或 2 类以上的营养性饲料添加剂为主,与其他饲料添加剂、载体和(或)稀释剂按一定比例配制的均匀混合物,其中营养性饲料添加剂的含量能够满足其适用动物特定生理阶段的基本营养需求,在配合饲料、精料补充料或动物饮用水中的添加量不低于 0.1% 且不高于 10%。

3. 微量元素预混合饲料

微量元素预混合饲料是指 2 种或 2 种以上矿物质微量元素与载体和(或)稀释剂按一定比例配制的均匀混合物,其中矿物质微量元素含量能够满足其适用动物特定生理阶段的微量元素需求,在配合饲料、精料补充料或动物饮用水中的添加量不低于 0.1% 且不高于 10%。

4. 维生素预混合饲料

维生素预混合饲料是指 2 种或 2 种以上维生素与载体和(或)稀释剂按一定比例配制的均匀混合物,其中维生素含量应当满足其适用动物特定生理阶段的维生素需求,在配合饲料、精料补充料或动物饮用水中的添加量不低于 0.01% 且不高于 10%。

二、添加剂预混料的分类

添加剂预混料的种类很多,为了生产上使用的方便,有必要对其进行分类。一般有下列

2 种分类方法：

(一)按活性成分组成种类分类

1. 高浓度单项预混料

高浓度单项预混料是指由一种饲料添加剂与适当比例的载体和（或）稀释剂混合配制成的均匀混合物，多是由药厂或化工厂直接生产的商品性预混料。

高浓度单项添加剂预混料产品中微量元素添加剂多以纯品出售，只是有的微量元素产品需进行某些前处理，如碘化钾的稳定性处理，微量元素硫酸盐的防止吸湿返潮、防结块等处理。日粮中添加量极少的碘、钴等单项添加剂，常用含量为 0.5%～2% 的预混料产品。由于硒的添加物属剧毒物质，一般不允许以纯品随便在市场上销售，而且在饲料中添加量很低，为了安全起见，要求必须以较低浓度的预混料形式出售，其含硒量一般低于 0.45%（<1% Na_2SeO_3）。美国 FDA 规定，必须制成含硒量低于 0.02% 的预混料。维生素、药物等因在饲料中用量甚微，尤其为了克服其稳定性、静电性、吸水性、流动性等问题，通常需添加一些稳定剂（如抗氧化剂等）、防结块剂、防吸水剂以及防粉尘、除静电、防分离等辅助剂进行稳定性处理，或加入一定载体或稀释剂制成不同浓度的预混料，一般其单项预混料含维生素或药物为 0.9%～1%，在日粮中的添加量为 0.01%～0.5% 的产品。有些稳定性较好的 B 族维生素（如维生素 B_2、烟酸等）也常以纯品出售。

2. 微量矿物质元素预混料

微量矿物质元素预混料是指由多种微量矿物质元素添加剂按一定的比例与适当比例的载体或稀释剂混合配制而成的均匀混合物。国外微量元素预混料一般制成较高浓度产品，通常以 0.05%～0.5% 的比例添加到配合饲料中。这类预混料中各种微量元素化合物占 50% 以上，载体或稀释剂占 50% 以下（多选择石灰石粉、碳酸钙作为载体或稀释剂），此外还有少量的稳定剂、防结块剂、矿物油等辅助剂。国内目前生产的微量元素预混料浓度较低，常包含有常量元素补充物，在配合饲料中的添加量一般为 0.5%～1%。

3. 维生素预混料

维生素预混料是指多种维生素添加剂按一定的比例与适当比例的载体或稀释剂混合配制而成的均匀混合物。常生产的有以下几类：

（1）高浓度的维生素 A、维生素 D 和维生素 A、维生素 D、维生素 E 微粒粉剂或微粒腔囊及其各种浓度的预混料。

（2）复合 B 族维生素。含有几种或全部 B 族维生素，但通常不含氯化胆碱。

（3）复合维生素。复合维生素或称多种维生素，含有多种或全部维生素。如我国市场上的畜禽用多种维生素，其在日粮中添加量为 0.01%～0.5% 的高浓度制剂，一般不含氯化胆碱和维生素 C。我国目前生产的畜禽用多种维生素预混料在日粮中添加量多为 0.02%～0.5% 的产品。

维生素预混料中一般都需添加抗氧化剂，以保证维生素的稳定性。即使某些原料中已经添加，在复合维生素预混料中也应添加，但最终日粮中各种来源的抗氧化剂总量不得超过限量（如乙氧基喹应小于 150 mg/kg）。幼龄动物复合维生素预混料中常配有预防用药物。

4. 复合预混合饲料

复合预混合饲料简称复合预混料，这种预混料除含有多种微量矿物质元素、维生素外，一般还含有氨基酸添加剂、保健促生长剂，甚至常量矿物质元素等成分，是由 2 类或 2 类以上添加剂组成的预混料。一般在日粮中的配比为1‰～5‰。市场上的超级浓缩料也属于复合预混料。

由于维生素易被破坏，生产综合性预混料时，通常需要超量添加一些易损失的维生素。复合预混料特点为组分较全、浓度稀、使用方便，但有些活性物易被破坏，从而降低活性，贮存时间不宜过长。由于添加量大，运输、贮存不方便，因此不宜过多生产这类预混料，主要是为那些工艺简单、设备较差、技术力量薄弱的小厂及自产自用的饲料加工厂生产。我国专业预混料厂常生产各种畜、禽复合性预混料，供各配合饲料厂生产配合饲料。随着我国配合饲料厂设备的逐步完善，以及设备性能的改进和技术力量的增强，应逐渐减少这类综合性预混料的生产，而增加浓度较高（日粮中添加量为0.05‰～1‰）预混料的生产。

（二）按使用对象分类

根据动物种类和生理阶段来分，可分为猪用预混料、禽用预混料、鱼用预混料等。按应用对象的不同生理阶段来分，可分为仔猪用、种猪用、生长猪用预混料等。

任务3　饲料添加剂的发展概况

一、饲料添加剂的发展历史

饲料添加剂的应用始于人们对一系列微量活性成分的发现及研究。1912年发现了维生素；20世纪40年代开始了对氨基酸的营养研究；50年代，对微量元素、维生素、氨基酸这些微量养分的营养功能和需要量进行了大量深入研究，同一时期对抗生素和激素的研究，使饲料添加剂得到了飞跃发展。以上这些研究成果均证明，在天然饲料中加入这些微量的营养性物质（微量元素、维生素、氨基酸）以及非营养性的抗生素、激素，可使动物生产潜力得到最大限度发挥，由此"饲料添加剂"的概念正式诞生了。到了60年代，随着维生素、氨基酸、抗生素等添加剂人工合成的成功以及养殖业向规模化，集约化发展，饲料添加剂得到了广泛应用，从而出现了饲料添加剂生产企业。70年代起，饲料添加剂在全世界范围应用推广，形成了独立的饲料添加剂工业，成为饲料工业中的重要及核心组成部分。80年代形成商品市场，饲料添加剂已成为配合饲料的常规组成之一，并进一步促进了配合饲料工业与饲养业的迅速发展。

50多年来，饲料添加剂的生产和需求量不断增加，饲料添加剂的种类和品种也在不断发展。到1979年，饲料添加剂的销售额已超过兽医临床药物的销售额，占世界动物用药的48%。1979年全世界饲料添加剂的销售额达25.5亿美元，1980年为27.4亿美元，1990年达到48亿美元。在新品种问世的同时，一些原有的添加剂品种在使用过程中也不断地被淘汰。饲料添加剂工业，通常是指加到饲料中的诸如氨基酸和维生素等动物营养产品。据生产商家估计，1997年全球动物营养市场大约为50亿美元，在这50亿美元销售额中，维生素和氨基酸产品占了所需添加剂的2/3。维生素占34%，包括维生素E、维生素A、维生素B_2、生物素、烟酸、右旋泛酸钙、维生素B_{12}、维生素D_3、维生素K_3和维生素C；氨基酸占32%，主要是蛋氨酸、赖氨酸、苏氨酸和色氨酸；其他占34%，包括抗氧化剂、酶、防腐剂、生长促进剂和青贮饲料添加剂。

饲料添加剂的主要生产商有瑞士 Roche 公司、德国 BASF 公司和法国 Rhone-Poulenc 公司。Roche 公司虽然只生产维生素，但却占市场的 1/4，位居首位。BASF 公司的经营范围是全方位的，即跨维生素和氨基酸的一体化。蛋氨酸生产商包括美国 Novus inetenational 和德国 Degccssa。

二、世界各国饲料添加剂的发展现状

世界各国使用饲料添加剂的数量和品种有很大差别。美国是世界上使用饲料添加剂最多的国家，共 273 种，尚有益生素、酶制剂、食欲促进剂、青贮添加剂、粗饲料调整剂、着色剂等不包括在内；日本允许使用的饲料添加剂 110 余种；加拿大允许使用的抗病促生长的饲料添加剂 51 种。各国饲料添加剂的生产规模也不尽相同。据资料统计，1990 年美国添加剂的产量为 650 万 t，欧盟 580 万 t。

20 世纪 40 年代末，人们发现了四环素对动物生长具有促进作用，从而开创了抗生素作为饲料添加剂的时代。目前动物饲料中广泛使用亚治疗剂量的抗生素作为饲料添加剂，促进动物生长及预防某些疾病的发生，对饲料工业及畜牧业的发展做出了很大的贡献。然而，由于抗生素在动物生产中的长期使用以及一些不合理使用，人们发现，抗生素饲料添加剂在给人们带来巨大经济效益的同时也引发了许多严重的问题，如抗生素引起的细菌耐药性的产生、动物免疫力下降及抗生素在动物产品和环境中的残留等。

1957 年，在日本首先发现细菌抗药性病例，引起疾病暴发的一些志贺氏菌株有 1 种以上的抗药性。1964 年，40% 的流行株有四重或多重抗药性。1968 年，Smith 发现了由于饲料中滥用四环素，抗四环素抗性因子开始出现在肠道病原菌中。Smith 在 1975 年的追踪调查中却发现抗四环素抗性因子在猪肠道大肠杆菌中的含量并没有明显下降。Langlois 在 1983 年的进一步实验中也发现了即使猪停止使用四环素类抗生素达 10 年之久，抗性因子的含量只下降了 50%。1972 年，墨西哥有 1 万多人感染了抗氯霉素的伤寒杆菌，导致 1 400 人死亡；1992 年美国有 13 300 人死于抗生素耐药性细菌感染。2001 年有学者对四川内江地区发病猪场分离的 119 株金黄色葡萄球菌与 1985 年从该猪场分离的 137 株金黄色葡萄球菌进行药敏测定，结果显示：菌株对青霉素、链霉素和四环素的耐药率分别上升了 100%、50.8% 和 85%，且 80% 以上的菌株耐 3 种以上的抗菌药物。由此可见，抗生素对畜禽肠道微生物的污染和人类对自然环境的破坏同样可怕，需要相当长的修复时间。更可怕的是，自然界的破坏极易引起人们的关注，而滥用抗生素对畜禽肠道微生态系统的破坏却长期被人们所忽视。

自 20 世纪 90 年代以来，我国肉鸡产业由于疫病和药物残留问题，出口经历了种种坎坷，其他动物产品，如冻虾、蜂蜜、鳗鱼出口受阻也是由药物残留问题引发的。抗生素对人类健康的威胁开始受到重视，饲料中使用抗生素作为添加剂的安全性需要重新评价。抗生素在饲料中使用范围广、用量大；大剂量使用抗生素可能增加病原微生物的耐药性；某些抗菌素的抗药性以及致病菌抗药性的转移对人和动物健康的潜在危害受到极大的关注；人类常见的癌症、畸形、抗药性及某些中毒现象均与畜禽产品中的抗生素、激素和其他合成药的残留有关。

造成我国动物产品对外出口的最大羁绊是危险性疾病的威胁和药物残留。药物残留的危害：一是"三致"作用，即致癌、致畸、致突变作用；二是急性中毒，如 1990 年西班牙发生因食用含有盐酸克伦特罗饲养的动物肝脏引起 43 个家庭集体中毒;三是过敏反应,一些抗菌药物如青霉素、磺胺类药物、四环素及某些氨基糖苷类抗生素能使部分人群发生过敏反应;四是耐药性,近年来,抗菌药物的广泛使用,细菌的耐药性不断加强,而且很多细菌已由单一耐药发展到多重耐药;五是促性早熟,动物产品中的高浓度激素残留,特别是性激素对儿童、青少年的生长发育极为不利,使孩子性成熟加快;六是污染环境,药物残留还可能破坏人们的生活环境,许多研究表明,绝大多数药物排入环境后,仍然具有活性,会对土壤微生物、水生生物及昆虫等造成影响。

抗生素添加剂的不合理使用,使我国动物产品出口面临巨大压力。1996 年 8 月 1 日至 2001 年 5 月 24 日,欧盟以我国出口的禽肉中有动物疫病和农药、兽药残留等为由对我国闭关 5 年,使我国失去了每年近 3 万 t 鸡胸肉的出口市场。2002 年 2 月 22 日至 4 月 9 日,瑞士政府因我国肉鸡抗生素含量超标发布了对中国进口肉鸡的临时禁令。2002 年 1 月底,欧盟又以我国出口的禽肉、龙虾制品中农药残留及微生物超标为由,禁止从中国进口供人消费或用作动物饲料的动物源性产品。2002 年,我国有 71% 的出口企业,39% 的出口产品受到国外技术壁垒的限制,出口额因国外技术壁垒影响损失 170 亿美元,均高于我国加入世贸组织前出口受技术壁垒影响的程度。其中,2002 年食品和畜产品出口贸易在欧盟和日本因技术壁垒造成的损失分别为 45.4 亿美元和 37.3 亿美元。进入 2006 年,我国动物产品出口仍面临巨大压力。

导致这些问题出现的原因:一是盲目添加饲料添加剂,甚至认为品种越多越全越好,其结果不但达不到预期效果,反而出现减产,甚至中毒的发生;二是处方药和非处方药界限不明确,控制不严格,长期大量滥用药物和促生长添加剂,特别是抗菌药物;三是违背国家法令,一些不法企业或饲养户在饲料中添加禁用药物如 β-兴奋剂等激素制剂,引起食物中毒的事件时有发生,危及人们的健康和生命安全;四是我国兽用生物制品的生产、质量与流通管理存在诸多问题,以至于成为近年来疫病频频发生流行的重要原因。其中频频发生免疫失败与疫苗质量控制和监督不力有直接关系。

1986 年瑞典禁止使用抗生素作为饲料添加剂,1999 年欧洲联盟禁止使用硫酸泰乐菌素、维吉尼亚霉素、杆菌肽和螺旋霉素;绝大多数欧盟国家已经限制或禁止使用抗生素作为生长促进剂;越来越多的肉品进口国要求至少在育肥阶段不使用抗生素。1973 年,欧共体规定:青霉素、氨苄青霉素、头孢菌素、四环素类抗生素、磺胺类药物、喹诺酮类药物、三甲氧苄氨嘧啶、氨基糖苷类(新霉素、链霉素)和氯霉素等抗生素不宜作饲料添加剂。从 1997 年 4 月起,全面禁止使用阿伏霉素(avoparcin)。1988 年,欧盟立法禁止使用盐酸克伦特罗。1998 年 12 月 14 日在布鲁塞尔召开的一次会议上,欧盟 15 国农业部部长投票从 1999 年 1 月 1 日起禁止使用 4 种抗生素作为饲料添加剂,分别是:维吉尼亚霉素(virginiamycin)、磷酸泰乐菌素(tylosinp hosphate)、螺旋霉素(spiramycin)和杆菌肽锌(zinc-bacitracin)。从 1999 年起,欧共体禁止在动物饲料中使用以下 6 种促生长剂:喹乙醇(olaquindox)、卡巴氧(carb-adox)、杆菌肽锌、泰乐菌素、维吉尼亚霉素和螺旋霉素。欧盟常务食品委员会投票确定从 1999 年 10 月 1 日起停止生产和使用 3 种促进增重的药物添加剂,分别是氯氟苄腺嘌呤(arprinocide)、二硝甲苯酰胺(球痢灵,dinitolmide)和异丙硝哒唑(ipronidazole)。现在,欧盟全面禁止使用洛硝哒唑、氯羟吡啶。1996 年 4 月 29 日,96/22/EEC 指令规定禁止销售使用于动物的反二苯代乙烯及其衍生物、盐和酯以及甲状腺素类物质;禁止以任何方式对饲养或水产养殖动物使用具有甲状腺素、雌激素、雄激素或孕激素作用的物质和促生长素,以及镇静剂(氟派酮,azaperone)、β-兴奋剂(盐酸克伦特罗,clenbuterol hydrochloride)。中国禁止使用镇静安眠类药物、玉米赤霉醇(畜大壮、牛羊增肉剂)、己烯雌酚、鸡宝-20、复方泰乐菌素和富力宝。1997年农业部以3号文公布禁止使用的药物有:类固醇激素(性激素、促性腺激素、同化激素)、催眠镇静药(安定、眠酮、氟派酮)和肾上腺素能药(异丙肾上腺素、多巴胺、β-肾上腺激动剂——盐酸克伦特罗)。毒鼠强(没命鼠、四二四)、氟乙酰胺类、平喘药(羟甲叔丁肾上腺素)、氯霉素、氨丙啉(amprolium)等也属于禁用范围。据奥地利媒体披露,欧盟已决定自2006年1月起,将最后4种目前尚允许在饲料中使用的抗生素也予以禁止使用,此立法草案意味着欧盟将全面禁止在饲料中投放任何种类的抗生素,从而把对兽药的管理法规建设推向一个新的历史阶段。欧盟委员会负责卫生和保护消费者利益事务的委员戴维·拜恩(David Byrne)认为,饲料的安全性能是食品安全的重要组成部分,全面清除饲料中的抗生素残留,是迈向构筑一个有保障的食物安全链的重要一步。欧盟决定还指出,长期以来,由于抗生素在畜牧业中的广泛应用,其除了作为防御牲畜疾病的药物以外,还经常被用来作为促进牲畜体重增长的刺激素。科学家们担心,如果人长期食用带有抗生素的肉类食品,人体本身将会对抗生素产生一种抗体作用,容易对人体安全构成潜伏的危险。按照欧盟新的规定,只有香料和维生素可以在动物饲料和饮水中继续使用,至于其他用于特殊种类动物的饲料添加剂,只有经过严格检测并且在不超过所规定剂量的情况下方可准予流通、加工和使用。

2003年6月19日,麦当劳公司宣布,将要求公司的肉类供应商停止对所饲养动物使用抗生素,以免这些肉类被加工成快餐食品后对人体产生不利影响。2003年7月28日,全国首家无抗猪肉专卖店在上海开张营业,前来购买"无抗猪肉"的市民络绎不绝。这是中国首例全程无抗饲养的猪肉上市,此举标志着中国的禽畜养殖行业掀开了崭新的一页。大力发展绿色畜牧业,要求在生产肉、蛋、奶的过程中,在饲料来源、饲料加工配制、饲养管理、饲养环境、疾病防治、屠宰加工等各个环节中,严格按照国内和国际所规定的卫生标准来实施生产,防止产品被污染,防止产品中药物残留超标。禁止使用抗生素会带来一些影响,如增加动物死亡率,延长仔猪的断奶日龄、降低饲料转换效率,增加额外的精细的饲养、粪尿以及日常的管理成本。使欧盟猪生产成本增加8%～15%,增加饲料成本9.5～12.5欧元/t;美国类似的禁令,每年会增加成本12亿～25亿美元的成本。

我国各地动物生产基础参差不齐,要在饲料中完全禁止添加抗生素还有一段路要走。当前,在替代抗生素饲料添加剂没有全面应用时,应该合理地使用抗生素添加剂。应该注意以下几个问题:

(1)正确选用抗生素类添加剂。应严格掌握各类抗生素的适应症,选择对病原微生物高度敏感、抗菌作用最强或临床疗效较好,安全性较高,无致突变、致畸变及致癌变等副作用,残留较低的抗生素品种。

(2)全面考虑动物的种属、年龄、性别等对抗生素作用的影响。选择适宜的抗生素、适宜的剂型、给药途径、剂量与疗程等,保证使用效果,防止产生副作用。

(3)合理地、定时定量地使用抗生素添加剂。如盐霉素钠盐用作鸡的饲料添加剂,为添加量50 g/t时,具有预防和治疗鸡球虫病、促进生长和提高饲料转化率的作用;但使用量增加到70 g/t时,就会对鸡生长产生抑制作用。浓度再高,则可能引起鸡中毒和死亡。

(4)注意使用期限及停药期。使用期限的规定是为了控制该抗生素在使用过程中的时间,不宜过长。停药期则是指动物在屠宰前多少天停止饲喂含该种抗生素的饲料。各种抗生素在动物体内都有一定的停留时间,而且在动物各个组织中的停留时间也不相同。停药期的规定就是为了使动物产品中抗生素的残留降低到允许的范围之内,以保证消费者的健康和安全。各种抗生素都有其特定的使用对象,对于畜禽各发育阶段的用药情况可参照如下原则:鸡(产蛋鸡),幼雏期(0～4 周龄)、中雏期(4～10 周龄)、大雏期(10 周龄后)一般可使用,产蛋期禁用;肉仔鸡,前期(0～4 周龄)、后期(4 周龄以后)可使用,但在屠宰前 7 d 停用,有的添加剂在 4 周龄以后禁用;猪,哺乳期(2 月龄以内)、仔猪期(2～4 月龄)可使用,但有些添加剂在此期禁用,一般在 5 月龄至育肥期不添加。

美国和加拿大允许一些激素或类激素药物(如雌激素、孕酮、胸腺酪蛋白等)在牛饲料中添加或作皮下埋植剂,用以促进生长和肥育。欧盟、日本和我国坚决反对此类用法。国内外的少数投机商,近些年还在饲料中使用 β-受体激动剂、镇静催眠药等违禁药品。有机砷类化合物(如阿散酸、洛克沙胂、硝苯胂酸)能否在饲料中添加使用,是一个有争议的话题。虽然已有研究证明此类药物的抗病、促生长作用,但这类化合物具有毒性,用于促生长的剂量与中毒量之间的范围窄,易引起动物中毒。美国和加拿大批准这 3 类药物用于促进动物生长、改善饲料利用率、增加畜产品色素沉着和预防球虫病。我国批准阿散酸在家禽饲料中使用。欧盟和日本不允许使用这类物质。

目前,在饲料中使用的活性微生物制剂主要有乳酸菌、粪链球菌、芽孢属杆菌、酵母等。乳酸菌和粪链球菌是动物肠道中大量存在的常在菌丛,芽孢属杆菌和酵母菌在肠道微生物群落中散在分布。美国食品药品管理局和美国饲料管理协会制订了微生物种类清单,1989年的清单中包括 40 种"可直接饲喂且通常认为是安全的微生物"(GRAS)。欧盟倡议对饲用微生物实行严格管理,应将饲用微生物单独列项或将其归入现有的饲料添加剂中。日本批准了 10 多种益生菌在饲料中使用。

防霉剂、防腐剂在国外用量很大。美国每年使用约 17 000 t;日本每年使用约 2 000 t;欧盟每年使用约 8 000 t(其中包括各种酸化剂约 7 000 t)。

美国饲料中使用的调味剂主要是谷氨酸钠,年用量近 1 000 t。此外,还使用一些天然及合成的香料和香精,如乳酸乙酯、乳酸丁酯、茴香油、槟榔子油等。日本从 1963 年开始使用饲料香料,现行日本饲料法规允许使用的化学合成香料共 13 种。

目前欧盟批准使用的饲料着色剂,是各种允许使用的食用色素、类胡萝卜素和叶黄素。美国在蛋鸡和肉鸡饲料中添加红、橘黄色食用着色剂。我国获准作食品添加剂的着色剂如苋菜红、胭脂红、柠檬黄、日落黄等可借用于饲料中。世界上应用最广的饲用着色剂是类胡萝卜素。美国每年使用的饲料抗氧化剂约 3 500 t,其中用量最大的是乙氧喹,占总量的80%以上;其次是抗坏血酸类,占 12% 左右;再次是二丁基羟基甲苯,占 3%;其他抗氧化剂的用量很少。乙氧喹也是日本和欧盟广泛使用的饲料抗氧化剂。

总而言之,国外饲料添加剂产量大、使用面广、销售额高,已成为饲料工业的核心产业,和饲料加工工业、饲料机械制造业并列为饲料工业的三大支柱,是一个有着巨大发展潜力的工业。

三、中国饲料添加剂的发展现状

我国饲料添加剂的生产始于 20 世纪 80 年代初,比国外先进国家晚近 20 年。1992 年我国赖氨酸生产量近 5 000 t,进口 9 000 t;蛋氨酸生产量 38 t;进口 1 万 t;维生素添加剂中,虽然除生物素外,其余都能生产(1992 年生产量 1.3 万 t,其中维生素 C 近 1 万 t),但由于国产维生素多为医药级,数量少、价格贵,饲用维生素主要依靠进口,年进口量至少在 600 t 以上。矿物质添加剂品种少,仅十几种,且多数为工业级和无机盐。药物添加剂中,国产品种极少,一些高效、低毒、无残留的新品种几乎全靠进口。

根据农业部 2003 年发布的第 318 号公告《饲料添加剂品种目录》,目前已批准使用的添加剂有 12 大类,191 种(见附录二),绝大多数为国产。2004 年已公布了近 20 种新的饲料添加剂。

四、饲料添加剂的发展趋势

随着我国经济的不断发展,人们生活水平的不断提高,对畜产品、鱼类等生产量和消费量日益增加。因而对饲料需求的质和量都会发生改变。作为饲料工业核心部分的饲料添加剂产业应顺应形势的发展变化。目前,随着科学技术的发展,特别是生物技术的发展与运用,饲料添加剂在未来 10~20 年内将有突破性发展,总的趋势是朝着高产量、低成本、高效果、无残留、环保化、多能化、稳定化、剂型专一化、营养标准化、系列化方向发展。

1. 营养标准化

国内外十分注重饲料添加剂的营养化研究,我国自 1985 年以来,已陆续颁布各类饲料和添加剂质量标准。例如,除制定了国家标准 GB 10648 和国家饲料卫生标准 GB 13078—91 外,还制定了饲料级维生素原料国家标准、微量元素原料国家标准、饲料药物添加剂使用规定和饲料黄曲霉素允许量标准等多种质量标准,为营养标准化的研究和生产打下了基础。

2. 剂型专一化

世界上配合饲料及其添加剂正在逐步实现剂型专一化。一方面,所有配合饲料及其添加剂均实现了为特定动物所研制使用,如目前世界饲料添加剂总量中 32% 为禽料、31% 为猪料、17% 为奶牛料、11% 为肉牛料、3% 为鱼虾料、6% 为特种动物料;另一方面,在养殖业生产中,为了某种特殊目的需要,专门研制出一些专一性添加剂,例如,用于青饲料贮存的双乙酸钠,用于饲料着色的叶黄素,用于诱食的香兰素,用于抗病虫感染的六畜素-20,用于增加瘦肉率的脂肪抑制剂,用于分解纤维素类物质的酶制剂等。

3. 环保化

畜牧业可持续发展是近年来逐渐引起人们重视的一个问题,因而环保饲料就因形势发展而提到了议事日程。作为饲料中的一个分支,饲料添加剂的应用也应如此。对于此点应有两层含义:第一,提高饲料添加剂本身的利用率,减少从粪、尿中的排出量,从而减少对环境的污染,如对于微量元素的利用,目前主要的使用形式为微量元素的无机盐,其利用率低,大量的微量元素排出后给环境带来了严重的污染,而有机态的微量元素生物效价会得到提高,且可以提高维生素在预混料中的稳定性,因而有机化微量矿物质元素的生产和应用必将得到很大的发展;第二,通过一些饲料添加剂的利用,提高动物对营养物质的利用率,从而减轻对环境的污染,如酶制剂的利用提高了营养物质利用率,具体来讲,生产中利用植酸酶提高磷的利用率,从而减少磷的排出量,即利用饲料添加剂来减少畜牧业生产对环境的污染。

4. 无残留

抗生素在现代动物生产中发挥了巨大的作用,但由于生产中使用泛滥,导致耐药性细菌产生和药物在动物产品中的残留问题目前已引起了国际上的广泛关注。因而严格控制抗生素的使用并开发出不具残留或低残留的新型饲料添加剂就成为添加剂研究的发展趋势。目前有许多可供选择的抗生素添加剂替代品,如酸化剂、活菌制剂、化学益生素、多种酶、多种免疫刺激物,以及多种中草药复合物、中草药抽提物等,而这些添加剂的使用均会给动物胃肠道微生物区系以正面影响,即它们抑制细菌的作用只是特异性地针对有害细菌,却能刺激有益细菌的增殖。但对于这些替代物在使用时影响使用效果的因素很多,如酶制剂,其本质为蛋白质,因而对环境的要求较高,温度、酸碱性等条件恶劣时均会使其失活,因而对于这一方面仍需加强研究。

5. 稳定化

酶制剂、活菌制剂、维生素、着色剂等的稳定性是目前添加剂使用中的又一突出问题。在饲料添加剂的稳定化技术方面,除胶囊包膜法及复合维生素包被法、酯化法、盐化法外,最近又出现了高稳定的多聚磷酸维生素新产品,是由 Dr Paul 与 A Seib 等经多年开发研究出的一种多聚磷酸维生素 C,其优点是作为生产颗粒料储存在 $20\sim40℃$ 条件下比普通维生素 C 的稳定性高 $45\sim63$ 倍。新开发的液体透明乳状饲料添加剂维生素 H、维生素 B_{12}、亚硒酸钠等解决了粉剂稳定性差、混合不均匀的问题。如何解决酶制剂、生态制剂耐高温性能一直是饲料添加剂研究的内容之一,倘若此问题得到解决,那么,在不久的将来,酶制剂和生态制剂产品将会得到普遍应用。

6. 高产量、低成本、多能化

随着现代生物工程技术的发展,生物工程产品的成本将不断降低,其生物安全性能不断提高,这为解决饲料添加剂实现高产量、低成本这一发展趋势提供了可能。如用生物工程方法生产小肽、酶制剂、生长激素、着色剂、益生素、活菌等,其中对于活菌(如放线菌、光合细菌等)它们可以产生抗生素,在体内抑制某些病菌的发育,从而提高机体的免疫机能;以及用发酵法代替化学合成法生产维生素;通过生物技术方法培养作物,从作物中生产的饲料添加剂,如赖氨酸等,这些都是将来饲料添加剂的发展趋势。

我国的饲料添加剂在生产标准、生产工艺、产品质量等方面与国外同类产品比较,还有较大差距,只有通过各方面的努力,采用国际先进技术来增加国产饲料添加剂的品种与产量,提高质量,中国饲料添加剂才能冲出国门,与国际市场接轨。

五、中国饲料行业面临的发展机遇

我国饲料行业虽然存在着一些问题,但饲料添加剂品种新目录征求意见稿的出台,无疑为我国饲料行业的健康、有序发展提供了机遇和广阔的发展空间。目前饲料占畜牧业生产成本的 70%以上,对畜牧业的科技贡献率超过 40%。畜禽产业发展形势良好,畜禽产销形势整体上会好于 2010 年,2011 年虽有上升,畜产品价格基本趋于稳定,不会产生大的振荡。2011—2015 年中国饲料行业将取得长足发展。到 2015 年,世界营养不良的人口将削减1/2,其间,肉制品将会以每年 2%的速度增长,特别是猪肉和禽肉增长加快,这将促进添加剂,尤其是蛋氨酸和赖氨酸需求量的增加。目前中国畜牧业产值在农业总产值中的比重达到 38%。

六、未来饲料添加剂发展方向

1.氨基酸装置大型化、生产集中化

蛋氨酸、赖氨酸及苏氨酸以外的氨基酸将发挥更大作用。由于需求增加,全球蛋氨酸和赖氨酸生产能力不断扩大,但由于原料价格上涨和投资成本扩大,主要蛋氨酸和赖氨酸生产商都力求装置大型化、原料和产品一体化,以获取最大效益。

2.维生素生产垄断化

饲料工业所消费的维生素占全球维生素市场总额的 50% 以上。由于生产技术复杂性和投资密集性,长期以来瑞士 Roche 公司、德国 BASF 公司和法国原 Rhone-Poulenc 公司控制全球约 75% 的维生素市场。

3.微量元素有机化

有机矿物质微量元素除了生物效价较高之外,还可提高动物免疫力,在预混料中比普通无机微量元素能显著提高维生素稳定性。微量元素有机化已是矿物质添加剂发展的趋势,但生产成本高阻碍了应用推广,因此降低其生产成本是当前迫切需要解决的问题。

4.酶制剂应用普及化

酶制剂能提高饲料消化率与利用率,减少动物排泄物中有害物质含量,可保持水土少受污染,故酶制剂又被称作绿色饲料添加剂。

5.药物饲料添加剂的应用

抗生素作为饲料添加剂,对集约化饲养业发展作出了重大贡献。但人们在获得经济效益的同时,对抗生素、化学药物带来的副作用有了更深刻认识,一些国家已开始限制某些抗生素的使用。目前各国正积极开发更安全的抗生素替代产品。

6.添加剂生产预混化

20 世纪 80 年代后期,一些维生素生产公司将各种维生素按饲料工业的要求进行预混,以提高产品经济效益。90 年代,拥有维生素和氨基酸生产能力的厂商开始发展复合添加剂,即预混料。

7.饲料保存添加剂的复配化

为防止饲料因微生物繁殖而产生霉变及氧化变质产生异味,需加入防霉、抗氧剂等饲料保存添加剂。但每种防霉、抗氧剂都有其最有效的工作目标,近年来发展复配型产品成为热点。复配型产品可充分发挥每种产品的作用,最有效地保证饲料的卫生、安全。

任务4 饲料添加剂的管理措施

一、通过法律手段确保饲料品质

动物所需的饲料添加剂对外征求意见稿已经公布,国家有关部门也在搞调研,广泛征求专家和社会各方面的意见。近几年我国饲料工业发展很快,问题也很多。目前,我国已批准使用的添加剂品种有 200 多种,其中国产并制定标准的近 70 多种,允许使用的药物添加剂

57种,矿物质添加剂品种有几十种,但多数为工业级和无机盐。药物添加剂中,国内产品少,一些高效、低毒、无残留的新品种几乎全靠进口。一些养殖户对添加剂的作用缺乏正确认识,认为添加剂可有可无,导致任用、滥用。因此,建立和完善饲料行业法律法规,通过法律手段确保饲料品质和饲用安全是当务之急。

二、饲料添加剂安全控制

饲料添加剂涉及人们从食品到餐桌安全的大问题,当前,我国畜牧、水产养殖业的规模不断扩大,肉、蛋、奶的供应量也不断提高,与此同时,动物产品安全的问题也非常突出。主要表现在动物疫病病原体的污染以及抗生素残留、激素残留、微生物毒素残留、化学污染物残留,转基因饲料安全问题等。目前国家饲料和饲料添加剂管理征求意见稿已经出台,尤其需要注意的是在使用过程中过量使用饲料添加剂的问题。

三、禁止非法使用添加剂

我国明令禁止"瘦肉精"的使用,政府要担当起行政管理的职能,提高国民素质。关键环节要从源头上捣毁"瘦肉精"实验室,查处"瘦肉精"非法生产加工、仓储黑窝点,查处生产、添加使用"瘦肉精"犯罪网络,使"瘦肉精"的现实危害得到有效遏制。不但要控制"瘦肉精",国家对未作规定的其他类别的饲料添加剂也要坚决进行遏制。

四、增强监管和综合协调

监管部门需要克尽公共责任把好安全关,消费者需要积极支持和配合食品安全工作。2011年我国已加强食品监管的力度,"重点治乱"释放食品安全明确信号。从我国食品生产的现状看,食品产业的规模化、组织化、规范化水平和行业诚信道德体系完善程度与国外相比均较低,所以监管机制的改革完善更为迫切。肉、蛋、奶从饲料到餐桌,我国有20多部法律、近40部行政法规、150多部部门规章的约束保障,有农业、卫生、食品药品监督管理部门,安全问题,首先需要政府部门自身健全食品安全综合协调机制,增强监管合力,从而实现我国食品安全形势的根本好转。

五、设立企业应符合条件

设立饲料、饲料添加剂生产企业,应当符合饲料工业发展规划和产业政策,并具备下列条件:

(1)有与生产饲料、饲料添加剂相适应的厂房、设备和仓储设施。

(2)有与生产饲料、饲料添加剂相适应的专职技术人员。

(3)有必要的产品质量检验机构、人员、设施和质量管理制度。

(4)有符合国家规定的安全、卫生要求的生产环境。

(5)有符合国家环境保护要求的污染防治措施。

(6)国务院农业行政主管部门制定的饲料、饲料添加剂质量安全管理规范规定的其他条件。

Project 1

营养性饲料添加剂

▶ 项目设置描述

营养性饲料添加剂是以补充营养、平衡营养为主要目的,营养性添加剂分为氨基酸类添加剂、维生素类添加剂和微量元素类添加剂。营养素一般与产品组成或产品结构有关,此外还关系到一些组织器官和细胞的营养需要,同时它还对生理机能、生化代谢和基因表达具有调节作用。本项目主要介绍了营养性饲料添加剂:氨基酸添加剂、微量元素添加剂、维生素添加剂的识别、使用及其含量的测定,采用的是任务式教学法,通过学习本项目内容,学生能够正确识别、使用和测定主要的营养性饲料添加剂。通过项目相关任务知识阅读、完成任务的相关题目,制定完成任务计划、实施方案,获得识别氨基酸添加剂、微量元素添加剂、维生素添加剂的知识和技能,正确使用氨基酸添加剂、微量元素添加剂和维生素添加剂,掌握其含量测定的方法。

学习目标

1. 掌握营养性饲料添加剂的种类。
2. 熟悉营养性饲料添加剂的使用机理。
3. 熟悉营养性饲料添加剂的理化性质。
4. 能合理使用氨基酸添加剂、维生素添加剂、微量元素饲料添加剂。

任务 1-1、氨基酸添加剂

一、识别氨基酸添加剂

氨基酸是组成蛋白质的基本结构单位,动物体内种类繁多的蛋白质都是由 20 种 α-氨基酸组成。动物从饲料中摄取蛋白质的目的主要是获取动物体所需要的各种氨基酸,但单靠动植物饲料蛋白质中的氨基酸有时难以满足动物的需要。日粮中常需添加单体氨基酸以补充饲料中的不足,满足动物的需要;改善日粮氨基酸的平衡,提高饲料蛋白质的营养价值。单体氨基酸补充物习惯上又称为氨基酸添加剂。

目前应用于饲料的氨基酸有蛋氨酸、赖氨酸、色氨酸、谷氨酸、甘氨酸、丙氨酸和苏氨酸 7 种。其中以蛋氨酸、赖氨酸较为常用;色氨酸主要用于人工乳、代乳料和早期断奶料中;谷氨酸钠用作调味剂;甘氨酸、丙氨酸主要用于鱼饲料中;苏氨酸主要用于以麦类为主的饲料中。此外,异亮氨酸已受到关注。

氨基酸的工业化生产有微生物发酵法、化学合成法生产的为 DL-(消旋)氨基酸或 L-氨基酸。由于动物体蛋白都是由 L-氨基酸组成,一般在肠内 D-(右旋)氨基酸不如 L-氨基酸易吸收,吸收的 D-氨基酸若不能转化为 L-氨基酸,仍不能被动物体利用。有些动物体内存在着能转化 D-氨基酸为 L-氨基酸的酶,因而有的 D-氨基酸就能被利用。人和畜禽主要是利用 L-氨基酸(除蛋氨酸外)。一般认为,D-蛋氨酸与 L-蛋氨酸对猪来说具有相同的活性,而前者对雏鸡稍差。对生长猪,D-色氨酸的生物学活性为 L-氨基酸的 $60\%\sim70\%$;对于雏鸡,D-色氨酸活性为 L-氨基酸的 15% 左右。

(一)蛋氨酸

蛋氨酸(Methionine),又称甲硫氨酸,是含硫氨基酸。鱼粉中含有丰富的蛋氨酸,而一般植物性蛋白质中的蛋氨酸含量不能满足动物的需要,特别是最常用的大豆饼(粕)中较缺乏蛋氨酸,所以,在各种配合饲料中蛋氨酸往往是第一或第二限制性氨基酸,对禽和高产奶牛,一般是第一限制性氨基酸;对猪,一般是第二限制性氨基酸。研究发现,肉鸡要获得较高的免疫反应能力,日粮蛋氨酸供给水平应高于满足最快生长需要量的 20%。

目前用作蛋氨酸添加剂的产品主要有 DL-蛋氨酸、DL-蛋氨酸羟基类似物(Methionine hydroxy analogue, MHA)及其钙盐(MHA-Ca)和 N-羟甲基蛋氨酸。常用是 DL-蛋氨酸(消旋蛋氨酸),具有与 L-蛋氨酸相同的营养效价;MHA 具有的碳架结构可在体内转化为蛋氨酸,其营养效价相当于 99% 的 DL-蛋氨酸的 80% 左右;羟基蛋氨酸钙(MHB-Ca),是羟基蛋氨酸的钙盐,含量$>97\%$,其中无机钙盐含量$\leqslant1.5\%$;N-羟甲基蛋氨酸钙,含蛋氨酸 67.7%和保护剂,钙含量$<9.1\%$,能防止蛋氨酸经过瘤胃时被破坏,保证奶牛对蛋氨酸的利用,从而提高产奶量与繁殖力,奶牛日投喂量为 $30\,g$。由于动物体内存在着羟基酸氧化酶、D-氨基酸氧化酶和转氨酶、D-蛋氨酸和蛋氨酸羟基类似物都可转化为 L-蛋氨酸而被动物利用。此外,还有蛋氨酸金属络合物和用于反刍动物的保护性蛋氨酸制剂。

蛋氨酸在植物性蛋白质中含量很少,禽类要使羽毛丰满需要摄取足够的蛋氨酸。日本在鱼粉不足的鸡饲料中添加蛋氨酸的用量为 $0.1\%\sim0.2\%$。欧美国家因一般不使用鱼粉,因而在玉米＋豆饼或小麦＋豆饼的饲粮中添加蛋氨酸的用量为日本用量的 3 倍。美国常以 MHA 为蛋氨酸添加剂。在饲粮中添加蛋氨酸能把蛋白质强化到鱼粉的水平,每添加 1 kg 蛋氨酸,可代替 50 kg 鱼粉。如以玉米和饼类饲料为主的日粮中添加蛋氨酸的参考比例为:肉鸡和蛋鸡 0.10%～0.20%;育肥猪为 0.02%～0.05%;仔猪为 0.05%～0.10%。

1. DL-蛋氨酸

DL-蛋氨酸(DL-methionine)的分子式为 $C_5H_{11}NO_2S$,相对分子质量为 149.22。化学结构简式为:

$$CH_3—S—CH_2—CH_2—\underset{\underset{NH_2}{|}}{CH}—COOH$$

由于 DL-蛋氨酸具有与 L-蛋氨酸相同的营养价值,所以目前饲用蛋氨酸大部分采用的是以丙烯醛和甲硫醇为原料合成的 DL-蛋氨酸,其成本低。DL-蛋氨酸为白色至淡黄色结晶或结晶性粉末,有光泽,易溶于水,有特异性臭味。一般饲料级制剂纯品要求含 $C_5H_{11}NO_2S$ 在 98.5% 以上。

2. DL-蛋氨酸羟基类似物及其钙盐

蛋氨酸羟基类似物(MHA)是由美国孟山都(Monsanto)公司于 1956 年首先开发的蛋氨酸替代品。它是 DL-蛋氨酸合成过程中氨基由羟基所代替的一种产品,作为饲料添加剂应用的主要有 DL-蛋氨酸羟基类似物(DL-MHA)和 DL-蛋氨酸羟其类似物钙盐(DL-MHA-Ca)。MHA 的营养效价相当于 DL-蛋氨酸的 80% 左右。

①DL-蛋氨酸羟基类似物(DL-MHA),又名液态羟基蛋氨酸,分子式为 $C_5H_{10}O_3S$,化学名称是 DL-2-羟基-4-甲硫基丁酸,相对分子质量为 150.2。化学结构式为:

$$CH_3—S—CH_2—CH_2—\underset{\underset{OH}{|}}{CH}—COOH$$

产品外观为褐色黏液。使用时可用喷雾器将其直接喷入饲料后混合均匀,其效果相当于蛋氨酸的 65%～88%。另有 DL-蛋氨酸羟基类似物钙盐(MHA-Ca),是用液态羟基蛋氨酸与氢氧化钙或氧化钙中和,经干燥、粉碎后制成。作为蛋氨酸的替代品,其效果相当于蛋氨酸的 65%～86%。液态羟基蛋氨酸的使用是用液体添加设备直接喷入混合机中。这种加入方式的优点是添加量准确、操作简单、无粉尘、节省人力、降低贮存费用等,但受到生产规模的限制,一般 10 万 t 以上的饲料厂才适宜安装添加设备,规模小的饲料厂不适用。

液态羟基蛋氨酸通常以其单体、二聚体和三聚体组成的平衡混合物形式存在,有硫化物特殊气味。其聚合体在胰腺酶作用下可水解成单体,在十二指肠被吸收进入血液,吸收速度与 L-蛋氨酸相近。羟基蛋氨酸在肝脏和肾脏中的羟基酸氧化酶、D-氨基酸氧化酶、转氨基酶等作用下生成 L-蛋氨酸而被动物利用。

羟基蛋氨酸也是以丙烯醛和甲硫醇为原料合成的,其生产工艺比 DL-蛋氨酸的简单,原料用量少,副产物少,生产成本较低,对环境污染小,市场竞争力强。

②DL-蛋氨酸羟基类似物钙盐,又称羟蛋氨酸钙,为粉状,因此又称为干燥 MHA,其分子式为 $C_{10}H_{18}O_6S_2Ca$,相对分子质量为 169.2。化学结构式为:

$$CH_3-S-CH_2-CH_2-\underset{|}{CH}-COO$$
$$\overset{OH}{\underset{|}{\ }}$$

(Chemical structure with Ca bridging two methionine hydroxy groups)

$$\begin{array}{c} OH \\ | \\ CH_3-S-CH_2-CH_2-CH-COO \\ \\ CH_3-S-CH_2-CH_2-CH-COO \\ | \\ OH \end{array} Ca$$

  DL-蛋氨酸羟基类似物钙盐是 *DL*-蛋氨酸羟基类似物与氢氧化钙或氧化钙中和,经干燥、粉碎和筛分等处理后制得的。为减少粉尘常加入少量矿物油,所以其产品纯率一般低于 *DL*-MHA。由于该产品是固体粉状,无须特殊添加设备,适用于规模小的饲料厂。

  ③N-羟甲基蛋氨酸。反刍动物保护性氨酸制剂是近十多年来研制开发的新产品。其特点是能安全通过瘤胃而在真胃或肠道中被吸收,主要有 N-羟甲基蛋氨酸钙盐。化学结构简式为:

$$\begin{array}{c} NH-CH_2OH \\ | \\ CH_3-S-CH_2-CH_2-CH-COO \\ \\ CH_3-S-CH_2-CH_2-CH-COO \\ | \\ NH-CH_2OH \end{array} Ca$$

  N-羟甲基蛋氨酸是以 *DL*-蛋氨酸为原料加工制得的,是一种自由流动的白色粉末,与饲料混合性良好,有效成分含量为 67.7%,其纯品及与饲料混合的情况下都很稳定。主要应用于日产奶量 25 kg 以上的高产奶牛,一般产犊前 10 d 到泌乳期前 100 d 饲喂效果良好。

  (二)赖氨酸

  饲料中添加的赖氨酸(Lysine)为 *L*-赖氨酸。作为商品的饲用级赖氨酸通常是纯度为 98.5% 以上的 *L*-赖氨酸盐酸盐,相当于含赖氨酸(有效成分)78.8% 以上,为白色至淡黄色颗粒状粉末,稍有异味,易溶于水。赖氨酸盐酸盐的分子式为 $C_6H_{14}N_2O_2 \cdot HCl$,相对分子质量为 182.65。化学结构简式为:

$$CH_2-CH_2-CH_2-CH_2-CH-COOH \cdot HCl$$
$$\underset{NH_2}{|} \qquad\qquad\qquad\qquad \underset{NH_2}{|}$$

  90% 以上的 *L*-赖氨酸是以糖蜜为原料发酵生产的。此外,日本、美国、德国等已利用化学合成的 2-氨基-ω-己内酰胺做原料通过微生物酶消旋和水解生产 *L*-赖氨酸。

  除豆饼外,植物中赖氨酸含量较低,通常为第一限制性氨基酸,特别是玉米、大麦、小麦中很缺乏,且麦类中的赖氨酸利用率低。动物性饲料一般含有丰富的赖氨酸,但差异较大,且利用率也不同。与鱼粉相比,肉骨粉中的赖氨酸含量低,利用率低。

  L-赖氨酸的使用受大豆饼(粕)价格的影响,随着鱼粉的紧缺,花生饼、芝麻饼、菜籽饼、棉籽饼等赖氨酸含量低的蛋白质饲料和麦类饲料使用增加。此外,由于发现仔猪对高含量大豆蛋白产生免疫反应而导致腹泻,而雏鸡采食大量的鱼粉会导致肌胃糜烂,这也使得赖氨酸使用量增加。

赖氨酸在植物性蛋白中的含量不高,豆饼里含少量,玉米含量很少。因此在缺少鱼粉和豆饼不足的饲粮中需添加赖氨酸。根据试验,在动物饲粮中添加赖氨酸可使饲粮中的蛋白质水平提高 2%～3%。肉鸡饲料中每添加 1 kg 赖氨酸,可以节约 25 kg 饲料;在猪的饲粮中使用赖氨酸能提高瘦肉率。畜禽饲粮中添加赖氨酸的比例视饲粮中赖氨酸的水平而定,一般为 0.1%～0.2%,缺少鱼粉和豆饼不足的饲料,可添加到 0.2%,一般仔猪和育肥猪为 0.1%。

(三)色氨酸

色氨酸(Tryptophane)的分子式为 $C_{11}H_{12}N_2O_2$,相对分子质量为 204.21。生产色氨酸的方法很多,主要有发酵法、天然蛋白质水解法和化学合成法等。饲料中添加的色氨酸主要是化学合成的 DL-色氨酸和发酵法生产的 L-色氨酸,皆为微黄色结晶性粉末,无臭或略有特异性气味,难溶于水。多数资料表明,DL-色氨酸的生物学有效性对猪相当于 L-色氨酸的 80%～85%,对鸡相当于 L-色氨酸的 55%～60%。

对畜禽和人工养殖的鱼类,色氨酸通常是第三或第四限制氨基酸,在猪的玉米—豆饼型饲料中还可能是第二限制氨基酸。从营养角度看是很重要的一种必需氨基酸,在普遍添加了蛋氨酸和赖氨酸的日粮中,色氨酸添加更显重要。另外,色氨酸的代谢产物 5-羟色氨在动物体有抗高密度、断奶等应激作用。

目前生产色氨酸的成本较高。由于价格和饲料中色氨酸的分析问题,目前色氨酸的应用受到限制,年使用量仅数百吨,主要应用于仔猪人工乳或早期断奶仔猪料中,其添加量为 0.02%～0.05%,少量用于泌乳母猪、蛋鸡和生长猪饲料。

(四)苏氨酸

苏氨酸(Threonine)的分子式为 $C_4H_9NO_3$,相对分子质量为 119.12。目前作为饲料添加剂的主要是由发酵生产的 L-苏氨酸。此外,部分是由蛋白质水解物分离和化学合成—酶法生产的 L-苏氨酸。L-苏氨酸为微黄色结晶性粉末,易溶于水,有极弱的特异性气味。

苏氨酸通常是畜禽的第三或第四限制性氨基酸,在以大麦、小麦为主的饲料中,苏氨酸常缺乏,尤其在低蛋白的大麦(或小麦)为主的日粮中,苏氨酸常是第二限制性氨基酸,故在植物性蛋白日粮中,添加苏氨酸效果显著。

(五)其他氨基酸添加剂

1. 甘氨酸和丙氨酸

甘氨酸和丙氨酸这 2 种氨基酸都可用合成法制得,在饲料中用量不大,每年仅数吨。甘氨酸是禽类的必需氨基酸,可作鸡饲料添加剂。由于天然饲料中甘氨酸含量丰富,目前没有实用化,仅少量应用于仔猪饲料和鱼饵料以促进和引诱采食,降低仔猪腹泻。DL-丙氨酸在某些国家已被指定应用于饲料,但不用于畜禽饲料,主要用于水产饲料作为诱食物质使用。

甘氨酸在动物体内可以合成,但家禽合成能力低,为家禽必须补充的氨基酸。雏鸡如缺乏甘氨酸,可引起麻痹症状及羽毛发育不良。菜籽饼、大豆粕、鱼粉、水解猪毛粉等都可作甘氨酸的来源。DL-甘氨酸相当于 L-甘氨酸 80% 的效价。国内外已将甘氨酸用作家禽、仔猪和犊牛的饲料添加剂,也用于防治仔猪和犊牛的腹泻,还可用作鱼类的诱食剂。

2. 甜菜碱

甜菜碱又称三甲基甘氨酸,其化学结构与甘氨酸相似,与蛋氨酸及胆碱在动物体蛋白和脂质的代谢过程中都是甲基供体,甜菜碱的甲基通过甲基反应生成蛋氨酸,蛋氨酸再参与甲基化反应。甜菜碱的相对甲基含量是氯化胆碱(50%)的2.3倍、蛋氨酸的3.4倍,理论上每千克甜菜碱可代替 *DL*-蛋氨酸27%,代替胆碱43.5%,饲料中加入每千克甜菜碱可代替 *DL*-蛋氨酸2~3 kg,在生产中使用一般可替代饲料中蛋氨酸需要量的20%~25%。甜菜碱用作猪、鸡、鱼、虾的饲料添加剂可提高饲料报酬。作水产动物鱼虾蟹鳖的诱食剂和促生长剂,能给鱼和甲壳动物的嗅觉和味觉以强烈的刺激,促进食欲;在饵料中添加0.2%~0.3%甜菜碱能提高幼鱼的成活率。甜菜碱可代替鸡饲料中的蛋氨酸与氯化胆碱,鸡饲料中添加1 kg甜菜碱(纯度97%),相当于2.3 kg胆碱或2.0~3.0 kg蛋氨酸的效果,并可预防鸡球虫病及提高抗鸡球虫药的疗效。本品为中性,在配合饲料中不会影响维生素 A、维生素 D、维生素 E、维生素 K、维生素 B_1、维生素 B_2 的活性。甜菜碱还可提高乳猪食欲,减少育肥猪的背膘厚,改善肉质,提高瘦肉率和抗猪、鸡脂肪肝效果,饲料添加量为0.125%。

3. 牛磺酸

牛磺酸(牛胆酸,β-氨基乙磺酸)是含硫氨基酸,为牛胆酸的成分,可人工合成。在鱼类食品与饲料中含量丰富。牛磺酸对动物具有保护心脏、脑、红细胞,提高体内抗氧化酶(SOD),减少脂质过氧化反应,增加三碘甲状原氨酸的分泌,促进脑细胞和淋巴细胞增殖,提高免疫功能,提高精子活力和母畜妊娠与产卵,以及保肝利胆,使脂溶性物质消化吸收等作用。因而被用作促进鸡生长性能与免疫功能,以及清热、抗炎、利胆、健肠胃的药剂。牛磺酸对黄羽鸡性腺(雄鸡睾丸与母鸡卵巢)发育和内分泌功能有促进作用。

二、合理使用氨基酸类添加剂

(一)选用可靠产品

由于氨基酸类添加剂作用重大、价格较高,且目前大多数为进口产品,应谨慎选用,防止假冒伪劣。进口产品生产工艺大都较为先进,质量较为可靠。

选购这类添加剂时应对产品的包装、外观、气味、颜色等仔细鉴别,对有怀疑的产品不予选用。氨基酸类添加剂多用于畜禽饲料,特别是在动物的幼龄发育阶段,而牛、羊等动物由于能利用微生物合成多种氨基酸,因此不存在限制性氨基酸和非限制性氨基酸的区别,一般不使用氨基酸类饲料添加剂。

(二)掌握有效含量和效价

赖氨酸饲料添加剂多为 *L*-赖氨酸盐酸盐,含量为98%以上,但其实际 *L*-赖氨酸含量为78%,效价可以按100%计算;而 *DL*-赖氨酸的效价只能以50%计算。蛋氨酸饲料添加剂有 *DL*-蛋氨酸、蛋氨酸类似物和N-羟甲基蛋氨酸钙等。*DL*-蛋氨酸的有效含量多在98%以上,其效价以100%计算;蛋氨酸羟基类似物的效价按纯品计,等于 *DL*-蛋氨酸的80%;而 *N*-羟甲基蛋氨酸钙的蛋氨酸含量为67%。因此,在实际应用氨基酸类添加剂时,应先折算其有效含量和效价,以防止添加剂量过多和不足。

(三)平衡利用、防止颉颃

氨基酸平衡是指饲料中氨基酸的品种和浓度符合动物的营养需求。如果饲料中氨基酸的比例不合理,特别是某一种氨基酸的浓度过高,则影响其他氨基酸的吸收和利用,整体降低氨基酸的利用率。这就是氨基酸的颉颃作用。

饲料添加剂所用的氨基酸一般为必需氨基酸,特别是第一和第二限制性氨基酸。动物对氨基酸的利用还有一个特性,即只有第一限制性氨基酸得到满足后,第二和其他限制性氨基酸才能得到充分利用。依此类推。如果第一限制性氨基酸只能满足需要量的70%,第二和其他限制性氨基酸含量再高,也只能利用其需要量的70%。因此,应用氨基酸添加剂,应首先考虑满足第一限制性氨基酸,再依次考虑其他限制性氨基酸。

目前在拟定饲料配方时应主要考虑第一和第二限制性氨基酸。猪的第一限制性氨基酸为赖氨酸,第二限制性氨基酸为蛋氨酸;而鸡等禽类的第一限制性氨基酸为蛋氨酸,第二限制性氨基酸为赖氨酸。因此,在应用氨基酸添加剂时,应根据畜禽的种类,综合、平衡考虑,不要盲目添加,否则可能适得其反。

三、饲料中氨基酸含量的测定

实训一　饲料级 L-赖氨酸盐酸盐的定性鉴别和含量测定

(一)实验目的

了解赖氨酸的鉴别方法,掌握用非水滴定法测定其含量的原理,熟悉非水滴定操作技术。

(二)定性鉴别

1. 试剂

茚三酮溶液(0.1%)、硝酸银溶液(0.1 mol/L)、稀硝酸(1:10)、氨水(1:2)。

2. 方法

(1)氨基酸的鉴别。称取试样 0.1 g,溶于 100 mL 水中,取此溶液 5 mL,加 1 mL 茚三酮溶液,加热 3 min 后,加水 20 mL,静置 15 min,溶液呈红紫色。

(2)氯化物的鉴别。称取试样 1 g,溶于 10 mL 水中,加硝酸银溶液,即产生白色沉淀。取此沉淀加硝酸银,沉淀不溶解;另取此沉淀加过量的氨水则溶解。

(三)含量测定

1. 主要试剂与仪器

甲酸(A. R 或 C. P)、冰乙酸(A. R)、乙酸汞(6%冰乙酸溶液)、α-萘酚苯基甲醇指示剂(0.2%冰乙酸指示液)、高氯酸标准溶液(0.1 mol/L);碘量瓶(250 mL)、滴定管(50 mL)。

2. 测定原理

利用赖氨酸为碱性氨基酸具有弱碱性,可在冰乙酸介质中用高氯酸标准溶液进行滴定,至溶液由橙黄色转变为黄绿色为止。

3. 测定方法

称取预先在 105℃ 干燥的试样 0.2 g,精密称量,加 3 mL 甲酸和 50 mL 冰乙酸,再加入 5 mL 乙酸汞的冰乙酸溶液。加入 10 滴 α-萘酚苯基甲醇指示液,用 0.1 mol/L 高氯酸的冰乙酸液滴定,试样液由橙黄色变成黄绿色即为滴定终点。将滴定结果用空白试验校正。每 1 mL 高氯酸液(1 mol/L)相当于 $C_6H_{14}N_2O_2 \cdot HCl$ 91.32 mg。

4. 数据处理

试样中 L-赖氨酸盐酸盐($C_6H_{14}N_2O_2 \cdot HCl$)的质量分数按下式计算:

$$\omega(L\text{-}赖氨酸盐酸盐) = \frac{c \times (V - V_0) \times \frac{91.32}{1\,000}}{m}$$

式中：c 为高氯酸液的浓度(mol/L)；V 为试样消耗高氯酸溶液的体积(mL)；V_0 为空白试验消耗高氯酸溶液的体积(mL)；m 为试样的质量(g)。

5. 注意事项

本品是赖氨酸的氢卤酸盐，由于在醋酸溶液中可释放出酸性相当强的氢卤酸，能影响滴定终点。因此，加入定量的醋酸汞的冰乙酸液，使其生成在醋酸中难以解离的卤化汞，以免其干扰。如醋酸汞加入量不足时，可影响滴定终点而使测定结果偏低；如加入适当过量的醋酸汞(1~3 倍)时，则不影响测定结果。

实训二　饲料级 *DL*-蛋氨酸及其类似物定性鉴别和含量测定

(一)实训目的

了解 *DL*-蛋氨酸的鉴别方法，掌握用硫代硫酸钠滴定测定其含量的原理，熟悉硫代硫酸钠滴定的操作技术。

(二)定性鉴别

1. 试剂

氢氧化钠溶液：1+5,$V+V$。

亚硝基铁氰化钠溶液：1+10,$V+V$。

盐酸溶液：1+10,$V+V$。

2. 鉴别方法

(1)称取试样 25 mg 于干燥的烧杯中，加入饱和无水硫酸铜硫酸溶液 1 mL，立即显黄色。

(2)称取试样 5 mg，加 2 mL 氢氧化钠溶液(1+5,$V+V$)，振荡混匀，加 0.3 mL 亚硝基铁氰化钠溶液(1+10,$V+V$)，充分摇匀，在 35~40℃下放置 10 min，冷却，加入 10 mL 盐酸溶液(1+10,$V+V$)，摇匀，溶液呈赤色。

(三)含量测定

1. 测定原理

在中性介质中加入过量的碘溶液，使 2 个碘原子加到蛋氨酸的硫原子上，过量的碘溶液用硫代硫酸钠标准滴定溶液回滴，用淀粉指示剂判断滴定终点，其反应式如下：

$$CH_3S-(CH_2)_2-CH(NH_2)-COOH+I_2=CH_3S(I_2)-(CH_2)_2-CH(NH_2)-COOH$$

$$2Na_2S_2O_3+I_2=2NaI+Na_2S_2O_4$$

2. 主要试剂

(1)磷酸氢二钾溶液：500 g/L；

(2)磷酸二氢钾溶液：200 g/L；

(3)碘化钾溶液：200 g/L；

(4)碘溶液：$c(1/2I_2)\approx0.1$ m/L；

(5)硫代硫酸钠标准滴定溶液 $c(Na_2S_2O_3)=0.05$ mol/L；

(6)淀粉溶液：10 g/L。

3. 测定方法

称取试样 0.3 g(精确至 0.000 2 g)移入 500 mL 碘量瓶中，加入 100 mL 去离子水，然后

项目 1　营养性饲料添加剂

分别加入下列试剂:10 mL 磷酸氢二钾溶液、10 mL 磷酸二氢钾溶液、10 mL 碘化钾溶液,待全部溶解后精确加入 50 mL 碘溶液,盖上瓶盖,水封,充分摇匀,于暗处放置 30 min,用硫代硫酸钠标准滴定溶液滴定过量的碘,近滴定终点时加入 1 mL 淀粉指示剂,滴定至无色并保持 30 s 为滴定终点,同时做空白试验。

4. 数据处理

试样中蛋氨酸(DL-蛋氨酸)的百分含量按下式计算:

$$\omega(蛋氨酸) = \frac{c \times (V - V_0) \times 0.074\ 6}{m}$$

式中:c 为硫代硫酸钠标准滴定液的浓度(mol/L);V 为滴定试样时消耗的硫代硫酸钠标准滴定溶液的体积(mL);V_0 为空白试验消耗的硫代硫酸钠标准滴定溶液的体积(mL);m 为试样的质量(g);0.074 6 为与 1 mL 硫代硫酸钠标准滴定溶液[$c(Na_2S_2O_3) = 1$ mol/L]相当的、以(g)表示的 DL-蛋氨酸的质量。

任务 1-2　维生素添加剂

维生素是动物维持生理机能所必需的一类低分子有机化合物,动物对维生素的需要很少,但在动物体内的作用极大,起着控制新陈代谢的作用。多数维生素是辅酶的组成成分,维生素缺乏会影响辅酶的合成,导致代谢紊乱,动物出现各种病症,影响动物健康和产品生产。对单胃动物来说,除了个别维生素外,大多数维生素不能或不能完全由体内合成而满足需要,必须通过食物或饲料得以补充。反刍动物虽然瘤胃微生物可合成 B 族维生素,但大多数维生素也必须由饲料提供。

各种青绿饲料中含有丰富的维生素。在粗放饲养条件下,因饲喂大量青绿饲料,一般动物对维生素不会感到缺乏。随着畜禽生产水平的大幅度提高,饲养方式的工厂化、集约化,一方面,动物对维生素的需要量增加;另一方面,由于动物脱离了阳光、土壤和青绿饲料等自然条件,仅仅依靠饲料中的天然来源不能满足动物对维生素的需要,必须另外补充。随着化学工业和制药工业的发展,各种维生素通过化学合成与微生物发酵的方法均可大量生产,各类工业生产维生素产品应运而生,成本大幅度下降,饲用维生素得到广泛应用。

按饲料分类系统,维生素饲料划为第七大类,是指工业合成或由天然原料提纯精制(或高度浓缩)的各种单一维生素制剂和由其生产的复合维生素制剂。富含维生素的天然饲料如胡萝卜、松针粉等不属此类。

目前,已用于饲料的维生素至少有 15 种,即维生素 A(包括胡萝卜素)、维生素 D(包括维生素 D_2、维生素 D_3)、维生素 E(包括 α-生育酚、β-生育酚和 γ-生育酚)、维生素 K、维生素 B_1、维生素 B_2、维生素 B_6、维生素 B_{12}、烟酸、烟酰胺、泛酸、胆碱、叶酸、生物素、维生素 C 和肌醇。

氯化胆碱使用量最大,以日本为例,占维生素总销售量的 50% 以上;其次是维生素 A 和维生素 E,三者之和为总销售量的 90%。

20 世纪 70 年代以来的研究表明,除了传统的营养作用以外,在畜禽饲料中添加高剂量的某些维生素有增进畜禽免疫应答能力,提高抗毒、抗肿瘤、抗应激能力,以及提高畜产品品质等作用。这使维生素饲料得到更广泛的应用。

大多数维生素的衡量单位常以毫克(mg)(如 B 族维生素)或微克(μg)表示。在某些维生素的测定方法不完善,化学结构、性质尚未完全阐明之前,曾用相对衡量单位(国际单位——鼠单位或雏鸡单位)表示,如维生素 A 的国际单位是按白鼠对维生素 A 及 β-胡萝卜素的利用能力制定的。目前维生素 A、维生素 D、维生素 E 已采用统一的国际单位(IU)衡量其活性或表示动物对其需要量。其不同单位的关系如下:

$$1 \text{ IU(国际单位)维生素 A} = 0.300 \ \mu g \text{ 维生素 A 醇(结晶视黄醇)}$$
$$= 0.340 \ \mu g \text{ 维生素 A 乙酸酯}$$
$$= 0.550 \ \mu g \text{ 维生素 A 棕榈酸酯}$$
$$= 0.358 \ \mu g \text{ 维生素 A 丙酸酯}$$
$$1 \text{ IU(国际单位)维生素 D} = 1 \text{ ICU(国际雏鸡单位)}$$
$$= 0.025 \ \mu g \text{ 维生素 D}_3 \text{ 晶体}$$
$$1 \text{ IU(国际单位)维生素 E} = 1 \text{ mg } DL\text{-}\alpha\text{-生育酚乙酸酯}$$
$$1 \text{ mg } D\text{-}\alpha\text{-生育酚乙酸酯} = 1.36 \text{ IU 维生素 E}$$
$$1 \text{ mg } D\text{-}\alpha\text{-生育酚} = 1.49 \text{ IU 维生素 E}$$
$$1 \text{ mg } DL\text{-}\alpha\text{-生育酚} = 1.1 \text{ IU 维生素 E}$$

由于大多数维生素都有不稳定、易氧化或易被其他物质破坏失效的特点和饲料生产工艺上的要求,几乎所有的维生素制剂都要经过特殊加工处理或包被。例如,制成稳定的化合物或利用稳定物质包被等。为了满足不同使用的要求,在剂型上还有粉剂、油剂、水溶性制剂等。此外,商品维生素饲料添加剂还有各种不同规格含量的产品,可归纳为 3 类:

(1)纯制剂。稳定性较好的维生素单一高浓度制剂多为含其化合物在 95% 以上的纯品制剂。例如,维生素 B$_1$、维生素 B$_2$、维生素 B$_6$、叶酸、烟酸、泛酸钙、维生素 K$_3$ 等的纯品制剂化合物纯度为 95%～99%。

(2)经包被处理的制剂。该制剂又称为稳定型制剂。脂溶性维生素及维生素 C 极不稳定,其饲用制剂除加抗氧化剂外,常用稳定物质进行包被以提高其稳定性。由于包被材料或加工方法不同,其产品有溶于水的和不溶于水的。这类产品的纯化合物含量有很大差异。

(3)稀释制剂。利用脱脂米糠等载体或稀释剂制成的各种浓度的维生素预混合饲料。这类制剂中几乎都加有抗氧化剂。

一、识别脂溶性维生素添加剂

脂溶性维生素的特点是稳定性很差,其制剂基本都是经过稳定化处理的制剂。饲用维生素 A、维生素 D、维生素 E 制剂一般为经包被处理的稳定型制剂,维生素 K 制剂多为化学稳定剂处理的制剂。

(一)维生素 A 和 β-胡萝卜素

作为维生素 A(vitamin A)的补充物,主要有维生素 A 和 β-胡萝卜素(β-carotene)制剂,生产上应用的多为维生素 A 制剂。

1. 饲用维生素 A 制剂

维生素 A 制剂有天然物和化工合成 2 类。天然物主要是鱼肝油及其制品;化工合成的主要有维生素 A 醇、维生素 A 乙酸酯、维生素 A 棕榈酸酯和维生素 A 丙酸酯制剂。维生素 A 醇的稳定性较差,用于饲料的目前主要是化工合成的维生素 A 乙酸酯、维生素 A 棕榈酸酯的制剂。二者均为黄色,维生素 A 乙酸酯为粉状结晶(熔点 57～60℃),维生素 A 棕榈酸酯室温下呈油脂状团块(熔点 28～29℃)。

(1)维生素 A 油。将合成的维生素 A 乙酸酯或维生素 A 棕榈酸酯溶于植物油即为维生素 A 油,一般添加有抗氧化剂。水溶维生素 A 液为维生素 A 油中加入适量抗氧化剂,再加入表面活性剂经一定处理而得。水溶维生素 A 液可在水中均匀分布,一般每毫升中含维生素 A 3 万～5 万 IU。主要用于人工乳和液体饲料中。

维生素 A 油和维生素 D 油是鱼肝油在真空下蒸馏,然后进行一系列处理可制得精制的高浓度维生素 A 和维生素 D,溶于植物油,经调整维生素 A 或维生素 D 浓度即为一定标准浓度的维生素 A 油和维生素 D 油。维生素 AD 油是将精制得的维生素 A、维生素 D 同溶于植物油,经调整含量的制品。

(2)微粒粉剂。维生素 A 粉剂有吸附型和包被型 2 种。吸附型维生素 A 制剂即将鱼肝油或水溶维生素 A 液用谷物胚芽或脱脂米糠等粉末作为吸附剂吸附而成。包被型稳定维生素 A 制剂是为了增加维生素 A 制剂的稳定性,将维生素 A 酯化、添加抗氧剂及用稳定的物质进行包被得到的产品,主要有微粒胶囊和微粒粉剂 2 种。

微粒胶囊是应用复凝聚法,将加有抗氧化剂的维生素 A 棕榈酸酯或乙酸酯以明胶作包被材料制成微粒胶囊,使维生素 A 酯外包被一层严密的保护膜,隔绝维生素 A 酯与空气、光线等的接触,从而达到防止或延缓维生素 A 酯的氧化,它是较稳定的维生素 A 制剂。我国目前生产的饲料添加剂维生素 A 多为此类制剂。

微粒粉剂或称喷雾干燥粉末,是一种比较新的制造工艺产品。它是应用喷雾、淀粉吸收干燥法制得的,即将维生素 A 棕榈酸酯或乙酸酯溶于以明胶和蔗糖或葡萄糖组成的基质中,加入抗氧化剂,混匀后将此混合物用气流雾化,喷于正在搅拌着的干淀粉中,雾粒表面的水分被淀粉吸干,最后过筛、真空低温干燥。吸附用的淀粉用疏水的变性淀粉比较好。这种变性淀粉覆盖的微粒粉剂抗氧化性能好,硬度高,能抵抗机械损伤,粒度适中(30～80 目),单位饲料中颗粒较多,微粒表面不规则而粗糙,易吸附混匀。与微粒胶囊相比,具有明显的优越性。

包被型维生素 A 制剂含有效成分差异很大,一般在 10 万～50 万 IU/g,由制药厂生产的高浓度制剂一般为 50 万 IU/g。维生素 A 稳定性很差,遇光、氧、酸等可迅速被破坏,特别是湿热和某些微量元素同时存在时会加速破坏。包被型制剂较稳定,但在湿热和微量元素存在时仍会被破坏。

2.β-胡萝卜素制剂

β-胡萝卜素多为微生物合成物,其纯品为红棕色到深紫色的结晶性粉末,对光、氧和酸十分敏感;不溶于水,微溶于脂肪和油,溶于丙酮、石油醚等有机溶剂。因其稳定性差,商品 β-胡萝卜素制剂同维生素 A 制剂一样,多为各种包被材料处理的稳定制剂。

如罗氏公司的产品为含 β-胡萝卜素 10%的稳定型明胶包被粉末,在密闭容器中贮于 20℃以下干燥处,可贮存 6～12 个月,但在混入饲料中加工成块、制粒、膨化等时有部分损失。

添加 β-胡萝卜素补充维生素 A 很不经济,但对处于不良情况下的某些繁殖母畜具有维持正常繁殖性能的作用。通常在动物发情不明显、妊娠率低、妊娠后交配、分娩困难和产弱子等情况下添加。一般按推荐量添加可满足需要：母牛、母马每头每天补 600 mg；母猪每千克日粮含 100 mg；母兔每千克日粮含 40 mg。

饲用维生素 A 除上述这些高浓度单项制剂外，还有以脱脂米糠、黄豆细粉等作载体的单项预混合剂。此外，稳定型维生素 AD 或维生素 ADE 粉剂应用广泛。这可避免其中 2 种或 3 种物质分离。水溶维生素 A 液和水溶性维生素 A 粉剂可用于人工乳、液体饲料和饮水中。

(二)维生素 D

维生素 D(vitamin D)有维生素 D_2 和维生素 D_3。维生素 D_2 可由紫外线照射处理饲用酵母而得。维生素 D_3 对禽类的活性远高于维生素 D_2，对其他动物维生素 D_3 的效果也很好，且维生素 D_3 比维生素 D_2 稳定性好，因此，饲料中添加时多用维生素 D_3。在配合饲料中，维生素 D_3 的稳定性虽比维生素 A 好，但它与热、潮湿和某些无机元素、氧化剂等直接接触时，也很容易被破坏失效，因此也需要进行特殊的防氧化和包被处理，即所谓"稳定型的维生素 D_3"。饲用维生素 D 制剂同维生素 A 处理基本相同，即有维生素 D 微粒胶囊、微粒粉剂、β-环糊精包被物和维生素 D 油等制剂。稳定的维生素 AD 制剂为常用的商品性维生素 D 添加剂形式。

(三)维生素 E

由于维生素 E 乙酸酯比游离维生素 E(vitamin E)稳定，作为非抗氧化剂的饲用维生素 E 均为 α-生育酚乙酸酯，其中自然界存在的 D-α-生育酚乙酸酯效价最高。化工合成的维生素 E 是 DL-α-生育酚形式的产品。肉鸡方面的研究显示，维生素 E 的供给量在 80 mg/kg 以上时可以提高淋巴细胞中 CD_4 的比例；蛋鸡方面的研究显示，当饲料中维生素 E 的添加量高于普通添加水平时，可显著提高产蛋率、蛋壳强度和蛋壳厚度，并提高相关抗体水平。

维生素 E 是一种抗氧化剂，在饲料中很容易被氧化破坏，虽然对其他维生素可起到保护作用，但自身却失去生理活性，因此，一般非抗氧化用维生素 E 制剂也应添加抗氧化剂和进行其他稳定性处理。同维生素 A、维生素 D 制剂一样，维生素 E 制剂也有油剂、粉剂(微粒胶囊、微粒粉剂、β-环糊精包被物)和可溶性粉剂。

近年来，许多报道证实了除维生素 E 外，硒的重要生理功能之一是其抗氧化作用，硒和维生素 E 并用时，可起到相互增强作用的效果。供防治维生素 E 和硒缺乏用的维生素 E-亚硒酸钠的合剂，可按每毫升含维生素 E 醋酸酯 100 mg、亚硒酸钠 1 mg(相当于硒0.45 mg)的比例配合。作为饲料添加剂应用时，生长肥育猪的常用量为 1 mg 合剂拌饲料约 7 kg；家禽预防剂量为 1 mL 溶于 1 000 mL 水中供饮水，治疗剂量为 1 mL 溶于 100 mL 水中饮水。配成的液体制剂须避光，贮存于阴暗处。

(四)维生素 K_3

由于人工合成的维生素 K_3(vitamin K_3)制剂效价高，又是水溶性结晶，性质较稳定，故饲用维生素 K 多是维生素 K_3 制剂。

目前饲用维生素 K_3 制剂有亚硫酸氢钠甲萘醌(MSB)、亚硫酸氢钠甲萘醌复合物(MSBC)和亚硫酸二甲基嘧啶甲萘醌(MPB)，其活性成分为甲萘醌。

1. 亚硫酸氢钠甲萘醌(MSB)

亚硫酸氢钠甲萘醌多含 3 个结晶水，其分子式为 $C_{11}H_8O_2 \cdot NaHSO_3 \cdot 3H_2O$，含活性成分约 52%，为白色或灰色结晶性粉末，无臭或微有特异臭味，有吸湿性，遇光易分解。

MSB 对皮肤和呼吸道黏膜有刺激性。

MSB 商品制剂有含 MSB 94％的高浓度产品，其稳定性差，但价格便宜。用明胶包被处理的 MSB 微粒胶囊制剂一般含 MSB 50％，稳定性好，且无刺激性。

2. 亚硫酸氢钠甲萘醌复合物（MSBC）

亚硫酸氢钠甲萘醌复合物的化合物成分与 MSB 相同，为 $C_{11}H_8O_2 \cdot NaHSO_3 \cdot 3H_2O$，二者的区别在于形成亚硫酸氢钠结合物时，MSBC 添加了过量的亚硫酸氢钠提高甲萘醌的稳定性。此制剂常含有较多的游离亚硫酸氢钠，因而活性成分甲萘醌含量较低，一般在 30％～40％。我国饲料添加剂标准（GB7294—87）要求含 $C_{11}H_8O_2 \cdot NaHSO_3 \cdot 3H_2O$ 60.0％～75.0％，即活性成分 31.1％～39.1％。MSBC 稳定性较好，是目前应用最为广泛的维生素 K_3 制剂。

3. 亚硫酸二甲嘧啶甲萘醌（MPB）

亚硫酸二甲嘧啶甲萘醌制剂为稳定性最好的维生素 K_3 制剂，含活性成分 45.5％，在饲料制粒过程中能保持较高的活性，但具有一定毒性，且价格较贵，因此，目前应用不及 MSBC 广泛。因它具有毒性，应限制使用。美国食品与药物管理局规定，以 MPB 作为营养性添加使用时，鸡与火鸡不得超过全价饲料的 2 mg/kg，生长肥育猪不得超过 10 mg/kg。

二、识别水溶性维生素添加剂

(一)硫胺素

硫胺素（thiamine，维生素 B_1）为嘧啶衍生物，具有阳离子特性，能同许多阴离子形成盐或复杂的有机化合物。用于饲料的主要是由化学合成法制得的硫胺素盐酸盐（盐酸硫胺素）和硝酸盐（单硝酸硫胺素）。

1. 盐酸硫胺素

盐酸硫胺素分子式为 $C_{12}H_{17}ClN_4OS \cdot HCl$，含有效成分 78.7％，为白色结晶或结晶性粉末，略有特异性臭味，易溶于水，具有吸湿性。在 pH 3.5 以下时稳定性较好，但在中性或碱性条件下不稳定，对热、氧化剂、还原剂、金属盐类敏感，特别是在有水分存在的条件下稳定性更差。

2. 单硝酸硫胺素

单硝酸硫胺素分子式为 $C_{12}H_{17}N_5O_4S$，含有效成分 81.1％，为白色或微黄色结晶性粉末，无臭或略有特异性臭味，微溶于水，吸湿性小。在中性和碱性条件下不稳定，但对热、氧化剂、还原剂比盐酸硫胺素敏感性差，在饲料中的配伍性较好，在预混合料和配合饲料的加工和贮存过程中较稳定，特别是在加有吸湿性强的氯化胆碱的维生素与微量元素复合预混料中及饲料的制粒、膨化和宠物罐头饲料的加工过程中的损失率远低于盐酸硫胺素。

(二)核黄素

商品维生素 B_2 为核黄素（riboflavin）及其酯类，用作饲料的主要是由微生物发酵或化学合成的核黄素，此外，核黄素丁酸酯、核黄素磷酸钠也有应用。由于 2 种来源的核黄素生物效价一样，其纯品为黄色至橙色结晶或结晶性粉末，微臭，味微苦，易溶于稀碱溶液，难溶于水、乙醇。干燥的结晶状核黄素对氧化剂、酸、热极稳定，但遇碱、光迅速分解，特别是在碱性溶液中或紫外线下分解更快，因此，必须密封、避光保存，在室温（25℃以下）至少可贮存 1 年。

在预混合料中,应尽量避免与碱性物质配伍,特别是同时含有较多游离水条件下,核黄素损失量增加。在避光的干粉料中,核黄素稳定性较好。饲料的制粒和膨化加工对核黄素有破坏作用,制粒处理的损失率为 5％～15％、膨化处理最高可达 25％。核黄素在宠物罐头饲料的灭菌处理和贮存过程中的损失也不多,其损失率分别最高可达 5％和每月最高可达 2％。

核黄素磷酸钠也是黄色至橙黄色结晶或结晶性粉末,无臭,有苦味。含核黄素 75％,其稳定性比核黄素差,贮存温度低于 15℃较好。核黄素磷酸钠主要在配制液体饲料或水溶液时选用。

核黄素丁酸酯可溶于油脂,要求核黄素溶于油脂时选用,在普通饲料中应用不多。核黄素丁酸酯效价相当于核黄素的 56％。

饲用维生素 B_2 制剂除纯品外,还有以大豆皮粉或玉米芯粉等作为载体或稀释剂制成的多种不同浓度的产品,纯品维生素 B_2 含量在 96％以上,有静电作用,易吸附于加工设备上,在配制饲料时需预处理。经稀释处理的产品无静电作用,流动性好。

(三)泛酸

游离泛酸(pantothenic acid)极不稳定,极易吸湿,在自然界很少存在。因此,用于饲料者多选用稳定性好的泛酸钙。此外,在液体饲料中,泛酸和泛醇也有应用。饲用泛酸钙产品有右旋泛酸钙(D-泛酸钙)和外消旋泛酸钙(DL-泛酸钙)2 种。由于仅 D-泛酸及其盐类具有生物活性,因此 DL-泛酸钙效价为 D-泛酸钙的 50％。D-泛酸钙的生物活性为泛酸的 92％。

D-泛酸钙为白色吸湿性粉末,无臭,味微苦,易溶于水,微溶于乙醇。其水溶液为中性或弱碱性。它在阴冷、干燥条件下较稳定;吸湿后或水溶液中会水解,效价降低;在酸、中性条件下更易破坏,特别对酸敏感,对热中等敏感,但对氧化、还原作用和光稳定,因此,在预混料和配合饲料中应避免与吸湿性强,且呈酸性反应的硫酸盐、氯化物等组分共存。D-泛酸钙在干粉配合饲料中损失不大,但混合后再粉碎损失增加。制粒过程对 D-泛酸钙有破坏作用,其损失率一般为 5％～10％;膨化后的损失最高可达 10％;DL-泛酸钙产品也为吸湿性粉末,其吸湿性比 D 型产品强,流动性也较差。

在含磷酸盐的液体饲料中,泛酸钙会因形成磷酸钙而降低效价。在此种情况下可用 D-泛酸钠代替。D-泛酸钠也为白色吸湿性粉末,微有酸味,易溶于水。其生物活性为泛酸的 93％。D-泛酸钠的稳定性,特别是在水溶液中的稳定性比 D-泛酸钙差,因此,除非绝对需要,一般不用泛酸钠。因泛酸的钙盐和钠盐均具有较强的吸湿性,包装的容器必须具有较好的防潮性,在稀释产品中常添加防结块剂(如氯化钙),以增加流动性,防止结块。

(四)烟酸

用于饲料的有烟酸(nicotinic acid)和烟酰胺 2 种形式的产品。二者均为白色或微黄色粉末,无臭。烟酸味微酸,溶于水、乙醇,易溶于碱性溶液,无吸湿性,流动性好。烟酰胺味苦,易溶于水、乙醇,溶于甘油,吸湿性强,流动性差。

烟酸和烟酰胺在干燥和水溶液中都很稳定,几乎不受热、光、氧化、还原、潮湿的影响,酸、碱对二者有轻微影响。在与微量元素配合时,烟酸适宜与呈酸性反应的硫酸盐、氯化物和硝酸盐配合,而烟酰胺适宜与呈中性或碱性反应的氧化物配合。

由于烟酰胺具有较强的吸湿性,主要用于配制液体饲料和水溶性制剂,其他饲料中则选用烟酸。烟酸的溶解度可满足配制犊牛、乳猪、羔羊的代乳料要求,无须选用烟酰胺。烟酸在各种饲料中的稳定性都很好,在配合饲料的加工、贮存过程中损失均很少,即使是制粒、灭菌处理的损失量也很低,在含微量元素的预混合料中有少量损失,但配合饲料的膨化处理对烟酸的破坏较大,损失率一般为10%～20%,多次试验显示,采用膨化后喷涂烟酸的工艺,并未显示优越性,烟酸的损失量与膨化前加入日粮中相近。

据报道,当日粮烟酸水平从0提高到60 mg/kg时,肉鸡血浆胆固醇、β-脂蛋白、甘油三酯和游离脂肪酸含量分别降低15.4%、18.6%、36.1%和25.9%;肝脂、肌肉总脂及腹脂含量分别降低35.1%、51.4%和28.0%。提高日粮烟酸水平可降低肉仔鸡血浆雌二醇含量和肝脏苹果酸脱氢酶活性,从而降低肉鸡体内的脂肪沉积量。另据报道,用50 mg/kg L-肉碱与50 mg/kg烟酸以饮水方式同时添加对早期生长阶段的体增重和采食量有积极影响,但对胴体品质没有影响。

(五)维生素 B₆

尽管吡哆醛、吡哆胺与吡哆醇对动物有相同的生物学效价,但前二者的稳定性差,特别是在光、加工和贮存温度、酸、碱和水分的影响下,稳定性更差,因此,通常作为补充维生素 B₆(pyridoxine hydrochloride)的均为吡哆醇的盐酸盐。盐酸吡哆醇的生物活性相当于吡哆醇的82.3%。

盐酸吡哆醇是一种白色至微黄色、无臭的结晶性粉末,味酸苦,易溶于水,但无吸湿性。商品盐酸吡哆醇多为含量在98%以上的产品。此产品在干燥、避光条件下稳定性好,室温条件下贮存月损失率1%～2%,但对光、碱敏感,特别是在水溶液中或吸湿条件下,遇光或碱迅速分解。

盐酸吡哆醇在应用干燥、惰性载体的各种维生素预混合料中稳定性很好。在与氯化胆碱和微量元素矿物质共存,特别是呈碱性反应的微量元素氧化物和碳酸盐时,盐酸吡哆醇迅速而大量地被破坏。试验表明,这种破坏主要发生在最初2个多月,其后损失量不大。一般情况下,在加有微量元素矿物质的预混合料中,在最初3个月的贮存期间,盐酸吡哆醇的月损失率约为10%,以后损失很少。粉碎、混合对饲料中固有的吡哆醛、吡哆胺破坏很大,吡哆醇有少量损失,但加入饲料中的盐酸吡哆醇在干粉料的混合和贮存过程中损失不大,在罐头饲料的加工和贮存期间也很少损失。制粒过程中的温度、水分和压模表面的磨损情况影响盐酸吡哆醇的破坏程度,特别是水分增加,大大增加了对盐酸吡哆醇的破坏作用。一般制粒期间的损失率为5%～10%,膨化处理对吡哆醇的影响主要在于饲料在膨化中停留的时间,水分仅有少量影响,一般膨化损失率为5%～20%,但潮湿膨化料在贮存期间吡哆醇的损失增加。

(六)生物素

生物素(biotin)的补充物为右旋生物素(D-生物素)制剂,纯品一般含 D-生物素98%以上,是一种近白色结晶性粉末。在冷水中溶解度低,随水温升高其溶解度增加,但高温时稳定性受到影响,配制生物素溶液时,最适温度为50℃左右。生物素是稳定性较好的一种维生素,对氧化、还原、微量元素都很稳定,强酸、强碱、紫外线对生物素稍有影响,生物素对热敏感。

生物素在饲料中使用量极微,其饲用商品制剂一般为含 D-生物素1%或2%的预混合料。其产品有2种形式,即载体吸附型生物素和与一定载体混合后经喷雾干燥制得的喷雾干燥型生物素制剂。喷雾干燥型粒度比前者小,其水溶性和吸湿性因载体不同而不同。

2 种产品在干燥密闭条件下都较稳定,在含有微量元素的干燥预混合料中有少量损失,在干粉料的加工和贮存过程中生物素的损失不大,但贮存温度明显增加生物素的损失。在低于 70℃ 的一般制粒条件下,生物素的损失率一般为 5%～10%,随调质蒸气量增加,饲料在调质器中停留时间的延长,压制颗粒温度的提高,生物素的损失增加,高者损失率可达40%～50%。制粒温度超过 80℃ 时,生物素的损失率为 20%～30%,随后贮存期的月损失率也增加为 2%～5%。膨化处理对生物素的破坏也较大,损失率为 15%～20%,膨化饲料在贮存期间生物素的损失不大,月损失率约为 2%。宠物罐头饲料的灭菌处理和贮存期间生物素的损失极微。随灭菌温度和时间的不同,生物素的损失率为 10%～30%。

生物素参与脂肪酸的合成,也是奇数碳脂肪酸 β-氧化的必需物质。研究发现,在肉仔鸡后期日粮中添加生物素 $100\ \mu g/kg$＋维生素 E $100\ mg/kg$ 或生物素 $400\ \mu g/kg$＋维生素 E $200\ mg/kg$ 均能显著降低鸡腹脂沉积,且随日粮中维生素 E 和生物素添加量的增加,腹脂率降低越显著。

(七)维生素 B_{12}

维生素 B_{12}(cobalamin,氰钴胺素)是一种暗红色针状结晶细粉,无臭无味,溶于水和乙醇。在弱酸和中性条件下稳定性好,强酸、强碱、氧化、微量元素、热对维生素 B_{12} 的稳定性稍有影响,维生素 B_{12} 对还原剂、光敏感,易被日光、还原剂破坏,应避光贮存,不宜与有还原作用的维生素 C 等物配伍。

维生素 B_{12} 在预混合料包括含有微量元素的预混合料、配合料中都比较稳定,月损失率为 1%～2%。制粒、膨化对维生素 B_{12} 的损失有增加,制粒损失率为 2%～4%,膨化损失率为 2%～6%。

商品维生素 B_{12} 纯品含维生素 B_{12} 为 95% 以上,由于饲料中添加量极少,饲用维生素 B_{12} 商品制剂多加有载体或稀释剂,含维生素 B_{12} 0.1% 或 1%～2% 的预混合料粉剂产品,其颜色、吸湿性及其他特性随维生素 B_{12} 的含量、载体的特性而不同。例如,以玉米淀粉作为稀释剂的产品吸湿性比以碳酸钙为稀释剂的产品强。

(八)叶酸

叶酸(folacin,蝶酰谷氨酸)为黄色或橙黄色结晶粉末,无臭、无味,几乎不溶于冷水,随着水温的升高及在酸性或碱性溶液中其溶解度增加,但温度的升高、pH 的升高或降低都可使叶酸效价迅速下降,特别是在酸性溶液中损失更快。叶酸也能被紫外线破坏,但在干燥、避光条件下稳定性较好,密封包装贮存于阴凉、干燥处至少可保存 1 年。商品制剂主要有 2 种剂型。应用较多的是药用级叶酸,其含量以干物质计算,不少于 96%,含水量一般低于8.5%。此产品为极细粉末,易凝集成团,流动性差,应用时需要预混合处理。另一类为加有一定载体或包被材料加工制成的含叶酸 80% 左右的喷雾干燥型制剂或微囊制剂。以糊精作为载体的喷雾干燥型制剂为微颗粒状粉末,流动性好,在预混合料或配合饲料中易扩散混匀。以明胶或异丙醇和乙基纤维素作为包被材料制成的微囊制剂的稳定性好,特别是乙基纤维素包被制剂稳定性优于明胶包被制剂。

叶酸在预混合料和配合饲料中的稳定性较差。主要受光照和含水量的影响,吸湿性强的微量矿物质硫酸盐、氯化物、氯化胆碱等对叶酸的效价影响大,因此要尽量避免与这些物质配伍。一般情况下,叶酸在预混合料或干粉配合饲料的生产过程中损失 5%～10%,贮存1 个月后损失 20%～40%。饲料的粉碎、制粒、膨化处理对叶酸的破坏更大,损失率为

10%～50%。罐头饲料的灭菌对叶酸的损失随灭菌温度和时间的增加而增加,且温度比时间的影响更大,一般损失率为45%～55%。干粉料的高温灭菌使饲料中的叶酸几乎全部受到破坏,降低饲料中的含水量可降低叶酸的损失率。经包被处理的叶酸产品在饲料的加工和贮存过程中稳定性虽有提高,但在饲料的膨化、灭菌处理时损失仍很大,特别是高压灭菌。

(九)胆碱

胆碱(choline)首次由 Streker 在 1894 年从猪胆汁中分离出来,1962 年被正式命名为胆碱,现已成为人类食品中常用的添加剂。美国的《联邦法典》将胆碱列为"一般认为安全"(generally recognized as safe)的产品;欧洲联盟 1991 年颁布的法规将胆碱列为允许添加于婴儿食品的产品。胆碱是一种强有机碱,是卵磷脂的组成成分,也存在于神经鞘磷脂中,是机体可变甲基的一个来源而作用于合成甲基的产物,同时又是乙酰胆碱的前体。人体也能合成胆碱,所以不易造成缺乏病。胆碱耐热,在加工和烹调过程中损失很少,干燥环境下,即使很长时间储存食物中胆碱含量也几乎没有变化。胆碱是卵磷脂和鞘磷脂的重要组成部分,卵磷脂即磷脂酰胆碱,广泛存在于动植物中。

胆碱是季胺碱,为无色结晶,吸湿性很强,易溶于水和乙醇,不溶于氯仿、乙醚等非极性溶剂。胆碱在化学上为(β-羟乙基)三甲基氨的氢氧化物,它是离子化合物,其分子结构式为 $HOCH_2CH_2N^+(CH_3)_3$。

胆碱呈无色味苦的水溶性白色浆液,有很强的吸湿性,暴露于空气中能很快吸水。胆碱容易与酸反应生成更稳定的结晶盐(如氯化胆碱),在强碱条件下不稳定,但对热和储存相当稳定。

胆碱是卵磷脂和鞘磷脂的重要组成部分,卵磷脂即是磷脂酰胆碱(phosphalidychlines),广泛存在于动植物体内,在动物的脑、精液、肾上腺及细胞中含量尤多,以禽卵黄中的含量最为丰富,达干重的 8%～10%。鞘磷脂(sphingomyelin)是神经醇磷脂的典型代表,在高等动物组织中含量最丰富,由神经氨基醇、脂肪酸、磷脂及胆碱组成。

胆碱对脂肪有亲和力,可促进脂肪以磷脂形式由肝脏通过血液输送出去或改善脂肪酸本身在肝脏中的利用,并防止脂肪在肝脏里的异常积聚。如果没有胆碱,脂肪聚积在肝脏中出现脂肪肝,处于病态。临床上,应用胆碱治疗肝硬化、肝炎和其他肝脏疾病,效果良好。

在机体内,能从一种化合物转移到另一种化合物上的甲基称为不稳定甲基,该过程称为酯转化过程。体内酯转化过程有重要的作用,如参与肌酸的合成对肌肉代谢很重要、肾上腺素之类激素的合成并可甲酯化某些物质使之从尿中排出。胆碱是不稳定甲基的一个主要来源,蛋氨酸、叶酸和维生素 B_{12} 等也能提供不稳定甲基。因此,需在维生素 B_{12} 和叶酸作为辅酶因子帮助下,胆碱在体内才能由丝氨酸和蛋氨酸合成而得。不稳定甲基源之间的某一种可代替或部分补充另一种的不足,蛋氨酸和维生素 B_{12} 在某种情况下能替代机体中部分胆碱。胆碱和磷脂具有良好的乳化特性,能阻止胆固醇在血管内壁的沉积并清除部分沉积物,同时改善脂肪的吸收与利用,因此具有预防心血管疾病的作用。

胆碱的饲料添加物主要是氯化胆碱,含胆碱 86.8%,其商品制剂有液体和干粉剂 2 类产品。

液体氯化胆碱制剂一般为含氯化胆碱 70%以上的水溶液,为无色透明的黏性液体,有轻微异臭。粉剂为以 70%氯化胆碱液体制剂加入一定的载体(如玉米芯粉、脱脂米糠粉、稻壳粉、二氧化硅、无水硅酸盐等)和抗结块剂制成含氯化胆碱 50％的产品,依载体不同,为白色或黄褐色粉末或颗粒,有特异臭味,流动性依载体不同而不同,一般有机载体产品流动性较差,而二氧化硅、硅酸盐产品流动性较好。

氯化胆碱的稳定性很好,是最稳定的维生素,在饲料的加工和贮存期间损失很少。氯化胆碱制剂都具有很强的吸湿性,对许多活性成分,特别是对许多维生素的有效性有严重影响,应尽量避免与其他活性成分接触。此外,氯化胆碱在饲料中的添加量大,因此,一般不加入维生素预混合料中,多直接加入配合饲料。

甜菜碱作为甲基供体可替代部分胆碱。目前我国已有饲料级甜菜碱产品。欧洲已批准甜菜碱为鸡、猪的饲料添加剂,并在鱼、玩赏动物饲料中应用。甜菜碱为黄色结晶,商品制剂含甜菜碱 97％以上,作为甲基供体的效果为 50％氯化胆碱的 2.3 倍,对维生素的稳定性无影响。

(十)维生素 C

目前常用的维生素 C(ascorbic acid)添加物有 *L*-抗坏血酸、*L*-抗坏血酸钠、*L*-抗坏血酸钙,此外,据报道,新研制开发的 *L*-抗坏血酸-2-多磷酸盐是一种有效、稳定性好的补充物。

L-抗坏血酸为白色或类白色结晶性粉末,无臭,味酸,易溶于水,在干燥、密闭条件下相当稳定,但在水溶液中或在空气中易吸湿氧化变为微黄色,对碱、热、光、微量元素都不稳定,特别是在湿热条件下,极易被氧化剂、碱、微量元素等破坏,因此,结晶 *L*-抗坏血酸在成分复杂的预混合料和配合料中,特别是与氯化胆碱等吸湿性极强的组分共存时保存率很低,更不耐粉碎、制粒、膨化、灭菌等加工处理。用硅酸盐、乙基纤维素等包被处理的 *L*-抗坏血酸的稳定性有一定提高,但仍易被粉碎、制粒、膨化、灭菌等工序破坏。

L-抗坏血酸钙、*L*-抗坏血酸钠均为白色粉末,易溶于水,稳定性比抗坏血酸好,因此作为饲料添加剂比 *L*-抗坏血酸普遍。其活性 *L*-抗坏血酸钙相当于 81.6％ *L*-抗坏血酸,*L*-抗坏血酸钠相当于 90％ *L*-抗坏血酸。

(十一)维生素 C 磷酸酯、维生素 C 磷酸酯镁

1. *L*-抗坏血酸酯

L-抗坏血酸酯,俗称维生素 C(vitamin C),它存在于一切活组织中,在维持人体生命活动中具有重要作用。由于维生素 C 结构中存在易氧化基因,在受光、热、氧、湿度、金属元素影响下很易破坏变质(其不稳定因素是它的高度活性的第二碳原子上的烃基)。因此,作为饲料添加剂使用时,在饲料的制粒及存放过程中 80％～98％的有效成分被破坏。尤其是鱼虾颗粒饲料投入水中时不久,维生素 C 便会损失。为了满足鱼虾和畜禽对维生素 C 的需要,只得在饲料中超量添加维生素 C,从而造成饲料成本升高,养殖效益下降。为此,世界各国都在寻求使维生素 C 稳定的办法,许多研究成果表明,使维生素 C 稳定的方法主要有:乙基纤维包被、脂肪包被或脂肪密封和磷酸酯化。

国内外应用结果证明,用维生素 C 与磷酸化试剂加以酯化反应,合成出 *L*-抗坏血酸-2-多聚磷酸酯(维生素 C 聚磷酸酯,vitamin C phosphate),可使维生素 C 稳定且应用效果最佳。

维生素 C-2-多聚磷酸酯是维生素 C 的第三代产品,具有高度的稳定性,当添加于各种类型的饮料中,摄入动物体内后,保护基因在动物消化道内的磷酸酯酶水解作用下分解脱落,使其释放出维生素 C 经消化道吸收,在血液中运转到各部位,从而起到与维生素 C 同等的生

理作用。水解生成的磷酸盐作为矿物质同时也被动物体吸收。

维生素 C 磷酸酯是淡黄、白色粉末。因本品流动性能佳,且容易混合均匀,因此,可将本品视为一种单一组分直接加入混合器中。维生素 C 磷酸酯亦可添加到预混料中,如在热带气候地区,建议将本品单独添加到主要的混合器中。将维生素 C 磷酸酯应用于预混料中的主要优点是减少加工程序和库存积压,节省工时并降低生产成本。

2. 维生素 C 磷酸酯镁

维生素 C 磷酸酯镁(vitamin C phosphate magnesium)为白色至微黄色粉状固体。维生素 C 磷酸酯镁为维生素 C 衍生物,是以维生素 C 为原料用现代科学技术加工而成。实践证明,单独使用维生素 C,它的功效只能达到 10%左右,而维生素 C 磷酸酯镁由于性能稳定,遇热、遇氧、遇光不氧化,使用功效能达到 100%。维生素 C 磷酸酯镁既具有维生素 C 所有功效,又克服了维生素 C 易被氧化(怕光、热及金属离子等)的缺点。作为营养添加剂可广泛应用于各类强化食品、营养保健品及饮料中。

维生素 C 磷酸酯镁 pH 为 7.0~8.5,易溶于水,它在体内参与多种反应,如参与氧化还原过程,在生物氧化还原以及细胞呼吸中起重要作用。维生素 C 磷酸酯镁在欧美、日本等国早已取代维生素 C 而应用于食品、医药、化妆品等行业。

(十二)肌醇

水产饲料中常需添加肌醇(inositol),用作饲料添加剂者为化学合成肌醇,其产品为含肌醇 97%以上的白色结晶或结晶性粉末,无臭,具有甜味,易溶于水。肌醇很稳定,在饲料中不易被破坏。为了使用方便,生产者常将多种维生素按畜禽需要的比例制成复合维生素添加剂产品,使用时,按一定比例添加于饲料即可,如"禽用多维"。我国维生素饲料添加剂标准见附录四。

三、合理应用维生素添加剂

(一)饲粮中维生素添加量的确定

正确确定预混合饲料和配合饲料中维生素的添加量,是保证饲料产品质量和动物生产上维生素饲料应用效果的关键之一。不同动物日粮中维生素的添加量取决于不同动物对维生素的需要量和维生素在预混合料和配合饲料中的稳定性。动物对维生素的需要量和维生素的稳定性均受许多因素的影响,综合起来在实际应用中主要考虑以下因素:

(1)日粮组成及各种养分的含量和相互关系。

(2)饲料中维生素颉颃因子。

(3)饲料中固有维生素的利用率。

(4)动物的饲养方式。放牧动物可从草、虫及其他天然饲料中获得大部分维生素,而舍饲动物主要由饲料中获得。养鸡垫料中的微生物可合成维生素 B,粪便中也含有许多维生素;而笼养鸡则无法由垫料、粪便中获得这些维生素,因而它们的需要量增加。

(5)环境条件(温度等)。

(6)动物的健康状况及应激。增加维生素 A、维生素 E、维生素 C 和某些 B 族维生素等,能增加动物的抗病和抗应激能力,以此目的添加的维生素需增加 1 倍或更高。表 1-1 为鸡在各种逆境条件下需要补充的维生素。表 1-2 为不同情况下家禽对维生素需要量增加的比例。

表 1-1　鸡在逆境条件下需要补充的维生素

逆境因素	需补充的维生素种类
入雏至 2 周龄	维生素 A、维生素 D、维生素 E、维生素 C 及 B 族维生素
产蛋高峰前后	维生素 A、维生素 D、维生素 C
强制换羽	补充平衡复合多种维生素
强化蛋壳	维生素 C、维生素 D
接种疫苗	维生素 A、维生素 D、维生素 E、维生素 C
密集饲养	补充平衡复合多种维生素
高温	维生素 C
寒冷	补充平衡复合多种维生素
球虫病	维生素 A、维生素 K、维生素 C
呼吸器官疾病	维生素 A、维生素 E、维生素 C
脂肪肝症	维生素 H、胆碱
其他疾病	补充平衡复合多种维生素

注："补充"的种类是在使用平衡复合多种维生素的基础上增加。

表 1-2　不同情况下家禽对维生素需要量增加的比例　　　　　　　　　%

影响因素	受影响的维生素种类	维生素需要量的增加比例
饲料成分	所有维生素	10～20
环境温度	所有维生素	20～30
舍饲笼养	B 族维生素、维生素 K	30～40
使用未加稳定剂含有过氧化物的脂肪	维生素 A、维生素 D、维生素 E	40～80
肠道寄生虫(如蛔虫、毛细线虫等)	维生素 A、维生素 K	100 或更高
使用亚麻籽粕	维生素 B_6	50～100
脑脊髓炎、球虫病等疾病	维生素 A、维生素 E、维生素 K、维生素 C	100 或更高

(7)维生素在各种饲料加工过程中的损失。包括原料、预混合料和配合饲料的加工处理、贮存条件及时间,饲料中各种化学物质与微生物等的影响。维生素在预混合料、颗粒料和膨化饲料中的稳定性如表 1-3 所示。

表 1-3　维生素在预混合料、颗粒料和膨化饲料中的稳定性(按月损失计)　　　%

项目	氯化胆碱	核黄素、烟酸、泛酸、维生素 E、生物素、维生素 B_{12}	硝酸硫胺素、叶酸、吡哆醇、维生素 D_3、维生素 A	盐酸硫胺素	甲萘醌、抗坏血酸
不含微量元素和胆碱的预混合料	0	<0.5	0.5	1	1
含胆碱的预混合料	<0.5	1	3	7	10
含微量元素和胆碱的预混合料	<0.5	5	8	15	30

项目	氯化胆碱	核黄素、烟酸、泛酸、维生素 E、生物素、维生素 B$_{12}$	硝酸硫胺素、叶酸、吡哆醇、维生素 D$_3$、维生素 A	盐酸硫胺素	甲萘醌、抗坏血酸
颗粒饲料	1	3	6	10	25
膨化饲料	1	6	11	17	50
稳定性	很高	高	中	低	很低

(二)维生素饲料的选择

维生素饲料的选择应根据其使用目的、生产工艺,综合考虑制剂的稳定性、加工特点、质量规格和价格等因素而定。针对不同动物及同一动物的不同缺乏症,应选择不同的脂溶性维生素。地区、气候、土壤、水源等环境条件的差异,会对饲料中的有效成分和含量产生不同影响,在配合饲料时要有针对性的增减饲料添加剂的种类,以达到有的放矢、高效合理的目的。配制预混料时,如生产条件和技术力量好,可选择纯品或药用级脂溶性维生素制剂;如生产条件和技术力量差,应选择经过包被处理的制剂;如配制液体饲料或宠物罐头饲料,则应选择可溶性制剂。

(三)维生素饲料的配伍

饲料添加剂之间存在协同作用与颉颃作用,若将有协同作用成分配合在一起使用,其功效能大于各自功效的总和,得到事半功倍的效果;反之则会使其功效小于各自功效,甚至无效和产生毒副作用。脂溶性维生素对大部分矿物质不稳定,在潮湿或含水量较高的条件下,脂溶性维生素对各种因素的稳定性均降低。

在生产预混合料时,应注意原料(包括载体)的搭配,尤其是生产高浓度预混合饲料时,应根据维生素的稳定性和其他成分的特性,合理搭配,注意配伍禁忌,以减少维生素在加工、贮存过程中的损失。表 1-4 显示了各种维生素对几种主要因素的稳定性。总的说来,大部分维生素添加剂对微量元素矿物质不稳定,在潮湿或含水量较高的条件下,维生素对各种因素的稳定性均下降,因此,要避免维生素与矿物质共存,特别要避免同时与吸湿性强的氯化胆碱共存。维生素、矿物元素、氯化胆碱共存时,维生素的损失量可参考表 1-4。

表 1-4　维生素对外界因素的稳定性

维生素	潮湿	氧化	还原	微量元素	热	光	酸性	中性	碱性
维生素 A(微粉剂)	+	+	−	+	(+)	(+)	+	−	−
维生素 D(微粉剂)	+	+	−	+	(+)	(+)	+	−	−
维生素 E 乙酸酯	−	−	−	(+)	−	−	(+)	−	+
维生素 K(MSBC、MPB)	++	−	−	(+)	−	++	−	−	+
盐酸硫胺素	+	+	−	+	−	−	−	(+)	+
硝酸硫胺素	−	(+)	(+)	+	−	−	−	(+)	+
核黄素	−	−	−	(+)	−	+	−	−	+
吡哆醇	−	−	−	(+)	−	+	−	(+)	+

饲料添加剂

维生素	潮湿	氧化	还原	微量元素	热	光	酸性	中性	碱性
维生素 B_{12}	-	(+)	+	(+)	(+)	+	(+)	-	(+)
泛酸钙	+	-	-	-	(+)	-	+	(+)	-
叶酸	-	(+)	(+)	+	(+)	(+)	+	-	(+)
生物素	-	-	-	-	-	-	(+)	-	-
烟酸	-	-	-	-	-	-	-	-	-
烟酰胺	+	-	-	-	-	-	(+)	-	(+)
抗坏血酸	-	+	-	++	(+)	-	-	-	+
氧化胆碱	++	-	-	-	-	-	-	-	(+)

注:+表示敏感;++表示非常敏感;(+)表示弱度敏感或同其他因素结合时敏感;-表示不敏感。

资料来源:Feed international,1991,11(39)。

在选用商品"多维"时,要注意其含维生素的种类,若某种或某几种维生素不含在内,而又需要者,必须另外添加。"多维"中往往不含氯化胆碱和维生素C,有的产品中缺生物素、泛酸等。此外,在饲料中添加了抗维生素 B_1 的抗球虫药(如氨丙啉)时,维生素 B_1 用量不宜过多。若每千克日粮中维生素 B_1 含量达 10 mg 时,抗球虫剂效果会降低。

(四)维生素饲料的添加方法

不同维生素饲料产品的特性不同添加方法也不同。一般干粉饲料或预混合料,可选用粉剂直接加入混合机混合。当维生素制剂浓度高,在饲料中的添加量小或原料流动性差时,则应先进行稀释或预处理,再加入混合机混合。液态维生素制剂的添加必须由液体添加设备喷入混合机或先进行处理变为干粉剂。对某些稳定性差的维生素,在生产颗粒饲料或膨化饲料时,选择制粒、膨化冷却后再喷涂在颗粒表面的添加方法能减少维生素的损失。

脂溶性维生素添加剂产品在开封后应尽快用完,制粒、膨化冷却后再喷涂在颗粒料表面能减少脂溶性维生素的损失。由于添加剂在配合饲料中占的比例很小,不可能一次搅拌均匀,故使用维生素添加剂要事先用少量玉米粉等载体预混,然后再逐级扩大混匀。添加剂均匀性差,会直接影响饲喂效果,达不到使用添加剂的目的,造成浪费甚至危害,充分预混均匀则能显著降低畜禽的发病率。

(五)维生素饲料产品的包装贮存

维生素饲料产品应密封、隔水包装,真空包装更佳。维生素饲料产品需贮藏在干燥、避光、低温条件下。高浓度单项维生素制剂一般可贮存 1～2 年,不含氧化胆碱和维生素C的预混合料不超过 6 个月,含维生素的复合预混合料,最好不超过 1 个月,不宜超过 3 个月。所有维生素饲料产品,开封后需尽快用完。

四、饲料添加剂中维生素的分析测定

实训一　维生素 A 的测定

(一)实训目的

掌握紫外分光光度法测定维生素 A 含量的基本原理及校正公式的应用。

(二)测定原理

维生素 A 乙酸酯经皂化提取后,则以醇式存在,维生素 A 醇的异丙醇溶液在 325 nm 波长处有最大吸收,其 $E_{1cm}^{1\%}=1\ 830$,而其所含杂质具有干扰,因此采用三点校正法测其含量以消除杂质的干扰。饲料添加剂维生素 A 乙酸酯微粒质量标准如表 1-5 所示。

表 1-5 饲料添加剂维生素 A 乙酸酯微粒质量标准 %

指标名称	指标
含量(以 $C_{22}H_{32}O_2$ 计,标示量的百分率)	90~120.0
干燥失重	≤5.0

(三)适用范围

本测定方法适用于以 β-紫罗兰酮为起始原料,经化学合成法制得的维生素 A 乙酸酯,加入适量抗氧化剂,采用明胶等辅料制成的微粒,在饲料工业中作为维生素类饲料添加剂。

1. 定性鉴别

(1)试剂与溶液。

①无水乙醇(GB 678)。

②三氯甲烷(氯仿)(GB 682)。

③三氯化锑(HG 3-1061)溶液:取三氯化锑 1 g,加氯仿制成 4 mL 的溶液。

(2)鉴别方法。称取试样 0.1 g,用无水乙醇湿润后,研磨数分钟,加氯仿 10 mL,振摇过滤,取滤液 2 mL,加三氯化锑的氯仿溶液 0.5 mL,即呈蓝色,并立即褪色。

2. 定量测定

(1)仪器设备。分光光度计(附 1 cm 比色杯)。

(2)试剂与溶液。

①95% 乙醇(GB 679)。

②500 g/L 氢氧化钾(GB 2306)溶液。

③乙醚(HG 3-1002):不含过氧化物。

④10 g/L 酚酞(HGB 3039)乙醇溶液。

⑤无水硫酸钠(HG 3-123)。

⑥异丙醇(HG 3-1167):光学纯。

⑦甘油淀粉润滑剂:取甘油 22 g,加入可溶性淀粉 9 g,加热至 140℃,保持 30 min,并不断搅拌,冷却后即可。

(3)测定方法。准确称取试样适量(使试样稀释成 250 mL 后,1 mL 中含维生素 A 乙酸酯 9~15IU)(准确至 0.000 2 g),置皂化瓶中,加 95% 乙醇 30 mL 与氢氧化钾溶液 3 mL,置水浴中煮沸回流 30 min 进行皂化。冷却后自冷凝管顶端用 10 mL 水冲洗冷凝管内部。

将皂化液移至分液漏斗中(分液漏斗活塞涂以甘油淀粉润滑剂),皂化瓶用水 60~100 mL 分数次洗涤,洗液并入分液漏斗中,用不含过氧化物的乙醚振摇提取 4 次,每次振摇约 5 min,第一次 60 mL,以后各次 40 mL,合并乙醚液,用水洗涤数次,每次约 100 mL,洗涤应缓缓旋动,避免乳化,直到水层遇酚酞指示液不再显红色,乙醚液用铺有脱脂棉与无水硫酸钠的滤器滤过,滤器用乙醚洗涤,洗液与乙醚液合并,放入 250 mL 棕色量瓶中,用乙醚稀

饲料添加剂

释至刻度,摇匀,准确吸取 1 mL 提取液,用异丙醇稀释至刻度(制成 1 mL 中含 9～15 IU 的溶液),摇匀。用分光光度计测量,以 1 cm 的比色皿在 300 nm、310 nm、325 nm 及 334 nm 的 4 个波长处测定吸收度,并测定吸收峰的波长。所有测定应在半暗室中尽快进行。

(4)数据处理。维生素 A 含量用 1 g 试样中维生素 A 的单位数(IU/g)表示,所含维生素 A 相当于标示量质量分数。

计算方法:测定的吸收峰波长应在 323～327 nm,且 300 nm 波长处的吸收度与 325 nm 波长的吸收度的比值应不超过 0.73,按下式计算校正吸收度:

$$A_{325\,mm}(校正) = 6.815A_{325\,nm} - 2.555A_{310\,nm} - 4.260A_{334\,nm}$$

如果校正吸收度在未校正吸收度的 3% 以内,则仍以未经校正的吸光度计算维生素 A 的质量分数。

$$\overline{w}(维生素\ A) = \frac{A_{325\,nm}(校正) \times 6\,250}{m \times 100} \times 100$$

式中:A 为吸收度;6 250 为试样稀释的体积(mL);m 为试样质量(g)。

实训二　维生素 D₃ 微粒的分析测定

(一)适用范围

本方法适用于以含量为 130 万 IU/g 以上的维生素 D₃ 原油为原料,配以一定量 2,6-二叔丁基-4-甲基苯酚(BHT)及乙氧喹啉作稳定剂,采用明胶和淀粉等辅料经喷雾法制成的微粒。本品在饲料工业中作为维生素类饲料添加剂。

(二)定性鉴别

1. 试剂与溶液

乙酸酐(GB 677);三氯甲烷(氯仿)(GB 682);硫酸(GB 625)。

2. 鉴别方法

称取试样 0.1 g,精确到 0.000 2 g,加三氯甲烷(氯仿)10 mL,研磨数分钟,过滤。取滤液 5 mL,加乙酸酐 0.3 mL,硫酸 0.1 mL,振摇,初显黄色,渐变红色,迅即变为紫色,最后呈绿色。

(三)定量测定

(1)仪器设备。高效液相色谱仪;旋转蒸发仪;其他为实验室一般仪器设备。

(2)试剂与溶液。

①500 g/L 氢氧化钾(GB 2306)溶液。

②无水乙醇(GB 678)。

③0.5 mol/L 乙醇制氢氧化钾液:取氢氧化钾约 35 g,置锥形瓶中,加无水乙醇适量使溶解并稀释成 1 000 mL,用橡皮塞密塞,静置 24 h 后,迅速倾取上清液,置具橡皮塞的棕色玻璃瓶中。

④1 mol/L 氢氧化钠(GB 629)溶液:取氢氧化钠适量,加水振摇使溶解成饱和溶液,冷却后置聚乙烯塑料瓶中,静置数日,澄清后备用。氢氧化钠溶液(1 mol/L):取澄清的氢氧化钠饱和液 56 mL,加新沸过的冷水至 1 000 mL,摇匀。

⑤抗坏血酸钠溶液:称取 3.5 g 抗坏血酸,溶解于 20 mol/L 氢氧化钠溶液中即成。

⑥乙醚(HG 31002):不含过氧化物。

⑦碱性洗涤剂:称取 1 份 0.5 mol/L 乙醇制氢氧化钾溶液,与 8 份水、1 份 95％乙醇混合即成。

⑧酚酞指示液:称取酚酞(HGB 3039)1 g,加 95％乙醇至 100 mL 即成。

⑨对-二甲基氨基苯甲醛(内标物)(HGB 3486)。

⑩维生素 D_3 标准品。

⑪维生素 D_3 标准储备液:称取 20 mg 维生素 D_3 标准品,精确到 0.000 2 g,于 100 mL 棕色容量瓶中,加正己烷及数粒 2,6-二叔丁基-4-甲基苯酚(BHT)溶解,并稀释至刻度,混匀即成。

⑫内标储备液:称取 0.2 g 内标物,精确到 0.000 3 g,于 100 mL 棕色容量瓶中,加 5 mL 无水乙醇溶解,并用正己烷稀释至刻度,混匀即成。

⑬内标分析液:精密吸取 10 mL 内标储备液,用正己烷稀释至 100 mL,混匀即成。

⑭丙三醇(甘油)淀粉润滑油:称取 22 g 丙三醇(GB 687),加入可溶性淀粉 9 g,加热至 140℃,保持 30 min,并不断搅拌,冷却后即可。

(3)含量测定。

①试样前处理。

a. 称取试样适量,使含维生素 D_3 10 万 IU,精确到 0.000 2 g,置皂化瓶中。

b. 加 95％乙醇 20 mL,5 mL 抗坏血酸钠溶液(临用新配),3 mL 500 g/L 氢氧化钾溶液(临用新配),置 90℃水浴回流 30 min,迅速冷却。

c. 自冷凝管顶端加水 5 mL 冲洗冷凝管内壁 2 次,将皂化液移至 500 mL 分液漏斗甲中(分液漏斗活塞涂以甘油淀粉润滑油)。

d. 皂化瓶中分别用 15 mL 水、10 mL 无水乙醇清洗 2 次,洗液并入分液漏斗甲中。

e. 分液漏斗甲加入不含过氧化物的乙醚 50 mL 2 次,每次振摇 30 s,静置,分层。把水层转移至 250 mL 分液漏斗乙中。

f. 水层用 10 mL 乙醇、50 mL 乙醚振摇 30 s,静置,分层。把水层转移至皂化瓶中,把乙醚层转移至甲分液漏斗中,用 10 mL 乙醚洗涤分液漏斗乙 2 次。洗液合并在分液漏斗甲中。

g. 把水层再转移至分液漏斗乙中,用 50 mL 乙醚提取一次,弃去水层,乙醚层再并入分液漏斗甲中。

h. 合并后的乙醚液用 50 mL 碱性洗涤液洗涤 2 次,振摇,静置,分层。弃去水层。

i. 乙醚液每次用 50 mL 水洗涤,直至洗液遇酚酞液不显红色为止。

j. 将乙醚层放入 250 mL 容量瓶中,用适量乙醚洗涤分液漏斗甲,洗液并入容量瓶中,用乙醚稀释至刻度并摇匀。

②测定条件。

a. 高压液相色谱仪。

b. 紫外检测仪:波长 254 nm。

c. 分析柱:硅胶柱 5 μm。

d. 流动相:正己烷:正戊醇(1 000:3)(V:V)。

e. 流速:2.0 mL/min。

f. 灵敏度:0.05 AUFS。

③测定方法。精密吸取乙醚提取液 20 mL,于 100 mL 茄形瓶中,加数粒 2,6-二叔丁基-4-甲基苯酚(BHT),将圆底茄形瓶置于真空蒸发器上,60℃水浴蒸干,取下冷却后,准确加入 10 mL 内标分析液,溶解残留物,过滤。过滤液进样 100 μL,记录所得色谱峰。

④数据处理。试样中维生素 D_3 质量分数按下式计算:

$$w(\text{维生素 } D_3) = \frac{[P_D + (P_{pre} \times F)] \times F_D \times m_{in} \times D_s \times 4 \times 10^7}{P_{in} \times m_s \times D_{in}}$$

式中:P_D 为试样中维生素 D_3 峰的响应值;P_{pre} 为试样中预维生素 D_3 峰的响应值;F 为预维生素 D_3 转换成维生素 D_3 的转换因子;F_D 为校正因子;m_{in} 为内标物质量(g);D_s 为试样稀释倍数;P_{in} 为内标峰的响应值;m_s 为试样质量(g);D_{in} 为内标稀释倍数。

F_D(校正因子)的测定与计算:分别准确吸取维生素 D_3 标准储备液 5 mL 和内标储备液 5 mL,置于 50 mL 棕色容量瓶中,加正己烷稀释至刻度,混匀,过滤,取 100 μL 过滤液注入分析柱。F_D 按下式计算:

$$F_D = \frac{P_{in} \times m_r \times D_{in}}{P_r \times m_{in} \times D_r}$$

式中:P_{in} 为内标峰响应值;m_r 为维生素 D_3 标准品质量(g);D_{in} 为内标稀释倍数;P_r 为维生素 D_3 标准品峰响应值;m_{in} 为内标物质量(g);D_r 为维生素 D_3 标准品稀释倍数。

F_{pre}(预维生素 D_3 校正因子)的测定与计算:精确吸取 5 mL 维生素 D_3 标准储备液,于 100 mL 皂化瓶中,加数粒 BHT,置 90℃水浴,避光回流 45 min,冷却,转移至 50 mL 棕色容量瓶中,加 5 mL 内标储备液,用正己烷稀释至刻度,混匀,取 100 μL 注入分析柱。F_{pre} 按下式计算:

$$F_{pre} = \frac{P \times P_{in} \times m_r \times D_{in}}{P_{pre} \times m_{in} \times D_{pre} \times 100}$$

式中:P 为转化的预维生素 D_3 百分含量;P_{in} 为内标物响应值;m_r 为维生素 D_3 标准品质量(g);D_{in} 为内标稀释倍数;P_{pre} 为预维生素 D_3 峰的响应值;m_{in} 为内标物质量(g);D_{pre} 为维生素 D_3 标准品稀释倍数。

未转化维生素 D_3 质量分数按下式计算:

$$Q = \frac{F_D \times P_D \times m_{in} \times D_r}{P_{in} \times m_r \times D_{in}}$$

式中:F_D 为校正因子;P_D 为标准品中未转化的维生素 D_3 峰响应值;m_{in} 为内标物称量(g);D_r 为维生素 D_3 标准品稀释倍数;P_{in} 为内标峰响应值;m_r 为维生素 D_3 标准品称量(g);D_{in} 为内标稀释倍数。

转化的预维生素 D_3 质量分数按下式计算:

$$w(\text{转化的预维生素 } D_3) = 100 - w(\text{未转化维生素 } D_3)$$

预维生素 D_3 转化成维生素 D_3 的转化因子 F 按下式计算:

$$F = \frac{F_{pre}}{F_D}$$

式中：F_{pre} 为预维生素 D₃ 校正因子；F_D 为校正因子。

实训三 维生素 E 粉的含量测定

(一)实训目的

掌握用硫酸高铈法测定本品含量的原理，熟悉回流基本操作。

(二)测定原理

维生素 E 在回流时发生水解，生成游离的 α-生育酚，后者能与高铈离子定量发生作用，故可用铈量法测定，以二苯胺为指示剂，用硫酸铈标准溶液滴定至溶液由亮黄色转变为灰紫色。

(三)适用范围

本方法适用于以维生素 E 为原料，加入适当的吸附剂制成的维生素 E 粉，在饲料工业中作为维生素类饲料添加剂。

(四)定性鉴别

1. 试剂与溶液

无水乙醇(GB 678)；硝酸(GB 626)。

2. 鉴别方法

称取试样约相当于维生素 E 15 mg，加无水乙醇 10 mL 溶解后，加硝酸 2 mL，摇匀，在 75℃加热约 15 min，溶液显橙红色。

(五)定量测定

1. 试剂与溶液

无水乙醇(GB 678)；硫酸(GB 625)；10 g/L 二苯胺(GB 681)；12% 乙醇溶液；硫酸溶液；硫酸铈(HG10-2244)；硫酸铈标准液：0.01 mol/L。

2. 测定方法

称取试样约相当于维生素 E 0.2 g(准确至 0.000 2 g)，置于 100 mL 容量瓶中，加无水乙醇至刻度。振摇 30 min，用干燥滤纸滤过，弃去初滤液，精密吸取滤液 50 mL，置于回流瓶中，加硫酸 3 mL，摇匀，加热回流 3 h，放冷，置于 100 mL 容量瓶中，用无水乙醇洗涤容器，洗液并入容量瓶中，再加无水乙醇稀释至刻度，摇匀。

精密吸取溶液 25 mL，加 12% 乙醇溶液 20 mL、水 10 mL、二苯胺硫酸溶液 2 滴，用 0.01 mol/L 硫酸铈标准液滴定，滴定速度以每 10 s 25 滴为宜，至溶液由亮黄色转变为灰紫色，持续 10 s，即为终点，并将滴定结果用空白试验校正。

3. 数据处理

试样中含维生素 E 质量分数按下式计算。

$$w(维生素 E) = \frac{(V - V_0) \times F \times 0.002\,364 \times 8}{m}$$

式中：V 为试样溶液消耗硫酸铈标准液的体积(mL)；V_0 为空白溶液消耗硫酸铈标准液的体积(mL)；F 为硫酸铈标准液浓度校正系数；0.002 364 为滴定度(1 mL 的 0.01 mol/L 硫酸铈标准液相当于 0.002 364 g 的 $C_{31}H_{52}O_3$)；8 为试样稀释倍数；m 为试样质量(g)。

实训四 维生素 B₁ 散的含量测定

➤ 方法一 紫外可见分光光度法测定维生素 B₁ 散的含量

(一)实训目的

掌握紫外可见分光光度法测定维生素 B₁ 散含量的方法。

(二)测定原理

维生素 B₁ 在波长（246±1）nm 处有最大吸收，通过测定吸收度 A 值根据吸收系数（$E_{1cm}^{1\%}$）计算维生素 B₁ 的含量。

(三)主要仪器

紫外可见分光光度计，容量瓶（100 mL），盐酸溶液（0.1 mol/L），烧杯（250 mL）。

(四)测定方法

取本品适量（约相当于维生素 B₁ 25 mg），精密称量，置 100 mL 容量瓶中，缓缓加到 0.1mol/L HCl 约 70 mL，悬摇 15 min，使其溶解。再用 0.1 mol/L HCl 稀释至刻度，摇匀，滤过，弃去初滤液，取取滤液 5 mL，置于另一 100 mL 容量瓶中，再加 0.1 mol/L HCl 稀至刻度，摇匀，照分光光度法在（246±1）nm 波长处测定吸收度，按 $C_{17}H_{20}N_4O_6$ 的吸收系数（$E_{1cm}^{1\%}$）为 323 计算，即得其含量（规格：0.4%）。

(五)数据处理

试样中维生素 B₁ 的含量按下式计算：

$$w(\text{维生素 B}_1) = \frac{A \times 100 \times \frac{100}{5}}{W \times 323 \times B}$$

式中：A 为测得的吸收度值；W 为供试品的重量（g）；323 为供试品在（444±1）nm 处的吸收系数；B 为标示量。

➤ 方法二 维生素 B₁（盐酸硫胺素）的分析测定

(一)适用范围

本方法适用于化学合成法制得的维生素 B₁（盐酸硫胺素），在饲料工业中作为维生素类饲料添加剂。

(二)定性鉴别

1. 试剂与溶液

①43 g/L 氢氧化钠（GB 629）溶液：取氢氧化钠 4.3 g，加水溶解成 100 mL。

②100 g/L 铁氰化钾（GB 644）溶液：取铁氰化钾 1 g，加水 10 mL 使溶解。现配现用。

③正丁醇（HG 3-1012）。

④二氧化锰（HGB 3255）。

⑤硫酸（GB 625）。

⑥碘化钾（GB 1272）。

⑦可溶性淀粉（HGB 3095）。

⑧淀粉指示液:称取可溶性淀粉 0.5 g,加水 5 mL 搅匀后,缓缓倾入 100 mL 沸水中,随加随搅拌,继续煮沸 2 min,放冷,倾取上清液,即得。

⑨碘化钾淀粉试纸:取滤纸条浸入含有碘化钾 0.5 g 的新配制的淀粉指示液 100 mL 中,湿透后,取出干燥,即得。

2. 鉴别方法

①称取试样约 5 mg,加氢氧化钠溶液 2.5 mL 溶解后,加铁氰化钾溶液 0.5 mL 与正丁醇 5 mL,强力振摇 2 min,放置使分层。上面的醇层显强烈的蓝色荧光,加酸使成酸性,荧光即消失,再加碱使成碱性,荧光又显出。

②本品的水溶液呈氯化物的鉴别反应:称取试样 0.5 g,置干燥试管中,加二氧化锰 0.5 g,混匀,加硫酸湿润,缓缓加热,即产生氯气,能使湿润的碘化钾淀粉试纸显蓝色。

(三)定量测定

1. 试剂与溶液

①盐酸(GB 622)。

②100 g/L 硅钨酸溶液。

③盐酸(GB 622)溶液:取盐酸 5 mL,加水稀释至 100 mL。

④丙酮(GB 686)。

2. 测定方法

称取 0.05 g(准确至 0.000 2 g),加水 50 mL 溶解后,加盐酸 2 mL 煮沸,立即滴加硅钨酸溶液 4 mL,继续煮沸 2 min。用在 80℃ 干燥至恒重的 4♯垂熔坩埚过滤,沉淀先用煮沸的盐酸溶液 20 mL 分次洗涤,再用水 10 mL 洗涤 1 次,最后用丙酮洗涤 2 次,每次 5 mL,沉淀物在 80℃ 干燥至恒重。

3. 数据处理

试样中盐酸硫胺素质量分数按下式计算:

$$w(盐酸硫胺素) = \frac{m_1 \times 0.193\ 9}{m \times (1 - w_1)}$$

式中:m_1 为干燥后沉淀质量(g);m 为试样的质量(g);w_1 为试样干燥失重质量分数;0.193 9 为盐酸硫胺硅钨酸盐换算成盐酸硫胺素系数。

> ➤ 方法三　维生素 B₁(硝酸硫胺素)的分析测定

(一)适用范围

本方法适用于化学合成制得的维生素 B₁(硝酸硫胺素),在饲料工业中作为维生素类饲料添加剂。

(二)定性鉴别

1. 试剂与溶液

①硫酸(GB 625)。

②80 g/L 硫酸亚铁(GB 664)溶液:取硫酸亚铁结晶 8 g,加新沸过的冷水 100 mL 使溶解,摇匀。现配现用。

③冰乙酸(GB 676)。

④100 g/L 乙酸铅(GB 3-974)溶液:取乙酸铅 10 g,加新沸过的冷水溶解后,滴加冰乙酸使溶液澄清,再加新沸过的冷水使成 100 mL,摇匀。

⑤氢氧化钠(GB 629)溶液。

⑥100 g/L 铁氰化钾(GB 644)溶液:取铁氰化钾 1 g,加水 10 mL 使溶解。现配现用。

⑦异丁醇。

2. 鉴别方法

①取 2%试样溶液 2 mL,冷却后缓缓加入硫酸亚铁溶液 2 mL,两层溶液接触处产生棕色环。

②溶解试样约 5 mg 于乙酸铅溶液 1 mL 和氢氧化钠溶液 1 mL 的混合液中,产生黄色;再在水浴上加热几分钟,溶液变成棕色;放置有硫化铅析出。

③称取试样约 5 mg,加氢氧化钠溶液 2.5 mL,溶解后,加铁氰化钾溶液 0.5 mL 与异丁醇 5 mL,强力振摇 2 min,放置使分层,上面的醇层显强烈的蓝色荧光;加酸使成酸性,荧光即消失,再加碱使成碱性,荧光又显出。

(三)定量测定

1. 仪器设备

一般实验室仪器设备。

2. 试剂与溶液

①盐酸(GB 622)。

②100 g/L 硅钨酸溶液。

③盐酸(GB 622)溶液:取盐酸 5 mL,加水稀释至 100 mL。

④丙酮(GB 686)。

3. 测定方法

称取试样 1.0 g(准确至 0.002 g),加水 50 mL 溶解后,加盐酸 2 mL 煮沸,立即滴加硅钨酸溶液 10 mL,继续煮沸 2 min。80℃ 干燥至恒重的 4# 垂熔坩埚过滤,沉淀先用煮沸的盐酸溶解洗涤 2 次,每次 10 mL,再用水 10 mL 洗涤 1 次,最后用丙酮洗涤 2 次,每次 5 mL,沉淀在 80℃ 干燥至恒重。

4. 数据处理

试样中硝酸硫胺素质量分数按下式计算:

$$w(硝酸硫胺素) = \frac{m_1 \times 0.188\ 2}{m \times (1 - w_1)}$$

式中:m_1 为干燥后沉淀质量(g);m 为试样的质量(g);w_1 为试样干燥失重质量分数;0.188 2 为硝酸硫胺硅钨酸盐换算成硝酸硫胺素系数。

实训五　维生素 B₂ 的分析测定与维生素 B₂ 散的含量测定

(一)实训目的

(1)了解维生素 B_2 散的质量检查项目,熟练其基本操作。

(2)掌握用分光光度法测定维生素 B_2 散含量的原理和方法。

(二)适用范围

本方法适用于生物发酵法或合成法制得的维生素 B_2,在饲料工业中作为维生素类饲料添加剂。

(三)定性鉴别

1. 试剂与溶液

①连二亚硫酸钠(GB 22215)。

②冰乙酸(GB 676)。

③14 g/L 乙酸钠(GB 693)溶液。

2. 鉴别方法

①称取试样约 1 mg,加水 100 mL 溶解后,溶液在透射光下显淡黄绿色并有强烈的黄绿色荧光;分成 2 份,1 份中加矿酸或碱溶液,荧光即消失;另一份中加连二亚硫酸钠结晶少许,摇匀后,黄色即消退,荧光即消失。

②按含量测定制备溶液,用分光光度计(267±1) nm 与(444±1) nm 的波长处有最大吸收。

③吸光度 375 nm 与吸光度 276 nm 的比值为(0.31~0.33)∶1。

④吸光度 444 nm 与吸光度 267 nm 的比值为(0.36~0.39)∶1。

(四)主要仪器

分析筛,棕色量瓶,分光光度计(附 1 cm 比色皿),烘箱,电动筛机。

(五)测定方法

1. 检查

(1)干燥失重。取本品,在 105℃ 干燥 4 h,减失重量不得过 3.0%。

(2)粒度。全部通过二号筛,不通过三号筛的粉末不超过 10%。

(3)含量均匀度。取供试品 5 个,照含量项下规定的方法分别测定,求其平均值,每个含量与平均值相比较,含量差异大于 15% 的不得超过 1 个。

2. 含量测定

(1)测定原理。本品 0.001 5% 溶液在(267±1) nm、(375±1) nm 及(444±1) nm 的波长处有最大吸收,故可用分光法在(444±1) nm 波长处测定吸收度以计算含量。

(2)测定方法。避光操作。称取试样约 0.075 g(准确至 0.000 2 g),置烧杯中,加冰乙酸 1 mL 与水 75 mL,加热溶解后,加水稀释,冷却。移置 500 mL 容量瓶中,再加水稀释至刻度,摇匀。精密吸取 10 mL 置 100 mL 容量瓶中,加乙酸钠溶液 7 mL,并用水稀释至刻度,摇匀;另取乙酸钠溶液 7 mL 于 100 mL 容量瓶中,用水稀释至刻度,作为空白对照液,于 1 cm 比色皿内,用分光光度计于(444±1) nm 波长处测定吸光度。

(3)数据处理。试样中维生素 B_2 质量分数按下式计算:

$$w(维生素\ B_2) = \frac{A}{323 \times l \times \rho}$$

式中:A 为试样中(444±1)nm 波长处测得的吸光度;323 为维生素 B_2 在(444±1) nm 波长处的吸收系数,$E_{1\,cm}^{1\%}$;l 为光路长度(1 cm);ρ 为 100 mL 溶液中试样的体积质量。

(六)注意事项

(1)本品及其水溶液对光线极不稳定,其分解速度随温度的升高和 pH 的增大而加速,因此应避光操作。

(2)维生素 B_2 在 224 nm、267 nm、375 nm 及 444 nm 波长处有最大吸收,一般利用(444±1) nm 波长处测定含量。该法操作简便、专属性强,对遇光变质的产品则吸收度降低,含量偏小。

(3)供试品加冰乙酸,缓慢加水后加热溶解。以试验用直火加热或置沸水加热,两种方法测定结果基本一致,但沸水浴中加热,供试品溶解时间较长,1~2 h;直火加热 15~20 min 即可溶解。

实训六　维生素 B_6 的分析测定

(一)适用范围

本方法适用于合成法制得的维生素 B_6,在饲料工业中作为维生素类饲料添加剂。

(二)定性鉴别

1. 试剂与溶液

①200 g/L 乙酸钠(GB 693)溶液。

②40 g/L 硼酸(GB 628)溶液。

③5 g/mL 氯亚氨基-2,6-二氯醌乙醇溶液。

④95%乙醇(GB 679)。

⑤硝酸(GB 626)溶液:取硝酸 100 mL,加水稀释至 1 000 mL。

⑥氨水(GB 631)试液:取氨水 40 mL,加水至 100 mL。

⑦0.1 mol/L 硝酸银(GB 670)溶液。

2. 鉴别方法

①称取试样约 10 mg,加水 100 mL 溶解后,各取 1 mL,分别置甲、乙两个试管中,各加 200 g/L 乙酸钠溶液 2 mL,甲管中加水 1 mL,乙管中加 40 g/L 硼酸溶液 1 mL,混匀,迅速加氯亚氨基-2,6-二氯醌乙醇溶液各 1 mL,甲管中显蓝色,几分钟后即消失,并转变为红色,乙管中不显蓝色。

②取①项下试样的水溶液,加氨水试液使成碱性,再加硝酸溶液使成酸性后,加 0.1 mol/L 硝酸银溶液,即产生白色凝胶状沉淀;分离,加氨水试液,沉淀即溶解,再加硝酸,沉淀即生成。

(三)定量测定

1. 试剂与溶液

①冰乙酸(GB 676)。

②50 g/L 乙酸汞(HG 2-1096)溶液:取乙酸汞 5 g,研细,加温热的冰乙酸使溶解成 100 mL。

③5 g/L 结晶紫(HG 10-2151)冰乙酸溶液。

④高氯酸标准溶液:0.1 mol/mL。

2. 测定方法

称取试样 0.15 g(准确至 0.000 2 g),加冰乙酸 20 mL 与乙酸汞溶液 5 mL,温热溶解后,冷却后加结晶紫指示液 1 滴,用高氯酸标准液滴定,至溶液显蓝绿色,并将滴定结果用空白试验校正。

3. 数据处理

试样中维生素 B_6 质量分数按下式计算：

$$w(维生素 B_6) = \frac{(V - V_0) \times c \times 0.205\,6}{m}$$

式中：V 为试样溶液消耗高氯酸标准液的体积(mL)；V_0 为空白试验消耗高氯酸标准液的体积(mL)；c 为高氯酸标准液浓度(mol/L)；0.020 56 为滴定度(1 mL 的 0.1 mol/L 高氯酸标准液相当于 0.020 56 g 维生素 B_6)；m 为试样的质量(g)。

实训七 维生素 B_{12} 的分析测定

(一)适用范围

本方法适用于以维生素 B_{12} 为原料,加入玉米淀粉或碳酸钙稀释剂制成的维生素 B_{12} 粉剂,在饲料工业中作为维生素类饲料添加剂。

(二)定性鉴别

1. 试剂与溶液

①甲醇(GB 683)溶液:甲醇：水(19：1)混合液($V：V$)。

②硅胶 G(薄层层析用):10～40 目。

③3 g/mL 羟甲基纤维素钠(CMC-Na)溶液:称取 1 g 羟甲基纤维素钠,加入 300 mL 水,加热煮沸溶解。放置 24～48 h 使用。

④维生素 B_{12} 对照品。

2. 测定方法

①最大吸收:最适量试样,溶于水中,用 1 cm 比色杯,在分光光度计波长 300～600 nm 间测定溶液的吸收光谱,应在(361±1) nm、(550±2) nm 处有最大吸收。

②薄层鉴别:取适量硅胶 G,用羧甲基纤维素钠溶液调成糊状,均匀地涂布在 5 cm×20 cm 的玻璃板上,在室温下晾干。

称取相当于 2 mg 维生素 B_{12} 的试样,加入 2 mL 水振摇 10 min,离心 5 min,取上清液作为试样溶液。

称取相当于 2 mg 维生素 B_{12} 的对照品,加入 2 mL 水振摇 10 min,作为对照品溶液。分别吸取 10 mL 试样溶液和对照品溶液 10 μL,在距硅胶薄层板底边 2.5 cm 处的基线上点样。用甲醇-水混合液作为展开剂,当斑点展开至 12 cm 时,取出硅胶薄层板并在室温下晾干,使试样溶液和对照品溶液分别显红色斑点,它们的比值应当相等。

(三)定量测定

1. 仪器设备

①分光光度计。

②容量瓶 100 mL、1 000 mL。

③一般实验室仪器设备。

2. 试剂与溶液

①维生素 B_{12} 标准溶液。

②维生素 B_{12} 对照品溶液。

3. 测定方法

准确称取相当于 2 mg 维生素 B_{12} 的试样,置于 100 mL 容量瓶中,加入水 80 mL,充分混匀后稀释至刻度,再混匀,经干燥滤纸过滤(必要时可离心),弃去初滤液,收集滤液。

准确称取 20 mg 维生素 B_{12} 对照品,置于 1 000 mL 容量瓶中,用水溶解并稀释至刻度。

在分光光度计波长(361±1)nm 处,用水作为空白液,测定试样溶液和标准溶液的吸光度。

(四)数据处理

试样中维生素 B_{12}(氰钴胺)质量分数按下式计算。

$$w(维生素\ B_{12}) = \frac{A_1 \times w_1 \times m_2 \times V_1}{A_2 \times m_1 \times V_2}$$

式中:A_1 为试样溶液的吸光度;A_2 为标准溶液的吸光度;w_1 为对照品维生素 B_{12} 质量分数;m_1 为试样的质量(干基计,g);m_2 为对照品的质量(干基计,g);V_1 为试样溶液的总体积(mL);V_2 为对照品溶液的总体积(mL)。

实训八　叶酸的分析测定

(一)适用范围

本方法适用于化学合成法制得的叶酸,在饲料工业中作为维生素类饲料添加剂。

(二)定性鉴别

1. 仪器设备

分光光度计。

2. 试剂与溶液

①0.1 mol/L 氢氧化钠(GB 629)溶液。

②0.1 mol/L 高锰酸钾(GB 643)溶液。

3. 鉴别方法

①称取试样约 0.2 mg,加氢氧化钠溶液 10 mL,振摇使溶解,加高锰酸钾溶液 1 滴,振摇混匀后,溶液显蓝色,在紫外光灯下,显蓝色荧光。

②取试样,加氢氧化钠溶液制成 1 mL 中含 10 μg 试样的溶液,用分光光度计测定,在(256±1)nm、(283±2)nm 及(365±4)nm 的波长处有最大吸收。吸收度 256 mn 与吸光度 365 nm 的比值应为(2.8～3.0):1。

(三)定量测定

1. 仪器设备

分光光度计(附 1 cm 比色杯)。

2. 试剂与溶液

①0.1 mol/L 氢氧化钠(GB 629)溶液。

②盐酸(GB 622)溶液:取盐酸 234 mL,加水稀释至 1 000 mL。

③锌粉(HG 3-1672)。

④1 g/L 亚硝酸钠(GB 633)溶液。

⑤5 g/L 氨基磺酸铵溶液。

⑥1 g/L 二盐酸萘基乙二胺溶液。

⑦对照品溶液的制备:称取叶酸对照品(同时测定水分)0.08 g(准确至 0.000 02 g),置 100 mL 容量瓶中,加氢氧化钠溶液使溶解,并稀释至刻度,摇匀。精密吸取 2 mL,置另一 100 mL 容量瓶中,加盐酸溶液 20 mL,用水稀释至刻度,摇匀,1 mL 中含叶酸对照品约 10 μg。

⑧试样溶液的制备:按对照品溶液的制备法制备,即得。1 mL 中含叶酸对照品约 16 μg。

3. 测定方法

精密量取对照品溶液与试样溶液各 60 mL,分别置具塞锥形瓶中,各加锌粉 0.5 g(可稍过量),连续振摇 20 min,用干燥滤纸滤过,弃去初滤液,各精密吸取续滤液 2 mL,分别置 10 mL 容量瓶中,各依次加水 3 mL、盐酸溶液 1 mL、亚硝酸钠溶液 1 mL,混匀,放置 2 min,各加氨基磺酸铵溶液 1 mL,混匀,放置 10 min,各加二盐酸萘基乙二胺溶液 1 mL,混匀,放置 10 min,用水稀释至刻度,摇匀。

另精密吸取对照品溶液与试样溶液各 20 mL,分别置 100 mL 容量瓶中,各加盐酸溶液 20 mL,用水稀释至刻度,摇匀。各精密吸取 2 mL,分别置于 10 mL 容量瓶中,自"依次加水 3 mL"起,依法操作。

另取水 2 mL 置 10 mL 容量瓶中,自"依次加水 3 mL"起,依法操作,作为空白,用分光光度计测定,以 1 cm 的比色杯在 550 mn 的波长处测定上述两种溶液的吸光度。

(四)数据处理

试样中叶酸的质量分数按下式计算:

$$w(\text{叶酸}) = \frac{(A_2 - A_4/10) \times m_1(1 - w_1)}{(A_1 - A_3/10) \times m_2(1 - w_2)}$$

式中:A_1 为用锌粉还原对照品溶液吸光度;A_2 为用锌粉还原的试样溶液吸光度;A_3 为未用锌粉还原的对照品溶液吸光度;A_4 为未用锌粉还原的试样溶液吸光度;m_1 为对照试样质量 (g);m_2 为试样质量(g);w_1 为对照试样干燥失重质量分数;w_2 为试样干燥失重质量分数。

实训九　饲料添加剂 *D*-泛酸钙的分析测定

(一)适用范围

本方法适用于化学合成法制得的 *D*-泛酸钙,在饲料工业中作为维生素类饲料添加剂。

(二)定性鉴别

1. 试剂与溶液

①43 g/L 氢氧化钠(GB 629)溶液:取氢氧化钠 4.3 g,加水溶解成 100 mL。

②12 g/L 硫酸铜(GB 665)溶液:取硫酸铜 12 g,加水溶解成 100 mL。

③10 g/L 酚酞(HG BN 3039)乙醇溶液。

④1 mol/L 盐酸(GB 622)溶液。

⑤90 g/L 三氯化铁(GB 1621)溶液。

⑥35 g/L 草酸铵(HG 3-976)溶液:另取草酸铵 3.5 g,加水溶解成 100 mL。

⑦冰乙酸(GB 676)。

饲料添加剂

2. 鉴别方法

①称取试样约 50 mg,加氢氧化钠溶液 5 mL,加硫酸铜溶液 2 滴,即显蓝紫色。

②称取试样约 50 mg,加氢氧化钠溶液 5 mL,振摇,煮沸 1 min,冷却后,加酚酞指示液 1 滴,加 1 mol/L 盐酸液至溶液褪色,再多加 0.5 mL 盐酸溶液,加三氯化铁溶液 2 滴,即显鲜明的黄色。

本品的水溶液显钙盐的鉴别反应:称取试样 0.5 g,加水 50 mL 溶解,加草酸铵溶液,即发生白色沉淀,分离,所得沉淀不溶于冰乙酸,但溶于盐酸。

(三)定量测定

1. 仪器设备

仪器设备为一般实验室仪器设备。

2. 试剂与溶液

①氨—氯化铵缓冲液(pH 为 10.0):取氯化铵 5.4 g,加水 20 mL 溶解后,加氨水 35 mL,再加水稀释至 100 mL 摇匀。

②硫酸镁溶液:取硫酸镁 2.3 g,加水使溶解成 100 mL。

③铬黑 T 指示剂:取铬黑 T 0.1 g,加氯化钠 10 g,研磨均匀,即得。

④乙二胺四乙酸二钠标准滴定溶液:0.05 mol/L。

3. 测定方法

称取样品 0.5 g(准确至 0.000 1 g),置 250 mL 锥形瓶中,加水 10 mL 溶解;另取水 10 mL,加氨—氯化铵缓冲液 10 mL,硫酸镁溶液 1 滴与铬黑 T 指示剂 50～70 mg,滴加 0.05 mol/L 乙二胺四乙酸二钠标准滴定溶液至溶液自紫红色转变为纯蓝色。将此溶液倾入上述锥形瓶中,用 0.05 mol/L 乙二胺四乙酸二钠标准滴定溶液滴定,至溶液自紫红色转变为纯蓝色。

4. 数据处理

试样中 D-泛酸钙的质量分数按下式计算:

$$w(D\text{-}泛酸钙) = \frac{(V - V_0) \times c \times 0.002\ 004}{m}$$

式中:V 为试样消耗 0.05 mol/L 乙二胺四乙酸二钠标准滴定溶液体积(mL);V_0 为空白试验消耗乙二胺四乙酸二钠标准滴定溶液的体积(mL);c 为乙二胺四乙酸二钠标准滴定溶液的浓度(mol/L);m 为试样的质量(g);0.002 004 为滴定度(1 mL 0.05 mol/L 乙二胺四乙酸二钠标准滴定溶液相当于 0.002 004 g 钙)。

实训十　氯化胆碱的分析测定

> ▶方法一　用饲料添加剂 70％氯化胆碱的分析测定

(一)适用范围

本方法适用于三甲胺盐酸水溶液与环氧乙烷反应或三甲胺与氯乙醇反应生成的 70％氯化胆碱水溶液及其粉剂制品。

(二)定性鉴别

1. 仪器和设备

一般实验室仪器设备。

2. 试剂与溶液

①硫氰酸铬铵溶液:称取 0.5 g 硫氰酸铬铵,用 20 mL 水溶解,静置 30 min,过滤。现用现配。保存期 2 d。

②碘化汞钾溶液:称取 1.36 g 氯化汞,用 60 mL 水溶解,另称取 5 g 碘化钾,用 10 mL 水溶解,把两种溶液混匀,用水稀释至 100 mL。

③氢氧化钾(GB 2306)。

④高锰酸钾(GB 643)。

⑤红色石蕊试纸:把滤纸裁成条状,浸入石蕊指示剂中,加少量盐酸使滤纸条成红色,取出阴处晾干备用,变色范围为 pH 4.5~8.0。

⑥40%氨水溶液。

⑦0.1 mol/L 硝酸银溶液。

⑧5.7%硫酸溶液:取 5.7 mL 浓硫酸,加水稀释至 100 mL。

⑨10.5%硝酸溶液:取 10.5 mL 浓硝酸,加水稀释至 100 mL。

⑩淀粉-碘化钾试纸。按 GB 603 中的规定制备。

3. 鉴别方法

①称取 0.5 g 试样,用 50 mL 水溶解,混匀。分取 5 mL,加入 3 mL 硫氰酸铬胺溶液,生成红色沉淀。

②称取 0.5 g 试样,用 10 mL 水溶解,混匀。分取 5 mL,加入 2 滴碘化汞钾溶液,生成浅黄色沉淀。

③称取 0.5 g 试样,用 5 mL 水溶解,混匀。加入 2 g 碘化汞钾溶液和几粒高锰酸钾,加热时释放出的氨能使湿润的红色石蕊试纸变蓝。

氯化物的鉴别:取适量的试样,加入氨水溶液成碱性溶液。把溶液均分成 2 份,一份中加硝酸溶液成酸性溶液,加入硝酸银溶液,生成白色凝乳状沉淀。分离出的沉淀能在氨水溶液中溶解,再加入硝酸溶液,即刻生成沉淀。另一份加入硫酸溶液成酸性溶液,加入几粒高锰酸钾,加热时释放出的氯化物能使淀粉—碘化钾试纸变蓝色。

(三)定量测定

1. 原理

本含量的测定采用非水滴定法。用乙酸汞将氯化胆碱转化为乙酸盐和难电离的氯化汞,在乙酸介质中以高氯酸对生成的乙酸盐进行滴定。

2. 仪器设备

一般试验室仪器设备。

3. 试剂与溶液

①冰乙酸:优级纯(纯度≥99.6%)。

②50 mol/L 乙酸汞溶液:称取 5 g 乙酸汞,研细,用微热的冰乙酸溶解并稀释至 100 mL。在棕色瓶内密封保存。

③2 g/L 结晶紫指示剂冰乙酸溶液:取 0.2 g 结晶紫,加 100 mL 冰乙酸。

④0.1 mol/L 高氯酸标准溶液。

如果标定时的温度与使用时的温度不同，应重新标定或用下式对其浓度进行校正。

$$c_1 = \frac{c_0}{1 + 0.001\,1(t_1 - t_0)}$$

式中：c_1 为使用时高氯酸标准溶液的浓度（mol/L）；c_0 为标定时高氯酸标准溶液的浓度（mol/L）；t_1 为使用时的温度（℃）；t_0 为标定时的温度（℃）；0.001 1 为冰乙酸的体膨胀系数。

4. 测定方法

称取 0.3 g 试样（准确至 0.000 2 g），置于 100 mL 锥形瓶中，加入 20 mL 冰乙酸，2 mL 乙酸酐，10 mL 乙酸汞溶液和 2 滴结晶紫指示剂，摇匀。用高氯酸标准溶液滴定至溶液呈纯蓝色。同时做试剂空白试验。

5. 数据处理

试样中氯化胆碱质量分数按下式计算：

$$w(氯化胆碱) = \frac{c(V_1 - V_0) \times 139.63}{m \times 1\,000}$$

式中：c 为高氯酸标准溶液的浓度（mol/L）；V_1 为滴定试样溶液时高氯酸标准溶液的消耗体积（mL）；V_0 为试剂空白试验时高氯酸标准溶液的消耗体积（mL）；m 为试样的质量（g）；139.63 为氯化胆碱的相对分子质量。

➤方法二　50％粉剂氯化胆碱的分析测定

(一)适用范围

本方法适用于以 70％液态氯化胆碱为原料，加入适量赋形剂制得的饲料添加剂 50％粉剂氯化胆碱。

(二)定性鉴别

称取 2 g 试样，用 20 mL 水溶解，过滤，弃去滤渣，然后按照"70％液态氯化胆碱"的鉴别方法操作。

(三)定量测定

1. 试剂与溶液

参见"70％液态氯化胆碱含量的测定"。

2. 测定方法

取适量试样，在 80℃烘箱中干燥 3 h。准确称取 0.5 g 已干燥的试样，置于 250 mL 锥形瓶中，加入 40 mL 甲醇，振摇 30 min 后过滤，再分别用 20 mL、15 mL、15 mL 甲醇分 3 次洗涤沉淀，将洗涤液并入滤液中。在 35～40℃水浴中回收甲醇，至残渣呈干状态。

用 20 mL 微热的冰乙酸溶解残渣后，按"70％液态氯化胆碱含量的测定"中的"(三)定量测定中 4. 测定方法"进行操作，按"5. 数据处理"计算含量。

实训十一　维生素 C 的分析测定

(一)适用范围

本方法适用于合成法或发酵法制得的维生素 C 测定，在饲料工业中作为维生素类饲料添加剂。

(二)定性鉴别

1. 试剂与溶液

①0.1 mol/L 硝酸银(GB 670)溶液:称取硝酸银 1.7 g,用水溶解并稀释至 100 mL。

②1 g/L 2,6-二氯靛酚钠溶液。

2. 鉴别方法

称取试样 0.2 g,加水 10 mL 溶解后,取溶液 5 mL,加 2,6-二氯靛酚钠溶液 1~3 滴,试液的颜色即消失。

(三)定量测定

1. 仪器设备

一般实验室仪器设备。

2. 试剂与溶液

①6％冰乙酸(GB 676)溶液:取冰乙酸 6 mL,加水稀释至 100 mL。

②可溶性淀粉(HGB 3095)。

③淀粉指示液:取可溶性淀粉 0.5 g,加水 5 mL 搅匀后,缓缓倾入 100 mL 沸水中,随加随搅拌,继续煮沸 2 min,冷却后倾取上层清液,即得。

④碘(GB 675)。

⑤碘化钾(GB 1272)。

⑥0.1 mol/L 碘标准液。

3. 测定方法

称取试样 0.2 g(准确至 0.000 2 g),加新煮沸过的冷水 100 mL 与冰乙酸溶液 10 mL 使溶解,加淀粉指示剂 1 mL,立即用 0.1 mol/L 碘标准滴定,至溶液显蓝色在 30 s 内不退。

4. 数据处理

试样中维生素 C 含量质量分数按下式计算:

$$w(维生素\ C) = \frac{V \times c \times 0.008\ 806}{m}$$

式中:V 为试样消耗碘标准液的体积(mL);c 为碘标准液浓度(mol/L);0.008 806 为滴定度(每 1 mL 的 0.1 mol/L 碘标准液相当于 0.008 806 g 的维生素 C);m 为试样的质量(g)。

实训十二　烟酸含量的测定

(一)适用范围

本方法适用于化学合成法制得的烟酸,在饲料工业中作为维生素类饲料添加剂。

(二)定性鉴别

1. 试剂与溶液

①2,4-二硝基氯苯。

②95％乙醇(GB 679)。

③氢氧化钾(GB 2303)。

④0.1 mol/L 氢氧化钠(GB 629)溶液。

⑤125 g/L硫酸铜(GB 665)溶液。

⑥0.5 mol/L氢氧化钾乙醇溶液。

2. 鉴别方法

①称取试样约 4 mg,加 2,4-二硝基氯苯 8 mg,研匀,置试管中,缓缓加热溶化后,再加热数秒钟,冷却后加氢氧化钾乙醇溶液 3 mL,即显紫红色。

②称取试样约 50 mg,加水 20 mL溶解后,滴加氢氧化钠溶液至遇石蕊试纸显中性反应,加硫酸铜溶液 3 mL,即缓缓析出淡蓝色沉淀。

(三)定量测定

1. 仪器设备

一般实验室仪器设备。

2. 试剂与溶液

①10 g/L酚酞(HGB 3039)乙醇溶液。

②氢氧化钠(GB 629)。

③0.1 mol/L氢氧化钠标准液。

3. 测定方法

称取试样 0.3 g(准确至 0.000 2 g),加新沸过的冷水 50 mL溶解后,加酚酞指示液3 滴,用 0.1 mol/L氢氧化钠标准液滴定至溶液显粉红色。

4. 数据处理

试样中烟酸含量质量分数按下式计算:

$$w(烟酸) = \frac{V \times c \times 0.012\ 31}{m}$$

式中:V 为试样溶液消耗氢氧化钠标准液的体积(mL);c 为氢氧化钠标准溶液浓度(mol/L);0.012 31 为滴定度(1 mL 的 0.1 mol/L 氢氧化钠标准溶液相当于 0.012 31 g 的烟酸);m 为试样的质量(g)。

实训十三 烟酰胺的分析测定

(一)适用范围

本方法适用于化学合成法制得的烟酰胺,在饲料工业中作为维生素类饲料添加剂。

(二)定性鉴别

1. 试剂与溶液

①1 mol/L氢氧化钠(GB 629)溶液。

②10 g/L酚酞(GB 10729)乙醇溶液。

③硫酸(GB 625)溶液:取硫酸 57 mL,加水稀释至 1 000 mL。

④125 g/L硫酸铜(GB 665)溶液。

⑤95%乙醇(GB 679)。

2. 鉴别方法

①称取试样 0.1 g,加水 5 mL溶解后,加氢氧化钠溶液 5 mL,缓缓煮沸,即发生氨臭(与烟酸区别);继续加热至氨臭完全除去,冷却后加酚酞指示液 1~2 滴,用硫酸溶液中和,加硫

酸铜溶液 2 mL，即缓缓析出淡蓝色沉淀，滤过，取沉淀，烧灼，即发出吡啶的臭气。

②紫外鉴别：取本品 0.01 g（准确到 0.000 1 g）于 500 mL 容量瓶中，加水制成 1 mL 中含 20 μg 试样溶液，进行紫外分光光度测定，在 262 nm 波长处有最大吸收，在 245 nm 的波长处有最小吸收，245 nm 波长处的吸光度与 262 nm 波长处的吸光度的比值应为 0.63～0.67。

(三)定量测定

1. 仪器设备

一般实验室仪器设备。

2. 试剂与溶液

①冰乙酸(GB 676)。

②醋酐(GB 677)。

③结晶紫(HG 10-2151)冰乙酸溶液。

④高氯酸(GB 623)。

⑤0.1 mol/L 高氯酸标准溶液。

3. 测定方法

称取试样 0.09～0.11 g（准确至 0.000 1 g），加冰乙酸 20 mL 溶解后，加醋酐 5 mL 与结晶紫指示液 1 滴，用 0.1 mol/L 高氯酸标准溶液滴定，至溶液显蓝绿色，并将测定结果用空白试验校正。

4. 数据处理

试样中烟酰胺质量分数按下式计算：

$$w(\text{烟酰胺}) = \frac{(V - V_0) \times c \times 0.012\ 21}{m}$$

式中：V 为试样溶液消耗高氯酸标准液的体积(mL)；V_0 为空白溶液消耗高氯酸标准液的体积(mL)；c 为高氯酸标准溶液浓度(mol/L)；0.012 21 为滴定度(1 mL 的 0.1 mol/L 高氯酸标准溶液相当于 0.012 21 g 的烟酰胺)；m 为试样的质量(g)。

实训十四　生物素的分析测定

➤**方法一　饲料添加剂生物素的分析测定**

(一)适用范围

本方法适用于微生物制取的饲料添加剂。

(二)定性鉴别

1. 仪器设备

薄层板点样设备全套及一般实验室仪器设备。

2. 试剂与溶液

①95％乙醇。

②2％硫酸乙醇溶液。

③对二甲氨基苯甲醛溶液：称取 50 mg 对二甲氨基苯甲醛，溶于 100 mL 乙醇，混匀。

饲料添加剂

分取 10 mL,加 1 mL 冰乙酸即可。现用现配。

④展开剂:丙酮:水为 1:1。

⑤二氨基联苯溶液:称取 0.1 g 二氨基联苯,溶于 10 mL 乙酸(36%),用水稀释至 100 mL。

⑥氯气。

3. 鉴别方法

①称取 0.01 g 试样,溶于 100 mL 乙醇。分取 5 mL,加入 1 mL 硫酸乙醇溶液和 1 mL 对二甲氨基苯甲醛溶液,静置 1 h,溶液呈橙红色。

②各称取 0.01 g 试样和生物素标准品,分别溶于 25 mL 乙醇中,加热溶解,混匀。各分取 10 mL,在硅胶(GF 254)薄层板上点样,在展开剂中展开。当展形至 10 cm 时,立即把薄层板置于充满氯气的容器中,放置 15 min,取出。在冷气流中吹 10 min,喷洒二氨基联苯溶液,斑点应呈蓝色,且两斑点比移值(R_f)应相等。

(三)定量测定

1. 仪器设备

一般试验室仪器设备。

2. 试剂与溶液

①二甲基甲酰胺(DMF)。

②10 mg/L 百里酚蓝指示剂乙醇溶液。

③无水乙醇。

④金属钠。

⑤苯酸。

⑥0.1 mol/L 甲氧基钠溶液。

配制:切取 2.5 g 金属钠(准确至 0.01 g)置于 150 mL 冰冷的甲醇中,待金属钠完全溶解后,用甲醇稀释至 1 000 mL,混匀。在阴凉处保存。

标定:称取 300 mg 苯酸,溶于 80 mL DMF 中,加入 3 滴百里酚蓝指示剂,用甲氧基钠溶液滴定溶液至蓝色。同时做试剂空白试验。

计算:甲氧基钠浓度按下式计算:

$$c(\text{甲氧基钠}) = \frac{m \times 1\,000}{(V_1 - V_0) \times 122.1}$$

式中:m 为苯酸的质量(g);V_1 为滴定时甲氧基钠溶液的消耗体积(mL);V_0 为试剂空白试验时甲氧基钠溶液的消耗体积(mL);122.1 为滴定度(1 mL 的 0.1 mol/L 甲氧基钠溶液相当于 122.1 mg 苯酸)。

3. 测定方法

称取 0.4 g 试样(准确至 0.000 2 g),置于 150 mL 锥形瓶中,加 10 mL DMF,在水浴中加热溶解,冷却至室温。加入 30 mL 无水乙醇,充分摇匀;加入 0.4 mL 百里酚蓝指示剂,用甲氧基钠溶液,滴定溶液从黄色变为蓝绿色。同时做试剂空白试验。

4. 数据处理

试样中生物素质量分数按下式计算:

$$w(生物素) = \frac{(V_1 - V_0) \times c \times 24.431}{m}$$

式中：V_1 为滴定时甲氧基钠标准溶液的消耗体积（mL）；V_0 为试剂空白试验时甲氧基钠标准溶液的消耗体积（mL）；c 为甲氧基钠标准溶液的浓度（mol/L）；24.431 为滴定度（1 mL 的 0.1 mol/L 甲氧基钠标准溶液相当于 24.431 mg 生物素）；m 为试样质量（g）。

➤ 方法二　生物素含量测定（HPLC 法）

（一）试剂与溶液

① 流动相：0.05％三氟醋酸（用 5 mol/L 氢氧化钠溶液调节 pH＝2.5）：乙腈＝75：25（$V：V$）。

② 对照品溶液：精确称取 10 mg 试样（准确至 0.000 01 g）已知含量的对照品，置于 50 mL 容量瓶中，用流动相溶解并定容。每毫升含有生物素 0.2 mg。

③ 试样溶液：精确称取试样 500 mg（准确至 0.000 1 g），置于 50 mL 容量瓶中，用约 40 mL 流动相溶液，在超声波水浴中处理 10 min，用流动相定容。

（二）测定方法

① 色谱条件。

色谱柱：不锈钢柱 250 mm×4 mm LichospHer RP-18，5 μm。

流动相流速：1.0 mL/min。

检测波长：210 nm。

进样量：20 μL。

② 测定：精密量取对照品和试样溶液各 20 μL，依次注入高效液相色谱仪；记录色谱图，按外标法以峰面积进行计算。

（三）数据处理

试样中生物素质量分数按下式计算：

$$w(生物素) = \frac{A_s \times M_{st} \times w_{st}}{A_{st} \times w_{ms}}$$

式中：A_s 为试样溶液中生物素的峰面积；A_{st} 为对照品溶液中生物素的峰面积；M_{st} 为试样的质量（mg）；w_{ms} 为对照品生物素的质量（g）；w_{st} 为对照品中生物素质量分数。

允许误差：同一试样两次平行测定结果平均偏差不得大于 2％。

（四）注意事项

① 根据试样组分在分离柱上的分离情况，流动相中乙腈的比例可略作调整。

② 在流动相的比例改为 92：8 后，也适用于预混料中生物素的测定。

任务 1-3　微量元素添加剂

目前，饲料中常补充的微量元素有铁、锌、锰、碘、硒、钴，猪、禽等单胃动物主要补充前 6 种，钴通常以维生素 B_{12} 的形式满足需要。由于在日粮中的添加量少，微量元素添加剂几乎都是用纯度高的化工产品,常用的主要是各元素的无机盐或有机盐类及氧化物、氯化物。

近年来,对微量元素氨基酸螯合物特别是与某些氨基酸、肽或蛋白质、多糖等的螯合物用作饲料添加剂的研究和产品开发有了很大进展。微量元素氨基酸螯合物是由氨基酸或短肽物质与微量元素通过化学方法螯合而成的一种新型饲料添加剂。

一、识别微量元素氨基酸螯合物

微量元素氨基酸螯合物具有改善金属离子在体内的吸收和利用,防止微量元素形成不溶性物质,具有一定的杀菌改善机体免疫功能的作用,对提高畜禽生产性能和抗应激能力等具有重要作用,是一种新型、高效的绿色饲料添加剂。近年来许多学者对此进行了大量的研究,取得了重要成果。

(一)氨基酸微量元素螯合物的性质与种类

氨基酸微量元素螯合物是由某种可溶性的金属盐中的一个金属离子(如 F^{2+}、Cu^{2+}、Zn^{2+}、Cr^{3+}、Mn^{2+} 等)同氨基酸按一定的摩尔比以共价键结合而成,水解氨基酸的平均相对分子质量为150,所生成螯合物的相对分子质量不超过800。氨基酸微量元素螯合物具有一个或多个螯环结构,且分子内电荷趋于中性,有良好的生化稳定性,在胃肠道内金属离子不易离解,对饲料中植酸、钙、纤维、磷酸、胃道的吸收放射性同位素测定显示,氨基酸螯合物被吸收代谢的程度优于其他一般无机盐微量元素的300%。

一个中心离子可与多个氨基酸形成多环螯合物,形成的环数越多,螯合物的稳定性越好,常见的螯环有五元环和六元环,α-氨基酸螯合物为五元环,β-氨基酸螯合物为六元环。

(二)氨基酸微量元素螯合物的营养功能

微量元素氨基酸螯合物作为一种新型的高效绿色饲料添加剂,其在消化道内稳定性好,生物利用率高,可以促进生长,降低饲料消耗,提高饲料转化率,增强动物免疫功能,提高动物抗氧化能力,还可以减少环境污染,是一种具有广阔发展前景的营养性饲料添加剂。

1. 促进金属离子的吸收、生物学效价高

无机盐、简单无机盐形式的微量元素在被动物摄入后,金属离子需要载体分子与之构成元素螯合物形式才能穿过细胞膜。螯合分子内电荷趋于中性,在胃肠道内溶解性好,能迅速将微量元素运送到肠道,利于小肠黏膜的吸收。研究表明,经氨基酸螯合后的微量元素吸收率是无机盐的2~6倍。测定纯合、常规、高铜和高脂酸4种日粮背景下氯化亚铁、甘氨酸螯合铁和赖氨酸螯合铁的铁吸收率,结果表明,螯合铁吸收率显著高于氯化亚铁,螯合铁在吸收、转运和利用方面都优于无机铁盐。

Fouynd (1974)认为,位于具有五元环或六元环螯合物中心的金属元素可直接通过小肠绒毛刷状缘,而且所有螯合物都可能以氨基酸或肽的形式被吸收。据 Aouagi 与 Hahn (1993)报道,赖氨酸锌对鸡、仔猪的生物学效价为硫酸锌的106%和110%。报研究,赖氨酸铜对鸡、阉公羊的生物学利用率分别为99%~115.5%和93.4%。Henry(1989,1992)报道,螯合铁与蛋白铁的生物利用率为125%~185%,对雏鸡研究表明,从骨和肾脏中锰的浓度来看,蛋氨酸锰中锰的利用率分别为硫酸锰中锰的108%与132%。研究表明,蛋氨酸锰的生物学利用率为硫酸锰的120%,且与硫酸锰相比,蛋氨酸锰改善了饲料利用率。

2. 形成缓冲系统

金属离子和有机配体的反应为金属离子在介质中的浓度提供了一个缓冲系统,缓冲系

统通过离解螯合物的形式来保证金属离子浓度恒定。无机盐会影响胃肠内的 pH 和体内的酸碱平衡,氨基酸螯合物为体内正常中间产物,对机体很少产生不良的刺激作用,有利于动物采食和胃肠道的消化吸收。同时,可加强动物体内酶的活性,提高蛋白质、脂肪和维生素的利用率。由于用量少,可以避免使用高剂量微量元素所造成的环境污染。

3. 提高免疫功能,增强抗病能力

螯合的微量元素被吸收进入动物体后,可直接运输到特定的靶组织和酶系统中,满足机体需要。据报道,氨基酸螯合物可能作为"单独单元"在动物体内起作用,如改进动物皮毛状况、减少早期胚胎死亡等。氨基酸螯合物具有一定的杀菌和改善机体免疫功能的作用,对某些肠炎、皮肤病、贫血、痢疾有显著的治疗作用。实验证明,大多数维生素对 Fe^{2+} 和 Cu^{2+} 的氧化物的催化性都很敏感,如维生素 C 当有 0.000 2 mol/L 金属离子存在时,其分解可快 1 000 倍,因此以螯合物的形式添加 Fe^{2+} 和 Cu^{2+},则可有防止维生素的破坏。据报道,与等量氧化锌相比,蛋氨酸锌可提高雏鸡、断奶仔猪和绵羊的免疫力。实验表明,蛋氨酸锌可提高肉种鸡和肉仔鸡对雏白痢沙门氏菌抗原的原发性抗体滴度,增加后代鸡的细胞免疫水平。蛋氨酸锌提高单核巨噬细胞的存活率及细胞完整性,并提高其吞噬活性。据报道,在妊娠日粮中补充 200 mg/kg 蛋氨酸锌,可使穿过胎盘进入胎儿的铁大量增加,从而极大地降低了初生仔猪的死亡率,同时仔猪的初生重与断奶重显著增加。氨基酸螯合物在接种、去势、气温过高和变更日粮等应激条件下有良好的效果。

4. 毒性小,适口性好

微量元素螯合物的半致死量远远大于无机盐,毒副作用小,安全性高,适口性较好,易于被动物采食吸收。

5. 抗应激作用

实验表明,在高温环境下,饲料中添加蛋氨酸锌可以减轻蛋鸡的热应激反应,改善蛋壳品质。添加蛋氨酸锌可防止在低钙应激期及恢复期的产蛋率下降,低钙应激时补充蛋氨酸锌比对照组可产生更高的产蛋率及最大蛋重。研究表明,蛋氨酸锌能促进阉公牛运输和接种过程受到应激后生长性能的恢复,而补充蛋氨酸锌使产蛋鸡破蛋率显著下降。

6. 较稳定

微量元素离子被封闭在螯合物的螯环内,较为稳定,极大地降低了对饲料中添加的维生素等氧化和催化氧化破坏作用;螯合物保护了微量元素不被酸夺走而排出;避开了消化道内大量二价钙离子的颉颃作用,微量元素氨基酸螯合物具有类似二肽结构,也削减了氨基酸的吸收和转运的竞争,对牛、羊等反刍动物补饲螯合物,由于氨基配位原子被配位键锁定,抵抗了微生物对氨基酸的降解,保护了限制性必需氨基酸过瘤胃;针对特定日粮(富高植酸)、特定动物(乳猪、反刍动物)、特定阶段(分娩前后)、特定环境(应激),选用相应的螯合物则效果极为明显。

(三)氨基酸螯合物在动物生产中的应用研究

1. 肉鸡

氨基酸螯合物可促进肉鸡生产,降低饲料消耗,提高饲料转化率,增强机体免疫力。用 0.3% 氨基酸螯合锰、锌代替无机硫酸盐饲喂肉仔鸡,日增重提高 6.6%,饲料消耗降低 5.7%,腿病发生率降低 9.94%。用氨基酸铜、氨基酸铁等饲喂肉鸡,49 日龄日增重提高 5.28%,饲料转化率提高 2.59%,出栏重提高 24.1 g。选用 0.25%、0.24% 和 0.234% 蛋氨酸螯合盐分别添加于3个生产阶段的肉鸡饲料中,替代对照组饲料中相应的微量元素、无机盐及全部蛋氨酸,结果在大小两组分别提高日增重3.4%、5.7%,提高饲料报酬3%、5%,提高成活率1%。使用蛋氨酸锌能够提高饲料转化率,胸肉量、骨灰分合量有明显提高,肉鸡的死亡率、球虫病发病率显著降低。研究甘氨酸铬对肉仔鸡能量、蛋白质与脂肪代谢的影响,结果表明,甘氨酸铬使肉仔鸡采食量、日增重和饲料转化率均有提高,肉仔鸡对日粮中能量、粗蛋白质和粗脂肪的表现代谢率也都有不同程度的提高。据报道,在肉仔鸡日粮中添加吡啶羧酸铬,瘦肉率、胸肉率提高,料肉比和总脂肪沉积降低。研究表明,蛋氨酸锌能减少肉仔鸡球虫病的发生,降低因球虫病所致的死亡率。

2. 蛋鸡

在蛋鸡饲料中添加氨基酸螯合物,可以改善蛋壳质量,提高产蛋量与产蛋率,以及种蛋的孵化率和健雏率。据报道,用微量元素蛋氨酸螯合物饲喂42周龄的海兰W-36蛋鸡,结果在营养等价的日粮条件下,以螯合物形式提供微量元素和蛋氨酸的试验组比等量补加无机盐和蛋氨酸的对照组,其产蛋率、饲料效率和综合经济效益分别提高了4.2%、4.37%、2.2%。用复合微量元素氨基酸螯合物饲喂35周龄迪卡蛋鸡,产蛋率、蛋重比对照组分别提高12.8%和21%,蛋壳厚度、强度分别提高12.12%和21%。黄玉德(1996)报道,种鸡添加不同锰源后,种鸡的产蛋率、破壳率、孵化率和健雏率以氨基酸锰组最好,硫酸锰次之,对照组较差。在产蛋鸡日粮中补充蛋氨酸锌,提高了蛋鸡产蛋性能,鸡蛋产量比对照组多4%,产蛋率提高14%,日产蛋增加2%~3%。

3. 哺乳仔猪

研究表明,氨基酸螯合铁可通过母猪胎盘和母乳传给仔猪,促进了仔猪生长发育,预防缺铁性贫血。在母猪日粮中添加氨基酸螯合铁,使穿过胎盘进入胎儿的铁大量增加,使初生仔猪死亡率降低,母猪窝产仔数、仔猪初生重、断奶重显著增加。用蛋氨酸铁饲喂妊娠后期母猪,结果发现,初生仔猪的含铁量提高,仔猪初生重、断奶重均显著增加,死胎数减少。据报道,氨基酸螯合铁可穿过母猪胎盘为胎儿所用,提高仔猪的铁储备,改善仔猪生长性能。

4. 断奶仔猪

氨基酸螯合物可改善断奶仔猪的生长性能,提高日增重,提高免疫机能和抗病力。据报道,分别在妊娠母猪最后1个月和产后20 d日粮中添加600 mg/kg及仔猪补料中添加100 mg/kg蛋氨酸铁,仔猪断奶窝重提高11.2%~18.6%,日增重提高17.64%~29.4%,仔猪血红蛋白含量和血浆铁水平提高,其免疫机能及抗病力增强。据报道,添加250 mg/kg蛋氨酸锌可使断奶仔猪生长速度、采食量与饲料转化效率分别改善5%~8%、3%~4%与1%~11%,保育期末体重增加0.63~0.90 kg。在仔猪出生后3 d饲喂蛋氨酸铁,与饲喂硫酸铁仔猪相比,死亡率降低30.4%,在断奶仔猪日粮中添加蛋氨酸铁,仔猪下痢率降低4.3%。在断奶仔猪日粮中添加含40 mg/kg锌的蛋氨酸锌,结果下痢率从17.8%下降到6.5%。研究发现,用鸡羽毛粉微量元素铜和锰螯合物作为铜、锰源,能够提高断奶仔猪的日增重。据报道,通过研究了不同配合比例的锌氨基酸螯合物(Zn-AAC)与硫酸锌(ZnSO$_4$)对断奶仔猪生长性能的影响,试验分5组,分别饲喂锌含量相同(100 mg/kg)但有机锌和无机锌配合比例不同的处理日粮,对照组锌100%由ZnSO$_4$提供,其余4组分别用Zn-AAC取代对照组锌添加量的40%、60%、80%和100%。结果发现,断奶仔猪日粮补充常规剂量的锌、有机锌与无机锌比较,能够提高仔猪日增重和日采食量,且有机锌与无机锌合用的饲喂效果优于单一使用,其最佳配合比例为60%有机锌+40%无机锌。研究表明,赖氨酸铜比硫酸铜更能有效地改善断奶仔猪的生长性能,其采食量、日增重、饲料利用率均有提高。

5. 生长育肥猪

添加氨基酸螯合物使生长育肥猪日增重提高,饲料利用率提高,改善胴体品质。据报道,用氨基酸螯合物添加在生长育肥猪日粮中进行试验,结果表明,日增重提高6.4%,饲料利用率和经济效益均有提高。在肥育猪日粮中补加蛋氨酸锌,使饲料转化率改善3.3%,减少了增生性肠炎的发生,维持了肠道内壁完整性。在肥育猪日粮中添加蛋氨酸锌,使平均日增重提高9.7%,饲料利用率提高3.3%,其屠宰率、瘦肉率均有所提高。用氨基酸螯合铜对生长育肥猪进行试验,结果表明氨基酸螯合铜使体重20~60 kg的生长育肥猪的日增重、饲料利用率均有显著提高,且肝脏中有较高的含铜量。畜禽日粮中添加吡啶羧酸铬可提高猪的瘦肉率、眼肌面积,降低胴体脂肪和第10肋背膘厚度。

6. 母猪

氨基酸螯合物能提高母猪繁殖性能,调控体内激素代谢,提高窝产仔数和仔猪成活率。据报道,用蛋氨酸铁喂初产母猪和经产母猪,试验组与硫酸铁组比较,母猪首次配种受胎率平均提高7.2%,胎活仔数增加0.37头,断奶成活率提高2.9%,初产死胎率降低2.1%,断奶至产后发情间隔平均缩短1.35 d,终产母猪产死胎率降低7.1%~29.6%,断奶仔猪成活率降低1%~6.2%。对全群60%的1~8胎次母猪,产前28 d开始,每天每次饲喂56.7 g氨基酸螯合铁,平均每胎断奶仔猪数从9.56头增加到10.24头,提高7.1%,使仔猪初生死亡率显著降低。在母猪妊娠后期补饲氨基酸铁,初生仔猪死亡率降低3.2%,育成仔猪头数增加4.4%,同时能改善母猪体况,母猪淘汰率降低。分别用赖氨酸螯合铁和硫酸亚铁饲喂妊娠、哺乳期母猪,用葡聚糖铁给初生仔猪补铁试验。结果表明,饲喂赖氨酸螯合铁组母猪所生仔猪比对照组母猪所生仔猪断奶成活率提高9.2%($P < 0.05$),平均断奶体重提高18.8%($P < 0.01$);比饲喂硫酸亚铁组母猪所生仔猪断奶成活率提高3.1%($P < 0.05$),平均断奶体重提高9.9%($P < 0.05$),与给3日龄仔猪注射葡聚糖铁相比,成活率和断奶重分别提高0.2%和2.3%($P > 0.05$)。

据报道,在妊娠母猪和哺乳母猪日粮中:补充200 mg/kg螯合铁,可使穿过胎盘进入胎儿的铁大量增加,从而使初生仔猪死亡率显著降低,仔猪初生重与断奶重显著提高。结果表明,母猪的窝产仔数与初生重、断奶仔猪数显著增加,产死猪数减少。用赖氨酸螯合物饲喂采食正常、体重较一致的13~20 kg的幼龄仔猪。结果显示,日增重提高6.4%,改善饲料效率7.8%。在母猪日粮中添加1%复合型氨基酸微量元素螯合物降低了仔猪断奶前的死亡率,提高窝重,缩短了母猪产仔后发情的天数。母猪在妊娠和哺乳期间饲粮添加复合蛋氨酸微量元素螯合物和复合蛋白质微量元素螯合物,可提高初乳中铁和锰的含量,对初乳中锌则没有明显影响,添加复合蛋氨酸螯合物组初乳中铜含量显著降低;而使用2种类型有机微量元素对于常乳中各种微量元素含量均无显著影响。

7. 反刍动物

反刍动物饲料中添加氨基酸螯合物,可提高瘤胃氨基酸和微量元素的利用率,对肉牛可提高日增重和饲料转化率,改善胴体品质;对奶牛可提高产奶量,降低乳房炎发病率,减少腐蹄病的发生。据报道,在育肥牛饲料中补充蛋氨酸锌,使其日增重饲料转化率分别比对照组提高3.54%和3.50%。在育肥阉牛基础日粮中补饲氧化锌和蛋氨酸锌,生产性能无显著差异,但是蛋氨酸锌组牛的质量分级、大理石型肉及肾、骨盆和心脏脂肪含量均高于对照组和氧化锌组。生长期肉用型小母牛饲喂蛋氨酸锰,日增重提高 0.67 kg,改善饲料效率 11.2%,饲喂蛋氨酸锌,犊牛和杂种肉牛断奶重提高 5%,母牛受胎率提高 15%。在混合精料中添加蛋氨酸锌 300 mg/kg、500 mg/kg 和 700 mg/kg 饲喂育肥黄牛 60 d,使日增重分别提高 8.6%、20.7% 和 10.3%,经济效益均有提高,500 mg/kg 组比对照组提高饲料利用率 10% 以上。奶牛每天每次饲喂蛋氨酸锌 360 mg,其产奶量提高 5%,蛋氨酸锌饲喂奶牛可降低奶牛体细胞数和乳房炎患病率,减少腐蹄病的发生。用蛋氨酸螯合物饲喂绵羊,发现绵羊体氮沉积率显著高于对照组和氧化锌组,提高进入十二指肠内微生物氮和蛋氨酸流量,并有助于增加回肠对氮的吸收率和沉积率,对进入十二指肠内的氨基酸组成有较大影响,表明蛋氨酸锌具有一定的过瘤胃功能。对蛋氨酸锌在山羊体内相对生物利用率的测定和存留分布情况研究发现,蛋氨锌组锌的表观吸收率显著高于氧化锌组。

8. 鱼类

氨基酸螯合物能够促进鱼类生产,提高饲料转化率和鱼的成活率。据报道,在鲤鱼日粮中添加氨基酸螯合物的 3 个试验组比对照组增重提高 37.2%～61.8%,饲料系数由对照组的 2.4 下降为 1.4～1.7。用罗非鱼试验,在添加等量金属元素的情况下,饲喂氨基酸螯合物组比无机盐组日增重提高了 35.5%,饵料利用率提高 24.2%,成活率提高 8.3%,鱼每增重1 kg,饲料成本下降 24.3%。在每千克饲料中添加蛋氨酸微量元素螯合物,使罗非鱼生长提高 17.84%～25.84%。

(四)应用氨基酸螯合物时存在的问题及解决方案

(1)氨基酸螯合物可以满足动物对微量元素的需要,氨基酸可以 30%～50% 的比例替代相应的无机盐,也可以在一定程度上增强动物抗病力,相应减少抗生素的应用,进而减少排泄物中排出量及对环境的污染。

(2)氨基酸螯合物在畜禽生产中所起的积极作用是可以肯定的,但其作用机制、有效添加量及影响其作用效果的因素有待进一步探讨,如有机锌和无机锌在发挥生物功能时的代谢差异。探讨作用机理的同时,合理地开发和利用一些高蛋白、低生物学效价的饲料资源,把好质量关,使其符合添加剂和动物消化生理的基本要求。

(3)无论进口还是国产微量元素氨基酸螯合物产品,无论是单一螯合物产品还是复合添加剂,目前价格普遍偏高,在一定程度上限制了其推广使用,应改进产品配方、工艺设计及检测技术,选择合适的生产工艺路线,降低生产成本。

(4)加大对微量元素氨基酸螯合物的宣传,一旦在生产中推广普及使用,将会给饲料业和畜牧业带来一场新的革命。

二、识别微量元素添加剂

(一)铁

用于饲料中铁(iron)的添加剂很多,生物学效价差异很大,主要有硫酸亚铁、碳酸亚铁、氯化亚铁、磷酸铁、柠檬酸铁、葡萄糖酸铁、富马酸亚铁(延胡索酸铁)、DL-苏氨酸铁、蛋氨酸铁、甘氨酸铁等,常用的为硫酸亚铁。一般认为,硫酸亚铁利用率高、成本低。有机铁也能很好地被动物利用,且毒性低,加工性能优于硫酸亚铁,但价格昂贵,目前只有少量应用于幼畜日粮和疾病治疗等特殊情况下。氧化铁几乎不能被动物吸收利用,但在某些混合饲料、盐砖或宠物饲料产品中用作饲料的着色剂。各种铁源的相对利用率如表1-6所示。

硫酸亚铁产品主要有含1个结晶水($FeSO_4 \cdot H_2O$)和7个结晶水($FeSO_4 \cdot 7H_2O$)的硫酸亚铁2种。七水硫酸亚铁为淡绿色结晶或结晶性粉末,易潮解结块,加工前必须进行干燥处理。七水硫酸亚铁不稳定,在加工和贮藏过程中易氧化为不易被动物利用的三价铁,而且由于其吸湿性和还原性,对饲料中的某些维生素成分易产生破坏作用。一水硫酸亚铁为灰白色粉末,由七水硫酸亚铁加热脱水而得,因其不易吸潮起变化,加工性能好,与其他成分的配伍性好,在国内外应用较多。

表1-6　各种铁源的相对生物利用率　　　　　　　　　　　　　　　　%

铁的形式	鸡与鼠	猪	反刍动物
硫酸亚铁(7个结晶水)	100	100	100
硫酸亚铁(1个结晶水)	100	92	—
无水硫酸亚铁	100	—	—
氯化亚铁	98	—	—
硫酸亚铁铵	99	—	—
柠檬酸铁铵	107	100	—
柠檬酸铁胆碱	102	140	—
甘油磷酸铁	93	—	—
硫酸铁	83	—	—
柠檬酸铁	73	100	—
氯化铁	44	100	80
焦磷酸铁	45	—	—
正磷酸铁	14	—	—
多磷酸铁	—	97	—
还原铁	37	33~70	—
焦磷酸铁钠	14	70	—
氧化铁	4	—	10
碳酸亚铁	2~6	0~74	60
右旋糖苷铁	—	100	100

初生仔猪补铁可口服硫酸亚铁或氯化亚铁,但效果不理想,多用注射补铁,常用的是注射一种铁钴针剂,一次注射150 mg;或者注射葡聚糖酸铁,1~3日龄,肌肉注射100~200 mg即可有效防止哺乳仔猪缺铁性贫血。有研究表明,仔猪出生后12 h内口服葡聚糖酸铁,对血红蛋白的合成来说,铁的利用率与注射相似。

1. 富马酸亚铁

富马酸亚铁分子式 $C_4H_2FeO_4$,相对分子质量169.90。富马酸亚铁属于有机酸铁,为橙红色或红棕色粉末,流动性好,微溶于水,极微溶于乙醇。富马酸亚铁在动物体内是以亚铁离子形式在十二指肠和空场上段吸收。吸收的铁大部分在骨髓中参与血红蛋白的合成,剩余部分以铁蛋白和含铁血黄色的形式贮存于骨髓、肝脏和脾脏的网状皮细胞中,另有一部分存在于肠黏膜细胞内。铁的排泄途径主要是肠道和皮肤,尿以及汗腺中也有少量排出。大多数铁在血红蛋白分子被破坏后释放出来时可再利用。

富马酸亚铁在养猪上的应用结果表明，富马酸亚铁具有成本低、效果好等优点。在母猪产前 2 周及产后 3 周内饲喂含富马酸亚铁的饲料，仔猪通过母乳获得铁源，与仔猪生后 3 d 肌肉注射等方式补铁可达到相同的增重和预防仔猪贫血的效果。有研究表明，在饲粮中添加 $FeSO_4$ 的基础上，仔猪日粮添加 $300 \sim 600$ mg/kg 富马酸亚铁、生长猪添加 250 mg/kg 富马酸亚铁可提高生长性能、改善肤色和毛况，其效果优于单纯添加 $FeSO_4$ 或蛋氨酸铁。而且添加富马酸亚铁可显著改善仔猪肤色和毛况，其效果随添加剂量增多而增强。这可能是因为，添加富马酸亚铁后，肝脏铁含量和血清蛋白浓度提高，血清总铁结合力降低，仔猪背最长肌肌红蛋白含量也提高，而且富马酸亚铁可使肝脏和脾脏中锌含量提高，这些都有利于改善肤色和毛况。

常用的饲料添加剂硫酸亚铁易潮解结块，加工前必须进行干燥处理；而且硫酸亚铁不稳定，在加工和贮藏过程中易氧化为不被动物吸收利用的三价铁；同时因其吸湿性和还原性，对饲料中的某些维生素成分产生破坏作用，这样就要求超量添加维生素等营养成分，从而增加了饲料厂家和养殖场、养殖户的成本。初生仔猪补铁可口服富马酸亚铁或氯化亚铁，但效果不理想，而多采用注射方式补铁（如铁钴针、铁葡聚糖等），虽然采用注射方式补铁可有效防止哺乳仔猪缺铁性贫血，但采用此法费时费力，而且存在操作不方便、易引起应激等缺点。采用在母猪产前 2 周、产后 3 周内在饲料中添加富马酸亚铁，可以达到与给仔猪注射铁制剂相同的预防仔猪贫血的效果，但它相对避免了注射补偿的费时费力、操作不便等缺陷，从而减少了工人的劳动强度，提高了工作效率。

因硫酸亚铁等无机盐在饲料制造、运输过程及畜食消化道内很容易由 Fe^{2+} 氧化成不能被动物吸收的 Fe^{3+}，造成机体负担和资源浪费，而富马酸亚铁和螯合铁中的亚铁离子相对稳定，不易被氧化成 Fe^{3+}，且其吸收利用率高，血清铁上升很快也很稳定，从而使猪皮毛红润、光洁亮泽，下痢显著减少。硫酸亚铁中的 SO_4^{2-} 是强酸根离子，既非营养物质也非代谢物质，它的存在会干扰甚至破坏体内的酸碱平衡，使机体生长不良，而富马酸亚铁中的富马酸根离子可参与三羧酸循环，形成 ATP 供机体代谢所需，或作为碳架合成氨基酸，并进一步合成蛋白。有机铁可直接有效地沉淀在蛋白质中，能降低禽蛋破壳率，提高蛋黄颜色。富马酸亚铁可提高种畜繁殖性能，降低产死仔率，提高断奶窝重，防治仔猪贫血，提高断奶仔猪成活率。日粮中所含有的植酸、草酸、磷酸盐、单宁、纤维素等往往会阻碍无机微量元素的吸收，从而降低微量元素的生物学效价。有机微量元素则相对避免了日粮中所含的植酸、草酸、磷酸盐、单宁、纤维素等因素的影响。无机微量元素相互之间关系复杂，元素间的颉颃作用一方面会导致微量元素的利用率降低；另一方面会因为一种微量元素量的增加要求其他微量元素量也增加，这样势必造成资源的浪费和环境污染。有机微量元素属于绿色环保型产品，生物学效价高，添加量相对较少，而其吸收利用率较高，因而微量元素的排出率较少，减少了环境污染。

2. 氨基酸铁

铁在许多生化反应中起重要作用。铁是一些电子传递酶系统的组分，为氧的活化和转运所必需。铁是血红蛋白的组分，铁对细胞和整个机体的能量和蛋白质的代谢有重要作用，为机体健康和预防贫血所必需。不同铁源的含铁量和利用率存在相当大的差异。几种铁源的相对生物学效价如下：$FeSO_4$ 为 100%（参照物）、$FeCl_2$ 为 106%、$FeCl_3$ 为 78%、$FeCO_3$ 和 Fe_2O_3 为 10%、氨基酸螯合铁或蛋白质螯合铁为 125%～185%。研究表明，氨基酸铁可以提高铁通过胎盘进入胚胎的比例,在日粮中使用氨基酸铁可以降低死产率,提高每胎的窝均断奶仔猪数,缩短断奶到发情间隔。在妊娠和哺乳母猪日粮中添加蛋白质螯合铁可以提高母猪的繁殖性能,降低死亡率和乳猪死亡率,仔猪健壮、精神状态好,更容易克服断奶应激。

(二)铜

可作饲料中铜(copper)的添加剂有碳酸铜、氯化铜、氧化铜、螯合铜、硫酸铜、磷酸铜、焦磷酸铜、氢氧化铜、碘化亚铜、葡萄糖酸铜等,其中最常用的为硫酸铜,其次是氧化铜和碳酸铜。一般认为,对雏鸡而言,硫酸铜、氧化铜对其增重有同样的效果,而猪对硫酸铜、氧化铜和碳酸铜的利用效果基本相同。

1. 硫酸铜

硫酸铜(copper sulfate)的生物学效价最高,成本低,饲料中应用最为广泛。产品有 5 个结晶水的硫酸铜($CuSO_4 \cdot 5H_2O$)和 0~1 个结晶水的硫酸铜 $[CuSO_4 \cdot nH_2O(n=0\sim1)]$。五水硫酸铜为蓝色、无味的结晶或结晶性粉末,易吸湿返潮、结块,对饲料中的有些养分有破坏作用,不易加工,加工前应进行脱水处理。0~1 水硫酸铜为青白色、无味粉末,由五水硫酸铜脱水所得。0~1 水硫酸铜克服了五水硫酸铜的缺点,使用方便,更受欢迎。

Paik(1999)等表明,添加 $CuSO_4$ 50 mg/kg 显著降低了肉仔鸡血浆胆固醇和谷胱甘肽浓度,改善了粗脂肪代谢率,使腹脂重降低。研究发现,宰前 1~3 周取消铜的补饲能降低鸡肉的 TBARS 值,使其氧化稳定性提高。

除补充铜外,硫酸铜还常以高剂量添加于生长畜禽日粮中起促进其生长的作用。据报道,高剂量铜可预防某些疾病,促进动物生长,尤其在饲养条件差的情况下,对幼畜使用效果特别显著。高铜与某些抗生素并用,可获得更好的促生长效果。目前在促进仔猪生长中应用广泛,在促进仔鸡生长中应用很少。不过,需要说明的是,高铜不可滥用,在铁、锌不足时长期使用 250 mg/kg 铜的日粮即可引起生长猪中毒,且猪肝铜浓度增加,如人食之,对人的健康有害。当日粮中锌、铁、铜增加到 130 mg/kg、150 mg/kg、250 mg/kg 添加量时是安全的,但是,大量铜不能被动物机体吸收而随粪便排出,这些粪施到土壤中,会污染环境,因此,有些国家禁止使用高铜饲料。

2. 氧化铜

氧化铜(copper oxide)为黑色结晶,在有些国家和地区,因其价格比硫酸铜便宜、对饲料中其他营养成分破坏性较小、加工方便等而比其他化合物使用普遍。在液体饲料或代乳品中,均应使用溶于水的硫酸铜。

3. 螯合铜

铜参与细胞氧化、正常的心脏功能、骨和结缔组织的形成、角质化和组织的色素沉着以及脊髓的髓鞘形成。铜也是一些酶系统的必需组分,尤其是与细胞氧化有关的金属酶。铜与铁的吸收和利用密切相关。铜通过促进下丘脑分泌促黄体激素释放激素而参与机体的繁殖活动。高铜有促生长作用。据报道,在断奶仔猪日粮中添加赖氨酸铜和 $CuSO_4$,采用自由采食,持续 24 d 以上。结果发现,在整个试验期,赖氨酸铜组的仔猪采食量(685 g/d)较高,生长速度(420 g/d)均较快,血清铜和细胞有丝分裂活性也较高,表明赖氨酸铜促进生长激素分泌的强度较高。在断奶仔猪日粮中添加 250 mg/kg 硫酸铜和 250 mg/kg、125 mg/kg、62.5 mg/kg 甘氨酸铜,研究结果表明,与硫酸铜组相比,甘氨酸铜组断奶仔猪试验末重差异不显著,62.5 mg/kg 甘氨酸铜组日采食量下降 21.3%($P<0.05$),料肉比下降 11.9%($P<$

0.05)。说明甘氨酸铜虽达不到高铜的促生长作用,但是能够改善料肉比,提高饲料转化率。此外与高铜组相比,低甘氨酸铜组显著提高了铜蓝蛋白含量及仔猪血清免疫球蛋白 IgG 水平,从而提高了动物免疫机能。

(三)锌

除鱼粉外,我国常用饲料均不能满足猪对锌(zinc)的需要,鸡饲料中锌也常不能满足需要,加之其他因素的影响,饲料中常需要添加锌。用于饲料中锌的添加剂有硫酸锌、氧化锌、碳酸锌、氯化锌、乙酸锌、乳酸锌等,其中常用的为硫酸锌、氧化锌和碳酸锌。一般认为,这3 种化合物都能很好地被动物所利用,生物学效价基本相同。也有报道指出,氧化锌对 1～3 月龄仔猪的生物学效价比七水硫酸锌低 17%。乙酸锌的生物学效价与七水硫酸锌相同。对幼龄火鸡,碳酸锌与七水硫酸锌生物学效价相同,优于氯化锌;氧化锌和一水硫酸锌生物学效价则较差。锌的氨基酸络合物具有很高的有效性,目前主要因价格偏高而未能广泛应用,国外在高产奶牛和肉鸡日粮中有应用。

1. 硫酸锌

市场上的硫酸锌(zinc sulfate)有 2 种产品,即七水硫酸锌和一水硫酸锌。七水硫酸锌为无色结晶或白色无味的结晶性粉末,加热、脱水即制成为白色、无味、粉末状的一水硫酸锌。七水硫酸锌易吸湿结块,影响饲料加工及产品质量,加工时需脱水处理。一水硫酸锌因加工过程无须特殊处理,使用方便,更受欢迎。

2. 氧化锌

氧化锌为(zinc oxide)为白色粉末。它不仅有与硫酸锌相近的效果,而且有效成分的比例高(含锌 70%～80.3%),成本低,稳定性好,贮存时间长,不结块、不变性,在预混料和配合饲料中对其他活性物质无影响,具有良好的加工特性,因此越来越受欢迎。

3. 碳酸锌

碳酸锌(zinc carbonate)是由锌盐溶液与碳酸氢钠作用所制得的,为白色、无臭的粉末,市场上多为碱式碳酸锌$[x ZnCO_3 \cdot y Zn(OH)_2 \cdot n H_2O]$,锌含量 55%～60%。碳酸锌无吸湿性,配伍性、加工特性良好。

4. 氨基酸锌

有机锌包括络合锌、有机螯合锌、蛋白质锌盐和多糖锌复合体等几种。锌在体内主要以有机结合态进行吸收、转运、储存和利用。所以,在体内发生作用的是锌的有机物或螯合物,而不是游离的无机锌离子。在饲料中锌有 3 种添加形式:①无机锌:氧化锌(ZnO)、硫酸锌($ZnSO_4$)等;②简单有机酸锌:葡萄糖酸锌、柠檬酸锌等;③锌的氨基酸、蛋白质络合物:蛋白质螯合锌、赖氨酸锌(Zn-Lys)、甘氨酸锌等。目前研究最多的是氨基酸螯合锌。

有机锌更接近于其在体内的作用形式。有机锌在消化道中稳定存在,不与其他物质形成阻碍吸收的复合物,能更有效的由小肠绒毛转运到细胞上皮,然后转化成具有生化功能的形式。有机锌生物学效价要高于无机锌。有机锌能够提高饲料利用率,增加体内锌的存留量,减少粪中锌的排泄量,减少污染。

饲料中添加氨基酸络合锌可显著提高断奶仔猪日增重以及采食量,以添加 Zn-Met 80 mg/kg 为宜,低于此量添加(40 mg/kg)时效果不显著;Zn-Met 与阿散酸具有协同作用,联合应用可提高猪的日增重和采食量。Zn-Met 的添加降低了腰肌脂肪含量,提高了胴体瘦肉率。Zn-Met 对减缓牛运输应激和蛋鸡低钙(0.3%)应激有较显著作用。在集约化生产条件下,有机锌对鸡的健康、免疫及生产性能方面都有明显的促进功能。饲喂 Zn-Met 和 Mn-Met的 120 日龄火鸡,饲料转化率、死亡率、脚畸形率等都得到了改善;饲喂 Zn-Met 和 Mn-Met的 45 日龄肉鸡,饲料转化率、胸肉量、骨灰分含量及皮肤损伤也都有明显改善。与 ZnO 相比,Zn-Met 具有降低瘤胃液 pH 和使瘤胃氨浓度趋于稳定的效果。同时,Zn 与 Met 螯合后,降低了分解成氨的量,减少了中间环节,从而提高了蛋白质的吸收和血中氨基酸的含量。Zn-Met 还具有提高反刍动物体液免疫和细胞免疫的作用。因此,添加 Zn-Met 对反刍动物有积极的作用。

(四)锰

作为饲料中锰(manganese)的添加剂有硫酸锰、碳酸锰、氧化锰、氯化锰、磷酸锰、乙酸锰、柠檬酸锰、葡萄糖酸锰等,其中常用的为硫酸锰、氧化锰和碳酸锰,氯化锰因易吸潮使用不多。据研究,有机二价锰生物学效价都较好,尤其是某些氨基酸络合物,但因成本高未能大量应用。

1. 硫酸锰

市场上多为一个结晶水的硫酸锰(manganese sulfate),为淡红色粉末。此外还有含 $2\sim 7$ 个结晶水的硫酸锰,都能很好地被动物利用。硫酸锰产品随结晶水的减少锰的利用率稍有降低,但含结晶水越多,越易吸潮、结块,加工不便,且影响饲料中其他成分(如维生素)的稳定性,故一个结晶水的硫酸锰应用广泛。

2. 碳酸锰

碳酸锰(manganese carbonate)为白色至淡褐色无臭粉末,含结晶水越低,色越淡,市场上多为一个结晶水的碳酸锰。碳酸锰的生物学效价略低于硫酸锰。

3. 氧化锰

用于饲料的氧化锰(manganese oxide)主要是一氧化锰,由于烘焙温度不同,可生产不同含锰量的产品。氧化锰化学性质稳定,有效成分含量高,相对价格低,许多国家逐渐以氧化锰代替硫酸锰。

天然锰矿中的氧化锰、碳酸锰类因含有较多杂质和其特殊的物理化学结构,生物学效果欠佳。研究表明,以低剂量(10 mg/kg)锰添加于鸡饲料中,鸡对锰的利用以硫酸锰和碳酸锰为佳,且许多研究结果表明,一氧化锰比二氧化锰为佳。多数研究认为,猪对硫酸锰、碳酸锰、氧化锰有同样的利用率。几种锰源相对生物利用率如表1-7所示。

表 1-7 各种锰的相对生物利用率　　　　　　　　　　　　　　%

锰的形式	家禽	猪	反刍动物
$MnSO_4 \cdot H_2O$	100	100	100
$MnSO_4 \cdot 2H_2O$	100	—	—
$MnSO_4 \cdot 4H_2O$	100	—	—
$MnCl_2 \cdot 2H_2O$	100	—	100
$MnCl_2 \cdot 4H_2O$	100	—	—
$MnCO_3$	90	100	—
$KMnO_4$	90	—	—
MnO	90	100	—

锰的形式	家禽	猪	反刍动物
MnO_2	80	—	—
水锰矿（MnO）	80	—	—
软锰矿（MnO_2）	40	—	—
菱锰矿（$MnCO_3$）	0	—	—

（五）碘

可用于饲料中碘（iodine）的添加剂有碘化钾、碘化钠、碘酸钾、碘酸钠、碘酸钙、3,5-二碘水杨酸、碘山嵛酸钙、碘化亚铜等，其中碘化钾、碘化钠可被家畜充分利用，但稳定性差，易分解造成碘的损失；碘酸钙、碘酸钾较稳定，其生物学效价与碘化钾相似，但由于其溶解度低主要用于非液体饲料。饲料中最常用的为碘化钾、碘酸钙。

1. 碘化钾、碘化钠

碘化钾（potassium iodide）、碘化钠（sodium iodide）均为无色、白色结晶或结晶性粉末，无臭或略带碘味，具有苦味及碱味，利用效率高，但其碘不稳定，而且释放出的游离碘对维生素及某些药物有破坏作用。通常添加枸橼酸铁及硬脂酸钙（一般添加10%）作为保护剂，使之稳定。我国饲料中主要用碘化钾。

2. 碘酸钙

碘酸钙（calcium iodate）为白色结晶或结晶性粉末，无味或略带碘味。其产品有无结晶水、1个和6个结晶水化合物，分子式分别为 $Ca(IO_3)_2$、$Ca(IO_3)_2 \cdot H_2O$、$Ca(IO_3)_2 \cdot 6H_2O$。作为饲料添加剂的多为含0～1个结晶水的产品，其含碘量为62%～64.2%，基本不吸水，微溶于水，很稳定。其生物学效价与碘化钾相似，故逐渐取代碘化钾作为碘源广泛添加于非液体饲料，但据报道，猪对碘酸钙的中毒剂量比碘化钾低得多。

（六）钴

钴（cobalt）主要应用于反刍动物饲料中，可用于饲料中钴的添加剂有氯化钴、碳酸钴、硫酸钴（含1个或7个结晶水）、乙酸钴、氧化钴等。这些钴源都能被动物很好地利用，但由于其加工性能与价格的原因，碳酸钴、硫酸钴应用最为广泛，其次是氯化钴。我国饲料中主要使用氯化钴。

1. 碳酸钴

碳酸钴（cobaltous carbonate）为血青色粉末，不溶于水，能被动物很好地利用。由于碳酸钴不易吸湿，稳定，与其他微量活性成分配伍性好，具有良好的加工特性，耐长期贮存，故应用最为广泛。

2. 硫酸钴

含7个结晶水的硫酸钴（cobaltous sulfate）为具有光泽、无臭、有暗红色透明结晶或桃红色砂状结晶，由于它易吸湿返潮结块，影响加工产品质量，故应用时需脱水处理。含1个结晶水的硫酸钴为青色粉末，溶于水，但不吸湿，吸水性不超过3%，使用方便，很受欢迎，逐渐取代7个结晶水的硫酸钴。

3. 氯化钴

氯化钴（cobaltous chlorid）一般为粉红色、紫红色结晶或结晶性粉末，含6个结晶水，此产品在 40~50℃ 下逐渐失去水分，140℃ 时不含结晶水变为青色。氯化钴是我国应用最广泛的钴添加剂。

4. 氧化钴

氧化钴（cobaltous oxide）为灰绿色、无臭粉末，也可作为饲料添加剂，但应用较少。

反刍动物补充钴的方法除饲料添加剂外，还可通过在牧场施用含钴化肥；也可以舔盐块形式补充舍饲或放牧的绵羊或牛；许多地方实行口服或灌服钴盐溶液的方法，如果剂量足够，是完全可能防止或治疗动物缺钴，但必须经常性地口服或灌服，工作量太大也不方便，而使用钴丸可克服这些缺点，即用氧化钴和研细的铁粉制成致密的小弹丸（一般绵羊 5 g，牛 20 g），用弹丸枪送进食管中，并使弹丸停留在胃中，这些弹丸不断地向瘤胃液中补充钴以满足动物的需要。在应用中，部分动物通过反刍将弹丸排出，部分钴弹丸表面被磷酸钙覆盖，影响了钴的利用效果。

（七）硒

在缺硒（selenium）地区，几乎所有的动物都会表现出缺硒症状，影响健康，进而影响生产。目前在缺硒地区几乎所有动物饲料中都添加硒。

可用于饲料中硒的添加剂主要有硒酸钠、亚硒酸钠。二者效果都很好，亚硒酸钠生物学效价高于硒酸钠。

有机硒（如蛋氨酸硒）效果更好，高于二者，但由于生产和价格原因，目前未广泛应用。目前广泛应用的是亚硒酸钠（Na_2SeO_3）和硒酸钠（Na_2SeO_4 或 $Na_2SeO_4 \cdot 10H_2O$），而亚硒酸钠应用最为广泛。

亚硒酸钠（sodium selenite）为无色结晶性粉末，在 500~600℃ 以下时稳定，超过时慢慢氧化成硒酸钠。硒添加剂为剧毒物质，需加强管理，贮存于阴冷通风处，空气中含硒量不能超过 0.1 mg/m^3。

由于动物的需要量和中毒量相差不大，生产和使用时应特别小心，不得添加超量。美国已批准在各种饲料中添加硒，但 FAD 做了严格的规定：①必须以硒酸钠或亚硒酸钠的形式添加；②用量限制如表1-8所示，不得超量添加；③在鸡、鸭、猪（仔猪除外）、羊、肉牛、奶牛的饲料中必须以硒预混合料的形式添加，这种预混料的含硒量不得高于 200 mg/kg；④凡生产硒预混合饲料的工厂，每批产品需做硒的分析，使每批含量均不得超过规定；⑤在标签中明确注明使用方法，并包括如下声明："注意所附用法，这种含硒的预混合料不可在饲料中提高用量"。

表1-8　畜禽饲料硒用量的限制

畜禽种类	用量限制
鸡、鸭全价饲料	饲料中 0.1 mg/kg
猪全价饲料	饲料中 0.1 mg/kg
仔猪开食前期与开食饲料	饲料中 0.3 mg/kg
火鸡全价饲料	饲料中 0.2 mg/kg
羊全价饲料	饲料中 0.1 mg/kg
肉牛、奶牛全价饲料	饲料中 0.1 mg/kg
羊饲料补充剂	每头每日食入硒量不超过 0.23 mg
肉牛饲料补充剂	每头每日食入硒量不超过 1.0 mg

三、微量元素补充物的质量要求

矿物微量元素添加剂在日粮中的添加量很少,而过量对畜禽有害。此外,纯度不同,其生物学效价也不同,因此,对其产品质量要求比较高,对纯度和有害物质都有规定。美国、日本、欧共体等对饲料级矿物微量元素添加剂做了具体规定。我国已对部分微量元素添加剂制订了饲料级标准,有些还正在制订中。微量元素添加剂的粒度直接影响其在饲料中的分布,对非溶解性化合物来说,其粒度还是获得最大生物学效价的重要因素。微量元素添加剂的粒度主要根据其在饲料中的添加量来决定,在饲料中添加量越小,要求粒度就越小,溶解性越低,一般要求细度越小。

四、饲料中微量元素的分析测定

实训一 硫酸铜的含量测定

(一)实训目的

1. 掌握碘量法测定硫酸铜含量的原理和方法。
2. 熟悉淀粉指示剂的配制和使用。

(二)测定原理

过量的碘化钾能将二价铜离子还原为一价铜离子,并定量析出碘,然后用硫代硫酸钠标准溶液滴定所析出的碘,以间接测定铜的含量。其化学反应式如下:

$$2Cu^{2+} + 4I^- \rightarrow 2CuI\downarrow + I_2$$
$$I_2 + 2S_2O_3^{2-} \rightarrow 2I^- + S_4O_6^{2-}$$

(三)主要试剂与仪器

冰乙酸(A·R);碘化钾(A·R);淀粉指示液(0.5%,m/V);硫代硫酸钠液(0.1 mol/L)。
碘量瓶;滴定管。

(四)测定方法

称取试样约 0.5 g,精密称量,置于 250 mL 碘量瓶中,加 50 mL 水溶解,加 4 mL 冰乙酸,加 2 g 碘化钾,摇匀后,于暗处放置 10 min,用硫代硫酸钠液(0.1 mol/L)滴定至淡黄色,加 2 mL 淀粉指示液,继续滴定至蓝色刚刚消失即为终点。每 1 mL 硫代硫酸钠液(0.1 mol/L)相当于 $CuSO_4$ 159.6 mg 或 $CuSO_4 \cdot 5H_2O$ 249.7 mg。

(五)数据处理

试样中以 $CuSO_4 \cdot 5H_2O$ 计的硫酸铜质量分数按下式计算:

$$w(CuSO_4) = \frac{c \times V \times \dfrac{249.7}{1\,000}}{m}$$

试样中以 $CuSO_4$ 计的硫酸铜质量分数则按下式计算:

$$w(CuSO_4) = \frac{c \times V \times \dfrac{159.6}{1\,000}}{m}$$

式中：c 为硫代硫酸钠液的浓度（mol/L）；V 为测定时消耗硫代硫酸钠液的体积（mL）；m 为试样质量（g）。

(六)注意事项

（1）硫代硫酸钠和碘之间的反应，必须在中性或弱酸性溶液中进行，如在碱性溶液中，则：

$$S_2O_3^{2-} + 4I_2 + 10OH^- \rightarrow 2SO_4^{2-} + 8I^- + 5H_2O$$

$$3I_2 + 6OH^- \rightarrow 5I^- + IO_3^- + 3H_2O$$

如在酸性溶液中，则：

$$S_2O_3^{2-} + 2H^+ \rightarrow S\downarrow + SO_2\uparrow + H_2O$$

$$4I^- + 4H^+ + O_2 \rightarrow 2I_2 + 2H_2O$$

（2）碘的挥发和碘离子被空气中氧氧化是造成间接碘量法误差的主要来源，操作时需采取以下措施：

①加过量的碘化钾，一般是理论量的 2～3 倍，使碘变成易溶的 IO_3^-，减少它的挥发；

②反应在室温或低温下进行，一般低于 25℃；

③滴定时轻摇，最好在碘量瓶中进行；

④溶液酸度不宜太高，酸度太高，会增加碘离子被空气氧化；

⑤反应生成碘后应及时滴定，滴定速度宜适当快些；

⑥暗处放置时需用水密封以防碘挥发。

（3）在用硫代硫酸钠滴定碘时，应该在大部分碘被还原后，溶液呈浅黄色时，才加淀粉指示剂（即临近终点前加入）。如在碘量较大时加入淀粉溶液将会有较多的碘被淀粉胶粒吸附，影响滴定终点的观察，使测定结果偏低。

（4）淀粉指示剂应新鲜配制，淀粉溶液变质后与碘形成的络合物，不是蓝色而是紫色或红色，从而影响终点确定。

实训二　硫酸锰的含量测定

(一)实训目的

掌握用配位滴定法测定饲料添加剂中硫酸锰含量的原理和方法。

(二)测定原理

将硫酸锰用水溶解，以盐酸羟胺为还原剂，和氨—氯化铵缓冲溶液调节溶液的 pH 约为 10，以铬黑 T 为指示剂，用乙二胺四乙酸二钠标准溶液滴定至溶液由紫红色转变为蓝色为止。

(三)主要试剂与仪器

盐酸羟胺（GB 6685）；氟化铵（GB 1276）；氨（GB 631）；一氯化铵（GB 658）；氨—氯化铵缓冲溶液（pH＝10）；铬黑 T 指示剂（0.5％，m/V）；乙二胺四乙酸二钠液（0.05 mol/L）。

锥形瓶；滴定管（50 mL）；分析天平；水浴锅。

(四)测定方法

称取试样约 0.3 g，精密称定型，于 250 mL 三角烧瓶中，加 150 mL 水溶解试样，再加

0.5 g 盐酸羟胺,溶解后,加 3 g 氟化铵掩蔽剂,加热至 63~65℃时,立即加 10 mL 氨—氯化铵缓冲溶液,摇匀,用乙二胺四乙酸二钠液滴定(保证滴定时温度为 60℃),近终点时,加入 3~4 滴铬黑 T 指示剂,继续滴定至溶液由紫红色转变为蓝色,即为终点。每 1 mL 乙二胺四乙酸二钠液(0.1 mol/L)相当于 MnSO₄·H₂O 169.0 mg(或相当于 Mn 54.94 mg)

(五)数据处理

试样中以 $MnSO_4 \cdot H_2O$ 计的硫酸锰质量分数按下式计算:

$$w(MnSO_4) = \frac{c \times V \times \frac{169.0}{1\,000}}{m}$$

试样中以 Mn 计的硫酸锰质量分数按下式计算:

$$w(MnSO_4) = \frac{c \times V \times \frac{54.94}{1\,000}}{m}$$

式中:c 为乙二胺四乙酸二钠液的浓度(mol/L);V 为测定消耗乙二胺四乙酸二钠液的体积(mL);m 为试样的质量(g)。

(六)注意事项

(1)在碱性溶液中,空气中的氧气和其他高价金属离子等均能将铬黑 T 氧化并褪色,加入盐酸羟胺或抗坏血酸等还原剂,可防止其氧化。

(2)由于铬黑 T 的最适宜的酸度 pH 为 9~10.5,故要求控制溶液的酸度。测定时以氨—氯化铵缓冲液(pH=10)调节酸度在 pH=10 左右,此时,EDTA 与 Mn^{2+} 形成络合物的稳定性较大,终点变化明显。

实训三 微量元素预混剂中铜、锌、铁、锰的含量测定

(一)实训目的

了解用分光光度法测定预混剂中微量元素含量的原理和方法。

(二)实训内容

1. 铜含量测定

(1)测定原理。样品经溶解后,在碱性溶液中,铜离子与铜试剂(二乙氨基二硫代甲酸钠,DDTC)生成黄色络合物,其颜色的深浅与铜含量成正比。

(2)主要试剂与仪器

①铜、铁、锌、锰混合标准溶液(Ⅰ)。精密称取 0.050 0 g 金属铜(99.99%),用稍过量的 6 mol/L 硝酸溶解,移入 1 000 mL 容量瓶中,另精密称取 0.800 0 g 金属锌(99.99%)、0.800 0 g 金属铁丝(99.99%)及 0.790 9 g 二氧化锰(MnO_2,99.99%)分别用 6 mol/L HNO_3 溶解后,一并转移至 100 0 mL 容量瓶中,用 0.1 mol/L 盐酸稀释至刻度,此溶液的酸度约为 0.1 mol/L 盐酸,有关成分的浓度为 Cu 50 μg/mL、Zn 800 μg/mL、Fe 800 μg/mL、Mn 500 μg/mL。

②铜、铁、锌、锰混合标准溶液(Ⅱ)。

a. 吸取 100 mL 混合标准溶液(Ⅰ),用 0.1 mol/L 盐酸稀释至 1 000 mL,有关成分浓度

为 Cu 50 $\mu g/mL$、Zn 80 $\mu g/mL$、Fe 80 $\mu g/mL$、Mn 80 $\mu g/mL$；

　　b. 过氧化氢(A.R)；

　　c. 盐酸(1+1)；

　　d. 氨水(1+1)；

　　e. 氨-氯化铵溶液：取 50 g 氯化铵(NH_4Cl)，加 50 mL 浓氨水，用水溶解后稀释至 1 000 mL；

　　f. 0.5%动物胶(明胶)溶液：取 0.5 g 动物胶倒入 100 mL 水中；

　　g. 0.1%铜试剂(DDTC)溶液：取 0.1 g 铜试剂溶于 100 mL；

　　h. 分光光度计；

　　i. 容量瓶；

　　j. 吸量管。

　　(3)测定方法。称取试样约 0.2 g，精密称定，置于 100 mL 烧杯中，用少许水润湿，盖表面皿，加 10 mL 盐酸(1+1)，加热溶解，加水约 20 mL 煮沸，再加氨-氯化铵溶液 10 mL，过滤，将滤液盛于 100 mL 棕色瓶中，加 0.5%动物胶溶液 1 mL，再加 0.1%铜试剂溶液 5 mL，用水稀释至刻度。

　　另取混合标准溶液(Ⅰ)：0 mL、1.00 mL、2.00 mL、3.00 mL、4.00 mL、5.00 mL 分别于 100 mL 烧杯中，同上处理，亦于 100 mL 棕色容量瓶中显色后，用水稀释至刻度，其铜浓度分别为 0 $\mu g/mL$、0.50 $\mu g/mL$、1.00 $\mu g/mL$、1.50 $\mu g/mL$、2.00 $\mu g/mL$、2.50 $\mu g/mL$。

　　以试剂为空白，在 440 nm 处测定标准系列及试样溶液的吸收度。

　　根据测得的标准系列的吸收度，绘制标准工作曲线，求出试样中的铜浓度。

　　(4)数据处理。试样中铜的含量($X_铜$，mg/kg)按下式计算：

$$X_铜 = \frac{m_1 \times 1\,000}{\dfrac{V_2}{V_1} \times m \times 1\,000}$$

式中：m_1 为从标准曲线上查得的试样溶液中铜的含量(μg)；V_1 为样品液的总体积(mL)；V_2 为从样品液中分取的体积(mL)；m 为试样的质量(g)。

　　(5)注意事项。

　　①铜离子与铜试剂生成的黄色络合物对光线较敏感，注意避光。

　　②每个样品，应取 2 个平行试样进行测定，2 个平行试样测定值相比偏差不得超过 15%，以其算术平均值报告结果。

　　2. 锌含量测定

　　(1)测定原理。试样经溶解后，在 pH 为 4.5～5.0 时，锌离子与双硫腙生成红色配合物，该红色配合物可溶于四氯化碳溶液中，其颜色的深浅与试样中锌含量成正比。加入硫代硫酸钠和盐酸羟胺溶液以及控制 pH，可以防止铜、镉、汞等金属离子的干扰。

　　(2)主要试剂与仪器。

　　①氨水(GB 631)。

　　②盐酸(1+1，V/V)。

　　③醋酸缓冲液：取醋酸钠(NaAC·$3H_2O$，27.2 g→100 mL)溶液与冰醋酸溶液(11.5 mL→100 mL)等体积混合，此溶液 pH 约为 4.7。用 0.01%双硫腙-四氯化碳溶液提

取数次,每次 10 mL,除去其中的锌,至四氯化碳绿色不变为止,弃去四氯化碳层,再用四氯化碳提取醋酸缓冲液中过剩的双硫腙,至四氯化碳层无色,弃去四氯化碳层。

④0.01％双硫腙-四氯化碳溶液。

⑤25％硫代硫酸钠溶液:称取 25 g 硫代硫酸钠($Na_2S_2O_3$),溶解在 100 mL 水中,先用 2 mol/L 冰醋酸溶液(11.5～100 mL)调节其 pH 至 4.0～5.5,再用 0.01％双硫腙-四氯化碳溶液处理。

⑥双硫腙-四氯化碳使用液:取 134 mL 0.01％双硫腙-四氯化碳溶液,用四氯化碳稀释至 1 000 mL。

⑦甲基橙指示液:取甲基橙 0.1 g,加水 100 mL 使溶解。

⑧分光光度计。

⑨容量瓶。

⑩吸量瓶。

(3)测定方法。称取试样约 0.2 g,精密称量,置于 100 mL 容量瓶中,用(1+1)盐酸溶解后,用水稀释至刻度。根据试样的含锌量高低,精密吸取 1～10 mL 试液(约相当于 Zn 0.000 2 mg)置于 60 mL 分液漏斗中,加水至 10 mL,加 1 滴甲基橙指示液,用氨水滴至恰由红变黄,再加醋酸缓冲液 5 mL 及 25％硫代硫酸钠溶液 1 mL,混匀后加双硫腙使用液 10 mL,剧烈振摇 3 min,静置分层,用长脱脂棉竹签将分液漏斗颈擦干,收集四氯化碳层于 1 cm 比色杯中,以双硫腙-四氯化碳使用液为参比,于 530 nm 处测定吸收度。

将混合标准溶液(Ⅱ)准确稀释 10 倍,使 Zn 浓度为 8 μg/mL,分别吸取此标准溶液 0 mL、0.10 mL、0.20 mL、0.30 mL、0.40 mL、0.50 mL(相当于 0 μg/mL、0.80 μg/mL、1.60 μg/mL、2.40 μg/mL、3.20 μg/mL、4.00 μg/mL Zn),分别置于 60 mL 分液漏斗中,加水至 10 mL,以下与试样同样处理,测定吸收度。

根据测得的标准系列的吸收度,绘制标准工作曲线,并算出试样中的锌浓度。

(4)数据处理。试样中锌的含量($X_锌$,mg/kg)按下式计算:

$$X_锌 = \frac{m_1 \times 1\ 000}{\dfrac{V_2}{V_1} \times m \times 1\ 000}$$

式中:m_1 为从标准曲线上查得的试样溶液中锌的含量(μg);V_1 为样品液的总体积(mL);V_2 为从样品液中分取的体积(mL);m 为试样的质量(g)。

(5)注意事项。所用分液漏斗等玻璃仪器要求非常洁净,否则会引起较大误差。

3. 铁含量测定

方法一:分光光度法测定添加剂原料中铁的含量

(1)测定原理。试样溶解后,在弱酸性溶液中,加入盐酸羟胺将试样溶液中的铁还原成二价铁,与邻菲罗啉反应生成橙红色的配合物,其颜色深浅与铁含量成正比。

(2)主要试剂与仪器

①氨水(GB 631)。

②盐酸(1+1)。

③盐酸羟胺溶液(10％,m/V)。

④醋酸缓冲液:称取 136 g 醋酸钠($NaAC \cdot 3H_2O$)加 120 mL 冰醋酸,加水溶解后,稀释

至 500 mL，此溶液 pH 约为 4.6。

⑤0.1％（m/V）邻二氮菲（邻菲罗啉）溶液。

⑥分光光度计。

⑦容量瓶。

⑧吸量管。

（3）测定方法。

①称取试样约 0.2 g，精密称量，置于 100 mL 容量瓶中，用（1＋1）盐酸溶解后，用水稀释至刻度。准确吸取 5～25 mL（视试样含铁量而定）于 50 mL 容量瓶中，滴加氨水至恰不生成氢氧化铁棕色沉淀，加入 10％盐酸羟胺溶液 2 mL，摇匀，再加醋酸缓冲液 5 mL 及 0.1％邻二氮菲溶液 5 mL，用水稀释至刻度，摇匀。放置 10 min 后，以试剂为空白，用 1 cm 比色皿在 530 nm 处测定吸收度。

②分别吸取混合标准溶液（Ⅱ）0.00 mL、0.20 mL、0.40 mL、1.60 mL、0.80 mL、1.00 mL 于 50 mL 容量瓶中（稀释后标准系列浓度为 0 μg/mL、0.32 μg/mL、0.64 μg/mL、0.96 μg/mL、1.28 μg/mL、1.60 μg/mL），以下同试样处理，测定吸收度。

③根据测得的标准系列的吸收度，绘制标准工作曲线，并算出试样中的铁浓度。

（4）数据处理。试样中铁的含量（$X_铁$，mg/kg）按下式计算：

$$X_铁 = \frac{m_1 \times 1\,000}{\frac{V_2}{V_1} \times m \times 1\,000}$$

式中：m_1 为从标准曲线上查得的样品溶液中铁的含量（μg）；V_1 为样品液总体积（mL）；V_2 为从样品液中分取的体积（mL）；m 为样品的质量（g）。

（5）注意事项。对铁含量高的预混料，显色剂邻菲罗啉的用量可酌情增加。

方法二：邻二氮菲分光光度法测定微量铁

（1）实验目的。

①学习分光光度法测定微量物质的原理和方法；

②学会如何应用光吸收曲线求得最大吸收波长 λ_{max}；

③了解并掌握分光光度计的基本原理和使用方法。

（2）测定原理。邻二氮菲（又称邻菲啰啉）是测定微量铁较好的一种试剂。在 pH 为 2～9 的溶液中，邻二氮菲与 Fe^{2+} 生成稳定的橙红色络合物 $[(C_{12}H_8N_2)3Fe]^{2+}$，其 $\lg K_稳 = 21.3$，摩尔吸光系数 $\varepsilon_{508} = 1.1 \times 10^4$。橙红色络合物的最大吸收峰在 508 nm 处，此反应可用于测定微量 Fe^{2+}。如果铁以 Fe^{3+} 形式存在，则应预先用还原剂盐酸羟胺 $NH_2OH \cdot HCl$ 将 Fe^{3+} 还原。

$$2Fe^{3+} + 2NH_2OH = 2Fe^{2+} + 2H^+ + N_2 \uparrow + 2H_2O$$

Bi^{3+}、Cd^{2+}、Hg^{2+}、Zn^{2+}、Ag^+ 等离子与邻二氮菲生成沉淀；Co^{2+}、Cu^{2+}、Ni^{2+} 离子与邻二氮菲形成有色络合物。因此，当这些离子共存时，应注意它们的干扰。较大量的草酸盐（在 pH＞6 时）及酒石酸盐（在 pH＞3 时）无干扰，但 CN^- 的存在将严重干扰测定。

（3）主要试剂及仪器。

①试剂。标准铁溶液（10^{-3} mol/L）：准确称取 0.482 2 g $NH_4Fe(SO_4)_2 \cdot 12H_2O$，用

30 mL H_2SO_4 和少量水溶解后,定量转移至 1 000 mL 容量瓶中。以水稀释至刻度,摇匀。1 mol/L NaAc、0.15％邻二氮菲水溶液、10％盐酸羟胺水溶液(现用现配)。

②仪器。722 型分光光度计;1 cm 比色皿一套;50 mL 容量瓶 9 个;1 mL 移液管 2 支;2 mL 和 5 mL 移液管各 1 支;1 mL 和 2 mL 吸量管各 1 支。

(4)测定方法。

①邻二氮菲亚铁吸收曲线的制作。用 2 mL 吸量管移取 0 μg/mL、0.5 μg/mL、1.0 μg/mL、100 μg/mL 标准铁溶液,分别注入 3 个 50 mL 的容量瓶中,各加入 1 mL 10％盐酸羟胺溶液,摇匀。加入 2 mL 0.15％邻二氮菲溶液、5 mL 1 mol/L NaAc 溶液,以水稀释至刻度,摇匀。在 721 型分光光度计上,有 1 cm 比色皿,以空白溶液(0 mL 标准铁溶液)为参比溶液,在 400～600 nm 间测定吸光度 A。测定时从 400～489 nm 和 540～600 nm 每隔 10 nm 测一个数据;在最大吸收峰附近,从 480～540 nm 每隔 10 nm 测一个数据。以波长为横坐标、吸光度为纵坐标绘制吸收曲线,从而选择邻二氮菲分光光度测铁时的适宜波长(一般选用最大吸收波长 λ_{max})。

②标准曲线的制作。在 6 个 50 mL 容量瓶中,用 1 mL 吸量管分别加入 0 mL、1.5 mL、2.0 mL、0.6 mL、0.8 mL、1.0 mL 标准铁溶液(含铁 100 μg/mL),再分别加入 1 mL 10％盐酸羟胺溶液、2 mL 0.15％邻二氮菲溶液和 5 mL 1 mol/L NaAc 溶液,以水稀释于刻度,摇匀。在所选定的波长下,用 1 cm 比色皿,以空白溶液为参比溶液,测定各溶液的吸光度。以 50 mL 溶液中的含铁量为横坐标,相应的吸光度为纵坐标,绘出邻二氮菲 Fe^{2+} 标准曲线,并由标准曲线的斜率,求出邻二氮菲-Fe^{2+} 络合物的摩尔吸光系数。

③未知溶液中微量铁的测定。用移液管移取 1 mL 未知溶液于 50 mL 容量瓶中,依次加入 1 mL 10％盐酸羟胺溶液,2 mL 0.15％邻二氮菲溶液和 5 mL 1 mol/L NaAc 溶液,以水稀释至刻度,摇匀。在所选的波长下测定其吸光度。

根据标准曲线找出相应的浓度,计算未知液中铁的含量(g/L)。

4. 锰含量测定

(1)测定原理。试样经溶解后,在酸性溶液中,锰离子与碱金属高碘酸盐共热,可被氧化为紫红色的高锰酸盐,其颜色深浅与锰量成正比。

(2)主要试剂与仪器。磷酸;硝酸(GB 626);30％过氧化氢(GB 6684);硝酸(1+1);1.0％(m/V)高碘酸钾(钠)溶液。分光光度计;容量瓶。

(3)测定方法。

a. 称取试样约 0.1 g,精密称量,置于 100 mL 烧杯中,加(1+1)硝酸 10 mL,微热使溶解,冷却后加浓硝酸 2 mL,磷酸 2 mL,加水至约 20 mL,摇匀。再加 1.0％高碘酸钾(钠)溶液 3 mL,煮沸约 30 s,此时溶液呈稳定的紫红色,冷后定量转移至 100 mL 容量瓶中,用水稀释至刻度。

b. 分别吸取混合标准溶液(Ⅰ)0 mL、0.20 mL、0.40 mL、0.60 mL、0.80 mL、1.00 mL 分别于 100 mL 烧杯中,各加浓硝酸 5 mL,30％双氧水 2 mL,蒸发至干,取下冷却。加浓硝酸 2 mL、磷酸 2 mL,以下同试样处理,锰标准系列浓度为 0 μg/mL、1.00 μg/mL、2.00 μg/mL、3.00 μg/mL、4.00 μg/mL、5.00 μg/mL。

c. 以试剂为空白,测定标准系列和试样溶液的吸收度。

d. 根据测得的标准系列的吸收度,绘制标准工作曲线,并算出试样中的锰浓度。

(4)数据处理。试样中锰的含量($X_{锰}$,mg/kg)按下式计算：

$$X_{锰} = \frac{m_1 \times 1\,000}{\dfrac{V_2}{V_1} \times m \times 1\,000}$$

式中：m_1 为从标准曲线上查得的样品溶液中锰的含量(μg)；V_1 为样品液的总体积(mL)；V_2 为从样品液中分取的体积(mL)；m 为样品的质量(g)。

实训四　亚硒酸钠的含量测定

(一)实训目的

了解用碘量法测定亚硒酸钠含量的原理和测定方法。

(二)测定原理

在强酸性溶液中，亚硒酸钠与碘化钾发生氧化还原反应析出游离的碘，后者被硫代硫酸钠标准溶液还原为碘离子，以淀粉为指示剂，根据颜色变化判断反应终点。

(三)主要试剂与仪器

碘化钾(A.R)；盐酸(A.R)；淀粉指示剂(1%)；硫代硫酸钠液(0.1 mol/L)；二硫化碳(A.R 或 C.P)。碘量瓶；滴定管；分析天平；量筒。

(四)测定方法

称取约 0.1 g 预先在 105~110℃ 下烘干至恒重的试样，精密称定，置于带有瓶塞的 250 mL 锥形瓶中，用 50 mL 水溶解，加 1 g 碘化钾，加 8 mL 二硫化碳，加 3 mL 盐酸，摇匀，放置 5 min，用硫代硫酸钠液滴定，边滴定边强力振摇，接近终点时加 2 mL 淀粉指示剂，继续滴定至水层蓝色消失(二硫化碳层仅显黄褐色)，并将测定结果用空白试验校正。每 1 mL 硫代硫酸钠液(0.1 mol/L)相当于 Na_2SeO_3 172.9 mg(或 Se 78.96 mg)。

(五)数据处理

试样中以 Na_2SeO_3 计的亚硒酸钠质量分数按下式计算：

$$w(Na_2SeO_3) = \frac{c \times (V_1 - V_2) \times \dfrac{172.9}{1\,000}}{4\,m}$$

试样中以 Se 计的亚硒酸钠质量分数按下式计算：

$$w(Na_2SeO_3) = \frac{c \times (V_1 - V_2) \times \dfrac{78.96}{1\,000}}{4\,m}$$

式中：V_1 为试样所消耗的硫代硫酸钠液的体积(mL)；V_2 为空白试验所消耗的硫代硫酸钠液的体积(mL)；c 为硫代硫酸钠液的浓度(mol/L)；m 为样品的质量(g)。

(六)注意事项

(1)亚硒酸钠与碘化钾作用，需要一定的时间，因此，在用硫代硫酸钠液滴定时，应将样品处理液密塞暗处放置 5 min，待其反应完全。

(2)因碘溶解在二硫化碳层中，当用滴定液滴定时，应强力振摇，使硫代硫酸钠与碘充分反应。

(3)淀粉指示液应待用硫代硫酸钠滴定至溶液由红棕色刚刚到无色时加入,加入后再强力振摇 30 s 后继续滴定,否则影响测定结果。

(4)淀粉指示液应新鲜配制。

◉ 岗位操作任务

1. 能够对 *L*-赖氨酸盐酸盐、*DL*-蛋氨酸及其类似物的含量进行定性、定量测定。

2. 能够对常见维生素 A、维生素 D₃、维生素 E 粉、维生素 B₁ 散、维生素 B₂、维生素 B₂ 散、维生素 B₆、叶酸、*D*-泛酸钙、氯化胆碱、维生素 C、烟酸、烟酰胺、生物素的含量进行分析测定。

◉ 知识拓展

饲料添加剂的使用误区

一、不根据动物实际情况和地区情况使用添加剂

使用添加剂必须要有满足畜禽生长所必需的营养物质,如能量、蛋白质等最基础的条件。没有基础营养物质,添加再好的添加剂也是无用的。生产实践证明,添加剂的作用还具有地区性。因为南北方所产饲料中的营养成分不完全一样。就是在同一地区,基础日粮不同,添加剂的效果也不一样。因此,要想提高畜禽生产水平,最根本的措施是满足其不同生长和发育阶段的营养需要,按照畜禽的饲养标准,在设计饲料配方时计算各种营养物质的需要量,配制成全价饲料,才会收到预期效果。

二、添加剂用量越多越有效

在农村,有些饲养户却认为添加剂用量越多效果越好,任意加大用量,结果不仅没有收到预期效果,反而影响畜禽生长,造成添加剂浪费,甚至出现中毒。例如,铜是畜禽的必要元素,适当添加可促进生长育肥猪日增重,但饲喂量超过日粮的 250 mg/kg 就会导致中毒。喹乙醇作为饲料添加剂促进畜禽生长有良好作用,而且是抗菌药物,但如用量过大也会出现中毒,造成畜禽大批死亡。

三、几种添加剂混合使用效果好

不少饲养户由于对添加剂的性质缺乏了解,以为 1 种添加剂有效,多种添加剂同时使用效果会更好。其实,现在的添加剂多为复合型,多种添加剂混合使用,不仅加大成本,而且会造成中毒现象。不同添加剂还会有一定颉颃作用,随意混合使用,反而会抵消其作用。例如,含铁的添加剂可加快维生素 A、维生素 D、维生素 E 等氧化过程,不能同时添加应用;钙、磷添加剂在碱性环境中很少被吸收,不可与胆碱同时添加,因胆碱易溶于水,碱性很强;铁、碘、铜、锰、锌等微量元素添加剂,可使维生素 A、维生素 B₁、维生素 B₂、维生素 K₃ 和叶酸效价降低。

四、把饲料添加剂当精料用

添加剂是为满足特殊需要而加入饲料中的少量或微量营养性和非营养性物质。营养性

添加剂补充基础饲料中含量不足的营养素,如氨基酸、维生素、微量元素等。非营养性添加剂主要作用是刺激生长、提高饲料利用效率、增强畜禽抵抗力以及增加采食量等,如促生长添加剂、保健添加剂、食欲增进和品质改良添加剂、抗氧化剂、防霉剂等。无论是营养性和非营养性添加剂,都不含蛋白质和能量等营养素,只有在饲料营养具备这一先决条件下,才能最大限度地发挥作用。因此,饲料添加剂绝不是精料,是不能代替精料使用的。

五、饲料添加剂的价格越贵越好

一般意义上讲,价格贵的饲料添加剂的质量和效果应该较好,但一些刚打入市场的新品价格也较高,而其有效成分和质量并不一定高。选购饲料添加剂关键在于其饲喂效果是否明显,而不是价格的高低。

◎ 项目小结

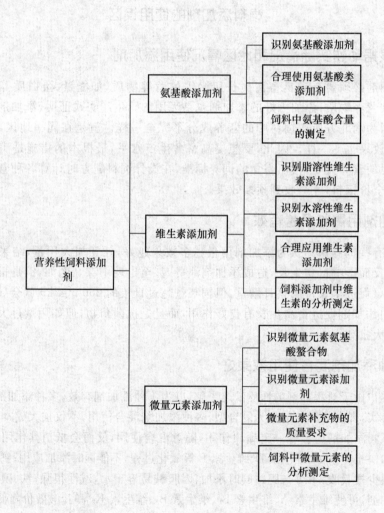

一、填空题

1. 营养性添加剂主要包括_____、_____、_____三大类。
2. 对于猪,第一限制性氨基酸为____;对于鸡,第一限制性氨基酸为____。
3. 在饲料中提供一定数量的胱氨酸,可减少饲料中_____的供给量。
4. 胡萝卜素在动物体内可转化成_____。
5. 固态粉粒的氯化胆碱添加剂的有效成分为_____。
6. 生产氨基酸添加剂的主要方法有四种,即_____、_____、_____和_____。
7. 广泛作为饲料添加剂的氨基酸有_____、_____、_____和_____四大类。

二、判断题

1. 添加合成氨基酸,可以降低饲粮的蛋白质水平,从而提高了氮排泄对环境的污染。
（　　）
2. 在动物体内,胱氨酸可转化为蛋氨酸。（　　）
3. 硫属微量元素。（　　）
4. 在配制畜禽日粮时,首先需要考虑添加的矿物元素是钙和磷。（　　）
5. 营养性添加剂主要包括氨基酸、维生素和矿物元素添加剂。（　　）

三、选择题

1. 为了某种目的而以微小剂量添加到饲料中的物质叫（　　）。
A. 蛋白质饲料　　　　B. 矿物质饲料　　　　C. 饲料添加剂　　　　D. 能量饲料
2. 动物体内含量低于（　　）的叫微量矿物元素。
A. 0.01%　　　　　B. 0.1%　　　　　C. 0.02%　　　　　D. 0.05%
3. 单胃成年动物需（　　）种必需氨基酸。
A. 10　　　　　　B. 8　　　　　　C. 9　　　　　　D. 6
4. 各种铜盐的生物学效价不同,对于猪和鸡而言,无机铜源中（　　）最好。
A. 碳酸铜　　　　　B. 氧化铜　　　　　C. 氯化铜　　　　　D. 硫酸铜
5. 各种铜盐的生物学效价不同,对于反刍动物以（　　）最好。
A. 碳酸铜　　　　　B. 氧化铜　　　　　C. 氯化铜　　　　　D. 硫酸铜
6. 碳酸锰对猪的生物学价值与硫酸锰相当,但对家禽的利用率只有硫酸锰的（　　）。
A. 60%　　　　　B. 70%　　　　　C. 80%　　　　　D. 90%

四、简答题

1. 简述氨基酸添加剂的种类及特点。
2. 简述脂溶性维生素饲料添加剂的种类及特点。
3. 简述微量元素氨基酸螯合物的营养功能与应用。
4. 如何合理应用维生素添加剂?
5. 如何合理使用微量元素饲料添加剂?

Project 2

非营养性添加剂

项目设置描述

非营养性添加剂是指在饲料中长期添加的，虽不能提供营养物质，但能通过提高动物的健康水平和采食量，促进营养物质的消化、吸收和沉积等各种途径提高动物生产性能和经济效益的一切微量或少量添加物。由于非营养性添加剂对于减少饲料投入、增加畜产品产出具有特殊作用，因而成为近年来动物营养研究的热点。非营养性添加剂已大量用于各类配合饲料的生产中，并取得了大量研究成果。目前，非营养性添加剂受到越来越多的养殖户的青睐。

学习目标

1. 掌握饲用酶制剂的种类、作用机理与应用。
2. 熟悉益生素的种类、作用机理与应用。
3. 熟悉饲用酸化剂的种类、作用机理与应用。
4. 熟悉中草药添加剂的种类、作用机理与应用。
5. 熟悉饲料保藏剂的种类、作用机理与应用。
6. 了解抗生素饲料添加剂的使用规范与禁用。
7. 了解其他非营养性饲料添加剂种类与应用。
8. 能合理使用酶制剂、益生素、酸化剂、中草药、保藏剂等饲料添加剂。
9. 能合理使用抗生素饲料添加剂。

酶是活细胞所产生的具有特殊催化能力的一类蛋白质,通常称为生物催化剂,是促进生物化学反应的高效能物质。细菌、真菌等微生物是各种酶的主要来源,将这些生物体产生的酶提取出来,制成的产品就是酶制剂。饲料用酶制剂是通过特定生产工艺加工而成的含单一酶或混合酶的工业产品。试验研究证明,添加饲料用酶制剂能补充动物体内酶源的不足,增加动物自身不能合成的酶,从而促进畜禽对养分的消化、吸收,提高饲料的利用率,促进生长,为节粮型饲料添加剂。

一、了解饲用酶制剂

(一)酶的作用机理

1. 降低反应能阈,改变反应途径

酶具有极高的催化效率。一般认为酶的催化作用主要是降低了反应需要的活化能。根据化学动力学原理,只有那些能量达到一定值(称为能阈)的活化分子,即处于活化状态的分子才能发生反应。活化的分子数目越多,反应的速度越快。所谓活化能,就是反应物由常态(基态)变为活化状态所需要的能量,即高出基态的这部分能量。通常增加活化分子能量的方式有 2 种:一是直接提供能量,如加热、光照等,增加分子的动能使分子活化;二是降低反应的能阈,即降低反应所需要的活化能。但动物体内的化学反应不能依靠加热和光照的方式来供应活化能,而是靠酶的作用降低反应的能阈,使活化分子数在相同条件下相对增加,从而使反应速度加快。

2. 形成酶—底物复合物

酶如何能降低反应所必需的活化能而使反应加快呢?目前一般认为,酶与一般催化剂的不同之处在于酶参与化学变化过程:虽然酶在反应前后不变,但它在反应过程中与底物结合形成过渡态的中间复合物,改变了反应的原来途径。为了说明这个问题,我们以 S 代表底物,P 为产物,E 为酶,ES 为中间复合物。在无酶催化时,原来的反应途径为 $S \rightleftharpoons P$,其所需的活化能比较高。当有酶催化时,反应途径则为 $E + S \rightleftharpoons ES \rightleftharpoons E + P$。在酶的反应途径中,每一步的能阈都比非催化反应的能阈低。由于酶蛋白质分子的空间结构与活性中心提高了它与底物间相互结合的亲和力,加快了酶—底物复合物的形成速率,又使底物分子的电子分布发生改变,使其某些键发生松弛,因而在较低的能量状态下,即可断裂形成新键,生成产物。

3. 契合学说

关于酶-底物如何结合成酶-底物复合物,又如何完成其催化作用有许多学说,目前较多的人赞同的是"诱导契合"学说,即认为酶的活性中心不是僵硬的结构,它具有一定柔性。当底物与酶相遇时,可诱导酶蛋白的构象发生相应的变化,使活性中心有关基团达到正确的排列与定向,因此酶与底物契合而结合成酶—底物复合物,较易进行反应。

(二)酶催化反应的特点

(1)条件要求简单,在常温、常压、温和的酸碱度条件下即可反应;

(2)催化效率特别高,比一般催化剂高千万倍甚至上亿倍;

(3)专一性,一种酶只能分解或转化一种或一类底物,就像锁与钥匙的关系一样;

(4)酶本质是蛋白质,无毒副作用,无残留。

(三)饲用酶制剂的作用

1. 降低消化道食糜黏度,提高营养物质消化吸收率

构成植物细胞壁的非淀粉多糖类物质,能够结合大量的水,增加消化道食糜的黏度,使营养物质和内源消化酶不能充分接触,降低了蛋白质、淀粉等营养物质的消化利用率。饲料中添加酶制剂,可以破坏食糜周围的水化膜,增加食糜与酶及小肠的接触面,提高营养物质的消化吸收率。

2. 提高植酸磷的利用率

大多数植物饲料及谷物中60%～80%的磷以植酸磷的形式存在,由于水产动物消化系统缺乏内源性植酸酶,无法利用饲料中植酸结合态磷,致使无效磷排入水体引起污染,而植酸酶的使用,可将植酸结合态磷转化为非植酸磷供动物机体使用,从而提高饲料中磷的利用率,减少粪磷对水环境的污染。

3. 消除抗营养因子

饲料中抗营养因子广泛存在于各种饲料原料中,它们直接或间接地影响营养物质的消化吸收和代谢作用,而酶制剂可部分或全部消除这些抗营养因子的不良影响。

4. 补充内源酶的不足,激活内源酶的分泌

幼龄动物或处于病态等应激状态的动物分泌酶的能力较弱,饲料中适当地添加蛋白酶、淀粉酶和脂肪酶,可补充内源酶的不足,提高饲料利用率,此外还可促进内源酶的分泌。

(四)饲用酶制剂的应用效果

1. 改善饲料利用率,提高畜禽生产性能

饲用酶制剂可以在动物消化道内,将饲料中的大分子物质水解为易吸收的小分子物质,降低营养物质在粪便中的排出量,即对内源酶起辅助补充作用。幼龄动物消化酶发育不完善、年老动物消化酶分泌能力降低以及受到应激或疾病感染后的动物引起消化酶分泌紊乱等情况下,外源消化酶可补充内源酶的不足,增强动物对饲料养分的消化吸收能力,从而提高畜禽生产力和饲料转化效率。

2. 分解饲料中的抗营养因子

饲料中有许多不利于养分消化吸收或对动物消化功能有不利影响的物质,饲用酶制剂可以分解这些抗营养因子,从而提高饲料的利用率和改善动物的健康水平。如在豆粕类饲料中含有胰蛋白酶抑制因子、植物凝集素等抗营养因子,枯草杆菌蛋白酶可降解胰蛋白酶抑制因子、植物凝集素,消除其抗营养作用,提高饲料蛋白质的消化率和利用率。

3. 减轻畜牧生产对环境的污染

现代化的养殖业是以大规模集约化生产为基本特征的,对环境的污染日趋严重,如氮、磷造成的水体富营养化问题。在饲料中添加酶制剂,如植酸酶,可以降低畜禽氮、磷的排泄量,有利于环境保护。

(五)饲料用酶的来源与生产

饲料用酶源于微生物菌体,目前常用的菌种有曲霉、木霉、青霉、酵母等真菌和某些杆菌的菌株等,经过基因工程技术对其加以改造,采用发酵工艺来生产饲用酶制剂。生产过

程要求这些菌株的性质稳定,而且对动物不产生毒害作用。发酵过程可以是工业化液体发酵,也可以用固体培养进行发酵,后者是目前工业化生产的主流。酶制剂的应用早在20世纪60年代就开始,广泛应用于食品加工、酿造、制革、洗涤剂工业中,1970年后酶制剂开始引入到饲料工业中,第一个商业上应用的饲用酶制剂是β-葡聚糖酶,分解大麦中β-葡聚糖,使其营养成分与小麦相当,直到20世纪80年代末期,酶制剂在饲料中才广泛地应用。

目前在饲料中添加的酶制剂都是由微生物发酵生产的,其常规工艺为:菌株选育、发酵培养、酶的提取。动、植物中也存在各种酶,但从中提取酶成本极高,且生产受季节限制。而用微生物来生产酶制剂,其产量高、生产成本低,且不受季节限制。利用微生物来生产饲用酶制剂,有2种方法:一是固体发酵,一是液体发酵。

(1)与其他培养方式相比,液体深层发酵具有如下优点:

①液体悬浮状态是许多微生物的最适生长环境;

②在液态环境中,菌体、底物、产物(包括热)易于扩散,使发酵在均质或拟均质条件下进行,便于检测、控制,易扩大生产规模;

③液体输送方便,易于机械化操作;

④产品易于提取精制。

(2)与液体发酵相比,固体发酵具有如下缺点:

①生产工艺主要限于耐低水活性的菌中;

②微生物生长速度较慢,产物有限;

③大规模操作时,产生的代谢热较难散去,生产过程中固态发酵参数难以准确测定,难以实现操作的机械化及控制的自动化;

④生化反应器的设计还不完善,传统的发酵方式易染杂菌。

(3)固体发酵也具有很多液体发酵所不具备的优点,主要表现为:

①培养基简单,多为便宜的天然基质;

②基质的低含水量可大大减少生化反应器的体积,不需要废水处理,较少环境污染,一般不需要严格的无菌操作,后处理加工方便;

③不一定连续通风,一般可由间歇通风或气体扩散完成;

④产物的产率较高;

⑤设备简单,投资小,能耗低。由于饲料工业附加值低,饲料用酶无须精制。

因此,采用固态发酵更为合适。国内复合酶制剂的生产一般采用固态发酵,液态发酵主要用于植酸酶的生产或生产单酶制剂用于复配合酶制剂。

二、饲用酶制剂种类

1. 消化酶

动物体内能够合成并分泌这类酶(表2-1)到消化道中消化营养物质,若需要强化动物内源酶作用,则需要使用外源的动物消化酶类似物。后者结构和性质可能不同于内源酶,但其作用却相同,主要包括淀粉酶、蛋白酶和脂肪酶等。

表 2-1　动物自身产生的酶

组织器官	分泌液	产生酶类	分泌消化液 pH
口腔	唾液	淀粉酶	
胃	胃液	胃蛋白酶	1.0～3.0
		凝乳酶	
胆囊	胆汁	胆汁	7.4～8.5
胰脏	胰液	淀粉酶	
		胰酶	
		胰蛋白酶	7.8～8.4
		麦芽糖酶	
		肠肽酶	
		脂肪酶	
小肠	肠液	乳糖酶	8.0
		蔗糖酶	
		麦芽糖酶	

（1）淀粉酶。主要包括 α-淀粉酶、β-淀粉酶、葡萄糖淀粉酶以及支链淀粉酶，其作用是催化淀粉降解。一般在饲料中多用 α-淀粉酶，α-淀粉酶是内切酶，它催化淀粉分子内部 1,4-苷键的随机水解。β-淀粉酶是外切酶。淀粉酶催化淀粉分解为寡糖、双糖、糊精或葡萄糖和果糖。动物消化道和唾液中含有淀粉酶。

（2）蛋白酶。蛋白酶是催化分解肽键的一类酶的总称。蛋白酶作用于蛋白质，将其降解为小分子的蛋白胨、肽和氨基酸。饲料中多用酸性和中性蛋白酶，蛋白酶按其作用方式也分为内切酶和外切酶，一般的微生物蛋白酶通常是内切酶和外切酶的混合物。动物体内的蛋白酶多存在于胃液和胰液中，分别为胃蛋白酶和胰蛋白酶，前者属于酸性蛋白酶，后者属于碱性蛋白酶。

（3）脂肪酶。脂肪酶降解甘油三酯（脂肪）为游离脂肪酸和甘油。动物体内的胃液和胰液等都含有多种脂肪酶。

2. 非消化酶

非消化酶是动物自身通常体内不能合成的酶，一般来源于微生物。主要用于分解动物自身不能消化的物质、降解抗营养因子或有毒害物质等，主要包括纤维素酶、半纤维素酶、植酸酶和果胶酶等（表 2-2）。

（1）纤维素酶。纤维素酶分解纤维素为纤维二糖、纤维三糖等多糖。β-葡萄糖苷酶则将纤维二糖、纤维三糖分解为葡萄糖。一般认为，纤维素酶为复合酶系。纤维素酶可破坏富含纤维的植物细胞壁，使被其包围的淀粉、蛋白质和矿物质得以释放并被消化利用，同时可将纤维部分降解成可消化吸收的还原糖，从而提高动物饲料干物质、蛋白质、粗纤维、淀粉和矿物质等的消化率。高等动物体内缺乏纤维素酶，尽管纤维素酶具有很大的潜力，但目前在工业上的实际应用还很一般，这主要是由于所用酶种类很多，酶促纤维素水解过程非常复杂。另外，天然纤维素很少单独存在，而是与木质素和半纤维素紧密联系，木质素的包裹使得酶很难接近纤维素。虽然纤维素酶在一般的工业应用尚有限,但在饲料工业中具有极大潜力。目前饲料加工者和营养学家正在猪、禽日粮中利用多种的纤维素酶来提高饲料的营养价值。

表 2-2　各种酶的种类和来源

名称	来源	名称	来源
胃蛋白酶	猪胃黏膜	纤维素酶	木霉
蛋白酶	黑曲霉、枯草杆菌	半纤维素酶	霉菌
淀粉酶	麦芽	植物细胞膜分解酶	复合酶
液化型淀粉酶	枯草杆菌	转化酶	曲霉、酵母
糖化型淀粉酶	白根霉	乳糖酶	酵母
脂肪酶	根霉、酵母		

(2)半纤维素酶。半纤维素酶主要包括木聚糖酶、甘露聚糖酶、β-葡聚糖酶和半乳聚糖酶等。由于除纤维素外的其他非淀粉多糖(半纤维素和果胶等)都可部分溶于水,在消化道形成凝胶状,使消化道内容物具有较强黏性,因而影响营养物质消化吸收并导致不同程度拉稀,最终影响动物生长和饲料利用率。半纤维素酶的主要作用就是降解这些非淀粉多糖,降低肠道内容物黏性和促进营养物质消化吸收,减少拉稀,从而促进生长和提高饲料利用率。

(3)植酸酶。植酸酶是降解饲料植酸及其盐的酶。在豆科及谷物种子中植酸盐磷占总磷的 50%～75%,其化学形式主要是肌醇六磷酸钙镁盐。由于单胃动物不能或很少分泌植酸酶,而豆科和谷物饲料中或多或少存在的该酶活性(主要存在于种子外皮)因加工、贮藏等被破坏,造成这些饲料磷利用率很低(0～4%),并严重影响饲料中二价阳离子矿物质元素利用,最终导致动物饲养成本增加、排泄过量磷并污染环境。

(4)果胶酶。果胶酶是分解果胶的酶的通称,也是一个多酶复合物,它通常包括原果胶酶、果胶甲酯水解酶、果胶酸酶 3 种酶。这 3 种酶的联合作用使果胶质得以完全分解。天然的果胶质在原果胶酶作用下,被转化成水溶性的果胶;果胶被果胶甲酯水解酶催化去掉甲酯基因,生成果胶酸;果胶酸酶切断果胶酸中的 α-1,4-糖苷键,生成半乳糖醛酸,半乳糖醛酸进入糖代谢途径被分解释放出能量。工业生产果胶酶的菌种主要是霉菌,常用菌种有文氏曲霉、苹果青霉、黑曲霉、白腐核霉、米曲霉、酵母等,此外,木质壳霉、芽孢杆菌、梭状芽孢杆菌、葡萄孢霉、镰刀霉也能产生果胶酶。饲料工业中果胶酶多用于提高青贮饲料的品质。

三、影响酶作用效果的因素

(一)酶制剂的种类和活性

生产酶制剂的微生物有丝状真菌、酵母、细菌 3 大类群,主要是用好气菌。几种主要工业酶的菌种和使用情况如下。

1. 淀粉酶

淀粉酶水解淀粉生成糊状麦芽低聚糖和麦芽糖。以芽孢杆菌属的枯草芽孢杆菌和地衣形芽孢杆菌深层发酵生产为主,后者产生耐高温酶。另外也用曲霉属和根霉属的菌株深层和半固体发酵生产,适用于食品加工。淀粉酶主要用于制糖、纺织品退浆、发酵原料处理和食品加工等。葡萄糖淀粉酶能将淀粉水解成葡萄糖,现在几乎全由黑曲霉深层发酵生产,用于制糖、酒精生产、发酵原料处理等。

2. 蛋白酶

使用菌种和生产品种最多。用地衣形芽孢杆菌、短小芽孢杆菌和枯草芽孢杆菌深层发酵生产细菌蛋白酶；用链霉菌、曲霉深层发酵生产中性蛋白酶和曲霉酸性蛋白酶，用于皮革脱毛、毛皮软化、制药、食品工业；用毛霉属的一些菌进行半固体发酵生产凝乳酶，在制造干酪中取代原来从牛犊胃提取的凝乳酶。

3. 葡萄糖异构酶

20世纪70年代迅速发展起来的一个品种。先用深层发酵取得链霉菌细胞，待固定化后，将葡萄糖液转化成含果糖约50%的糖浆，这种糖浆可代替蔗糖用于食品工业。用淀粉酶、葡萄糖淀粉酶和葡萄糖异构酶等将玉米淀粉制成果糖浆已成为新兴的制糖工业之一。

4. 其他重要工业用酶

其他重要工业用酶还有用曲霉、木霉半固体发酵生产的纤维素酶；用曲霉生产的果胶酶、半纤维素酶；曲霉和青霉深层发酵生产的葡萄糖氧化酶和过氧化氢酶；用假丝酵母、曲霉深层发酵生产的脂肪酶等；用黑曲霉深层或半固体发酵生产的葡萄糖淀粉酶、葡萄糖氧化酶、过氧化氢酶、脂肪酶、乳糖酶等；用米曲霉生产的淀粉酶、蛋白酶、核糖核酸酶；用芽孢杆菌生产的蛋白酶、淀粉酶。

中国从1964年开始生产细菌—淀粉酶，至今除有淀粉酶（枯草芽孢杆菌）、蛋白酶（芽孢杆菌、曲霉、链霉菌）、葡萄糖淀粉酶（黑曲霉）等主要酶制剂品种外，还有脂肪酶（假丝酵母）、葡萄糖氧化酶（青霉）、天冬酰胺酶（大肠杆菌）及用固定化技术生产的葡萄糖异构酶（链霉菌）、青霉素酰化酶、天冬氨酸酶、多核苷酸磷酸化酸化酶（大肠杆菌）、富马酸酶（假丝酵母）等多种酶制剂品种。我国已批准的有木瓜蛋白酶、α-淀粉酶制剂、精制果胶酶、β-葡萄糖酶等6种。

酶制剂来源于生物，一般地说较为安全，可按生产需要适量使用。酶制剂本身是一类蛋白质，影响蛋白质的任何因素都会影响酶制剂的活性。酶制剂的活性随温度的升高而增加，但当温度高到一定程度时，又使酶变性而丧失活性。一般酶活性的最适温度为30~45℃，超过60℃时酶会变性，丧失活性。pH对酶活性也有影响，在其他条件不变时，酶在一定的pH范围内活性最高。一般酶活性的最适pH接近于中性（6.5~8.0）。但也有例外，如胃蛋白酶的最适pH为1.5。一碘醋酸、高铁氰化物和重金属离子等可与酶的必需基团结合或发生反应，从而使酶丧失活性。因此在饲料生产过程中一定要注意温度、酸碱性、重金属离子等因素对酶制剂的影响，以求达到酶制剂的最佳使用效果。

(二)饲料原料和日粮类型

酶制剂的添加效率与动物日粮的组成有关。如玉米含量高的日粮使用酶制剂，对其改善营养价值效果不大，而对以大麦为主的日粮则可提高其代谢能量。同时使用酶制剂的日粮，必须含有足够数量的营养物质。如此，其利用率才因使用酶制剂而得以改善。

(三)动物的种类和年龄

一般来说，酶类饲料添加剂用于家畜比用于家禽效果要好，这是由它们各自生理条件所决定的。在动物年龄方面，酶类添加剂主要是用于消化机能不健全的幼龄动物以及消化机能减退的老龄动物和病弱动物。健康成年动物由于其消化机能比较旺盛，因此使用酶制剂的效果相对降低。

(四)酶类添加的剂量

使用适宜的剂量酶制剂,饲料添加剂用量太低,不能启动相关的生化反应;过量也不能提高反应的速度和程度,并可能产生其他副作用,因此,应根据实际情况和使用说明确定酶制剂的适宜用量。特别应注意植酸酶的使用剂量。合适的添加剂量,是保证植酸酶的作用效果和较好经济性的关键。目前研究表明饲料中磷最高取代量为 $0.10\%\sim0.12\%$。

(五)饲料加工工艺和使用方法

饲料在生产过程中,由于粉碎、预混、制粒以及其他添加剂的影响,都可能使酶的活性受损甚至变性,因此使用酶制剂应尽可能减少生产工艺对酶活性的影响。酶是蛋白质,除了极个别酶可以在 90℃ 左右高温保持结构和功效的稳定,绝大多数不具有耐受 70℃ 以上高热的性质。没有经过特殊稳定性处理的酶制剂很难经受住制粒工艺而仍维持较高的活力,更不能适应膨化工艺。对于必须制粒或膨化的饲料,宜采用后喷涂工艺技术将饲用酶(液态)均匀添加到配合饲料中。使用酶制剂的饲料最好尽快使用,贮存期限一般不宜超过 2 个月。

四、合理使用饲用酶制剂

1. 选用复合酶制剂

酶具有严格的专一性和特异性,这是酶与非生物催化剂的重要区别之一。使用单一的酶往往不如合用 2 种或 2 种以上的酶效果显著,因此以选用复合酶制剂为宜。

2. 根据畜禽的生理特点,选择酶制剂

畜禽在不同生理阶段对酶制剂的种类要求有所差异,淀粉酶、蛋白酶主要适用于仔猪;纤维素分解酶主要用于肥育猪;肉用仔鸡主要适用于添加淀粉酶;蛋鸡主要适用 β-淀粉酶和复合酶(由淀粉酶、蛋白酶、纤维素酶组成);非反刍家畜饲料中添加植酸酶;反刍家畜瘤胃微生物产生一定量的植酸酶能充分利用这种植酸磷,没有必要添加植酸酶。

3. 选择酶系全、效价高的酶制剂

不同的酶可以产生协调作用和综合效果,酶系全的制剂效果远比单一的好。同时要求效价高,酶效价和活性越大,它的催化作用就越大,底物分解反应的速度就越快。

4. 选择耐热性能好的酶

酶是不稳定的,很容易在热、酸、碱、重金属和其他氧化剂的作用下发生变性而失去活性。

5. 酶制剂贮存

要求避光、低温、密封、防湿、防震荡,发现异常或过期不能使用。

6. 配伍注意

不宜与 $CuSO_4$、氨基苯胂酸等微量元素添加剂、漂白粉、高锰酸钾等氧化剂、强酸、强碱、蛋白质沉淀剂(鞣酸)等联合使用,以免酶失活。

五、现阶段饲用酶制剂存在的问题

1. 饲用酶制剂质量标准不统一

由于专业间的差异,给酶制剂的管理造成一定困难。至今国内对饲用酶制剂中绝大多数酶的活力大小的度量还没有统一的标准。各生产单位为了使用方便和各自利益,自己制订活力单位、检测标准,给酶制剂质量评定、饲喂应用带来一定的困难,同时也不利于生产工艺的进一步优化和产品质量的提高。

2. 饲用酶制剂产品质量不稳定

饲料用酶制剂发酵国内大多采用固体发酵,由于固体发酵生产工艺存在的一些缺陷目前无法克服,造成产品质量不如液体发酵稳定,在生产中有时带入杂菌,给应用带来一定的不利因素。

3. 饲用酶制剂的稳定性问题

酶是蛋白质,除了极个别酶可以在90℃左右高温保持结构和功效的稳定,绝大多数不具有耐受70℃以上高热。饲料加工过程(主要是制粒)中的高温、配合饲料中的重金属离子、动物体内环境等可导致酶制剂失活,因此酶的稳定性是酶应用中的一大问题。

任务 2-2　益生素

益生素(probiotic)国内有多种名称,1988年我国有关学术会议将其统称微生态制剂(microbial ecological agent),广义上是指根据微生态学原理将生物体正常微生态系中的有益菌经特殊培养而得的菌体或其代谢产物的制剂。国内在这方面起步较晚,但起点高,发展速度较快。

probiotic 一词首先由 Parker(1974)提出,虽然人们在不自觉中早就生产使用过这类产品,但益生素被真正重视是从20世纪70年代开始,原因是大量的抗生素产生了严重威胁人类健康而又难以对付的毒副作用,引起各国对饲用抗生素的控制,许多国家都纷纷禁止多种抗生素饲用,同时努力探求其他可替代抗生素的添加剂,益生素就是人们日益关注的主要制剂。

一、了解益生素

(一)益生素的作用机理

经过多年的研究,国内外对益生素作用机理的理论主要有以下几点:

(1)维持畜禽肠道菌群的生态平衡,抑制大肠杆菌、沙门氏菌等的生长;

(2)提高动物体抗体水平和巨噬细胞的活性,产生非特异性免疫调节因子,增强机体免疫功能;

(3)产生过氧化氢或抗生素类物质,对潜在的病原微生物有杀灭作用;

(4)产生乳酸、丙酸、乙酸等,使空肠、后肠 pH 下降,促进营养物质的吸收;

(5)益生素中的微生物对肠道黏膜上皮的附着力比一些致病菌强,使它们失去植入肠黏膜的可能,在空间上抑制致病菌;同时,在营养源上也同致病菌有竞争作用;

(6)防止产生具有刺激性和毒性的氨和胺,并能利用它们合成菌体蛋白;

(7)合成蛋白酶、脂肪酶、淀粉酶及多种消化酶,还能降解植物性饲料中的某些复杂的碳水化合物,从而大大提高饲料转化效率;

(8)益生素在动物体内还可产生各种 B 族维生素,从而加强动物体的营养代谢。

(二)益生素的应用原则

经过大量试验和广泛应用,一致认为使用益生素应注意几个原则:

(1)应用时间要早,即先入为主的原则,使益生菌抢先占据消化道,成为优势菌群;

(2)添加剂中应有足够活力和数量的益生菌;

(3)应用于畜禽的幼龄期、应激期(如断奶、运输、饲料或环境的改变等)效果更佳。

二、益生素种类

最先研究并作为经典使用的益生素都是外源添加的微生态制剂,称为益生菌或微生物益生素,但最近人们发现一些低聚糖能选择性增殖动物消化道内固有益生菌丛,有着与益生菌相似的效果,但又是非生物活性物质,人们称之为化学益生素。

(一)微生物益生素

微生物益生素又称生菌剂、EM 制剂、微生物添加剂等,其作用方式是通过外源活菌(有益菌)进入动物消化道后,进行自身繁殖和提供有益物质,同时促进肠道有益菌繁殖,来抑制有害菌的生长,以保持肠道内正常微生物的区系平衡,达到治病和促生长的目的。

1. 微生物益生素作用机理

(1)生成乳酸,改变家畜肠道 pH,形成不利于致病菌生长的环境;

(2)产生过氧化氢、类抗生素物质和免疫因子,抑制或杀死病原微生物,增强抗病能力;

(3)产生部分消化酶和促生长因子,增强动物的消化吸收,提高生长能力;

(4)合成多种 B 族维生素,提供部分矿物元素等供动物体利用;

(5)对病原菌形成颉颃作用,抑制病原菌在动物肠道细胞上的定植和吸附。

一种益生菌其作用可能是其中一个方面,也可能是许多方面的共同协同作用,因此了解各种生菌剂的产品性能是生菌剂使用的关键。

2. 微生物益生素种类

(1)乳酸菌制剂。含有一种或几种乳酸菌的微生物制剂,利用乳酸菌定植肠道产生乳酸,形成酸性环境,抑制病原菌繁殖,达到促生长、防病的目的,如嗜酸乳杆菌制剂、双歧杆菌制剂等。

(2)芽孢制剂。由一种或几种芽孢菌组成的微生态制剂,利用芽孢的耐恶劣环境能力和生长势颉颃病原微生物,并提供合成中性蛋白酶、多种 B 族维生素等,有益于动物的生长和康复,如枯草芽孢制剂、蜡样芽孢杆菌制剂等。

(3)酵母制剂。利用多种酵母菌的产酶活性和各种促生长因子的共同作用,来提高动物的饲料消化率和利用率,有利于动物的生长和繁殖,常用菌种有酿酒酵母、产朊假丝酵母等。

(4)曲霉制剂。利用曲霉制剂中的曲霉菌产生一批酶类和类抗生素物质,来改善动物生长性能,提高动物免疫力,如黑曲霉制剂、白地霉制剂等。

(5)混合 EM 制剂。为多种益生菌的共存体,其菌种配伍可以是乳酸菌、芽孢菌组合,也可以是乳酸菌、芽孢菌、酵母苗和曲霉菌共同组合。由于混合菌有益于微生物的功能互补,故混合 EM 制剂效果优于单菌制剂,但菌种配伍时要求混合菌种种类宜少而精,并要求在同一保存体系中能有协同作用。目前市售的饲用微生态制剂大部分都为混合制剂。

(二)化学益生素

正常情况下,巩固健康动物消化道内有益菌群方法,除了直接外源补加益生菌协同内源优势菌群作用外,还可提供一些只为动物体固有益生菌利用而不为动物消化吸收的营养物质,选择性增殖动物体内有益菌,这些营养物质统称为化学益生素。

1. 化学益生素作用机理

化学益生素主要通过选择性地增殖肠道有益菌,形成竞争优势,同时又作为肠道病原微生物的凝集源,阻止病原菌的肠道黏附,还可作为免疫源引起动物自身免疫应答,提高动物自身免疫力。我国用作饲料添加剂的化学益生素主要为一些短链分支的低聚糖,如双糖、寡糖等。

2. 化学益生素种类

(1)双糖。目前应用的主要为乳糖的衍生物乳果糖和乳糖醇,它不能为单胃动物的酶所分解,但可以被后肠道中的微生物所利用,促进了动物体内双歧杆菌、乳杆菌的生长。

(2)寡聚糖。即一些比双糖大比多糖小的一类中糖聚合物,目前应用的有果寡糖、异麦芽糖、大豆寡聚糖等,这些寡聚糖均不能为胃肠道内酶所识别分解和吸收利用,却能被肠道内有益菌乳酸菌和双歧杆菌等利用而形成增殖,同时抑制拟杆菌等有害菌的生长。

三、合理使用益生素

(1)应用益生素时,禁止与抗生素、杀菌素、消毒药或具有抗菌作用的中草药同时使用,否则会抑制或杀死其中的活菌,减弱或失去微生态制剂的作用;

(2)对已含有保健药品的饲料,再添加益生素仍有协同互补作用;

(3)所用益生素添加剂必须含有一定量的活菌,一般要求 3×10^8 个左右活菌体;

(4)所选菌种必须具有较好的稳定性,并且对胃酸有较强的抵抗力,保证菌种顺利达到动物肠道内以较强的活性发挥作用;

(5)有些菌种的益生素(如乳酸杆菌类益生素)不能耐受高温,因此,最好是在处理后添加;

(6)益生素添加剂对幼龄畜禽的饲用效果较好,可以帮助它们尽早建立健全肠道正常的微生物区系,从而减少消化道疾病,并促进生长;

(7)益生素的预防效果好于治疗,并且益生素的作用发挥较慢,因此应长时间连续饲喂,才能达到预期效果;

(8)畜禽处于应激状态时益生素效果最佳,如断奶、运输、饲料改变、天气突变和饲养条件恶劣等应激条件;

(9)益生素添加剂一般要求避光保存,乳酸杆菌类最好是低温保存,有效期因产品质量不同而差别很大,一般是 1 年左右。

任务 2-3   饲用酸化剂

酸碱度(pH)是动物体内消化环境中的重要因素之一,合理的调节仔猪肠内的 pH 对于防治仔猪由于断奶应激而引起的腹泻、降低仔猪死亡率起着重要的作用。饲用酸化剂在仔猪料中有降低日粮 pH 的作用,因而是克服早期断奶仔猪综合征的重要措施之一。通常,将能提高饲料酸度(pH 降低)的一类物质称作饲用酸化剂。20 世纪 90 年代后,更多的有机酸被人们应用,酸化剂也引起了我国营养学家和饲料配方师的关注,开始着手研究酸性强、成本低的无机酸及把一些酸各自特定优点结合起来的复合酸化剂,并已取得了很大进展。

饲料添加剂

一、饲用酸化剂的作用机制

(一)降低胃肠道 pH,提高消化酶活性

降低胃肠道的 pH 被认为是饲料酸化剂的作用机理之一。每一种酶各有其特殊适合的 pH 环境,消化道中大多数酶对 pH 的要求都接近中性,然而分解蛋白质的酶对 pH 的要求不同,这类酶在消化道中必须在极酸条件下才能被激活。饲料中添加酸可使动物胃内 pH 下降,激活胃蛋白酶原为胃蛋白酶,刺激十二指肠分泌较多的胰蛋白酶。胃内 pH 降低可增进胃内其他多种消化酶活性。

(二)改善胃肠道微生物区系

多种病原菌生长的适宜 pH 都中性偏碱,如大肠杆菌适宜 pH 为 6.0~8.0,葡萄球菌为 6.8~7.5,梭状芽孢杆菌为 6.0~7.5,而乳酸杆菌等适宜于酸性环境生殖。因此,酸化剂通过降低胃肠道 pH 可抑制有害微生物繁殖,减少营养物质的消耗和抗生素毒素的产生,同时促进有益菌的增殖。

(三)直接参与体内代谢,提高营养物质消化率

有些有机酸是能量转换过程中的重要中间产物,因此可直接参与代谢,如三羧酸循环反应就是由乙酰 CoA 与草酰乙酸缩合成柠檬酸开始的。乳酸参与体内代谢,是糖酵解的终产物之一,并可通过糖异生释放能量。日粮中添加有机酸可增进动物对干物质、蛋白质和能量物质的消化率。

(四)增强抗应激和免疫功能

有机酸如延胡索酸供能的途径比葡萄糖短,在应激状态下可用于 ATP 的紧急合成,提高机体抵抗力。研究证明,仔猪断奶后受到应激刺激,添加柠檬酸、延胡索酸等,将有助于缓解应激;肉鸡日粮中,添加柠檬酸可提高鸡新城疫疫苗效价 1 倍以上。

(五)促进矿物质和维生素的吸收

一些常量和微量元素在碱性环境中易形成不溶性的盐而极难吸收,酸化剂在降低肠道内容物 pH 的同时,还能与一些矿物质元素形成易被吸收利用的络合物。有些有机酸如延胡索酸具有抗氧化作用,柠檬酸为抗氧化剂的增效剂,在预混料中添加可增加维生素 A 和维生素 C 的稳定性,促进维生素 A 和维生素 C 在小肠内的吸收。

(六)其他作用

添加有机酸或无机酸可减慢食物在胃中的排空速度,增加蛋白质在胃中的停留时间,提高了蛋白质的消化率。酸化剂能直接刺激口腔内的味蕾细胞,使唾液分泌增多而增进食欲,起到调味剂的作用。

二、常用酸化剂的分类

目前,国内外应用的酸化剂总的来说可分为单一酸化剂(包括有机酸化剂和无机酸化剂)和复合酸化剂两大类。

(一)有机酸化剂

有机酸具有良好的风味,并参与体内三羧酸循环。有机酸化剂主要有柠檬酸、延胡索酸、乳酸、丙酸、苹果酸、戊酮酸、山梨酸、甲酸(蚁酸)、乙酸(醋酸)等。不同的有机酸各有其特点,但应用最广泛且效果较好的是柠檬酸、延胡索酸。

1. 柠檬酸

柠檬酸最初是从柠檬中提取而来,故此取名。现在工业上所用的柠檬酸都是黑曲霉发酵生产的。柠檬酸为一种无色结晶,易溶于水及乙醇,难溶于乙醚,熔点100℃,大于100℃则为无水物,有强酸味。具有良好的热稳定性和金属离子的配位性。

2. 延胡索酸

延胡索酸又名富马酸,为白色结晶粉末,对氧化和温度变化稳定,可与饲料混匀,无毒。由于延胡索酸生能途径比葡萄糖短,在应激作用和危急状态下可用于ATP的紧急生成,在畜牧生产中可作为抗应激剂。延胡索酸还具有广谱杀菌和抑菌的活性。

(二)无机酸化剂

无机酸包括强酸,如盐酸、硫酸;也包括弱酸,如磷酸,其中磷酸具有双重作用:日粮酸化剂与磷酸来源。无机酸和有机酸相比具有较强的酸性与较低的添加成本。一些试验表明,开发无机酸化剂也是一条值得探索的解决饲料资源短缺和提高经济效益的途径。

(三)复合酸化剂

复合酸化剂是利用几种特定的有机酸和无机酸复合而成,能迅速降低pH,保持良好的缓冲值、生物性能及最佳添加成本。最优化的复合体系将是饲用酸化剂发展的一种趋势。异位酸(isoacids)是较早应用在泌乳牛中的一种有机酸复合物,是异戊酸、α-甲基丁酸、戊酸、异丁酸的混合物。

近年来,国外一些复合酸化剂已获准进入我国市场,如美国安肥1000、美国健宝、西班牙肥得乐等。我国生产了"溢酸宝"和"溢香酸"复合饲用酸化剂。这些酸化剂与普通单一酸化剂(如柠檬酸、延胡索酸)相比,具有用量少、成本低、酸度强、酸化效果快、作用范围广泛等优点。

三、酸化剂应用中存在的问题

(1)酸化剂的作用机理有待于作进一步的研究;

(2)关于使用酸化剂是否能提高动物消化道内酶活性的相关报道甚少,有关数据需进一步的补充和完善;

(3)酸化剂能否提高营养物质的消化率尚未定论,有待于进一步论证;

(4)有一些无机酸及部分有机酸是否能起到酸化剂的效果有待于进一步验证;

(5)一部分酸化剂在不同日龄动物饲料中的使用量还未确定;

(6)有机酸和某些金属元素能形成络合物具有很广阔的开发前景。

任务2-4 中草药添加剂

中草药作为饲料添加剂,由于其毒副作用小,不易在产品中残留,且具有多种营养成分和生物活性物质,兼具有营养和防治疾病的双重作用,受到国内外的广泛重视,并已取得很大进展。目前正大力开发中草药的品种资源,深入开展中草药的应用理论研究,拓宽中草药应用新途径,使其尽快适应现代化生产,形成产品系列化,并做到规范化、标准化。

一、中草药添加剂概述

(一)中草药添加剂的特性

中草药饲料添加剂(简称中草药添加剂),是指以我国对天然中草药的物性(阴、阳、寒、冻、温、热)、物味(酸、苦、甘、辣、咸)和物间关系的传统理论为主导,并以饲养和饲料工业等学科理论及技术为依托,所研制的单一或复合型中草药添加剂或混饲剂,其独有特性如下。

1. 天然性

中草药本身为天然有机物和无机矿物,并保持了各种成分结构的自然状态和生物活性。同时,这些物质经过长时间的实践和筛选,保留下来的是对人和动物有益无害的和最易被接受的外源精华物质,具有纯净的天然性。

2. 多能性

中草药添加剂的多能性产生于其本身的许多成分和合理组配。中草药多为复杂的有机物,其成分均在数十种,甚至上百种。

3. 毒副作用小,不易产生抗药性

中草药所含绝大多数成分对畜禽有益无害,即使是用于防治疾病的一些有毒中草药,亦经自然炮制或精制提取和科学配方(相杀、相恶等和君臣佐使的原则)而使毒性减弱或消除。同时,中草药以其独特的抗微生物和寄生虫的作用机理,不致产生抗药性和耐药性,并可长期添加使用。如与抗生素合用,还可降低或消除后者毒副作用。

(二)中草药添加剂的类型

据不完全统计,目前中草药添加剂种类已有200多个品种。根据动物生产特点、饲料工业体系和中草药性能情况,将其分为如下类型。

(1)免疫增强剂。以提高和促进机体非特异性免疫功能为主,增强抗病力,如刺五加、商陆、菜豆、甜瓜蒂、水牛角、羊角等。

(2)激素样作用剂。能对机体产生激素样调节作用,如何首乌、穿山龙、肉桂、石蒜、秦艽、甘草等。

(3)抗应激剂。可缓和防治动物应激综合征,如刺五加、人参、延胡索、黄芪、柴胡等。

(4)抗微生物剂。能够杀灭或抑制病原微生物,增进动物健康,如金银花、连翘、蒲公英、大蒜、败酱草等。

(5)驱虫剂。具有增强机体抵抗寄生虫侵害能力和驱除体内寄生虫,如使君子、南瓜子、石榴皮、青蒿等。

(6)增食增质剂。可改善饲料适口性,增强动物食欲,提高饲料消化率、利用率及产品质量,如茴香、鼠尾草、甜叶菊、五味子、马齿苋、松针、绿绒蒿等。

(7)催肥增重剂。具有促进肥育和增重作用,如山楂、钩吻、石菖蒲等。

(8)促生殖增蛋剂。能促进动物卵子生成和排出,提高繁殖率和产蛋率,如淫羊藿、水牛角、石斛、羊洪膻、沙苑蒺藜等。

(9)催乳剂。促进乳腺发育和乳汁合成、分泌,增加产奶量,如王不留行、四叶参、通草、马鞭草、鸡血藤、蒺藜等。

(10)疾病防治剂。防治动物疾病,恢复健康,根据不同病症进行组方。

(11)饲料保藏剂。能使饲料在保存期中不降低质量和不变质腐败,并可延长贮存时间,

如防腐的有土槿皮、白鲜皮、花椒等;抗氧化的有红辣椒、儿茶、棕榈等。

另外,在组配上有单方(一种中草药)和复方(多种中草药组合);在剂型上有散剂(粉状)、颗粒剂和液体剂等。

(三)中草药及植物提取成分的活性物质

植物提取物是从植物中提取、活性成分明确、可测定、含量稳定,对动物和人类没有任何毒副作用,并已通过动物试验证明,可改善动物生产性能的饲料添加剂的统称。常用的有植物提取物(plant extract)、天然药物(nutraceuticals)、阳生素(phytobiotics)、植物精油(essential oil herbs)、中草药(Chinese traditional medicine)等。植物提取物因其香味可影响养殖动物的采食习惯、促进唾液和消化液分泌从而提高采食量而最初用于饲料中。长期使用,植物提取物中的化学活性物质还可抗菌、杀菌、抗氧化,保证动物肠道健康、提高自身免疫机能。与抗生素促生长剂不同,植物提取物被认定为安全、高效、稳定、可控的饲料添加剂。

根据 5-碳构架(异戊二烯)的数量不同,植物提取物可分为萜和酚 2 种类型,萜又可分为单萜、倍半萜和二萜,分别含有 2、3 和 4 个异戊间二烯单元,根据环状结构、二键和氧的立体化学结构,可再细分萜的衍生物,估计有 1 000 多种单萜和 3 000 多种半萜。植物提取物抗菌的主要活性成分是酚类,也包括一些少量的其他活性成分,并与主要活性物质起协同作用,且已经在鼠尾草、百里香、止痢草和牛至草中得到证明。酚是由具有 3 碳侧链的 6 碳芳香环组成,仅存在 50 多种。植物提取物中含有丰富而复杂的有机成分,其中多数有机成分具有抗菌、抑菌、抗氧化、双向调节机体免疫功能等生物活性。目前研究报道较多的天然植物提取物主要有皂甙、生物碱、多糖、茶多酚、黄酮类、挥发油等。

(四)中草药及植物提取成分的生物功能

中草药及植物提取成分的生物功能有以下几个方面:

1. 抗菌活性

迄今为止,已经研究的植物提取物中,具有抗菌作用的植物种类包括:绿茶、洋葱、大蒜、丁香、槐树叶、刺柏、麦芽、万寿菊、熊霉叶、蓟草、黄连、鼠尾草、肉豆蔻、月桂、止痢草、牛至草、海藻、蘑菇等植物的提取物或精油。Hammer 等比较了茶树、柠檬、百里香、生姜、芫荽、马郁兰、兰草莓、艾灌、三叶草、止痢草、牛至草 11 种植物提取物对大肠杆菌、沙门氏菌和金黄色葡萄球菌的抑制效果,结果表明:止痢草、茶树、芫荽、马郁兰和牛至草的提取物对大肠杆菌、金黄色葡萄球菌、沙门氏菌 3 种致病性细菌表现出较强的抑制能力,尤其是以止痢草提取物的抑菌性最强;止痢草、牛至草和香茅草的提取物对大肠杆菌、金黄色葡萄球菌和沙门氏菌的抑制能力最强,而对李氏杆菌都有相似的抑制作用;止痢草提取物对新生隐球菌、红色青霉菌和白色念珠菌有很强的抗菌杀菌能力。

植物提取物具有抗微生物的活性成分,在体外通过抗真菌等病原菌发挥作用。体外试验结果表明,肉桂醛能抑制人体内分离的产气荚膜梭菌、双歧杆菌和嗜酸乳杆菌。有研究报道了肉桂属、麝香草属和止痢草植物提取物具有广泛的体外抗微生物活性。酚类化合物是植物提取物在体外发挥抗微生物作用的主要成分,能有效对抗炎症、感染、下痢及球虫等的病原菌,对抗生素抗药性的病菌也有较强的杀灭作用,从而有效保证动物肠道健康,防治动物下痢,改善动物生产性能。植物提取物具有的抗微生物功能引起了广泛关注,人们期望用其作为饲料添加剂,以改善动物肠道微生物菌群的组成和数量。

亲脂性和化学结构在植物提取物发挥抗菌功效中起着重要作用。研究发现,凡是抗菌性强的植物提取物中都含有较高的酚类化合物,如香芹酚、百里香酚和丁子香酚等。应用2种苯酚异构体(香芹酚和百里香酚)及苯基丙烯肉桂醛对大肠杆菌 O157 和鼠伤寒沙门氏菌的抗菌效果研究发现:2种苯酚异构体的作用方式相似,均通过破坏病原微生物细胞膜使细胞内与膜相关的成分释放到细胞外而发挥作用;苯基丙烯肉桂醛则通过与细菌生长所必需的巯基基团反应发挥抗菌作用,在病原微生物细胞内与电荷基团形成带电的转移复合物抑制细胞分离,干扰细胞代谢;还有报道指出,苯基丙烯肉桂醛抑制细菌细胞壁合成酶的形成。因具有亲脂性,萜类和苯基丙烯能穿过细胞膜进入病菌内部。因此推断,穿透细胞膜或与膜结合导致细胞膜渗透性和细胞内主要组成成分释放量增加,损伤细菌的酶系统是此类物质的主要作用方式。

2. 抗氧化作用

许多植物如百里香、迷迭香、止痢草、牛至草、薄荷油、胡椒、肉豆、杏仁油、丁香、肉桂、月桂等有很好的抗氧化特性;而一些植物如鼠尾草、马鞭草、莱檬、龙蒿、桉树、芫荽、豆蔻等则是促进氧化的;还有一些植物如马郁兰、蜜蜂花、甜杏仁油、茴芹、茴香、生姜、柠檬等既不抗氧化,也不促进氧化。研究结果证实,植物提取物具有抗氧化特性。在具有抗氧化成分的植物提取物中,薄荷油(植物挥发油)的抗氧化效果最好,其次是迷迭香酸和迷迭香酚。麝香油和止痢草中的百里香酚和香芹酚单萜,以及姜科植物提取物(如生姜和姜黄)和伞科属植物(如茴香和芫荽)等均具有明显的抗氧化特性。胡椒($Piper\ nigrum$)、红辣椒($Capsicum\ annuum\ L.$)和干辣椒($Capsicum\ frutescene$)也含有抗氧化成分,但这些植物中的活性成分具有刺激性,在饲料中使用可能会影响畜禽采食量,还有一些植物提取物能提高氧化稳定性。对植物提取物的抗氧化活性与其化学组成之间的关系进行研究,结果表明,百里香酚的高度抗氧化活性是因其苯酚羟基基团的存在,苯酚羟基可作为脂肪氧化第一步产生的过氧化物基团的氢供体,因而延缓氢过氧化物的形成。麝香草属提取物及其主要成分(百里香酚)可有效清除自由基,从而改善体内过氧化物歧化酶、谷胱甘肽过氧化物酶和维生素等抗氧化防御系统。

3. 增强免疫作用

中草药添加剂不但抑菌杀菌,而且能够调节和提高机体免疫机能。其主要药理作用是:能扩张血管、增加血流量,改善微循环,兴奋神经系统,加快机体新陈代谢速度,刺激机体造血机能,促进红细胞再生,增加血红蛋白及红细胞总数,提高机体免疫力及其生产性能。动物体的免疫器官主要包括胸腺、脾脏和法氏囊,免疫器官重量增加表明机体免疫机能提高,重量减少则表明机体免疫状况降低。雏鸡日粮中分别添加 2% 补骨脂、2% 何首乌和 1% 补骨脂与何首乌混合物均可显著提高雏鸡脾脏指数与法氏囊指数。选用黄芪、党参、茯苓、甘草、白术等作为添加剂按日粮的 1% 添加,126 日龄 ND 抗体效价和 76 日龄 IBD 抗体效价分别达到 6.6 和 7.8;54 日龄中性粒细胞吞噬率和 T 淋巴细胞转化率达到 94.38% 和88.38%;126 日龄吞噬指数达到 11.13%;饲料转化率提高 12.94%。选用中草药组方,对患隐性乳房炎的泌乳黑白花奶牛进行阶段性添加试验,同时测定其淋巴细胞转化指数、中性粒细胞吞噬力、红细胞 C3b 花环、免疫复合物花环及花环促进率和抑制率,并检测隐性乳房炎转阴情况。结果表明,用药后细胞免疫功能明显提高,隐性乳房炎显著好转,有效率达83%。另外,中草药也可同时增强仔猪的体液免疫和细胞免疫,降低仔猪腹泻率。用中药(由黄芪、当归、茯苓、柴胡、大黄等组成)有效成分抽提物对仔猪饲养试验表明,能显著促进小猪生长,有效调节肠道的微生物区系。体外抑菌试验表明,抽提物对猪肠道主要致病菌大肠杆菌、沙门氏菌、变形杆菌及链球菌等有较强的抑菌效果;仔猪免疫球蛋白含量升高85%,白细胞数量及分类计数试验组相关值远高于添加常规抗生素的仔猪,其中,嗜酸性白细胞升高37.5%,对于促进仔猪的免疫机能具有重要意义。在日粮中添加中草药制剂,可明显提高育肥猪血液中的总蛋白和白蛋白含量。

4. 抗热应激作用

应激是导致畜禽生产性能降低的主要危害因素之一。与抗生素相比,中草药添加剂能发挥一定的抗应激作用。用中草药添加剂(山楂、苍术、陈皮、槟榔、神曲等 12 种)按 1.0% 和 0.5% 分别添加于 20～40 kg 小猪和 40～60 kg 中猪日粮中,可明显抵抗热应激对猪的影响,不同程度地改善了猪的生产性能,与对照组相比日增重提高了 8.7%($P<0.05$),饲料转化率提高 12.4%($P<0.05$)。添加中草药可降低高温环境中肉仔鸡的体表温度,缓解高温对鸡的不良影响。在蛋鸡的饲养中添加中草药添加剂,可明显提高高温下蛋鸡采食量,极显著提高产蛋率($P<0.01$)。在海兰褐产蛋鸡日粮中分别添加 1% 女贞子、五味子和四君子汤等中草药,结果表明,女贞子、五味子和四君子汤可通过降低热应激产蛋鸡血清酶活性,提高蛋鸡生产性能。热应激对奶牛有明显的影响,环境温度超过 24℃ 时,产奶量和奶品质明显降低。在每头奶牛日粮中添加 75 g 含石膏、芦根、夏枯草、甘草混合制成的中草药添加剂。结果表明,产奶量和奶品质可得到不同程度的改善,中草药添加剂与维生素、电解质等抗热应激制剂相比,有明显提高产奶量的作用。

二、配制中草药添加剂

1. 目标明确

中草药添加剂的处方配制要目标明确、药效集中、针对性强,防止药味多而造成药效抵消或浪费药材,达不到目的。

2. 配伍禁忌

在复方配伍中,有些药物应避免合用。《神农本草经》称这些药物之间的关系为"相恶"和"相反"。据《蜀本草》统计,《本经》所载药物中,相恶的有 60 种,而相反的则有 18 种。历代关于配伍禁忌的认识和发展,在古籍中说法并不一致。金元时期概括为"十九畏"和"十八反",并将歌诀内容列举于下:

十八反:乌头反贝母、瓜蒌、半夏、白蔹、白芨;甘草反甘遂、大戟、海藻、芫花;藜芦反人参、丹参、玄参、沙参、细辛、芍药。

十九畏:硫黄畏朴硝;水银畏砒霜;狼毒畏密陀僧;巴豆畏牵牛;丁香畏郁金;川乌、草乌畏犀角;牙硝畏三棱;官桂畏赤石脂;人参畏五灵脂。

古人在实践中逐渐总结出的其性味功能的相反畏恶,从而在很大程度上保证了在用药上的安全,在中医界早已深入人心,直到今天也一直被大多数中医药工作者当作临床使用禁忌。对其还待进一步的观察和研究。

3. 中草药不同药用部位的开发利用

中草药的根、茎、叶、花、皮、籽等不同药用部位,药用价值各异。应进一步对它们的主要有效成分及含量作分析,注意不同药用部位的综合开发利用。尽量选用药源广泛、价格低廉的药物。

4. 中草药复方添加剂用量

一般占日粮的 0.5%～2%，单味药作添加剂用量宜大，某些有毒中草药，单味作为添加剂时，剂量宜轻。

5. 中草药添加剂使用间隔时间

根据中草药的吸收慢、排泄慢、显效在后的特点，在使用中草药添加剂的间隔上，开始可每天喂 1 次，以后连渐过渡到隔 1 d 或 3 d 喂 1 次。

三、合理使用中草药添加剂

目前中草药饲料添加剂大都还存在粗制型多、效果不稳定等问题。为尽快提高中草药饲料添加剂的质量档次，使之真正成为高效、安全的天然饲料添加剂，今后在研制中应注意以下问题。

(一)科学地进行配方设计

适宜作饲料添加剂的中草药种类繁多，目前已知的 12 800 多种，其配方药物的筛选是生产高质量产品的关键。因此，在设计筛选配方时要考虑：①既要注意中草药的十八反、十九畏的条件性配伍，又要注意维生素、微量元素、氨基酸等营养物质之间的协同与颉颃作用；②要针对动物不同生理阶段的需要进行设计；③要根据饲养管理条件和季节进行设计；④要经过安全试验，以确定其使用效果。

(二)产品必须系列化和微量化

目前中草药饲料添加剂大都是以原料药粉碎搅拌后制成，但用量较大而有效营养成分较低的根类、皮类及生长后期的全草等木质化程度较高的中草药，以原料药配制就会影响效果，同时也不利于规模化生产推广应用。因此，应根据生产需要，生产系列产品。同时，作为饲料添加剂，为了保证使用效果，应向微量化、专用型方向发展。

(三)加强产品的性能研究

中草药的成分复杂，作用多样，因此要用现代科学技术手段，加强单味中草药和配伍后的性能研究，为配制高效的饲料添加剂提供理论依据。

最后必须指出，做饲料添加剂的中草药应选用不与人用珍贵药物竞争的廉价资源，否则将无生命力。

任务 2-5 饲料保藏剂

饲料贮藏期间，在一定温度、湿度条件下，空气中的氧易引起饲料组成成分，尤其是油脂的氧化酸败，使饲料变质。各种微生物，特别是腐败菌、霉菌迅速繁殖，从饲料中吸取营养，产生多种分解力强的物质，严重地影响饲料的适口性和营养价值，有的还能分泌出对动物和人体有害的物质(如黄曲霉等)。

为了减少饲料在贮存期间的损失，保证其品质和人、畜的安全，人们研究了许多方法，包括物理方法和化学方法两大类。物理方法如干燥、低温贮藏、真空贮藏等一般都需要较高级的仪器设备，成本过高，不宜用于贮存大量饲料。因此在饲料中添加化学保藏剂逐渐被人们认识和重视，效果也较好。目前应用的化学保藏剂主要有两类：防霉剂和抗氧化剂。

一、饲料防霉剂

在高温、潮湿的季节和地区,微生物繁殖迅速,易引起饲料的霉变,特别是营养浓度高、易吸湿的原料。为了防止饲料发霉常需添加一定量的防霉剂。防霉剂又称防腐剂,是一类抑制霉菌繁殖、消灭真菌、防止饲料发霉变质的有机化合物。饲料被霉菌污染,降低饲料营养价值,饲料的霉味越大,变色越明显,营养损失也越多。霉变严重会因霉菌释放出的霉菌毒素造成畜禽中毒。

(一)防霉剂的作用机理

防霉剂具降低微生物数量、抑制毒素产生、防止贮藏期间营养物质损失的作用。其作用机理主要为两个方面:一方面是破坏霉菌的细胞壁和细胞膜;另一方面是破坏或抑制细胞内酶的作用,降低酶的活性。防霉剂的作用效果主要取决于其添加的浓度和饲料 pH。一般在低剂量条件下,防霉剂只作用于微生物细胞,当剂量太大时,也会破坏动物体细胞,应用时应加以注意。防霉剂的效力以抑制时间表示,即饲料添加防霉剂前后,真菌产生超过 1‰ 二氧化碳的时间之差。

(二)防霉剂的条件

化学防霉、防腐剂使用简便,且有很好的防霉、防腐效果,但化学防霉、防腐剂种类繁多。因此,我们在选用防霉剂时,应注意以下几点:①防霉抑菌谱广;②有效的添加量低;③在动物体内的残留量不得间接危害人类健康;④无致癌、致畸、致突变作用;⑤不影响饲料的自然风味及适口性。

(三)影响防霉、防腐效果的因素

1. 溶解度

常用的防霉、防腐剂均应具有一定的水溶性,有利于向饲料中添加,发挥其防霉、防腐作用。有机酸类防霉剂均具有相当的水溶性,如丙酸钠和山梨酸钾在 $20\sim25℃$ 时溶解度分别为每 100 mL 105 g 和 140 g。

2. 饲料环境的酸碱度

防霉剂的防霉效果与饲料的酸碱度有直接关系。在不同的 pH 条件下,防霉剂所能发挥的抑菌能力也不同,尤其是有机酸防霉剂在饲料环境偏酸时抑菌能力强。

3. 分散情况

防霉剂必须在饲料中均匀分散,才能达到抑制细菌和微生物的效果。

4. 防霉剂并用

各种防霉剂都有其各自的作用范围。在某些情况下,2 种或 2 种以上的防霉剂并用,往往可起到协同作用,比单独使用一种更为有效。现在市场上销售的防霉剂大多都属于复合型防霉剂。

(四)常用饲料防霉、防腐剂

可作为防霉剂的物质很多,主要是有机酸及其盐类。目前应用于饲料中的防霉剂有丙酸及其盐类、苯甲酸及苯甲酸钠、山梨酸及其盐类、富马酸及其酯类等,最为普遍的为丙酸及其盐类。

1. 丙酸及其盐类

丙酸为具有强烈刺激性气味的无色透明液体,对皮肤有刺激性,对容器、加工设备有腐蚀性。可按任何比例与水混合,也可溶于乙醇、乙醚。其盐类也都溶于水。

丙酸钙、丙酸钠均为白色结晶或颗粒状或粉末,无臭或稍有特异气味,溶于水,流动性好,使用方便,对普通钢材没有腐蚀作用,对皮肤也无刺激性,因此逐渐代替丙酸市场。

丙酸铵是一种透明或浅黄色具有轻度氨臭的液体,pH 近中性(6.7~6.8),对皮肤的刺激和器皿、设备的腐蚀性低,且防霉效力接近丙酸。

丙酸及其盐类是饲料中应用最为普遍的防霉剂,属酸性防霉剂。丙酸含量越高,防霉效果越好。其效果为:丙酸>丙酸铵>丙酸钠>丙酸钙。

丙酸及其盐类主要对霉菌有较显著的抑菌效果,对需氧芽孢杆菌或革兰氏阴性菌也有较好的抑菌效果,但对酵母菌和其他菌的抑制作用较弱。在饲料中的添加量以丙酸计,一般为 0.3% 左右。

丙酸属体内正常代谢物,参与体内能量代谢,动物吸收后很快会在体内代谢,对动物及人体无毒、无残留,安全性好。除了防霉作用外,丙酸还具有改进饲料的消化率,减少发霉谷物对鸡增重的影响,增加饲料能量,使饲料避免结块等作用。饲料里添加一定量丙酸还能起到增香调味的作用。

丙酸及其盐类添加到饲料中的方法有:直接喷洒或混入饲料中;液体的丙酸可以蛭石等为载体制成吸附型粉剂,再混入到饲料中去;与其他防霉剂混合使用,增强作用效果。

2. 苯甲酸及苯甲酸钠

苯甲酸又名安息香酸,苯甲酸钠又名安息香酸钠。苯甲酸为白色片状或针状结晶或结晶性粉末,不溶于水,溶于乙醇、乙醚等有机溶剂。苯甲酸钠为白色颗粒或结晶性粉末,无臭或微带安息香气味,味微甜,有收敛性。易溶于水,在空气中稳定,二者在体内参与代谢,不蓄积、毒性低,是安全的防霉剂。

苯甲酸及其钠盐属酸性防霉剂,有效成分为苯甲酸。在低 pH 条件下,对微生物有广泛的抑制作用,但对产酸菌作用弱。在 pH 为 5.5 以上时,对很多霉菌没有抑制效果。最适 pH 范围为 2.5~4.0,适用于酸化食品和饲料。

苯甲酸及苯甲酸钠的主要作用是能抑制微生物细胞内呼吸酶的活性以及阻碍乙酰辅酶 A 的缩合反应,使三羧酸循环受阻,代谢受到影响,还阻碍细胞膜的通透性。

3. 山梨酸及其盐类

山梨酸又名花楸酸,化学名为己二烯(2,4)酸,为无色针状结晶或白色结晶性粉末,无臭或稍带刺激性臭味。对光、热稳定,但在空气中长期放置易氧化变色。微溶于水,易溶于乙醇等有机溶剂。

山梨酸钾和山梨酸钠皆为白色至淡黄棕色鳞片状结晶或结晶性粉末,皆易溶于水和酒精。无臭或稍有臭气。在空气中不稳定,能被氧化着色,易吸湿。

山梨酸及其盐类亦是在一定 pH 条件下发挥作用的。当加入低 pH 物品中时,对酵母菌及霉菌等好气菌有效,对乳酸杆菌、梭状芽孢杆菌等厌氧菌作用弱。但其作用的 pH 范围较苯甲酸及其钠盐广,在 pH 5~6 以下均有效。

山梨酸对微生物的作用主要是可与微生物酶系统中巯基(—SH)相结合,从而破坏许多酶系,达到抑制微生物代谢及细胞生长的作用。山梨酸可参与体内代谢,无残留、安全性好。

4. 富马酸及其酯类

富马酸又称延胡索酸,即反丁烯二酸。富马酸为无色结晶或粉末,水果酸香味,溶解度低。富马酸及其酯中富马酸二甲酯的防霉效果最好。富马酸二甲酯(DMF)为白色结晶或粉末,略溶于水,溶于乙酸乙酯、氯仿、异丙醇等。

富马酸类防霉剂的特点是与其他防霉剂相比抗菌作用强,抗菌谱广,对真菌、细菌均有作用,其抗真菌效力大大超过丙酸、山梨酸、苯甲酸等。此外,其抗菌作用受 pH 影响不大,DMF 的 pH 适应范围为 3~8。

富马酸二甲酯的添加方法:可先溶于有机溶剂,如异丙醇、乙醇,再加入少量水及乳化剂达到完全溶解,然后用水稀释,加热除去溶剂,恢复到应稀释的体积,混于饲料中或喷洒于饲料表面。也可用载体制成预混料。

5. 脱氢乙酸及其钠盐

脱氢乙酸又称脱氢醋酸(DHA),为白色或淡黄色结晶粉末,无臭,无味或略具有异味,在水中难溶,碱性水溶液中溶解度大。脱氢乙酸钠为白色结晶性粉末,无臭或略有微臭,溶液为无色。本品为低毒防霉剂,在酸、碱条件下均具有一定的抗菌作用,比苯甲酸钠的抑菌效果好。脱氢乙酸主要对酵母菌和霉菌有较高的抗菌效果,在较高剂量对某些细菌也有作用。

6. 甲酸及其盐

甲酸盐包括甲酸钠和甲酸钙等。甲酸盐进入胃内在盐酸作用下游离出甲酸而发挥作用。甲酸熔点高,在 400℃ 以上才能分解,制粒中不受破坏。主要用于仔猪饲料。

7. 柠檬酸及其钠盐

本品在饲料中添加一方面可调节 pH,起防腐与增产作用;另一方面还是抗氧化剂的增效剂。

8. 乳酸及其盐类

乳酸盐包括乳酸钙和乳酸亚铁,在饲料中添加乳酸、乳酸钙或乳酸亚铁可起到防霉剂的作用,且具有营养强化作用。

(五)饲料保藏剂丙酸钠的含量测定

1. 实训目的

掌握用非水滴定法测定丙酸钠含量的原理,了解水对测定的干扰和排除的方法,熟练非水滴定法的基本操作。

2. 测定原理

根据丙酸钠是弱酸强碱盐,本身具碱性,故可将其溶于冰乙酸中,以结晶紫为指示剂,用高氯酸标准溶液滴定至溶液呈蓝绿色为止。

$$CH_3CH_2COONa + HClO_4 \rightarrow CH_3CH_2COOH + NaClO_4$$

3. 主要试剂与仪器

冰乙酸(A.R);高氯酸液(0.1 mol/L);结晶紫指示液(0.2% 冰乙酸溶液)。锥形瓶;滴定管。

4. 测定方法

样品预先在 105℃ 干燥 1 h,称取试样约 0.3 g,精密称量,置锥形瓶中,加冰乙酸 40 mL,

必要时加热溶解,冷却至室温,加 2 滴结晶紫指示液,用高氯酸液滴定至呈蓝绿色。并将滴定结果用空白试验校正。每 1 mL 高氯酸液(0.1 mol/L)相当于 $C_3H_5O_2Na$ 96.06 mg。

5. 数据处理

丙酸钠(CH_3CH_2COONa)的百分含量按下式计算:

$$w(\text{丙酸钠}) = \frac{c \times (V - V_0) \times \dfrac{96.06}{1\,000}}{m}$$

式中:c 为高氯酸液的浓度(mol/L);V 为消耗高氯酸液的体积(mL);V_0 为空白试验时消耗高氯酸液的体积(mL);m 为样品的质量(g)。

6. 注意事项

①实验中使用的一切仪器应干燥无水分存在,实验室中也应防止大量水分及氨气存在。

②为防止冰醋酸挥发和吸收空气中的水分,实验时,滴定液取后应立即用玻塞塞好,滴定管中上端以小试管或小烧杯覆盖。

③滴定近终点时,应一滴一滴加入,并不断振摇,以免滴过终点。如呈现黄绿色,则表示已过终点,终点应为绿色。

④空白试验应与供试品同时做,并将条件控制一致,切勿做得过早。

⑤由于冰醋酸的膨胀系数较大,标定高氯酸液与滴定供试液如果温度不一致,则应重新标定或按将滴定液浓度加以校正。

二、饲料抗氧化剂

高能饲料中的油脂或饲料中所含有的脂溶性维生素、胡萝卜素及类胡萝卜素等物质易被空气中的氧所氧化、破坏,使饲料营养价值下降,适口性变差,甚至导致饲料酸败变质,所形成的过氧化物对动物还有毒害作用。在饲料中添加一定的抗氧化剂,可延缓或防止饲料中的这种自动氧化作用。

(一)抗氧化剂的作用机理

抗氧化剂的种类很多,其作用机理也复杂多样,主要有以下几种:

(1)借助于还原反应,降低饲料内部及其周围的氧含量,像抗坏血酸、维生素 E 等抗氧化剂本身极易被氧化,因而能使空气及饲料中的氧首先与自身反应,从而保护了饲料中的其他养分。

(2)有些释放出氢离子,将油脂在自动氧化过程中所产生的过氧化物破坏分解,使之不能形成醛类、酮类和醇类等具有强烈不良异味及影响动物适口性的多种有害产物。

(3)有些抗氧化剂可与所产生的过氧化物结合,阻断油脂在自动氧化过程中的连锁反应,从而中止氧化过程的进行,如没食子酸酯类、丁基羟基茴香醚、二丁基羟基甲苯等抗氧化剂作用机理即属此类。

(4)有些阻止或减弱氧化酶类的活动。

(二)抗氧化剂的条件

作为饲料抗氧化剂物质必须具备以下条件:①低浓度有很强的抗氧化作用;②毒性小,本身及其代谢产物对人和动物健康无害;③不应使饲料产生特异气味或颜色,降低适口性;④在饲料中易于测定,成本低。

(三)抗氧化剂的种类

可作为饲料抗氧化剂的物质很多,有天然抗氧化剂和人工合成抗氧化剂2类:

1. 天然抗氧化剂

天然抗氧化剂主要有生育酚、维生素C等,由天然物中提取,是最早的食品抗氧化剂。这类抗氧化剂安全性好,一般无添加限量,但因来源受限制,价格贵,主要用于油脂与食品中,饲料中应用较少。

2. 人工合成抗氧化剂

人工合成抗氧化剂主要有L-抗坏血酸及其钠盐、钙盐等、丁羟甲苯(BHT)、丁羟甲氧苯(BHA)、合成生育酚、乙氧基喹啉等。用于饲料的抗氧化剂主要是乙氧喹啉,其次是丁羟甲苯、丁羟甲氧苯。

(四)常用的饲料抗氧化剂

目前常用的抗氧化剂有乙氧基喹啉、丁羟甲苯、丁羟甲氧苯、异抗坏血酸、维生素E等。

1. 乙氧基喹啉

乙氧基喹啉(EMQ)又称乙氧喹,是一种黏滞黄褐至褐色的液体,稍有异味。几乎不溶于水,溶于丙酮、氯仿等有机溶剂及油脂。

乙氧基喹啉具有较好的抗氧化效果,世界各地普遍用作饲用油脂、苜蓿粉、鱼粉、动物副产品、维生素以及预混料、配合饲料等的抗氧化剂以防止易氧化物氧化,有利于动物对维生素、类胡萝卜素的利用和着色效果,是目前饲料中应用最广泛、效果好而又经济的抗氧化剂。

液体乙氧基喹啉黏滞性高,低浓度添加于粉料中很难混匀,一般将其以蛭石、氢化黑云母粉等作为吸附剂制成含量为10%~70%的乙氧基喹啉干粉剂,可均匀地混入干粉料中,且使用方便。

2. 丁羟甲氧苯

丁羟甲氧苯(BHA)又名丁羟基茴香醚,为白色或微黄褐色结晶或结晶性粉末,有特异的酚类刺激性气味。不溶于水,易溶于丙二醇、丙酮、乙醇和猪油、植物油等。对热稳定,是目前广泛使用的油脂抗氧化剂。

BHA可用作食用油脂、饲用油脂、黄油、人造黄油和维生素等的抗氧化剂,与丁羟甲苯、柠檬酸、维生素C等合用有相乘作用。据报道,除抗氧化作用外,BHA还有较强的抗菌力。BHA添加量为油脂的$100\sim200$ g/t,不得超过200 g/t。

3. 丁羟甲苯

丁羟甲苯(BHT)又名二丁基羟基甲苯,为白色结晶或结晶性粉末,无味或稍有特殊性气味。不溶于水和甘油,易溶于酒精、丙酮和动植物油。对热稳定,与金属离子作用不会着色,是常用的油脂抗氧化剂。可用于长期保存的油脂和含油脂较高的食品及饲料和维生素添加剂中。用量为油脂的$100\sim200$ g/t,不得超过200 g/t,与丁羟甲氧苯并用有相乘作用。二者总量不超过油脂的200 g/t。

4. 异抗坏血酸及其钠盐

异抗坏血酸为白色或黄白色结晶性粉末,无臭,味酸,干燥状态下,在空气中相当稳定,但在水溶液中会迅速变质。本品是抗坏血酸的异构体,化学性质相似,异抗坏血酸的生理作用仅为抗坏血酸的1/20,而抗氧化作用较抗坏血酸强。极易溶于水,溶于乙醇,不溶于乙醚和苯。

异抗坏血酸钠为白色或黄白色结晶性粉末,熔点200℃,干燥状态时比较稳定,但在溶液或空气中,有微量金属离子、热和光存在下会变质,易溶于水,2%水溶液的pH为6.5~8.0。

异抗坏血酸及其钠盐是公认的安全的水溶性抗氧化剂,其抗氧化活性较抗坏血酸好,而且价格较低,在固态情况下十分稳定,但加水溶解后易氧化,因此只能用于固体食品和饲料。常用作动物性饲料品质的保护剂。异抗坏血酸在饲料中的添加量不限。

5. 维生素E

维生素E又称生育酚。在维生素E的8种相近似的化学结构式中,以α-生育酚分布最广,效价最高,代表性强。生育酚为淡黄色黏稠状液体,不溶于水,易溶于乙醇、丙酮、四氯化碳、乙醚等有机溶剂和植物油中,是唯一工业生产的天然抗氧剂。

维生素E既是抗氧化剂,又是体内生物催化剂。维生素E极易被氧化,可以保护其他易被氧化的物质。同时,它又是消化器官的细胞抗氧化剂,故能阻止细胞内的过氧化。另外,维生素E还具有补偿作用。据报道,将维生素E添加到氧化的脂肪中,可以减轻甚至完全补偿腐败脂肪所造成的对生长和饲料转化的副作用。

(五)饲料保藏添加剂乙氧基喹啉的鉴别试验和含量测定

1. 实训目的

(1)了解乙氧基喹啉的常见鉴别方法,熟悉分光光度法鉴别药物的原理。

(2)掌握用非水滴定法测定乙氧基喹啉含量的原理。

2. 定性鉴别

(1)试剂及仪器。正己烷;异丙醇(HG 3-1167);重铬酸钾(GB 642);5%亚硝基铁氰化钠(GB 634);吗啡啉(20%);硫酸(GB 625)。紫外可见分光光度计。

(2)鉴别。①称取试样适量,配成1/1 000的正己烷溶液,在紫外光(波长365 nm)下照射,发出暗白色荧光;②称取试样适量,配成1/2 000异丙醇溶液,紫外分光光度法测定,在356~362 nm波长处有最大吸收;③将乙氧基喹啉的正己烷溶液(50%)1~2滴滴于微量试管中,加入酸化过的重铬酸盐溶液(重铬酸钾1 g溶于60 mL水中,然后加入7.5 mL浓硫酸)1~2滴处理,试管口盖以曾用亚硝基铁氰化钠-吗啡啉溶液润湿过的滤纸一片,并将试管放入沸水中,滤纸片上应有蓝色斑点出现。

3. 定量测定

(1)原理。利用本品分子中含喹啉环,具弱碱性,故可在冰乙酸介质下,用高氯酸标准溶液滴定,以结晶紫为指示剂,至溶液显绿色为止。

(2)试剂及仪器。冰乙酸;5%结晶紫指示液;高氯酸液(0.1 mol/L);乙酸酐。实验室常用玻璃器皿。

(3)测定方法。称取试样约0.2 g,精密称量,置于干燥具塞的三角瓶中,加30 mL冰乙酸使溶解,另加1 mL乙酸酐,1滴结晶紫指示液,用高氯酸液(0.1 mol/L)滴定至绿色,并将滴定结果用空白试验校正。每1 mL高氯酸液(0.1 mol/L)相当于217.3 mg乙氧基喹啉($C_{12}H_{19}NO$)。

(4)数据处理。乙氧基喹啉的百分含量按下式计算:

$$w(乙氧基喹啉) = \frac{c \times (V_1 - V_2) \times \dfrac{217.3}{1\,000}}{m}$$

式中：c 为高氯酸液的浓度（mol/L）；V_1 为试样消耗高氯酸液的体积（mL）；V_2 为空白试验消耗高氯酸液的体积（mL）；m 为样品的质量（g）。

任务 2-6　药物饲料添加剂

饲料添加剂按其用途可分为营养性添加剂和非营养性添加剂两大类，药物饲料添加剂属于非营养性饲料添加剂，是指为预防和治疗动物疾病，以及有目的地调节其生理机能而掺入载体或者稀释剂的兽药混合物。其主要作用是刺激动物生长，改善饲料利用率，提高动物生产能力，增进动物健康。

药物饲料添加剂其有效成分实质上就是兽药，亦属广义兽药的范畴。但可用于制成药物饲料添加剂的兽药必须符合有关规定。本节就兽药的一些基础知识以及农业部公布的《饲料药物添加剂使用规范》中允许作为饲料添加剂的兽药品种做一介绍。

一、兽药概述

兽药是指用于预防、治疗和诊断畜禽疾病或用以调节动物机体生理功能、促进动物生长与繁殖、提高生产效能，并规定其作用、用途、用法和用量的化学物质（含饲料药物添加剂），它包括生物制品、中药材、中成药、化学原料药及其制剂、抗生素、生化药品等。

兽药在应用适当时，可达到防病治病或促进动物生长等目的，但大多数兽药如果用法不当或用量过大，却会损害动物的机体健康，则成为毒物。在畜牧生产及兽医临床上，要做到用药安全有效，必须具备比较系统的兽药方面的知识，这样才能合理选用药物，提高养殖经济效益。

（一）兽药对畜禽机体的作用

兽药接触或进入动物体后，引起机体生理机能的改变，或抑杀入侵的病原体，增加机体抗病能力。同时，药物也受机体的影响而发生变化。药物的作用一般由强到弱，以致失去药物的原有作用。

1. 兽药作用的基本形式

兽药对机体生理功能的影响，基本表现为机能的增强或减弱，增强称为兴奋，减弱称为抑制。药物的兴奋作用或抑制作用往往不是单独出现，在同一机体内，同一药物对不同器官可以产生不同的作用，如中枢神经兴奋药咖啡因对心脏呈现兴奋，加强收缩，而对血管则有扩张、松弛作用。兴奋和抑制是互相矛盾的两个方面，在一定的条件下，可以互相转化。

2. 兽药作用的临床表现

使用药物防治畜禽疾病时，药物对机体可以产生有利的作用，促使机体受破坏的机能恢复正常，以达到治疗的目的。同时，药物对机体也可能产生有害作用。药物的临诊作用可分为治疗作用和不良反应两大类。

治疗作用指在治疗畜禽疾病中，药物能针对治疗目的而产生有利于机体恢复健康的作用。在治疗过程中，由于药物所起的作用，可能是消除致病原或是缓解疾病症状，故又分为对因治疗作用（病因疗法）和对症治疗作用（对症疗法）。对因治疗作用对防治畜禽疾病，特别是与传染病和寄生虫病做斗争的过程中具有重要意义。过去和现在一直利用抗生素和抗

饲料添加剂

寄生虫药物治疗有关传染病和寄生虫病,取得了很好的效果。在一般情况下,病因消除,症状亦随之消失。对症治疗作用主要是消除疾病的某种症状,特别是那些病因未明、症状严重、可能危及生命的症候,实施对症治疗是十分必要的。对因治疗和对症治疗各有特点,两者相辅相成,不可偏废,临床诊断上往往采取综合防治方法。

不良反应指药物在发挥治疗作用的同时,还能产生与治疗作用无关或有害的作用,统称为不良反应或不良作用,包括副作用、毒性作用和过敏反应等。副作用是指药物在治疗剂量时,伴随治疗作用出现的与治疗目的无关的表现。毒性作用也称毒性反应,可引起机体某些实质器官(心脏、肝脏,肾脏等)的损害,或中枢神经系统的功能紊乱。毒性作用多数是药物用量过大或疗程过长所致。过敏反应是指药物作用常因遗传因素引起个体差异,某些个体受药物刺激后可发生不正常的免疫反应,出现流涎、盗汗、呼吸困难、心跳加快,以致休克等症状。这种有免疫机制参与的过敏反应又称变态反应。

必须指出,治疗作用与不良反应是药物作用的两个方面,是相对的而不是固定不变的。在临床上由于用药目的不同,同一药物的某一作用,在一种情况下是治疗作用,而在另一种情况下则可能成为不良反应。为了防止药物的不良反应,用药时要有强烈的责任感,掌握不良反应的发生与发展规律,根据病畜的情况选择适当的药物、剂量和给药方法。同时,在用药期间密切注视病情,及时发现,随时处理。

(二)使用兽药的注意事项

兽医临床用药,既要做到有效的防治畜禽的各种疾病,又要避免对动物机体造成毒性损害或降低动物的生产性能,故必须全面考虑动物的种属、年龄、性别等对药物作用的影响,选择适宜的药物、适宜的剂型、给药途径、剂量与疗程等,科学合理地加以使用。

1. 动物的种属、年龄、性别和个体差异

多数药物对各种动物都能产生类似的作用,但由于各种动物的解剖结构、生理机能及生化反应的不同,对同一药物的反应存在一定差异,即种属差异,多为量的差异,少数表现为质的差异。如反刍动物对二甲苯胺噻唑比较敏感,剂量较小即可出现肌肉松弛镇静作用;而猪对此药则不敏感,剂量较大也达不到理想的肌肉松弛镇定效果。

家畜的年龄、性别不同,对药物的反应亦有差异。一般来说,幼龄、老龄动物的药酶活性较低,对药物的敏感性较高,故用量宜适当减少;雌性动物比雄性动物对药物的敏感性要高,在发情期、妊娠期和哺乳期用药,除了一些专用药外,使用其他药物必须考虑母畜的生殖特性。如泻药、利尿药、子宫兴奋药及其他刺激性较强的药物,使用不慎可引起流产、早产和不孕等,要尽量避免使用。在年龄、体重相近的情况下,同种动物中的不同个体,对药物的敏感性也存在差异,称为个体差异。如青霉素等药物可引起某些动物的过敏反应等,临床用药时应予注意。

2. 药物的给药方法、剂量与疗程

不同的给药途径可直接影响药物的吸收速度和血药浓度的高低,从而决定着药物作用出现的快慢、维持时间长短和药效的强弱,有时还会引起药物作用性质的改变。如硫酸镁内服致泻、而静脉注射则产生中枢神经抑制作用,故临床上应根据病情缓急、用药目的及药物本身的性质来确定适宜的给药方法。

药物的剂量是决定药物效应的关键因素,通常是指防治疾病的用量。用药量过小不产生任何效应,在一定范围内,剂量越大作用越强,但用量过大则会引起中毒甚至死亡。临床用药要做到安全有效，就必须严格掌握药物的剂量范围，用药量应精确，并按照规定的时间、次数用药。对安全范围小的药物，应按规定的用法用量使用，不可随意加大剂量。

为达到治愈疾病的目的，大多数药物都要连续或间歇性地反复用药一段时间，称之为疗程。疗程的长短多取决于动物饲养情况、疾病性质和病情需要。一般而言，对散养的动物常见病，对症治疗药物如解热药、利尿药、镇痛药等，一旦症状缓解或改善，可停止使用或进一步做对症治疗；而对集约化饲养的动物感染性疾病如细菌或支原体性传染病，一定要用药至彻底杀灭入侵的病原体，即治疗要彻底，疗程要足够，一般用药要 3～5 d。疗程不足或症状改善即停止用药，一是易导致病原体产生耐药性，二是疾病易复发。

3. 药物的配伍禁忌

临床上为了提高疗效，减少药物的不良反应，或治疗不同的并发症，常需同时或短期内先后使用 2 种或 2 种以上的药物，称联合用药。由于药物间的相互作用，联用后可使药效增强（协同作用）或不良反应减轻，也可使药效降低、消失（颉颃作用）或出现不应有的不良反应，后者称之为药理性配伍禁忌。联合用药合理，可利用增强作用提高疗效，但联用不当，则会降低疗效或对机体产生毒性损害。故联合用药时，既要注意药物本身的作用，还要十分注意药物之间的相互作用。

当药物在体外配伍如混用时，亦会因相互作用而出现物理化学变化，导致药效降低或失效，甚至引起毒性反应，这些称为理化性配伍禁忌。理化性配伍禁忌，主要是酸性、碱性药物间的配伍问题。

无论是药理性还是理化性配伍禁忌，都会影响到药物的疗效与安全性，必须引起足够的重视。通常，一种药物可有效治疗的不应使用多种药物，少数几种药物可解决问题的，不必使用许多药物进行治疗，即做到少而精、安全有效，避免盲目配伍。

4. 注意药物在动物性产品中的残留

在集约化养殖业中，药物除了防治动物疾病的传统用途外，有些还作为饲料添加剂以促进生长，提高饲料报酬，改善畜产品质量，提高养殖业的经济效益。但在产生有益作用的同时，往往又残留在动物性产品（肉、蛋、奶）中，间接危害人类的健康。如果人们食用残留有药物的肉食品后，可引起耐药性传递及中毒、过敏、致畸或致癌等不良反应。

为保证人类的健康，许多国家对用于食品动物的抗生素、合成抗菌药、抗寄生虫药等规定了允许残留量标准和休药期。所谓休药期，是指允许屠宰畜禽及其产品（乳、蛋）允许上市前的停药时间。规定休药期，是为了减少或避免畜产品中药物的超量残留，由于动物种属、动物种类、剂型、用药剂量和给药途径不同，休药期长短亦有很大差别，故在食品动物或其产品上市前的一段时间内，应遵守休药期规定停药一定时间，以免影响人体的健康。对有些药物，还提出有应用期限，如有些药物禁用于犊牛，有些禁用于产蛋鸡群或泌乳牛等，使用药物时都需十分注意。

二、常用药物饲料添加剂

兽药的范围很广，包括消毒防腐药、抗微生物药、抗寄生虫药、作用于内脏系统的药物、作用于神经系统的药物、影响组织代谢的药物、解毒药、抗休克药、抗应激药、中成药、生物制品等。允许作为药物添加剂使用的兽药，必须是农业部 2001 年 7 月公布的《饲料药物添加剂使用规范》中允许使用的品种。本部分所介绍的常用药物饲料添加剂，均属《饲料药物添加剂使用规范》中允许使用的品种。

（一）抗菌促生长添加剂

抗菌促生长剂,主要是指用于刺激畜禽生长,改善饲料转化效率,并增进畜禽健康的抗生素及合成抗菌药物添加剂。

1. 抗生素类添加剂

（1）抗生素类添加剂的发展历史。抗生素是指由细菌、放线菌、真菌等微生物经培养而得到的某些产物,或是用化学半合成法制造的相同和类似的物质。抗生素在低浓度下对特异性微生物（包括细菌、真菌、立克次氏体、病毒、支原体、衣原体等）有抑制生长或杀灭作用。抗生素原称为抗菌素,但它的作用远超出单纯的抗菌范围,所以国内现称为抗生素。

最初将抗生素用于饲喂畜禽是一种无意识的行为,主要是将抗生素发酵残渣作营养物质用于饲喂猪,此时尚不能将其称为饲料添加剂。随着这种应用的增多,人们发现这些抗生素残渣具有促进畜禽生长的作用。在抗生素发酵残渣中主要成分为抗生素产生菌发酵的菌体蛋白、未被微生物利用完的发酵培养基成分以及微生物的某些代谢产物,其中包括未被提取尽的残留的抗生素。有的学者开始对这种作用进行探讨和研究,越来越多的研究结果显示是菌渣中的抗生素单位在起作用,从此真正开始了抗生素作为饲料添加剂的应用。

我国将抗生素作为饲料添加剂应用较晚,自 20 世纪 50 年代起,国内才把抗生素生产发酵过程中的菌渣用作动物饲料,但在 20 世纪 70 年代中期,有目的地用低剂量抗生素饲养动物开始日趋流行。近年,我国平均每年已有约 6 000 t 的抗生素用作饲料添加剂。

（2）抗生素类添加剂的功能。抗生素作为饲料添加剂使用的主要功能是在防病治病的同时,具有促进动物生长、提高饲料转化率的功效。除此之外,还有提高动物产品的品质,减少动物的粪臭,从而改善饲养环境等功效。总体来说,抗生素作为饲料添加剂大致有如下功能:

①对动物某些疾病的治疗作用,即抗生素的正常药理作用;

②对某些动物疾病的预防作用,尤其是对那些传染性疾病的预防,保证畜禽的健康生长,如盐霉素的应用可预防球虫病的发生;

③促生长作用,使畜禽生长速度加快,即催肥作用;

④提高饲料转化率,即提高饲料的利用率;

⑤提高动物产品的产量与质量;

⑥改善动物饲养环境,包括减少环境中各种致病菌、动物粪便排泄量等;

⑦改善动物机体的机能状态,提高动物机体的抵抗力。

（3）抗生素类添加剂应用中存在的问题。

①耐药性的问题。抗生素作为饲料添加剂使用已有 40 多年的历史,由于其明显的应用效果,发展速度相当快。随着其使用的日益增加,一些从事医用抗生素研究和应用的人认为,对动物长时间低剂量地使用抗生素导致致病菌产生耐药性,从而引起人类和动物感染疾病治疗的失败。因此,在抗生素添加剂使用过程中,一定要按农业部发布的《饲料药物添加剂使用规范》执行,严格控制其允许使用量和停药期。

②抗生素的残留问题。抗生素的残留包括两个方面,一方面是在动物体内的残留,另一方面是在环境中的残留。抗生素在动物体内的残留可能由于药物的毒副作用而对这些动物的食用健康造成危害;抗生素在环境中的残留则可能对生态造成影响。

(4)抗生素类添加剂使用原则。

①正确选用抗生素类添加剂,应严格掌握各类抗生素的适应症,选择对病原微生物高度敏感、抗菌作用最强或临床疗效较好、不良反应较少的抗生素。

②严格控制使用剂量,保证使用效果,防止不良的副作用。

③所选用的抗生素应是抗病原活性强、化学性质稳定、毒性低、安全范围大,而无致突变、致畸变及致癌变等副作用。

④合理地、定时定量地使用抗生素添加剂。

⑤严格使用对象。各种抗生素都有其特定的使用对象,对于各类畜禽的各发育阶段的用药情况可参照如下原则进行。

鸡(产蛋鸡):幼雏期用(0～4周龄);中雏期用(4～10周龄);大雏期(10周龄后)一般禁用。产蛋期禁用。

肉仔鸡:前期用(0～4周龄);后期用(4周龄以后),但在屠宰前7 d停用。有的添加剂在4周龄以后禁用。

猪:哺乳期用(2月龄以内);仔猪期用(2～4月龄),但有些添加剂在此期禁用。一般在5月龄至育肥期不添加。

(5)常用抗生素类饲料添加剂。

①金霉素(饲料级)预混剂[Chlortetracyline (feed grade)premix]。本品为金霉素与适当的辅料配制而成,有效成分为金霉素。金霉素是由金色链霉菌培养液中分离而得,常用其盐酸盐,为黄色至褐色结晶粉末,有苦味,酸性溶液中稳定,碱性溶液中不稳定。金霉素的溶解度差,在动物肠道中的吸收率较低,且在组织中蓄积较少,在血液中的半衰期最短(平均为5～6 h),因此常被选作饲料添加剂,对提高畜禽日增重、饲料转化率和防治细菌性肠炎、萎缩性鼻炎、猪痢疾等均有效。

适用动物为猪、鸡。蛋鸡产蛋期禁用;饲料中钙含量为0.4%～0.55%时,应用高剂量盐酸金霉素不能超过5 d;钙含量0.8%时,连续应用不能超过8周。休药期7 d。

②土霉素钙预混剂(oxytetracycline calcium premix)。本品为土霉素钙与适当辅料配制而成。土霉素是从龟裂链霉菌的培养液中分离所得,呈灰白黄色至黄色的结晶粉末。常用其盐酸盐,为黄色结晶,易溶于水,在酸性条件下稳定,在碱性环境中不稳定。土霉素在消化道中吸收良好,在组织中分布均匀,蓄积量较少,半衰期短,适宜用作饲料添加剂。土霉素钙能降低土霉素的吸收,还增强土霉素的稳定性,常作饲料添加剂。

适用动物为猪、鸡。蛋鸡产蛋期禁用;添加于低钙饲料(饲料含钙量0.18%～0.55%)时,连续用药不超过5 d。

③杆菌肽锌预混剂(bacitracin zine premix)。本品为杆菌肽锌与米糠油粕、大豆油粕、麸皮、玉米淀粉、碳酸钙配制而成,有效成分为杆菌肽锌。杆菌肽是从地衣芽孢杆菌的培养液中获得,为白色或淡黄色粉末,味苦,有特殊臭味,具吸湿性,易溶于水,其溶液性质不稳定,遇多种重金属盐可使其沉淀失效,而制成的锌盐性质稳定,为淡黄色或淡棕黄色粉末,味稍苦,有特殊性臭味,不溶于水,锌离子还增加其抗菌活性。

杆菌肽在动物肠道内吸收性很差,排泄迅速,毒性极小,无副作用,也无药物残留。用作饲料添加剂具有促进动物生长、提高饲料转化率及防治畜禽细菌性腹泻和慢性呼吸道疾病的功效,也可与其他抗生素联合应用。

④硫酸黏杆菌素预混剂(colistln sulfate premix)。本品为硫酸黏杆菌素与小麦粉、脱脂米糠、玉米淀粉、乳糖等配制而成,商品名称为抗生素,本品为浅褐色或褐色粉末;有特殊性臭味。黏杆菌素是由多黏芽孢杆菌培养液中提取的抗生素,其硫酸盐为白色或微黄色微细粉末,易溶于水,干燥粉很稳定。口服较难吸收,故不易残留于畜禽产品中。硫酸黏杆菌素用作饲料添加剂具有促进雏鸡、犊牛和仔猪生长以及防治仔猪、犊牛细菌性痢疾和其他肠道疾病的功效。

蛋鸡产蛋期禁用;不能长期添加于动物饲料中作生长促进剂应用,内服较难吸收,故不能作全身感染性疾病治疗药。宰前 7 d 停止给药。

2. 合成抗菌药物添加剂

(1)有机砷制剂类药物添加剂。据研究,有机砷类饲料添加剂具有刺激动物生长的作用,而且有较广泛的抗菌谱,对多种肠道疾病的致病菌有较强的抑菌和杀菌性能,同时对肠道寄生虫及血原虫等也有一定的抑制作用。有机砷类饲料添加剂还可改善肉牛和鸡的肉质。对于饲养环境差的畜禽,有机砷类添加剂的作用更为明显。目前,有机砷类制剂用作饲料添加剂在世界各国极为普遍。有机砷制剂类有以下两种:

①氨苯砷酸预混剂(arsanilic acid premix)。本品为氨苯砷酸与碳酸钙配制而成。氨苯砷酸为化学合成抗菌药,亦叫阿散酸,为白色晶体粉末,难溶于水,其钠盐易溶于水,无臭、易潮解。具有广谱杀菌作用,对肠道寄生虫有杀死和抑制作用。用作饲料添加剂具有提高产蛋率和改善肉质的作用。本品需遮光、密闭,在干燥处保存。

②洛克沙砷预混剂(arsanilic acid premix)。本品为氨苯砷酸与辅料配制而成。洛克沙砷的化学名称为硝基羟基苯砷酸,是由化学合成法制备而来。为白色或微黄色粉末,难溶于水,其钠盐易溶于水。具有广谱的杀菌和抑菌作用。本品用作饲料添加剂具有促进畜禽生长的功效。蛋鸡产蛋期禁用;休药期 5 d。

(2)其他抗菌药物添加剂。主要有以下两种:

①痢菌净(maquindox),又名乙酰甲喹。本品为鲜黄色结晶或黄白色粉末,味微苦,遇光色变深,微溶于水。广谱抗菌药,对革兰氏阴性菌的作用较强,对猪痢疾密螺旋体作用显著。

②喹乙醇预混剂(olaquindox premix)。本品为喹乙醇与辅料配制而成,商品名称为快育灵、灭霍灵、灭败灵。喹乙醇为浅黄色结晶性粉末,无臭、味苦。在热水中溶解,在冷水中微溶,在乙醇中几乎不溶。广谱抗菌药,兼有促进生长、增加瘦肉率、提高饲料转化率的作用。用于猪促生长,禁用于禽;禁用于体重超过 35 kg 的猪;休药期 35 d。

(二)驱虫保健剂

添加在饲料中用于防治寄生虫病、保证畜禽生产力和身体健康的药物添加剂称驱虫保健剂,主要包括抗球虫药物添加剂和驱蠕虫药物添加剂两类。

1. 抗球虫药物添加剂

球虫病对雏鸡和幼兔危害最为严重。禽、兔感染球虫病后,慢性者生长发育受阻、生长性能降低,暴发时可造成大批死亡。因此,采用低剂量混入饲料中长期给予抗球虫药预防球虫病就显得非常重要。

球虫病是由孢子虫纲、球虫目、艾美耳科中各种球虫引起的一种原虫病。家畜、野兽、禽类、爬虫类、两栖类和某些昆虫都有球虫寄生,球虫对鸡、兔和牛危害较为严重,常引起幼龄动物大批死亡。

目前控制鸡球虫病有药物和免疫2种方法。药物控制可分为预防性投药和治疗性投药。预防投药主要将药物掺混于饲料中,浓度低,在整个肉鸡生长过程中或产蛋鸡产蛋周期内不断给药。实践证明这是一种简便易行、节省劳力,并且非常经济的方法,对大型集约化养禽业具有重要意义,也是一项良好的防治措施,但也有其缺点,例如药物的毒性在鸡组织中有残留,长期用药后产生耐药性虫株,更重要的是目前还没有一种抗球虫剂是对所有球虫都非常有效的。如果预防失败,会暴发鸡球虫病,这时必须要进行治疗。预防失败的原因可能是给药量不适当、药效不足、产生耐药性虫株等原因。另外,还可通过饮水这一相对简单易行的方法来治疗病鸡,治疗药物的选择要根据虫株的不同和对药物的敏感度来确定。

常用抗球虫药物介绍:

(1)二硝托胺预混剂(dinitolmide premix)。本品为二硝托胺与轻质碳酸钙配制而成。二硝托胺化学名称为3,5-二硝基-2-甲基苯甲酰胺,为淡黄色或黄褐色粉末;无臭,味苦。性质稳定,能溶于乙醇和丙酮,难溶于水。对于毒害、柔嫩、布氏、巨型艾美耳球虫感染具有良好的治疗作用。除此之外,对肠内其他病原性球虫效果也较好。蛋鸡产蛋期禁用;休药期3 d。密闭保存。

(2)马杜霉素铵预混剂(maduramicin ammonium premix)。本品为马杜霉素铵与豆饼粉或麸皮配制而成。商品名称为加福、抗球王。本品为黄色或黄褐色粉末。马杜霉素铵为马杜霉素的铵盐,为白色或类白色结晶粉末;有微臭。在甲醇、乙醇或氯仿中易溶,在丙酮中略溶,在水中不溶。蛋鸡产蛋期禁用;不得用于其他动物;在无球虫病时,每千克饲料含马杜霉素铵盐6 mg以上对生长有明显的抑制作用,也不改善饲料报酬;休药期5 d。密闭保存。

(3)尼卡巴嗪预混剂(nicarbazin premix)。本品为尼卡巴嗪与玉米粉配制而成。商品名称为乐球宁。本品为黄色粉末。尼卡巴嗪是4,4′-二硝基碳酰苯胺和2-羟基-4,6-二甲基嘧啶的混合物,二者以1:1的比例混合。为淡黄色、无臭粉末,不溶于水、乙醇、三氯甲烷和乙醚,微溶于二甲基甲酰胺。与水研磨时会慢慢分解,若在稀酸中则分解很快。蛋鸡产蛋期禁用;高温季节慎用;休药期4 d;密闭,遮光保存。

2. 抗蠕虫药物添加剂

(1)药物防治蠕虫病的作用与意义。药物防治蠕虫病的基本作用是降低宿主的虫体负荷,驱除畜禽体内的寄生蠕虫,保证畜禽健康成长,同时降低环境中虫卵的污染,减少再次感染的机会,对其他健康动物起到良好的预防作用。药物对于蠕虫病的防治虽然具有重要作用,但长期使用也有许多弊端,如长期用药不仅会导致耐药虫株的出现和药物在体内残留,还会干扰动物抗寄生虫的免疫力。

(2)理想驱虫药的特性。理想驱虫药由下列几个因素所决定:①高效;②广谱,驱虫范围广;③较高的安全系数;④便于投药;⑤无残留或残留少;⑥药价低廉。

(三)允许在饲料中使用的饲料药物添加剂

允许在饲料中使用的饲料药物添加剂见表2-3。

(四)商品饲料中不得添加的饲料药物添加剂

商品饲料中不得添加的饲料药物添加剂见表2-4。

表 2-3 允许在饲料中使用的饲料药物添加剂

药品	商品名称	有效成分	含量规格	适用动物	作用与用途	用法与用量	注意事项
1. 二硝托胺预混剂 (dinitolmide premix)		二硝托胺	每1 000 g中含二硝托胺250 g	鸡	用于鸡球虫病	混饲。每1 000 kg饲料添加本品500 g	蛋鸡产蛋期禁用;休药期3 d
2. 马杜霉素铵预混剂 (madummicin ammonium premix)	加福、抗球王	马杜霉素铵	每1 000 g中含马杜霉素铵10 g	鸡	用于鸡球虫病	混饲。每1 000 kg饲料添加本品500 g	蛋鸡产蛋期禁用;不得用于其他动物;在无球虫病时,含百万分之六以上马杜霉素铵盐的饲料对生长有明显抑制作用,也不改善饲料报酬;休药期5 d
3. 尼卡巴嗪预混剂 (nicarbazin premix)	杀球宁	尼卡巴嗪	每1 000 g中含尼卡巴嗪200 g	鸡	用于鸡球虫病	混饲。每1 000 kg饲料添加本品100~125 g	蛋鸡产蛋期禁用;高温季节慎用;休药期4 d
4. 尼卡巴嗪、乙氧酰胺苯甲酯预混剂 (nicarbazinandethopabate premix)	球净	尼卡巴嗪和乙氧酰胺苯甲酯	每1 000 g中含尼卡巴嗪250 g和乙氧酰胺苯甲酯16 g	鸡	用于鸡球虫病	混饲。每1 000 kg饲料添加本品500 g	蛋鸡产蛋期禁用;高温季节慎用;休药期9 d
5. 甲基盐霉素预混剂 (narasin premix)	禽安	甲基盐霉素	每1 000 g中含甲基盐霉素100 g	鸡	用于鸡球虫病	混饲。每1 000 kg饲料添加本品600~800 g	蛋鸡产蛋期禁用;马属动物禁用;禁止与泰妙菌素、竹桃霉素并用;防止与人眼接触;休药期5 d
6. 甲基盐霉素、尼卡巴嗪预混剂 (narasin and nicerbazin premix)	猛安	甲基盐霉素和尼卡巴嗪	每1 000 g中含甲基盐霉素80 g和尼卡巴嗪80 g	鸡	用于鸡球虫病	混饲。每1 000 kg饲料添加本品310~560 g	蛋鸡产蛋期禁用;马属动物禁用;禁止与泰妙菌素、竹桃霉素并用;高温季节慎用;休药期5 d

续表2-3

药品	商品名称	有效成分	含量规格	适用动物	作用与用途	用法与用量	注意事项
7. 拉沙洛西钠预混剂（lasalocid sodium premix）	球安	拉沙洛西钠	每1 000 g中含拉沙洛西 150 g 或 450 g	鸡	用于鸡球虫病	混饲。每1 000 kg饲料添加本品75～125 g（以有效成分计）	马属动物禁用；休药期3 d
8. 氢溴酸常山酮预混剂（halofuginone hydrobromide premix）	速丹	氢溴酸常山酮	每1 000 g中含氢溴酸常山酮 6 g	鸡	用于鸡球虫病	混饲。每1 000 kg饲料添加本品500 g	蛋鸡产蛋期禁用；休药期5 d
9. 盐酸氯苯胍预混剂（robenidine hydrochloride premix）		盐酸氯苯胍	每1 000 g中含盐酸氯苯胍 100 g	鸡、兔	用于鸡、兔球虫病	混饲。每1 000 kg饲料添加本品，鸡300～600 g，兔1 000～1 500 g	蛋鸡产蛋期禁用；休药期鸡5 d，兔7 d
10. 盐酸氨丙啉、乙氧酰胺苯甲酯预混剂（amprolium hydrochloride and ethopabate premix）	加强保乐	盐酸氨丙啉和乙氧酰胺苯甲酯	每1 000 g中含盐酸氨丙啉 250 g 和乙氧酰胺苯甲酯 16 g	家禽	用于禽球虫病	混饲。每1 000 kg饲料添加本品500 g	蛋鸡产蛋期禁用；每1 000 kg饲料中维生素B大于10 g时明显颉颃；休药期3 d
11. 盐酸氨丙啉、乙氧酰胺苯甲酯、磺胺喹噁啉预混剂（amprolium hydrochlofide, ethopabate and sulfaquinoxaline premix）	百球清	盐酸氨丙啉、乙氧酰胺苯甲酯和磺胺喹噁啉	每1 000 g中含盐酸氨丙啉 200 g，乙氧酰胺苯甲酯 10 g 和磺胺喹噁啉 120 g	家禽	用于禽球虫病	混饲。每1 000 kg饲料添加本品500 g	蛋鸡产蛋期禁用；每1 000 kg饲料中维生素 B_1 大于10 g时明显颉颃；休药期7 d

续表2-3

药品	商品名称	有效成分	含量规格	适用动物	作用与用途	用法与用量	注意事项
12. 氯羟吡啶预混剂(clopidol premix)		氯羟吡啶	每1 000 g中含氯羟吡啶250 g	家禽、兔	用于禽、兔球虫病	混饲。每1 000 kg饲料添加本品500 g、兔800 g	蛋鸡产蛋期禁用；休药期5 d
13. 海南霉素钠预混剂(hainamnycin sodium premix)		海南霉素钠	每1 000 g中含海南霉素10 g	鸡	用于鸡球虫病	混饲。每1 000 kg饲料添加本品500~750 g	蛋鸡产蛋期禁用；休药期7 d
14. 赛杜霉素钠预混剂(semdummicin sodium premix)	禽旺	赛杜霉素钠	每1 000 g中含赛杜霉素50 g	鸡	用于鸡球虫病	混饲。每1 000 kg饲料添加本品500 g	蛋鸡产蛋期禁用；休药期5 d
15. 地克珠利预混剂(diclazuril premix)		地克珠利	每1 000 g含地克珠利2 g或5 g	畜禽	用于畜禽球虫病	混饲。每1 000 kg饲料添加1 g(以有效成分计)	蛋鸡产蛋期禁用
16. 复方硝基酚钠预混剂(compound sodium nitrophenolate premix)	爱多收	邻硝基苯酚钠、对硝基苯酚钠、5-硝基愈创木酚钠、磷酸氢钙和硫酸镁	每1 000 g含邻硝基苯酚钠0.6 g,对硝基苯酚钠0.9 g,5-硝基愈创木酚钠0.3 g,磷酸氢钙898.2 g和硫酸镁100 g	虾、蟹	主用于虾、蟹等甲壳类动物的促生长	混饲。每1 000 kg饲料添加本品5~10 g	休药期7 d
17. 氨苯砷酸预混剂(arsanilic acid premix)		氨苯砷酸	每1 000 g含氨苯砷酸100 g	猪、鸡	用于促进猪、鸡生长	混饲。每1 000 kg饲料添加本品1 000 g	蛋的产蛋期禁用；休药期5 d
18. 洛克沙胂预混剂(rox-arsone acid premix)		洛克沙胂	每1 000 g含洛克沙胂50 g或100 g	猪、鸡	用于促进猪、鸡生长	混饲。每1 000 kg饲料添加本品50 g(以有效成分计)	蛋鸡产蛋期禁用；休药期5 d

项目2 非营养性添加剂

115

续表2-3

药品 商品名称	有效成分	含量规格	适用动物	作用与用途	用法与用量	注意事项
19. 莫能菌素钠预混剂（monensin sodium premix）瘤胃素、欲可胖	莫能菌素钠	每1 000 g 含莫能菌素 50 g 或 100 g 或 200 g	牛、鸡	用于鸡球虫病和肉牛促生长	混饲。鸡，每1 000 kg饲料添加90~110 g;肉牛、每头每天200~360 mg	蛋鸡产蛋期禁用;泌乳期的奶牛及马属动物禁用;禁止与泰妙菌素、竹桃霉素并用;搅拌配料时禁止与人的皮肤、眼睛接触;休药期5 d
20. 杆菌肽锌预混剂（baeitmcin zinc premix）	杆菌肽锌	每1 000 g 含杆菌肽 100 g 或 150 g	牛、猪、禽	用于促进畜禽生长	混饲。每1 000 kg饲料添加:犊牛10~100 g(3月龄以下)、4~40 g(6月龄以下),猪4~40 g(4月龄以下),鸡4~40 g(16周龄以下)(以有效成分计)	休药期0 d
21. 黄霉素预混剂（flavomycin premix）富乐旺	黄霉素	每1 000 g 中含黄霉素 40 g 或 80 g	牛、猪、鸡、禽	用于促进畜禽生长	混饲。每1 000 kg饲料添加:仔猪10~25 g,生长、育肥猪5 g,肉鸡5 g,肉牛每头每天30~50 mg(以有效成分计)	休药期0 d
22. 维吉尼亚霉素预混剂（virginiamycin premix）速大肥	维吉尼亚霉素	每1 000 g 中含维吉尼亚霉素 500 g	猪、鸡、禽	用于促进畜禽生长	混饲。每1 000 kg饲料添加本品,猪20~50 g,鸡10~40 g	休药期1 d
23. 喹乙醇预混剂（olaquindox premix）	喹乙醇	每1 000 g 中含喹乙醇 50 g	猪	用于猪促生长	混饲。每1 000 kg饲料添加本品1 000~2 000 g	禁用于家禽;禁用于体重超过35 kg的猪;休药期35 d

续表2-3

药品	商品名称	有效成分	含量规格	适用动物	作用与用途	用法与用量	注意事项
24. 那西肽预混剂 (nosiheptide premix)		那西肽	每1000g中含那西肽2.5g	鸡	用于鸡促生长	混饲。每1000kg饲料添加本品1000g	休药期3d
25. 阿美拉霉素预混剂 (avilamycin premix)	效美素	阿美拉霉素	每1000g中含阿美拉霉素100g	猪、鸡	用于猪和肉鸡的促生长	混饲。每1000kg饲料添加本品,猪200~400g(4月龄以内),100~200g(4~6月龄),肉鸡50~100g	休药期0d
26. 盐霉素钠预混剂 (salinomycin sodium premix)	优素精、赛可喜	盐霉素钠	每1000g中含盐霉素50g或60g或100g或120g或450g或500g	牛、猪、鸡	用于鸡球虫病和促进畜禽生长	混饲。每1000kg饲料添加,鸡50~70g;猪25~75g;牛10~30g	蛋鸡产蛋期禁用;马属动物禁用;禁止与泰妙菌素、竹桃霉素并用;休药期5d
27. 硫酸黏杆菌素预混剂 (colistin sulfate premix)	抗敌素	硫酸黏杆菌素	每1000g中含黏杆菌素20g或40g或100g	牛、猪、鸡	用于革兰氏阴性杆菌引起的肠道感染,并有一定的促生长作用	混饲。每1000kg饲料添加,犊牛5~40g,仔猪2~20g,鸡2~20g	蛋鸡产蛋期禁用;休药期7d
28. 杆菌肽锌、硫酸黏杆菌素预混剂 (bacitracin zinc and colistin sulfate premix)	万能肥素	杆菌肽锌和硫酸黏杆菌素	每1000g中含杆菌肽50g和黏杆菌素10g	猪、鸡	用于革兰氏阳性菌和革兰氏阴性菌感染,并具有一定的促生长作用	混饲。每1000kg饲料添加,猪2~40g(2月龄以下),2~20g(4月龄以下),鸡2~20g(以有效成分计)	蛋鸡产蛋期禁用;休药期7d

续表2-3

药品	商品名称	有效成分	含量规格	适用动物	作用与用途	用法与用量	注意事项
29. 土霉素钙(oxytetracycline calcium)		土霉素钙	每1 000 g中含土霉素 50 g或100 g或200 g	猪、鸡	抗生素类药。对革兰氏阳性菌和革兰氏阴性菌均有抑制作用,用于促进猪、鸡生长	混饲。每1 000 kg饲料添加,猪10~50 g(4月龄以内),鸡10~50 g(10周龄以内)	蛋鸡产蛋期禁用;添加于含钙量为低钙饲料(含钙量为0.18%~0.55%)时,连续用药不超过5 d
30. 吉他霉素预混剂(kitasamycin premix)		吉他霉素	每1 000 g中含吉他霉素 22 g或110 g或550 g或950 g	猪、鸡	用于防治畜禽慢性呼吸系统疾病,也用于促进畜禽生长	混饲。每1 000 kg饲料添加,用于促生长,猪5~11 g;用于防治疾病,猪80~330 g,鸡100~330 g,连用5~7 d	蛋鸡产蛋期禁用;休药期7 d
31. 金霉素(饲料级)预混剂[chlortetracycline (feed grade) premix]		金霉素	每1 000 g中含金霉素 100 g或150 g	猪、鸡	对革兰氏阳性菌和革兰氏阴性菌均有抑制作用,用于促进猪、鸡生长	混饲。每1 000 kg饲料添加,猪25~75 g(4月龄以内),鸡20~50 g(10周龄以内)	蛋鸡产蛋期禁用;休药期7 d
33. 恩拉霉素预混剂(enmmycin premix)		恩拉霉素	每1 000 g中含恩拉霉素 40 g或80 g	猪、鸡	对革兰氏阳性菌有抑制作用,用于促进猪、鸡生长	混饲。每1 000 kg饲料添加,猪2.5~20 g,鸡1~10 g	蛋鸡产蛋期禁用;休药期7 d

表 2-4　商品饲料中不得添加的药物饲料添加剂

药品	商品名称	有效成分	含量规格	适用动物	作用与用途	用法与用量	注意事项
1. 磺胺喹噁啉、二甲氧苄啶预混剂(sulfaquinoxaline and diaveridine premix)		磺胺喹噁啉和二甲氧苄啶	每 1 000 g 中含磺胺喹噁啉 200 g 和二甲氧苄啶 40 g	鸡	用于鸡球虫病	混饲。每 1 000 kg 饲料添加本品 500 g	连续用药不得超过 5 d;蛋鸡产蛋期禁用;休药期 10 d
2. 越霉素 A 预混剂(destomycin A premix)	得利肥素	越霉素 A	每 1 000 g 中含越霉素 A 20 g 或 50 g	猪、鸡	用于猪蛔虫病、鞭虫及鸡蛔虫病	混饲。每 1 000 kg 饲料添加越霉素 A(以有效成分计),连用 8 周	蛋鸡产蛋期禁用;休药期,猪 15 d,鸡 3 d
3. 潮霉素 B 预混剂(hygromycin B premix)	效高素	潮霉素 B	每 1 000 g 中含潮霉素 B 17.6 g	猪、鸡	用于驱除猪蛔虫、鞭虫及鸡蛔虫	混饲。每 1 000 g 饲料添加,猪 10~13 g,育成猪连用 8 周,母猪产前 8 周至分娩,鸡 8~12 g,连用 8 周	蛋鸡产蛋期禁用;避免与人皮肤、眼睛接触;休药期猪 15 d,鸡 3 d
4. 地美硝唑预混剂(dimetridazole premix)		地美硝唑	每 1 000 g 中含地美硝唑 200 g	猪、鸡	用于猪密螺旋体痢疾和禽组织滴虫病	混饲。每 1 000 kg 饲料添加本品,猪 1 000~2 500 g,鸡 400~2 500 g	蛋鸡产蛋期禁用;连续用药不得超过 10 d;休药期猪 3 d,鸡 3 d
5. 磷酸泰乐菌素预混剂(tylosin phosphate premix)		磷酸泰乐菌素	每 1 000 g 中含泰乐菌素 20 g 或 88 g 或 100 g 或 220 g	猪、鸡	用于畜禽细菌及支原体感染	混饲。每 1 000 kg 饲料添加,猪 10~100 g,鸡 4~50 g,连用 5~7 d	休药期 5 d
6. 硫酸安普霉素预混剂(apmmycin sulfate premix)		硫酸安普霉素	每 1 000 g 中含安普霉素 20 g 或 30 g 或 100 g 或 165 g	猪	用于猪肠道革兰氏阴性菌感染	混饲。每 1 000 kg 饲料添加 80~100 g(以有效成分计),用 7 d	接触本品时,需戴手套及防尘面罩;休药期猪 21 d
7. 盐酸林可霉素预混剂(lincomycin hydroehloride premix)	可肥素	盐酸林可霉素	每 1 000 g 中含林可霉素 8.8 g 或 110 g	猪、禽	用于畜禽革兰氏阳性菌感染,也可用于猪密螺旋体、弓形虫感染	混饲。每 1 000 kg 饲料添加,猪 44~77 g,鸡 2.2~4.4 g,连用 7~21 d	蛋鸡产蛋期禁用;禁止家兔、马或反刍动物接近含有林可霉素的饲料;休药期 5 d

项目 2　非药物性添加剂治

饲料添加剂

药品	商品名称	有效成分	含量规格	适用动物	作用与用途	用法与用量	注意事项
8. 赛地卡霉素预混剂 (sedeeamycin premix)	克泻痢宁	赛地卡霉素	每1 000 g中含赛地卡霉素10 g或20 g或50 g	猪	用于治疗猪密螺旋体引起的血痢	混饲。每1 000 kg饲料添加75 g(以有效成分计),连用15 d	休药期1 d
9. 伊维菌素预混剂 (ivermectin premix)		伊维菌素	每1 000 g中含伊维菌素6 g	猪	对线虫、昆虫和螨均有驱杀活性,用于治疗猪胃肠道线虫病和疥螨病	混饲。每1 000 kg饲料添加本品330 g,连用7 d	休药期5 d
10. 呋喃苯烯酸钠粉 (nifurstyrenate sodium powder)	尼福康	呋喃苯烯酸钠	每1 000 g中含呋喃苯烯酸钠100 g	鱼	用于鲈目鱼类的类结节菌及鲽目鱼滑行细菌的感染	混饲。每1 kg体重、鲈目鱼类每日用本品0.5 g,连用3~10 d	休药期2 d
11. 延胡索酸泰妙菌素预混剂 (tiamulin fumarate premix)	支原净	延胡索酸泰妙菌素	每1 000 g中含泰妙菌素100 g或800 g	猪	用于猪支原体肺炎和嗜血杆菌胸膜性肺炎,也可用于猪密螺旋体引起的痢疾	混饲。每1 000 kg饲料添加40~100 g(以有效成分计),连用5~10 d	避免接触眼及皮肤;禁止与易能氯菌素、盐霉素等聚醚类抗生素混合使用;休药期5 d
12. 环丙氨嗪预混剂 (cyromazine premix)	蝇得净	环丙氨嗪	每1 000 g中含环丙氨嗪10 g	鸡	用于控制动物厩舍含内蝇幼虫的繁殖	混饲。每1 000 kg饲料添加本品500 g,连用4~6周	避免儿童接触
13. 氟苯咪唑预混剂 (flubendazole premix)	弗苯诺	氟苯咪唑	每1 000 g中含氟苯咪唑50 g或500 g	猪、鸡	用于驱除畜禽胃肠道线虫及绦虫	混饲。每1 000 kg饲料,猪30 g,连用5~10 d;鸡30 g,连用4~7 d	休药期14 d
14. 复方磺胺嘧啶预混剂 (compound sulfadiazine premix)	立可灵	磺胺嘧啶和甲氧苄啶	每1 000 g中含磺胺嘧啶125 g和甲氧苄啶25 g	猪、鸡	用于链球菌、葡萄球菌、肺炎球菌、巴氏杆菌、大肠杆菌和李氏杆菌等感染	混饲。每1 kg体重,猪0.1~0.2 g,连用5 d;鸡0.17~0.2 g,连用10 d	蛋鸡产蛋期禁用;休药期猪5 d,鸡1 d

续表2-4

药品	商品名称	有效成分	含量规格	适用动物	作用与用途	用法与用量	注意事项
15. 盐酸林可霉素、硫酸大观霉素预混剂 (lincomycin hydrochloride and spectineomycin sulfate premix)	利高霉素	盐酸林可霉素和硫酸大观霉素	每1 000 g中含林可霉素22 g和大观霉素22 g	猪	用于防治猪赤痢、沙门氏菌病、大肠杆菌肠炎及支原体肺炎	混饲。每1 000 kg饲料添加本品1 000 g,连用7~21 d	休药期5 d
16. 硫酸新霉素预混剂 (neomycin sulfate premix)	新肥素	硫酸新霉素	每1 000 g中含新霉素154 g	猪、鸡	用于治疗畜禽的葡萄球菌、痢疾杆菌、大肠杆菌、变形杆菌感染引起的肠炎	混饲。每1 000 kg饲料添加本品,猪、鸡500~1 000 g,连用3~5 d	蛋鸡产蛋期禁用;休药期猪3 d,鸡5 d
17. 磷酸替米考星预混剂 (tilmicosin phosphate premix)		磷酸替米考星	每1 000 g中含替米考星200 g	猪	用于治疗猪胸膜肺炎放线杆菌、巴氏杆菌及支原体引起的感染	混饲。每1 000 kg饲料添加本品2 000 g,连用15 d	休药期14 d
18. 磷酸泰乐菌素、磺胺二甲嘧啶预混剂 (tylosin phosphate and sulfamethazine premix)	泰农强素	磷酸泰乐菌素和磺胺二甲嘧啶	每1 000 g中含泰乐菌素22 g和磺胺二甲嘧啶22 g,乐菌素88 g和磺胺二甲嘧啶88 g或泰乐菌素100 g和磺胺二甲嘧啶100 g	猪	用于预防猪痢疾,用于畜禽细菌及支原体感染	混饲。每1 000 kg饲料添加本品200 g(100 g泰乐菌素+100 g磺胺二甲嘧啶),连用5~7 d	休药期15 d
19. 甲砜霉素散 (thiamphenicol powder)		甲砜霉素	每1 000 g中含甲砜霉素50 g	鱼	用于治疗鱼类由嗜水气单胞菌、肠炎菌等引起的细菌性败血症、肠炎、赤皮病等	混饲。每150 kg鱼加本品1 000 g,连用3~4 d,预防量减半	

项目 2 非营养性添加剂

续表2-4

药品名称/商品名称	有效成分	含量规格	适用动物	作用与用途	用法与用量	注意事项
20. 诺氟沙星、盐酸小檗碱预混剂 (morfloxacin and berberine hydroehloride premix)	诺氟沙星和盐酸小檗碱	每1 000 g中含诺氟沙星90 g和盐酸小檗碱20 g（鳗鱼用）或诺氟沙星25 g和盐酸小檗碱8 g（鳖用）	鳗鱼 鳖	用于鳗鱼嗜水气单胞菌与柱状杆菌引起的赤鳍病与烂鳃病；用于鳖红脖子病、烂皮病	混饲。每1 000 kg饲料中添加本品，鳗鱼15 kg，鳖15 kg，连用3 d	
21. 维生素C磷酸酯镁、盐酸环丙沙星预混剂 (magnesium ascorbic acid phosphate and ciprofloxaein hydroechloride premix)	维生素C磷酸酯镁和盐酸环丙沙星	每1 000 g中含维生素C磷酸酯镁100 g和盐酸环丙沙星10 g	鳖	用于预防鳖细菌性疾病	混饲。每1 000 kg饲料添加本品5 kg，连用3～5 d	
22. 盐酸环丙沙星、盐酸小檗碱预混剂 (ciprofloxacin hydroehloride and berberine hydrochloride premix)	盐酸环丙沙星和盐酸小檗碱	每1 000 g中含盐酸环丙沙星100 g和盐酸小檗碱40 g	鳗鱼	用于治疗鳗鱼细菌性疾病	混饲。每1 000 kg饲料添加本品15 kg，连用3～4 d	

续表2-4

药品	商品名称	有效成分	含量规格	适用动物	作用与用途	用法与用量	注意事项
23. 哑唑酸散(oxolinic acid powder)	旺速乐	哑唑酸	每1 000 g中含哑唑酸50 g或100 g	鱼、虾	用于治疗鱼、虾的细菌性疾病	混饲。每1 kg体重、每日添加按有效成分计，鱼类：鲈鱼目鱼类，类结节病 0.01～0.3 g,连用5～7 d。鲕鱼目鱼类，疖疮病 0.05～0.1 g,连用5～7 d;孤菌病 0.05～0.2 g,连用3～5 d。香鱼，孤菌病 0.05～0.2 g,连用3～7 d。鲤鱼，孤菌病 0.05～0.1 g,连用5～7 d。鳗鱼目类，肠炎病 0.05～0.2 g,连用5～7 d。鳗鱼类，赤鳍病 0.05～0.2 g,连用4～6 d;赤点病 0.01～0.05 g,连用3～5 d;溃疡病 0.2 g,连用5 d。虾类：对虾，孤菌病 0.06～0.6 g,连用5 d	休药期香鱼21 d,虹鳟鱼21 d,鳗鱼25 d;鲤鱼21 d,其他鱼类16 d;鳗鱼使用本品时，食用前25 d间，鳗鱼饲育水日交换率平均应在50 %以上
24. 磺胺氯吡嗪钠可溶性粉(sulfaclozine sodium soluble powder)	三字球虫粉	磺胺氯吡嗪钠	每1 000 g中含磺胺氯吡嗪钠300 g	肉鸡、火鸡、兔	用于鸡、兔球虫病(盲肠球虫)	混饲。每1 000 kg饲料添加，肉鸡、火鸡600 mg,连用3 d;兔600 mg,连用15 d(以有效成分计)	休药期火鸡4 d,肉鸡1 d,产蛋期禁用

项目2 非营养性添加剂

三、饲料中药物的测定

(一)越霉素 A 预混剂、潮霉素 B 预混剂的鉴别试验

1. 实训目的

(1)了解越霉素 A 预混剂的鉴别方法,熟悉薄层色谱法进行定性分析的基本操作。

(2)掌握潮霉素 B 预混剂的鉴别原理和方法。

2. 试剂与仪器

(1)越霉素 A 预混剂的鉴别。越霉素 A 预混剂;茚三酮试液;越霉素 A 标准品;甲醇-氨水(1∶2)。烘箱;硅胶 G;喷雾器;薄层板(5×10);层析缸。

(2)潮霉素 B 的鉴别。灭菌磷酸盐缓冲液(pH 7.8);蒽酮;茚三酮试液;硫酸。

3. 测定方法

(1)越霉素 A 预混剂的鉴别试验。取本品适量加水制成每 1 mL 含越霉素 A 10 mg 的溶液作为供试品溶液,另取越霉素 A 标准品,加水制成每 1 mL 中含 10 mg 的溶液,作为标准溶液,照薄层色谱法试验,吸取上述两种溶液各 5 μL,分别点于同一硅胶 G 薄层板上。晾干,以甲醇—氨水(1∶2)为展开剂,展开后,晾干,喷以茚三酮试液使显色,置 105 ℃ 烘干 10 min,应显紫色斑点,供试品溶液所显主斑点的位置应与标准溶液的主斑点相同。

(2)潮霉素 B 预混剂的鉴别试验。取本品适量,加灭菌磷酸盐缓冲液(pH 7.8)制成每 1 mL 约含 1 000 单位的溶液(充分振摇 15 min);取清液 5 mL,加茚三酮试液 1 mL,加热 3 min,呈紫色。取上述清液 1 mL,加蒽酮溶液(取蒽酮 0.4 g,加水 10 mL 与硫酸 190 mL 的混合液使溶解)2 mL,摇匀,即显蓝绿色后渐变为暗绿色。

(二)金霉素的测定

1. 适用范围

本标准适用于配合饲料、浓缩饲料和预混合饲料中金霉素的测定,检测限为 1 ng,最低检出浓度为 4 mg/kg。

2. 方法原理

使用盐酸—丙酮酸溶液提取饲料中的金霉素,调至 pH 为 1.0～1.2,振荡,过滤,注入反相柱分离,紫外检测器检测,外标法定量分析。

3. 试剂

本标准所用试剂,除特别注明外,均为分析纯。水为蒸馏水,色谱用水为去离子水,符合 GB/T 6682 用水的规定。

①氢氧化钠溶液:400 g/L。

②乙二酸(草酸)溶液:$1/2c(H_2C_2O_4)=0.002\ 5$ mol/L。

③4 mol/L 盐酸溶液。

④提取液:丙酮∶4 mol/L 盐酸溶液∶水=13∶1∶6$(V∶V∶V)$。

⑤流动相:乙二酸溶液∶乙腈(色谱纯)∶甲醇(色谱纯)=10∶3∶2$(V∶V∶V)$。

⑥金霉素标准液。

金霉素标准储备液:准确称取金霉素标准品 0.012 90 g(含量大于 96.9％),贮存于硅胶干燥器中,准确至 0.1 mg,置于 50 mL 容量瓶中,用提取液溶解并定容至刻度,摇匀,其浓度为 250 g/L,贮于 4～6 ℃ 冰箱中,有效期为 1 周。

金霉素标准工作液:准确移取 4 mL 金霉素标准储备液于 10 mL 容量瓶中,用超纯水稀释至刻度,摇匀,其浓度为 100 g/L,现用现配。

4. 仪器设备

①离心机:3 000 r/min。

②pH 计:精度 0.01 mV。

③恒温振荡器:300 r/min。

④微孔滤膜(孔径 0.45 μm)。

⑤分析天平:感量 0.1 mg 和 0.01 mg。

⑥高效液相色谱仪。

5. 试样的选取和制备

选取有代表性样品 200～500 g,用四分法缩至 100 g,粉碎通过 0.45 mm 孔径筛,充分混匀,贮于磨口瓶中备用。

6. 分析步骤

(1)称取试样 1～10 g(金霉素含量≥40 mg/kg),准确至 0.1 mg,置于具塞锥形瓶中,加入 100 mL 提取液,手摇 2 min,再用盐酸溶液调 pH 至 1.0～1.2(记录盐酸溶液的消耗量,作为稀释倍数),具塞恒温振荡器震荡速度 110 r/min,振荡 30 min。

(2)将提取液倒入离心管,3 000 r/min 离心 15 min。

(3)取离心上清液用滤膜过滤,滤液作为样品液。

(4)HPLC 测定参数的设定。

分析柱 C_{18},柱长 150 mm,内径 4.6 mm,粒度 5 μm(或类似分析柱)。

柱温:室温。

检测器:紫外检测器,检测波长 375 nm。

流动相速度:1.0 mL/min。

进样量:10～20 μL。

(5)定量测定:采用多点外标法,根据浓度与面积的线性回归方程计算金霉素的含量。

7. 数据处理

试样中所含金霉素的质量分数按下式计算:

$$\omega(金霉素) = \frac{m_1}{m} \times D \times 10^{-6}$$

式中:m_1 为 HPLC 试样色谱峰对应的金霉素质量(μg);m 为试样质量(g);D 为稀释倍数。

测定结果用平行样测定的算术平均值表示,保留至小数点后 1 位。

允许差:两个平行测定的相对偏差不大于 7%。

(三)杆菌肽锌预混剂的含量测定

1. 实验目的

掌握用抗生素微生物检定法(二剂量法)测定杆菌肽锌预混剂含量的原理和操作方法。

2. 测定原理

基于已知效价的杆菌肽锌标准品溶液与未知效价的供试品溶液在同样条件下用管碟法产生剂量反应的抑菌圈,然后根据生物测定原理设计二剂量法可以准确测定杆菌肽锌的效价。

3. 试剂与仪器

磷酸盐缓冲液(pH 6.0);盐酸液(1 mol/L);藤黄八叠球菌(28001);灭菌水;吡啶;抗生素检定培养基Ⅱ(pH 6.5～6.6)。

恒温干燥箱;小钢管;游标卡尺;刻度吸管;恒温水浴锅;隔水式恒温培养箱;超净工作台;移液管;灭菌器;容量瓶;培养皿;毛细滴管。

4. 测定方法

取本品适量,精密称量,加磷酸盐缓冲液(pH 6.0)(取磷酸氢二钾 2 g 与磷酸二氢钾 8 g,加适量水溶解使成 1 000 mL,即得):吡啶混合液(31∶9)适量使溶解,再以盐酸液(1 mol/L)调节 pH 为 2.0,制成每 1 mL 含 100 U 的溶液,充分振摇 30 min,取上清液,以磷酸盐缓冲液(pH 6.0)稀释浓度范围为每 1 mL 中含 0.5～2.0 U 的溶液,按照抗生素微生物检定法(二剂量法)测定。

5. 数据处理

相当于标示量或估计效价的杆菌肽锌含量(%)按下式计算:

$$P = \log^{-1}\left(\frac{T_1 + T_2 - S_1 - S_2}{T_2 + S_2 - T_1 - S_1} \times l\right) \times 100\%$$

式中:S_1 为低浓度标准品溶液所致的各抑菌圈直径的总和;S_2 为高浓度标准品溶液所致的各抑菌圈直径的总和;T_1 为低浓度供试品溶液所致的各抑菌圈直径的总和;T_2 为高浓度供试品溶液所致的抑菌圈直径的总和;l 为高浓度与低浓度比值的对数。

将此百分数乘以供试品估计的效价数,即得供试品每 1 mg 中所含的单位数。

6. 注意事项

(1)抑菌圈应圆且边缘清晰,二剂量法标准品溶液的高浓度所致的抑菌圈直径为 18～24 mm。

(2)用微生物法测定效价时,试验菌种的选择培养基的质量、双碟的制备与培养温度和时间、抑菌圈的测量等均能影响测定结果,实验时应加以注意。

(四)喹乙醇预混剂的含量测定

方法一:喹乙醇预混剂的含量测定

(1)实训目的。掌握用分光光度法测定喹乙醇预混剂含量的原理。

(2)测定原理。利用喹乙醇的 0.000 5% 甲醇溶液在(266±1) nm 和(382±1) nm 的波长处有最大吸收的性质,在(382±1) nm 波长处,用分光光度法测定其含量。

(3)试剂与仪器。二甲替甲酰胺;盐酸(1 mol/L);喹乙醇对照品。紫外可见分光光度计;吸量管或移液管;棕色量瓶。

(4)测定方法。取本品适量(约相当于喹乙醇 50 mL),精密称量,置于 250 mL 棕色量瓶中,加入二甲替甲酰胺 30 mL,摇匀,缓缓加入盐酸液(1 mol/L)30 mL,振摇至供试品完全溶解,用水稀释至刻度摇匀,用干燥滤纸滤过,弃去初滤液,精密量取续滤液 5 mL,置于 100 mL 棕色量瓶中,用甲醇稀释至刻度,照分光光度法,在(382±1) nm 波长处测定吸收度;另取喹乙醇对照品,按上法同样操作,根据二者吸收度比值计算。

(5)数据处理。相当于标示量或估计效价的喹乙醇预混剂含量(%)按下式计算:

$$P = \frac{A_t \times m_s \times \text{对照品的含量}}{A_s \times m_t \times \text{规格}} \times 100\%$$

式中:A_t 为测得供试品的吸收度;A_s 为测得对照品的吸收度;m_t 为供试品质量(g);m_s 为对照品的质量(g)。

(6)注意事项。因二甲替甲酰胺溶于水时能放出大量的热,故必须待溶液完全冷却后才能定容。

方法二:饲料中喹乙醇的测定——HPLC 法

(1)适用范围。本方法适用于配合饲料、浓缩饲料和预混合饲料中喹乙醇的测定,检测限 0.65 ng,最低检出浓度为 2 mg/kg。

(2)方法原理。饲料样品中的喹乙醇以甲醛溶液提取,过滤后用反相液相色谱柱分离测定,紫外检测器检测,外标法定量分析。

(3)试剂。本标准所用试剂,除特别注明外,均为分析纯。水为蒸馏水,色谱用水为去离子水,符合 GB/T 6682 用水的规定。

①乙酸。

②提取液:5%甲醇(色谱纯)溶液。

③碳酸钾。

④流动相:15%甲醇(色谱纯)溶液(用乙酸调 pH 2.2)。

⑤喹乙醇标准溶液。

喹乙醇标准储备液:准确称取喹乙醇标准品 0.012 55 g(含量>99.6%,使用前于 105℃烘箱中干燥 2 h,贮存于硅胶干燥器中),准确至 0.01 mg,置于 50 mL 棕色容量瓶中,用提取液在 6℃超声水浴超声振荡 15 min 溶解并定容至刻度,摇匀,其溶液浓度为 250 g/L,贮于 4~6℃冰箱中,有效期为 1 周。

喹乙醇标准工作液:准确移取 4 mL 喹乙醇标准储备液于 10 mL 棕色容量瓶中,用提取液稀释至刻度,摇匀,其浓度为 100 g/L,现用现配。

(4)仪器设备。离心机:3 000 r/min;超声波振荡器;微孔滤膜(孔径 0.45 μm);pH 计:精度 0.01 mV;恒温振荡器:300 r/min;分析天平:感量 0.1 mg 和 0.01 mg;高效液相色谱仪。

(5)试样的选取和制备。

选取有代表性样品 200~500 g,用四分法缩至 100 g,粉碎通过 0.45 mm 孔径筛,充分混匀,贮于磨口瓶中备用。

(6)测定方法。

①称取试样 1~5 g 准确至 0.1 mg(喹乙醇含量≥20 mg/kg),置于具塞锥形瓶中,加入 0.5 g 碳酸钾和 50 mL 提取液,具塞置于摇床中,恒温振荡器振荡速度 110 r/min,振荡 30 min(避光操作)。

②将提取液倒入离心管,3 000 r/min 离心 15 min。

③取离心上清液用滤膜过滤,滤液作为样品液。

④HPLC 测定参数的设定。

分析柱 C_{18},柱长 250 mm,内径 4.6 mm,粒度 5 μm(或类似分析柱)。

柱温:室温。

检测器:紫外检测器,检测波长 260 nm。

流动相速度:0.9mL/ min。

进样量:5～10 μL。

⑤定量测定:采用多点外标法,根据浓度与峰面积的线性回归方程计算喹乙醇的含量。

(7)数据处理。试样中所含喹乙醇的质量分数按下式计算:

$$\omega(\text{喹乙醇}) = \frac{m_1}{m} \times D \times 10^{-6}$$

式中:m_1 为 HPLC 试样色谱峰对应的喹乙醇质量(μg);m 为试样质量(g);D 为稀释倍数。

测定结果用平行样测定的算术平均值表示,保留至小数点后 1 位。

两个平行测定的相对偏差不大于 7%。

任务 2-7　其他非营养性饲料添加剂

一、饲料诱食剂

(一)饲料诱食剂定义及组成

饲料诱食剂属非营养性饲料添加剂,它是指根据不同动物在不同生长阶段的生理特性和采食习惯,为改善饲料诱食性、适口性,全面提高饲料品质的一种添加剂。它是食欲增进剂、调味剂、风味剂的统称。

饲料诱食剂由嗅觉刺激部分(香味剂)、味觉刺激部分(调味剂)及辅助成分 3 部分组成。其中,香味剂部分是通过调整饲料气味,掩盖饲料及周围环境的不良气味,刺激嗅觉,引诱动物增加采食量;调味剂通过改善饲料适口性来增加动物采食量,多由味精、糖精等物质提供;辅助成分由抗氧化剂、表面活性剂、缓冲剂、载体或溶剂构成,辅助成分对保持饲料诱食剂的挥发、稳定平衡、整体功能的发挥均有不可低估的作用。

(二)饲料诱食剂组成成分

1. 饲用香味剂

饲用香味剂是指能够通过呼吸刺激嗅觉,诱导动物增加采食,改善饲料适口性的一类添加剂。香味剂可使饲料产生动物喜欢的气味,刺激消化道腺体分泌,增加畜禽食欲,促进动物生长。饲料用香味剂一般由多种香料调配而成。

香料有天然香料和合成香料 2 种来源。适宜作为饲料香料的原料很多,凡国家批准作为食品添加剂而动物又喜爱的香料物质均可选用。天然香料以及由它提炼出的或根据它的活性成分化学合成的主要有以下几种。

(1)丁香醛。分子式 $C_{10}H_{12}O_2$,存在于丁香的丁香油中。

(2)柠檬醛。分子式 $C_{10}H_6O$,为无色或淡黄色液体,有强烈的柠檬香气,无药理作用。

(3)香兰素。分子式 $C_8H_8O_3$,为白色或微黄色结晶粉末,是香兰豆特有的香气,可配制香草型香精。

(4)丁酸乙酯。分子式 $C_6H_{12}O_2$,为无色或淡黄色液体,具类似菠萝的香气,可配制奶油型、香蕉型、草莓型等香精。

(5)麦芽酚。分子式 $C_6H_6O_3$，为微黄色针状或结晶状粉末，具有焦甜香气，可配制具有焙烤谷物、糖蜜及巧克力型的香料。

(6)茴香醛。分子式 $C_8H_8O_2$，存在于茴香籽中。

此外，天然香料还有橘子油、茴香、薄荷脑、桂花浸膏等，合成香料还有苯甲醛、乙酸异戊酯、丙酸乙酯、苯甲酸、乳酸乙酯、乳酸丁酯等。

2. 饲料调味剂

饲料调味剂也称作呈味剂，它是一类能使畜禽产生良好味觉的化学物质，通常的味觉有5种：酸、甜、苦、咸、辣。使用调味剂的主要目的是改善饲料的适口性，促进动物采食，提高饲料利用率。调味剂的种类有甜味剂、酸味剂和鲜味剂，而饲料中最常用的调味剂主要是柠檬酸、乳酸和谷氨酸钠等。

(1)甜味剂。甜味剂包括甘草、甘草酸二钠等天然甜味剂和糖精、糖山梨醇、甘素等人工合成品，使用最多的是糖精钠。糖精钠为无色至白色的结晶或结晶性粉末，略有芳香气，有强甜味，稍带苦味，甜度为蔗糖的 300～500 倍。糖精钠易溶于水，略溶于乙醇。糖精钠在动物体内不分解，不具任何营养价值。鸡喜饮糖水，但对糖精钠反应不大。

(2)酸味剂。酸味剂不仅可提高饲料的适口性，促进采食，而且还具有防腐保健作用。有些有机酸可预防饲料被霉菌污染，有助于消化吸收某些营养物质，提高饲料转化率，以及为动物提供能量等功能。用作酸味剂的物料主要有柠檬酸、苹果酸、乳酸、延胡索酸、葡萄糖酸、抗坏血酸等有机酸，无机酸是磷酸。饲料添加剂常用的是柠檬酸和乳酸。

①柠檬酸。柠檬酸又名枸橼酸，学名 3-羟基-3-羧酸戊二酸。柠檬酸为无色半透明结晶或白色结晶性粉末，味极酸。在干燥空气中可失去结晶水而风化，在潮湿空气中慢慢潮解。极易溶解于水，也易溶于甲醇、乙醇，略溶于乙醚。我国多以山芋干为原料发酵生产。

②乳酸。乳酸学名为 2-羟基丙酸，为澄清无色或微黄色的糖浆状液体，味微酸，有吸湿性，可与水、乙醇、丙酮或乙醚任意混合，不溶于氯仿。我国多以甘薯干为原料发酵生产。

(3)鲜味剂。鲜味剂有谷氨酸钠、5-鸟苷酸及 5-肌苷酸钠等，饲料中最常用的是谷氨酸钠。谷氨酸钠俗称"味精"，为无色至白色的结晶或结晶性粉末，具独特鲜味，易溶于水，微溶于乙醇，不溶于乙醚。各国普遍以淀粉发酵法生产。

谷氨酸为高产蛋鸡及生长家禽所必需，但饲料中很少以营养目的添加谷氨酸钠，一般作为鱼饵料和仔猪饲料的风味剂使用，可促进动物食欲而促进生长。

(三)饲料诱食剂的质量要求

通常饲料调味剂需达到以下几个要求：

(1)改善饲料适口性，增进动物食欲和采食量，提高动物的日增重；

(2)能刺激动物唾液、胃液及胰液的分泌，促进小肠腺体发育和食物的消化吸收；

(3)具有适度的化学活性和挥发性，且能够允许饲料配方的自由变化；

(4)安全，对动物和环境不会造成危害；

(5)稳定，不与饲料中的其他成分发生反应而失效，有一定的货架寿命，热稳定性好。

(四)使用诱食剂应注意的问题

使用诱食剂应注意以下几方面的问题：

（1）大多数香料具有挥发性，与饲料混合后不宜久贮，最好在 3 个月内完成。诱食剂贮存时要避光，环境湿度适宜。

（2）要根据不同畜禽类别、不同年龄及生长阶段选择不同品种的风味剂。

（3）调味剂不能弥补有些含有毒有害成分原料的不良口味，在制定配方时要加以选择处理和限制。

（4）不能用诱食剂掩盖腐败、变质和污染霉变的饲料。

（5）不要用与调味剂香味有颉颃作用的原料预混合，应避免香味剂与矿物质、药物直接接触，以保护调味剂香气在饲料中发挥其作用。

二、着色剂

随着人们生活水平的提高，对畜禽产品的需求不再停留在数量上，更为关注的是产品的质量，如色泽、香味。为了迎合人们的消费喜好，可以用饲料着色剂来改善动物产品的外观，提高动物产品的商品价值。着色剂的作用主要有两个方面：一是通过在饲料中添加色素，使其转移到畜产品中去；二是改善饲料色泽，以提高饲料的感官性状，在宠物饲料中常用。

从营养角度看，使用着色剂并无实际意义，但从人们的消费心理出发，色、香、味仍是食物商品价值的重要指标，欧美国家使用饲料着色剂已相当普遍。着色添加剂按来源可分为天然着色剂与化学合成着色剂 2 类。由于天然色素价格较高，且成分不够稳定，作为饲料添加剂的着色剂多以化学合成产品为主。

（一）常用着色剂

作为饲料添加剂最常用的着色剂是类胡萝卜素（carotenoid）的各种衍生物，目前可分离出约 270 多种类胡萝卜素衍生物，其中许多可作为着色剂使用，如 β-胡萝卜素、虾青素、柠檬黄、阿朴胡萝卜素醛酯等。

1. β-胡萝卜素

β-胡萝卜素（β-carotene）又名维生素 A 元、叶红素等，广泛存在于胡萝卜、辣椒、南瓜等深色植物中，可用化学合成法制取。β-胡萝卜素可用于蛋黄及肉鸡皮肤增色，由于其在动物体内转化成维生素 A 的效率较高，因此增色效果较差，但与其他增色剂相比，其具有的维生素 A 营养作用较大。β-胡萝卜素在弱碱性时较稳定，在酸性环境中不稳定，使用时要避免与酸性原料混用。产品应放在阴凉处，在遮光容器密封贮存。

2. 虾青素

虾青素（astaxanthin）又名虾红素、黄质，为粉红色，主要用于对虾饵料，增加对虾色泽，也可用于鲑、虹鳟鱼、大马哈鱼等饵料，以改善体色。

3. 柠檬黄

柠檬黄（tartrazine）由羟基酒石酸钠与苯肼对磺酸缩合，重氮化后将生成的色素用食盐盐析后精制而得。柠檬黄为橙黄色粉末，根据国家标准（GB 4481—84），高浓度食品级柠檬黄产品含柠檬黄≥60％。柠檬黄主要用于蛋黄及肉鸡皮肤增色，推荐添加量为 0.01％。

4. 阿朴胡萝卜素醛酯

阿朴胡萝卜素醛酯（apocarotenoic ester）存在于柑橘类植物中，饲料增色剂阿朴胡萝卜素醛酯可用化学法制得，为类胡萝卜素中最有效的增色剂，在饲料中主要用于蛋黄和肉鸡皮肤增色,利用率好,色素沉积率高。一般推荐添加量为 1 mg/kg。

(二)影响着色效果的因素

1. 色素本身的构型

天然色素具旋光性,在动物体内沉积率可高达 100％,人工合成色素多无旋光性,沉积率相应较低。氧化类胡萝卜素是脂溶性的,其酯化叶黄素比结晶状叶黄素对色素沉积更有效。当氧化类胡萝卜素被过氧化物、微量元素等氧化剂氧化后,会失去色素沉着能力。

2. 增色作用的对象

不同种类、品种、品系的动物沉积色素的能力存在差异;性别不同,沉积色素能力不同,雌性不如雄性;畜禽体内不同部位沉积效率不同;动物的生理状态对色素沉积有一定影响,多种影响饲料在消化道内运转或吸收的病症都可影响到类胡萝卜素体内沉积。

3. 维生素 A 和钙

过量的维生素 A 和钙可减弱色素沉积,因为维生素 A 和钙与血液脂蛋白的亲和能力高于类胡萝卜素。因此,当饲料中钙含量提高时,着色剂用量相应提高。

4. 霉菌毒素

饲料中的霉菌毒素能阻止或减少胆汁分泌,并能显著降低小肠对色素的吸收、输送与沉积功能,使蛋黄色泽显著减弱。

三、黏结剂

饲料黏结剂也称作颗粒饲料制粒添加剂,生产颗粒饲料时,在原料中添加少量黏结剂有助于颗粒的黏结,提高生产能力,延长压膜寿命,减少运输中的粉碎现象。据统计,目前世界颗粒饲料的生产已占配合饲料总产量的 30％～40％。在我国,颗粒饲料的产量也逐年上升,特别是随着水产养殖业的发展,国内外对鱼虾饲料黏结剂的研究日趋活跃,研制出的黏结剂基本上可满足各种养殖对象的需要。

(一)常用黏结剂

1. 膨润土

膨润土(bentonite)是以蒙脱石为主要成分的灰白色或淡黄色黏土,具有较强的离子交换和交换选择性、吸水膨胀和吸附分离性、分散性、润滑性和黏结性等多种特性。膨润土钠具有较高的吸水性,制粒时添加于饲料中的膨润土钠吸水膨胀,改进了饲料的润滑作用与胶黏作用。膨润土钠作一般饲料胶黏剂的用量不得超过饲料成品的 2％,要求达到 200 目的细度。

2. 羧甲基纤维素钠

羧甲基纤维素钠具有优良的增稠、乳化、悬浮、保护胶体、保湿、黏合、抗酶以及代谢惰性等性能。可作为食品、饲料加工的胶黏剂、稳定剂、增稠剂。

3. 酪蛋白酸钠

酪蛋白酸钠是一种乳化稳定剂及很好的蛋白源,且具有增黏力及黏结力,可作为鱼虾饵料胶黏剂或乳化剂,配合其他胶黏剂共同使用,效果更佳。

4. α-淀粉

α-淀粉是用物理方法制成的变性淀粉,亲水性强,遇水会膨胀成团块,黏弹性好。以马铃薯的 α-淀粉质量最好,木薯 α-淀粉次之。对虾体内的二糖酶活力不高,对一般淀粉利用率很低,而对 α-淀粉的消化率明显提高。α-淀粉存放 3 个月后黏性及弹性效果会明显下降,但α-淀粉是鳗鱼饲料必不可少的胶黏剂。用 α-淀粉作胶黏剂制成的饵料会随时间的延长而失去黏性。用一定比例的 α-淀粉与小麦面筋粉的混合胶黏剂比单用 α-淀粉的胶黏效果好。α-淀粉也是对虾配合饵料的优质胶黏剂。

5. 褐藻酸钠

褐藻酸钠也称褐藻胶,为白色或浅黄色、无毒、无味的胶状体;溶于水,吸水后体积可膨胀 10 倍,其水溶液透明黏稠,具亲水悬浮胶体性质;易与蛋白质、淀粉、明胶等饲料组分共溶聚合。褐藻酸钠中的钠离子被饲料钙离子置换,生成纤维性的褐藻酸钙,包络着饲料颗粒细末,充当网状骨架,覆盖在饵料外表,从而强化了饵料的稳定性。褐藻酸钠的价格较昂贵。

(二)理想黏结剂应具有的特点

(1)饲料中各种营养组分具有理想的黏着度,保证营养全价并防止散失、污染。

(2)容易制取,本身为动物营养素,不妨碍饲料营养成分的消化吸收。

(3)具有较高的化学稳定性和热稳定性,不与饲料中的其他成分发生不利的化学反应。

(4)无毒、无不良异味,且有良好适口性。

(5)用量少,易混合,成本低。

四、流散剂

为防止饲料在加工和贮藏过程中结块,常在饲料中添加一定比例的流散剂(又称抗结块剂)。它能吸附饲料中的水分,增强配合饲料加工过程中物料的流动性,改善均匀度。当配合饲料组分中含有吸湿性较强的乳清粉、干酒糟时,防结块剂的添加尤为重要。

常用作抗结块剂的化学物质有:二氧化硅、硅酸铝钙、硬脂酸钙、硅酸钙、硅铝酸钠、滑石粉与高岭土等。由于这些物质具有吸水性差、流动性好、对畜禽安全无毒等特点,被各国广泛用作饲料甚至食品的抗结块剂。

1. 二氧化硅

二氧化硅(silicon dioxide)按制法不同,产品有白色细小粉末或白色微空泡状颗粒。不溶于水、酸和有机溶剂,溶于氢氟酸和热的浓碱液。我国尚未制定饲料添加剂二氧化硅标准,据 FCC 标准(1981):产品含胶体硅≥99.0%,沉淀硅≥94.0%,不溶性物质≤1%。在饲料添加剂预混料中二氧化硅添加量为 10~100 mg/kg。

2. 硬脂酸钙

硬脂酸钙(calcium stearate)是由硬脂酸钙与棕榈酸钙按不定比例组合的混合体。产品为白色至淡黄色松散粉末,有较淡的特殊气味,不溶于水、乙醇和乙醚,微溶于热乙醇。据 FCC 标准(1981),产品的氧化钙当量值为 9.0%~10.5%,含游离脂肪酸(以硬脂酸计)≤3.0%,砷(以砷计)≤3 mg/kg,重金属(以铅计)≤10 mg/kg,干燥失重≤4%。作饲料抗结块剂一般用量不超过配制总量的 2%。

3. 硅酸铝钙

硅酸铝钙(calcium aluminium silicate)为无色三斜晶系结晶或白色略带黄绿色易流动细粉,不溶于水与乙醇。据 FAO/WHO 质量指标:产品含二氧化硅(以二氧化硅计)44%~50%;氧化铝(以三氧化二铝计)3%~5%;氧化钙(以氧化钙计)32%~38%;氧化钠(以氧化钠计)0.5%～4%；砷(以砷计)≤3 mg/kg；重金属(以铅计)≤30 mg/kg。作为饲料、食品抗结块剂，可单用也可与其他抗结块剂合用，一般最高用量不超过2%。

4. 高岭土

高岭土(kaolin；china clay)又名白陶土、瓷土，系花岗岩、片麻岩等结晶岩破坏后的产物，由铝、硅和水组合而成，其理论成分为：二氧化硅占46.3%；三氧化二铝39.8%；水13.9%。高岭土一般为灰白色至浅黄色致密或松散粉末，有泥土味。不溶于水、乙醇、稀酸和碱液，滑溜性很好。作为饲料抗结块剂使用量为1%～2%。

五、乳化剂

乳化剂是分子中具有亲水基和亲油基的物质，它可介于油和水的中间，使一方很好地分散于另一方的中间而形成稳定的状态。乳化剂添加到饲料中可改善或稳定饲料的物理性质或组织状态。

饲料加工中常将乳化剂应用于幼畜的代用乳以及各种饲料添加油脂中，以使其形成稳定性良好的乳浊液。为获取稳定的饲料乳浊液产品，必须选择具有恰当HLB(亲水亲油平衡值)的乳化剂，也可同时使用两种以上具有不同HLB值的乳化剂。一般HLB值越小则亲油性越强，反之则亲水性越强。目前，常用的乳化剂有甘油脂肪酸酯、丙二醇脂肪酸酯、蔗糖脂肪酸酯、山梨醇脂肪酸酯、聚氧乙烯脂肪酸山梨糖醇酯、聚氧乙烯脂肪酸甘油酯等。乳化剂的添加量一般为油脂的1%～5%。

1. 甘油脂肪酸酯

甘油脂肪酸酯为无臭或特殊气味的白色至淡黄色粉末、薄片、颗粒、蜡状块或为半流动的黏稠液体。甘油脂肪酸酯是食品和饲料中常用的乳化剂，在饲料生产中常用作犊牛、仔猪人工乳和各种饲料加油酯乳化剂，添加量一般为油脂的5%。

2. 山梨醇脂肪酸酯

山梨醇脂肪酸酯为白色至黄褐色的液体、粉末、薄片、颗粒或蜡状物。用于代乳品的粉末油脂或对饲料油脂进行乳化，添加量达油脂量的1%～5%即可满足要求。其次还可增进代乳品粉末的流动性能和在水中的分散性，形成稳定的乳浊液。

3. 蔗糖脂肪酸酯

蔗糖脂肪酸酯为无味或稍有特异气味的白色至黄褐色粉末、块状或无色至微黄色黏性树脂状。添加量为油脂的1%～5%即可获得稳定的乳化效果。可用于代乳粉生产，可使油脂颗粒分散细而均匀，加水时易于溶解并形成稳定的乳浊液。生产粉末油脂时也可选用。

4. 聚氧乙烯脂肪酸山梨糖醇酯

聚氧乙烯脂肪酸山梨糖醇酯为白色至褐色液体、半流体或蜡状块。聚氯乙烯脂肪酸山梨糖醇酯是常用的食品、饲料、药物和化妆品乳化剂，常用于维生素、矿物质和香料的乳化、分散和可溶性的处理。

5. 聚氧乙烯脂肪酸甘油酯

聚氧乙烯脂肪酸甘油酯为白色至黄褐色液体、半流体或蜡块状。作为饲料添加剂用于油脂乳化时按油脂的1.7%～6.7%比例添加可获得良好的乳化效果。用于生产粉末油脂，一般按油脂的1%～5%添加即可。

六、粗饲料品质改良剂

(一)青贮饲料添加剂

青贮饲料添加剂(silage additives)是指在青贮过程中,为了最大限度保持饲料养分,提高青贮饲料营养价值和青贮效果,防止青贮饲料霉变的一类饲料添加剂。在青贮过程中,合理利用青贮饲料添加剂,可以改变因原料的含糖量及含水量的不同对品质的影响,增加青贮料中有益微生物的含量,以便能进行良好的青贮。青贮料生产的不断增加逐步取代了干草的生产,近年来已取得了很大的成就。现将常用的青贮饲料添加剂介绍如下。

1.乳酸发酵促进剂

(1)乳酸菌。乳酸菌主要对禾本科牧草及含糖量较低的原料青贮效果较好,对豆科牧草的效果不太明显。一般使用乳酸菌要符合发酵均匀、植物中的糖可进行发酵、能满足较强乳酸的生成等条件。每吨青饲料加 0.5 L 乳酸菌培养物或 450 g 乳酸菌剂。

(2)糖糟。糖糟主要是制糖厂的副产物,其含水量在 25%～30%,含糖量在 50%左右。添加糖糟的目的是补充原料中的糖分不足,以促进乳酸发酵。添加量一般应使青贮料的含糖量增加到 2%～3%。在添加时先用 2～3 倍的温水与原料混合,然后加入。

(3)葡萄糖。在促进乳酸发酵的碳水化合物中,葡萄糖的效果最好。添加量在 1%～2%时效果明显。但是葡萄糖及其粗产品的价格较高。

(4)谷物及糖类。谷物及糖类碳水化合物的含量十分丰富,能够调节高水分青贮物含水量,对其利用的历史也较长。但是由于其碳水化合物中淀粉的含量较高,不能直接进行乳酸发酵。利用此类物质的目的除了改善发酵的效果外,也能提高饲料的营养价值。

(5)甜菜渣。干燥甜菜渣既是碳水化合物的来源,也能调节水分。其添加量在 5%～10%。干燥的甜菜渣有时成团或成片,在利用时需要轧碎成粉状均匀添加。少量添加会助长酪酸发酵。

2.不良发酵物的抑制剂

(1)甲酸(formic acid)。甲酸又称蚁酸,为无色透明的可燃性液体,有辛辣的刺激性臭味,溶于水、乙醇、乙醚、甘油,有强腐蚀性。加入甲酸的原理是将青贮料的 pH 调到 4.2 以下,以抑制植物呼吸及不良微生物的发酵。在有机酸中甲酸是能使 pH 降低的最好材料。甲酸对酪酸菌生长繁殖的抑制力很强,对个别的乳酸菌也有抑制作用,但对酵母的增殖无抑制作用。甲酸的效果比较显著,但是很容易腐蚀加工机械,直接触摸对人也很危险。

(2)丙酸(propionic acid)。丙酸为无色液体,有与乙酸类似的刺激性气味,有腐蚀性。它对霉菌有较好的抑制效果,但不抑制乳酸菌,最适 pH 小于 5。丙酸处理青贮饲料可降低青贮料内部浊度,提高蛋白质消化率,增加水溶性糖存留量,对二次发酵有较好的预防作用。

(3)乙酸(acetic acid)。乙酸为无色透明液体,有刺鼻气味,可与水和乙醇以任意比例混合。乙酸与其他酸一样抑制微生物(包括病原微生物)的发育。低剂量的乙酸参与物质代谢,氧化至二氧化碳。乙酸不能用来保藏非青贮作物。

(4)甲醛(formlin)。甲醛有窒息性刺激气味。甲醛对多种微生物的生长有抑制作用,可有效阻止青贮的腐败;特别是对蛋白质的分解有很好的抑制作用,能增加瘤胃内的过瘤胃蛋白质。另外,甲醛与甲酸一起使用较各自单独使用效果要好。

3. 二次发酵的抑制剂

(1)丙酸。如前所述,丙酸对微生物的生长有较好的抑制作用,因此,在饲料青贮及谷物的贮藏中被广泛利用。添加丙酸虽对多数好气性菌的增殖有较好的抑制作用,但是一旦对丙酸抗性较强的菌类占优势的话,添加丙酸的效果并不理想。

(2)酪酸及乙酸。品质较差的青贮料内酪酸及乙酸的含量较高,抑制了酵母及霉菌的生长,这两种酸都比丙酸的效果好,但是酪酸及乙酸含量高的青贮料养分损失较大,氨及胺等有害物质含量较多,因此不提倡用于青贮。

(3)其他抑制剂。二次发酵抑制剂还有甲酸钙、安息香酸钠、焦硫酸钠等,也可添加一些含无机物的添加剂,尿素、氨等氮的非蛋白态化合物也能抑制二次发酵。

4. 改善青贮营养的添加剂

上述的糖糟、谷物、糠类、甜菜渣等添加剂都能提高青贮料的营养。下面介绍一些不用发酵直接作用的添加剂。

(1)氮类化合物。

①尿素。蛋白质含量较少的青贮料追加尿素,可增加粗蛋白质的含量,添加量在 0.5% 左右。追加尿素后酸的生成量增加。但是,含糖量较少的牧草添加尿素会使品质变坏。

②磷酸脲。磷酸脲是一种安全、优良的青贮饲料保藏剂,可作为氮、磷添加剂和加酸剂。易溶于水,水溶液呈酸性。可使青贮饲料的 pH 较快地达到 4.2~4.5。可有效保存饲料营养成分,特别是保护胡萝卜素的含量。经磷酸脲处理的青贮料酸味淡,色嫩黄绿,叶、茎脉清晰。一般添加量以占原料重的 0.35%~0.40% 为宜。

③氨。添加氨不仅使蛋白质的含量提高,也会显著提高家畜的消化率,抑制不良微生物的增殖。

(2)无机盐类。玉米等青贮料一般蛋白质含量低,无机物的含量也低,因此有必要添加无机盐。

①食盐。盐可促进青贮饲料中细胞渗出汁液,有利于乳酸发酵,增加适口性,提高青贮饲料品质。食盐有破坏某些饲料毒素的作用,可加强乳酸的发酵。在青贮原料水分含量较低、粗硬、植物细胞汁液较难渗出的情况下,添加食盐效果较好。

②碳酸钙、石灰岩。添加碳酸钙、石灰岩可提高钙的含量,能使发酵持续进行,使酸的生成量不断增加,同尿素一样,可减少硝酸盐的含量。

③磷酸钙。添加磷酸钙可增加磷和钙的含量。

④镁制剂。用于镁含量低的青贮料,对镁缺乏症有预防作用。硫酸镁的添加量为 0.2%。

(二)粗饲料调制剂

粗饲料是指干草、秸秆与秕壳等。其特点是体积大,木质素、纤维素、半纤维素、果酸、硅等细胞壁物质含量高,而易被消化吸收利用的碳水化合物含量低。通过加工调制,可以改变粗饲料原来的体积和理化特性,便于家畜采食,增加适口性。

粗饲料的加工调制方法主要有物理处理方法、化学处理方法、生物处理方法。其中化学处理方法是提高粗饲料营养价值的最有效的方法。化学处理方法中,最有效的方法是碱化处理,所用化学试剂有氢氧化钠、氢氧化钾、氨水和石灰液等。

1. 氢氧化钠

氢氧化钠是一种强碱,常常称之为苛性碱或烧碱。固体氢氧化钠或各种浓度的氢氧化钠溶液均对皮肤有强烈的腐蚀性,使用时应特别小心。用氢氧化钠处理秸秆的方法的原理是,氢氧化钠的氢氧根(OH^-)以其化学作用使纤维素与木质素之间的联系破裂或削弱,引起初步膨胀,以适于反刍家畜瘤胃中分解粗纤维的微生物活动,因而提高了秸秆中有机物质的消化率。

2. 氨水

氨水是氨的水溶液,含氮量为2%～17%,有刺激性氨味,呈碱性,故氨水处理秸秆实为碱化处理法。用氨水处理饲料的目的是补充饲料中粗蛋白质的不足,提高饲料的品质。秸秆氨化处理比氢氧化钠处理有较多的优点,秸秆中没有残碱,秸秆的含氮量增加,能除去秸秆中的木质素,提高粗纤维的利用率,粗纤维消化率可提高6.4%～11.7%,并为反刍家畜瘤胃微生物分解纤维素创造有利条件。氨化秸秆的营养价值,使其接近于中等品质的干草。用氨化秸秆饲喂家畜可促进增重,对家畜的健康和产品的品质均无不良影响,还能降低饲料成本。

七、除臭剂

为了防止畜禽排泄物的臭味污染环境,可通过在饲料中添加除臭剂,主要是一些吸附性强的多孔矿石粉,如细沸石粉、凹凸棒粉、煤灰等。除臭剂具有抑制畜禽粪尿恶臭的特殊功能,主要是减少氨在消化道、血液以及粪便中的含量和臭味,净化环境,提高饲料转化率和日增重。如今除臭剂的主要成分多为丝兰植物提取物。我国近年来研究证明,腐殖酸钙及沸石亦有除臭作用。

八、寡糖

寡糖在动物肠道内不被消化酶所消化,不能被对机体有害的沙门氏菌、大肠杆菌等微生物利用。寡糖被有益菌利用后,使肠道有益菌如乳酸杆菌、双歧杆菌等大量增殖,产生乳酸、丁酸、醋酸和丙酸,使肠道pH降低,从而使不耐酸的有害菌群的繁殖得到抑制,其中双歧杆菌对动物机体有很强的免疫作用。化学益生素主要指一些寡糖和低聚糖类物质。化学益生素最初应用于人的保健食品中,近年来相继开发出在动物饲料中添加的益生源。目前常用的种类有α-葡寡糖、β-葡寡糖、α-乳寡糖、β-乳寡糖、果寡糖、甘露寡糖、木聚糖、阿拉伯聚糖及半乳糖聚糖等。

九、大蒜素

大蒜为百合科植物,在我国被作为药物使用已具有悠久的历史。国内外近几十年的研究证明,其提取液和合成品——大蒜素(allitridum)是一种广谱抗菌药,具有防癌、治癌、降压、抗病毒等多种功能,可用作医药、兽药、农药、食品添加剂等。大蒜素作为一种绿色饲料添加剂,具有广谱抗菌,无抗耐药性,低残留、低成本、强烈的诱食性和调味性等特点,能促进动物生长,提高饲料转化率和成活率,降低饲养成本。大蒜可改变肉品的风味与质量,蛋鸡和肉鸡饲料中添加2%大蒜粉,鸡肉的香味增加。大蒜制品可降低肉仔鸡皮脂和腹脂厚,最高可降19.75%。在奶牛日粮精料中添加0.1%大蒜粉,结果发现大蒜素能使精料产生浓厚的自然香味,对奶牛产生强烈的诱食作用,使平均每头奶牛日产奶量增加 2.28 kg,提高幅度 11.22%($P<0.05$),乳脂率提高 4.30%,精料日消耗平均每头下降 0.8 kg。

十、抗菌肽

抗菌肽主要包括杀菌肽(cecropin)、爪蟾抗菌肽(magainin)、防御肽(defensin)和 tachvplesin 4 类。抗菌肽不但具有广谱抗菌作用,而且还能作用于少数原核动物及病毒,对人体及其他动物、植物无(或很小的)生理损害作用;细菌对其很难产生抗性作用。因此抗菌肽的机理研究及其商业化生产(如 Nisin,MBI,protegrin alalogue 等)正成为努力的方向。抗菌肽的高效广谱抗菌性已被药物学家、生物学家所重视,在研究了它的一级结构的基础上,采用分子生物学和基因工程技术方法可以生产抗菌的转基因动、植物,同时可以通过基因工程技术大量表达抗菌肽,使之成为新一代肽类抗菌药的来源,具有广阔的应用前景。

◈ 岗位操作任务

抗球虫剂氯羟吡啶预混剂的含量测定

一、实验目的

熟悉用紫外分光光度计测定氯羟吡啶预混剂含量的原理和方法。

二、测定原理

利用本品的 0.001 5% 的甲醇溶液,在 (249 ± 1) nm 波长处有最大吸收的性质测定其含量,按 $C_7H_7C_{12}NO$ 的吸收系数 $E_{1\,cm}^{1\%}$ 为 429 计算。

三、主要试剂与仪器

氢氧化钠溶液(1:50);氢氧化钠溶液(1:5);甲醇。

容量瓶;移液管;紫外可见分光光度计。

四、测定方法

取本品适量(约相当于氯羟吡啶 0.15 g),精密称量,置 100 mL 量瓶中,加甲醇 50 mL,氢氧化钠液(1:50)20 mL,振摇 10 min,加甲醇至刻度,摇匀,静置,取上层清液,用干燥滤纸滤过,弃去初滤液,精密量取续滤液 10 mL,置 100 mL 量瓶中,加甲醇至刻度,摇匀。另取氢氧化钠液(1:5)0.2 mL,加甲醇至 100 mL 为空白对照液,按照分光光度法,在 (294 ± 1) nm 波长处测定吸收度。按 $C_7H_7C_{12}NO$ 的吸收系数 $E_{1\,cm}^{1\%}$ 为 429 计算。

五、数据处理

$$w(\text{氯羟吡啶}) = \frac{\dfrac{A}{429} \times 1\% \times 100 \times \dfrac{100}{10} \times \dfrac{100}{10}}{m \times 规格}$$

式中:A 为测得的吸收度;m 为样品的质量(g)。

六、注意事项

由于定容时以甲醇为溶剂,其具有较强的挥发性,所以滤过时速度应适当快些;同时,在用分光光度法测定吸收度时比色皿应加盖,以防因甲醇溶剂的挥发而使吸收度测得值偏高。

◎ 知识拓展

药物添加剂的用量与作用效应的关系

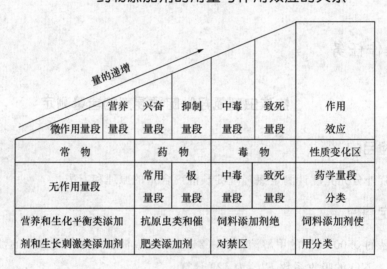

脲酶抑制剂

反刍动物能利用非蛋白氮(NPN)合成微生物蛋白质供机体利用。尿素是应用最广的 NPN 产品。然而,尿素的分解速度是微生物对其利用速度的 4 倍,大量未利用的氨在体内蓄积就会造成牛、羊氨中毒。尿素的快速分解是因为反刍动物瘤胃中有一种能迅速分解尿素的酶——脲酶。使用脲酶抑制剂可以使尿素缓慢分解,从而可控制尿素分解速度,避免反刍动物氨中毒,提高尿素利用率。

一、脲酶抑制剂的种类

(1)重金属盐类。此类物质对脲酶有明显的抑制作用,Mn^{2+} 和 Ba^{2+} 可抑制脲酶活性,Mn^{2+} 的抑制强度高于 Ba^{2+},Mn^{2+} 同时又是动物体所必需的元素。

(2)异位酸类化合物。异位酸类化合物包括异丁酸、异戊酸、异己酸等支链脂肪酸及一种胺磷酸;此类物质对瘤胃微生物脲酶有强烈的抑制作用,而不影响瘤胃内有机物的消化和挥发性脂肪酸的浓度与比例。

(3)多聚甲醛。多聚甲醛是在反刍动物中使用较普遍的一种瘤胃脲酶抑制剂,可使瘤胃脲酶失活,从而使尿素等含氮化合物分解速度减缓。

(4)天然类固醇萨洒皂角苷。天然类固醇萨洒皂角苷是一种丝兰属植物提取物,是国外普遍使用的一种脲酶抑制剂。

二、脲酶抑制剂的作用机理

由于氨对动物的不良作用,控制动物体内、体外氨的产生对防止氨中毒及其他不良影响将产生积极的作用。动物体内氨的来源是多方面的,蛋白质代谢过程中产生的氨是生理代谢产物,其量极微,而且很快在肝脏中降解;肠道内的氨是由细菌脲酶分解尿素、尿酸等含氮化合物的产物,它和其他动物粪便中尿素、尿酸经脲酶分解产生的氨构成了外源性氨,并通过门脉侧支循环、肺循环进入血液,危害动物健康。因此,抑制肠道内及粪便中脲酶活性是控制动物体内氨浓度过高的有效途径,同时也是控制畜禽养殖场空气污染的重要方法。

三、脲酶抑制剂抑制脲酶活动的主要途径

(1)使脲酶结构发生变化,从而使脲酶变性失活,此类抑制剂包括金属盐和多聚甲醛。

(2)与脲酶的活性中心结合,使之失活,从而达到控制氨气释放的作用,这类物质包括异位酸类化合物等。

四、脲酶抑制剂在动物生产中的应用效果

脲酶抑制剂可提高反刍动物对氨的利用率,减缓瘤胃内氨的释放速度,提高饲料转化率和日增重,明显提高奶牛的产奶量。脲酶抑制剂作为禽用功能性饲料添加剂,可明显减低肉仔鸡的腹水症及其死亡率。此外,使用脲酶抑制剂可降低排泄物中氨的浓度,减少环境污染。

项目小结

饲料添加剂 — 非营养性添加剂

- 饲用酶制剂
  - 了解饲用酶制剂
  - 饲用酶制剂种类
  - 影响酶作用效果的因素
  - 合理使用饲用酶制剂
  - 现阶段饲用酶制剂存在的问题
- 益生素
  - 了解益生素
  - 益生素种类
  - 合理使用益生素
- 饲用酸化剂
  - 饲用酸化剂的作用机制
  - 常用酸化剂的分类
  - 酸化剂应用中存在的问题
- 中草药添加剂
  - 中草药添加剂概述
  - 配制中草药添加剂
  - 合理使用中草药添加剂
- 饲料保藏剂
  - 饲料防霉剂
  - 抗氧化剂
- 药物饲料添加剂
  - 兽药概述
  - 常用药物饲料添加剂
  - 饲料中药物的测定
- 其他非营养性饲料添加剂
  - 饲料诱食剂
  - 着色剂
  - 饲料黏结剂
  - 流散剂
  - 乳化剂
  - 粗饲料品质改良剂
  - 除臭剂
  - 寡糖
  - 大蒜素
  - 抗菌肽

◈ 职业能力和职业资格测试

1. 简述饲用酶制剂的种类、作用机理与应用。
2. 简述益生素的种类、作用机理与应用。
3. 简述饲用酸化剂的种类、作用机理与应用。
4. 简述中草药添加剂的种类、作用机理与应用。
5. 简述饲料保藏剂的种类、作用机理与应用。
6. 简述抗生素饲料添加剂的使用规范与禁用。

预混料的载体与稀释剂

项目设置描述

随着动物营养研究的不断深入和饲料工业的快速发展,提供给动物饲料中的成分越来越复杂。其中,一些成分虽然是微量的,但对动物生产极为重要,若过量添加则会产生一定的毒性,如维生素、微量矿物元素、抗生素及其他药物添加剂等。这些微量成分在全价饲料中需要均匀地分布,否则可能对动物产生负面的影响。从饲料加工工艺来讲,需要先生产出包含这些所需微量成分的预混料,然后再生产全价配合饲料。在预混料中,通过载体和稀释剂使微量成分均匀混合,从而可以更好地分散于配合饲料中,生产出高质量的饲料。因此,对于载体和稀释剂的选择极为重要,也是生产优质预混料的关键之一。

学习目标

1. 掌握载体、稀释剂与吸附剂的概念、种类。
2. 掌握载体、稀释剂与吸附剂的基本要求。
3. 熟悉载体与稀释剂选用注意事项。
4. 能合理应用载体与稀释剂。

预混料是一种或多种微量成分的加有载体或稀释剂的均匀混合物,是通过用载体来"承载"或稀释剂逐步"稀释"的办法,保证微量成分均匀混合于饲料中,提高配料精度和配料速度,同时通过对载体、稀释剂和吸附剂的科学使用,可以解决某些微量成分的稳定性差及各类添加剂间理化特性不一致而引起的相互影响。

一、载体与稀释剂的概念

(一)载体

载体(carrier)是一种能够承载或吸附微量活性添加成分的微粒。微量活性成分包括氨基酸(AA)、维生素(vitamin)、微量元素、矿物元素、抗生素、药物等。

载体本身是一种非活性的饲用原料,能与微量活性成分很好地混合,混合后的微量活性成分能够吸附或镶嵌在载体上面,其混合特性(流动性、粒度等)和外观性状都将发生明显变化,使之表现为载体的有关物理特性。

1. 载体的作用

载体起到承载和增大活性成分颗粒的作用。饲料添加剂中的活性成分粒度很小,与全价配合饲料的其他组分混合在一起,很难保证混合均匀,载体能够把活性成分承载起来成为一体,从而增大活性成分的颗粒,能够与其他组分均匀混合。

2. 常用载体的种类

常用的载体有两大类:有机载体和无机载体。

(1)有机载体。有机载体分为 2 种:一种为含粗纤维多的物质,如次粉、小麦粉、玉米粉、脱脂(大)米糠粉、稻壳粉、玉米穗轴粉、大豆壳粉、大豆粕等,由于这种载体均来自于植物,所以含水量最好控制在 8% 以下;另一种为粗纤维少的物料,如淀粉、乳糖等,这类载体多用于维生素添加剂或药物性添加剂。

(2)无机载体。无机载体有碳酸钙、磷酸钙、硅酸盐、二氧化硅、食盐、陶土、滑石、蛭石、沸石粉、海泡石粉等,这类载体多用于微量元素预混料的制作。

(二)稀释剂

稀释剂(diluents)是指掺入一种或多种微量添加剂中起稀释作用的物料,可以稀释活性成分的浓度,但微量组分的物理特性不会发生明显的变化。稀释剂不具备承载的性能。

1. 稀释剂的特性

(1)稀释剂本身为非活性物料,不改变添加剂的性质;

(2)稀释剂的有关物理特性,如粒度、相对密度等应尽可能与相应的微量组分相接近,粒度大小要求均匀;

(3)稀释剂本身不能被活性微量组分所吸收、固定;

(4)稀释剂应是无害的、畜禽可食的物质;

(5)水分含量低,不吸潮,不结块,流动性好;

(6)化学性质稳定,不发生化学变化,pH 为中性,对大多数添加剂来说,稀释剂的 pH 应为 5.5~7.5;

(7)不带静电荷。

2. 稀释剂的作用

稀释剂的作用在于降低活性成分的浓度,使活性成分的颗粒彼此隔开,减少活性成分之间的反应,有利于活性成分的稳定性。因而,稀释剂本身不能被活性微量组分所吸收,也不能被固定、结块或结饼。稀释剂也可用作产品浓度标准化的垫料,使其活性成分含量规格化、商品性强。稀释剂与微量活性成分之间的关系是简单的机械混合,它不会改变微量成分的有关物理性质。

3. 常用稀释剂的种类

常用的稀释剂有两大类:有机类和无机类。

(1)有机类。有机类包括去胚的玉米粉、右旋糖(葡萄糖)、蔗糖、豆粕粉、烘烤过的大豆粉、带有麸皮的粗小麦粉等,这类稀释剂要求在粉碎之前干燥处理,含水量低于 10%。

(2)无机类。无机类包括石粉、磷酸二钙、磷酸氢钙、碳酸钙、贝壳粉、高岭土(白陶土)、食盐、硫酸钠等,这类稀释剂要求在无水状态下使用。

(三)吸附剂

吸附剂(adsorbent)也叫吸收剂,是具有吸收液体(水、油)性能的物料。吸附剂一般有以下特点:大的比表面、适宜的孔结构及表面结构;对吸附质有强烈的吸附能力;一般不与吸附质和介质发生化学反应;制造方便,容易再生;有良好的机械强度等。吸附剂可按孔径大小、颗粒形状、化学成分、表面极性等分类,如粗孔和细孔吸附剂,粉状、粒状、条状吸附剂,碳质和氧化物吸附剂,极性和非极性吸附剂等。

在使用乙氧喹、DL-α-生育酚醋酸酯的纯品或液态氯化胆碱(均呈黏稠油状)时,都要预先用吸附剂吸附变为固体状态,才可向预混料或配合饲料内添加、混合。由于活性成分附着在吸附剂的颗粒表面,所以,吸附剂的作用犹如载体。

1. 吸附剂的作用

使液体活性成分附着在其颗粒表面,从而使液体添加剂成为固体,有利于实施均匀混合,易于运输使用。其特性是吸附性强、化学性质稳定。

如抗氧化剂乙氧喹为一种深褐色的液体,浓度(含量)一般是 66%。在配合饲料内的添加量一般是 150 g。它不仅沾污衣服,而且在液态条件下也很难与其他固体物料混合均匀。因而,向固体饲料添加时,必须使用吸附剂,使它变为固态。可使用吸附剂如蛭石或硅酸钙而成为固态产品,剩下的 1/3 即为吸附剂。

预混料厂使用的 DL-α-生育酚醋酸酯纯品,可用吸水性强的谷物类载体和少量细粉状物料作为吸附剂,能很容易地把它配制成 50% 或 25% 的添加剂。细粉状物料是大豆细粉,用量为 10%。药厂也生产已经使用了吸附剂、固态、含量为 50% 或 25% 的 DL-α-生育酚醋酸酯。

在使用吸附剂把液态化合物变为固态化合物时,要在混合机内搅拌。不论使用哪种类型的混合机,都能在混合机内壁和螺旋片上形成结垢或结块,必须及时清除干净,才能混合均匀,并有利于出料干净。混合机上应有便于进行清除工作的孔门。

制作液态物料和吸附剂的添加剂,以卧式混合机较好。为了改善液态化合物的流动性,需要一定的温度。有特制的带有暖套(夹克)的混合机,暖套内可充热水或通热气。

2. 常用吸附剂的种类

常用的吸附剂有两大类:有机类和无机类。

(1)有机类。有机类包括脱脂小麦胚粉、玉米芯碎片、脱脂玉米胚粉、粗麸皮、大豆细粉等。

(2)无机类。无机类包括二氧化硅、蛭石、硅酸钙、滑石粉等。

由于活性成分附着在吸附剂的颗粒表面,所以也可以说吸附剂是一种载体。载体和稀释剂虽有不同的作用,但两者也无明显的界限,载体常具有稀释作用,某些稀释剂也有一定的承载功能。实际上,载体、稀释剂和吸附剂大都是相互混用的,但从制作预混合饲料工艺的角度出发来区别它们,对于正确选择载体、稀释剂和吸附剂是有必要的。

(四)液体黏合剂

当活性成分的配比占百分数高时,使用液体黏合剂(liquid adhesive)能保证它们与载体结成一体。常用的液体黏合剂为植物油,包括大豆油、玉米油、花生油、棉籽油、菜籽油等。有时也把乙氧喹、DL-α-生育酚醋酸酯作为液体黏合剂。但通常都不单独使用,而是和植物油混合在一起。粗制的卵磷脂常与大豆油制成混合的液体黏合剂,卵磷脂不会真正地被载体表面所吸收,它能把活性成分很容易地黏在载体表面。糖蜜和液态氯化胆碱都不适于作为液体黏合剂,因为它们的含水量都在30%以上,并且它们会破坏活性成分的稳定性。

以植物油作为液体黏合剂,不仅起到黏合作用,还能消除来自活性成分或载体的静电荷。它们是有效的静电荷消除剂。植物油的使用量一般是预混料的1%～3%。它的最适用量应使活性成分粉粒和饲料添加剂粉粒恰好能在载体表面黏合,可以避免在搬运、操作时的分离现象。决定植物油添加量的条件:第一,根据活性微量组分的粉末数量而定,粉末少者少加,粉末多者多加;第二,载体的类型。在植物油中以精制的大豆油为佳,它的黏合性较好,而且含有维生素E和卵磷脂这些抗氧化剂,未精制的菜籽油也很好,它也含有抗氧化的物质。

以植物油作为黏合剂,必须按照投料顺序。首先应向混合机内投入载体,然后投入植物油,经混合机搅拌,植物油即可全部比较均匀地分散在载体表面。必须在投入任何粉状或微量组分之前,就投入植物油。如果先投入活性组分粉末,再投入植物油,就会形成许多油和粉末混在一起的小球,以致只有很少的植物油黏着在载体上,这样就得不到满意的添加剂预配料。

二、载体和稀释剂的基本要求

载体和稀释剂是添加剂预混料中数量最大的组分,一般可占预混料的40%～90%,是保证预混料混合均匀和活性成分活性稳定的重要条件,必须符合以下要求。

(一)可饲用性

载体和稀释剂都必须是动物可饲用的非活性物料,既不损害活性成分的活性,又不损害动物的健康。

(二)含水量

载体和稀释剂的含水量是使活性成分溶解和破坏的重要因素,同时又会直接影响预混料的生产。一般含水量越低越好,不宜超过 8%～10%,最大不超过 12%。用于维生素和药物的应小于 5%。若含水量达到 15%,不仅会给配料带来困难,而且使微量活性物在贮存过程中极易失效,严重影响预混料的质量。因此,必须严格控制载体和稀释剂的含水量。有机载体一般含水量较高,若含水量过高,应进行干燥处理,若含水量稍高于要求,可用吸附剂平衡水分,并通过良好的贮存条件(如注重产品的包装)和控制贮存时间加以调节,以简化加工工艺。但商品性预混料一般要求应严格些,若含水量过高,超过 11%,则应予以干燥处理。

(三)粒度

载体应具有承载粉状活性成分的特点,在一定范围内承载微量活性组分的能力决定于载体的粒度。粒度还影响混合均匀度。预混料的载体应大于被承载物,一般在 30～80 目(ϕ0.59～0.177 mm)。即 90% 以上通过 30 目,12% 以下通过 80 目为最佳粒度。

载体承载活性成分的能力一般不超过自重,添加油脂可提高承载能力。稀释剂的粒度要求比载体要细。一般在 30～200 目(ϕ0.59～0.074 mm)。作为吸附剂不宜粉碎过细,以免破坏孔状结构,一般为 40～60 目。

载体、稀释剂和微量组分的粒度分布比较见图 3-1。

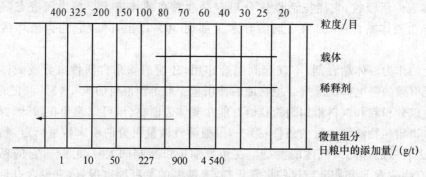

图 3-1 载体、稀释剂和微量组分的粒度分布与比较

(四)容重

载体和稀释剂的容重是影响混合均匀度的重要因素。最好选择与活性成分容重接近的物质,以保证混合均匀度和降低输送过程中的分级现象。就混合均匀度而言,粒度和容重是最为重要的两大因素。

一般认为载体容重为 0.3～0.8 g/mL 为佳。常用饲料、载体和添加剂的容重见表 3-1。物料的容重受粉碎粒度的影响。

(五)表面特性

载体的表面特性是承载微量成分的重要因素。载体应具有粗糙的表面或皱起的脊、谷和小孔,表面积大。微量活性成分在与载体混合过程中进入小孔或被吸附在粗糙的表面上。一般含粗纤维高的一些谷物壳、皮,表面粗糙,常选作载体。另外,液体吸附剂(如蛭石、氢化黑云母、凹凸棒等)均为多孔结构,也是很好的载体。

稀释剂因不要求有承载性能,因而对其表面特性无特殊要求,表面可以是光滑的。但要求有良好的流动性,易于混合。

表 3-1　载体和添加剂的容重

物料名称	容重	物料名称	容重
稻壳粉	0.32～0.39	石粉	1.30～1.55
麦麸	0.30～0.43	贝壳粉	1.60
玉米芯粉	0.40	一水硫酸亚铁($FeSO_4 \cdot H_2O$)	1.00
糖饼粉	0.47	七水硫酸亚铁($FeSO_4 \cdot 7H_2O$)	1.12～1.90
橄榄核粉	0.47	一水硫酸锌($ZnSO_4 \cdot H_2O$)	1.06
杏仁壳	0.47	七水硫酸锌($ZnSO_4 \cdot 7H_2O$)	1.25～2.07
苜蓿粉	0.37	五水硫酸铜($CuSO_4 \cdot 5H_2O$)	2.29
大麦粗粉	0.56	一水硫酸锰($MnSO_4 \cdot H_2O$)	2.95
豆粉	0.38～0.59	亚硒酸钠(Na_2SeO_3)	3.10
大豆饼粉	0.60	碘化钾(KI)	3.31
鱼粉	0.64	氧化钙($CaCl_2$)	3.36
棉籽饼粉	0.73	氧化钴(CoO)	3.36
乳糖	0.73	硫酸钴($CoSO_4$)	3.71
玉米粉	0.66～0.76	维生素 E	0.45
食盐	1.08～1.10	维生素 D_3	0.65
碳酸钙	0.93～1.17	维生素 A	0.81
脱氟磷酸氢钙	1.20	L-赖氨酸盐酸盐	0.67
双飞粉	1.35		

(六)吸湿性、结块性

吸湿性是指载体或稀释剂从空气中吸附水分后,使其本身潮解或含水量增加的性能。载体和稀释剂吸湿后,则其含水量增加,会影响活性成分在贮存过程中的稳定性,预混料结块甚至霉变。结块直接影响配料的正确和混合均匀度。因此应选择不易吸湿、结块的物质作为载体和稀释剂。对易结块者若一定要使用,可加入 SiO_2 等抗结块剂以降低结块的可能性。

(七)流动性

流动性会影响载体或稀释剂与活性成分的均匀混合。流动性差,则不易混匀;流动性太强,则制成的预混料在运输过程中易产生分离。但对载体或稀释剂粒度的要求与对其他特性要求发生矛盾时,一般认为首先应满足对粒度的要求,而适当牺牲一些如流动性等特性。一些物料的静止角如表 3-2 所示。

表 3-2　物料的静止角

物料名称	静止角/(°)	每克颗粒数	物料名称	静止角/(°)	每克颗粒数	物料名称	静止角/(°)	每克颗粒数
粗豆粉	27	3×10^3	乳糖	39	3.3×10^5	稻壳粉	59	9×10^4
食盐	31	2.5×10^4	橄榄核粉	45	7×10^4	杏仁壳粉	63	5.6×10^6
干玉米粉	34	1×10^4	秸秆粉	46	5×10^3	豆粉	65	5.6×10^6
稻壳粉	35	2.1×10^4	粗大麦粉	48	1×10^4	干麦麸	67	1.2×10^6
粗碳酸钙	37	2×10^3	麦麸	48	1.6×10^5	细碳酸钙	69	1.5×10^6

项目 3　预混料的载体与稀释剂

(八)化学稳定性

载体和稀释剂的化学性质应稳定,不应因其变化而影响活性物质的活性,载体和稀释剂最好接近中性。高浓度单项预混料(如维生素预混料)载体最好选用其活性物质最稳定 pH 的物料。常见载体和稀释剂的 pH 为:稻壳粉 5.7、玉米面筋粉 4.0、玉米芯粉 4.8、大豆加工副产品 6.2、小麦粗粉 6.4、玉米干酒糟 3.6、次小麦粉 6.5、石灰石粉 8.1。

(九)静电吸附性

干燥而粉碎得很细的纯净活性物常会带有静电荷,产生吸附作用。在预混料的加工过程中易吸附在混合机或输送设备表面,造成混合不均匀和活性成分的损失。另外,带同性电荷的粒子之间的相互排斥作用,会使物料体积增大,影响流动性。

一般可在载体表面添加少量植物油或糖蜜等抗静电物质,消除静电影响。

有人认为可利用静电作用,选择静电荷相反的载体或稀释剂,使载体或稀释剂与微量组分紧密结合,则载体的承载力增加,体积减小,流动性增加。但总的来说不带静电为佳。

(十)营养成分

营养成分应和一般配合饲料大致相同,不至于因用量大而影响饲料养分的平衡。

(十一)酸碱度

载体或稀释剂最好应具备缓冲 pH 的特性,使添加剂预混料 pH 保持中性。偏酸或偏碱都将对维生素和其他活性成分产生不良影响。对于偏酸或偏碱的载体可用一价磷酸钙或富马酸将 pH 调为中性。

(十二)卫生条件

载体的微生物应越少越好。腐败发霉的物料不得用作载体和稀释剂。如巴斯夫(BASF)公司规定:载体携带的微生物最多为细菌 $3×10^6$ 个/g、真菌 $3×10^4$ 个/g,不允许有大肠杆菌和沙门氏菌。

(十三)价格低廉

由于微量活性物质各自的特性不同。要想获得质量好的预混料,不同的添加剂应根据各自的特性认真选择相宜的载体或稀释剂。

任务 3-2　应用载体和稀释剂

一、常用载体和稀释剂的选用

(一)维生素、氨基酸添加剂的常用载体和稀释剂

由于维生素稳定性差,容重偏低,应以保持维生素的活性为主要目的多选用含水量低、不易吸湿、pH 近中性、化学特性稳定、容重小、表面粗糙、承载性能较强的物质作为载体。

(1)有机物料。玉米芯粉、玉米叶粉、玉米粉、小麦粗粉、麸皮、淀粉、脱脂米糠、稻壳粉、豆饼粉、大豆粉、啤酒酵母、葡萄糖、白糖、糊精、乳糖、脱脂奶粉、高级饱和脂肪酸、植物油与轻质流动石屑等。

(2)无机物料。高岭土(白陶土、瓷土)、滑石粉、轻质无水硅酸、磷酸氢钙、硅酸钙、硅藻土、碳酸钙与亚硫酸钠等。

(二)抗生素添加剂的常用载体和稀释剂

(1)有机物料。米糠、油渣、大豆加工厂下脚料及大豆油厂脱皮下脚料、玉米粉、玉米淀粉、酵母粉、大豆粉、小麦粉、脱脂米糠、稻壳粉与乳糖等。

(2)无机物料。碳酸钙与无水硅酸等。

(三)抗寄生虫等保健药物添加剂常用载体和稀释剂

(1)有机物料。麸皮、脱脂米糠、稻壳粉、玉米粉、大豆粉、淀粉与乳糖等。

(2)无机物料。碳酸钙与磷酸氢钙等。

(四)微量元素添加剂常用的载体和稀释剂

矿物微量元素容重大,根据容重相似的原则,用作微量元素添加剂载体或稀释剂的物料多为容重大的无机物,如石粉、滑石粉、膨润土和凹凸棒土、沸石、海泡石与碳酸钙等。

(五)复合预混料常用的载体和稀释剂

生产含有维生素和矿物微量元素的预混料,则可选择玉米粉、大豆饼粉作稀释剂,兼顾二者的特性。尽管麸皮、大豆皮粉、砻糠、脱脂米糠容重小,不易与微量元素添加剂混合均匀,但它们表面粗糙、承载能力强,一旦承载混合完成后,不易再发生分离,能够保证产品的质量。故常用作这类预混料的载体。碳酸钙等容重大的无机物不宜作为这类综合性预混料的载体。

此外,选择载体和稀释剂应本着因地制宜、就地取材的原则,以减少运输费用,降低成本。选择载体和稀释剂还应根据不同的生产目的要求进行选择。一般商品添加剂及预混料生产厂家选择载体和稀释剂应严格,而配制厂内二次预混料,其载体主要是考虑其承载能力,其他方面要求可适当放宽,这样可简化生产工艺,降低生产成本。

二、载体和稀释剂的应用范围

(一)载体

载体广泛应用于以下 3 个方面。

(1)添加剂原料的生产。特别是添加量很少的活性成分,如维生素 B_{12}、生物素、叶酸、微量元素化合物亚硒酸钠、碘化钾以及一些药物等,都需要和载体混合而构成饲料级添加剂。

(2)单一饲料添加剂预混剂的生产。如复合维生素预混剂、复合微量元素预混剂的生产需要载体来承载其活性成分。

(3)复合添加剂预混料的生产。由添加剂原料到最终的复合添加剂预混料,在多次使用载体后,活性成分的颗粒加大,从而能与全价配合饲料的其他原料均匀混合。

(二)稀释剂

一般在生产添加剂预混料时,在下列情况下需使用稀释剂。

(1)添加剂活性成分使用量低,浓度高(达到 50% 或 50% 以上)。

(2)多种活性成分之间的容重差别较大。

(3)增加预混料的流动性。

三、常用载体和稀释剂的应用效果比较

用作饲料添加剂载体与稀释剂的有机物料中,国外较常用的是麸皮、脱脂米糠、小麦粗粉、稻壳粉、大豆皮粉与玉米芯粉等。

BASF 公司对几种常用载体的性能比较见表 3-3。结果表明,有机载体中,大麦粉、豆粕粉和玉米芯粉承载微量成分后分级现象严重;砻糠粉也有一定的分级现象,但其含粗纤维太高,容重小,难粉碎,在饲料加工中易发生分级现象,且使用太多会影响配合饲料营养成分平衡,因而不适合作载体使用;相比之下,小麦麸皮和小麦粗粉比较理想,麸皮表面粗糙,黏附能力较好,而且麸皮资源丰富,成本低,但一般麸皮作载体应进行烘干、粉碎等预处理。无机载体中,粗石粉分级严重;食盐吸湿性强,流动性差,用量有限,不适于作载体;而以细石粉较好。我国一些学者对单项预混料载体与稀释剂比较结果为:作为微量元素预混剂的载体与稀释剂,考虑到容重及降低生产成本,多用石粉、贝壳粉、凹凸棒土粉等。其中贝壳粉的承载能力不如石粉,分级现象严重。凹凸棒土粉是一种含水的镁铝硅酸盐,其结构是三维立体链,具有很大的表面积,电镜扫描发现,其典型颗粒纵径约 $1\ \mu m$,横径约 $0.01\ \mu m$,通常聚集成束,像毛笔头或干草堆,对其他活性微量成分有很强的吸附力,而且凹凸棒土本身富含畜禽必需的微量元素(如铜 21 mg/kg、铁 13 100 mg/kg、锌 41 mg/kg、锰 382 mg/kg、钴 11 mg/kg、硒 2 mg/kg 等),具有良好的营养功能。在有凹凸棒黏土资源的地区,这是一种经济有效的良好载体与稀释剂。沸石也是天然产的多孔硅铝矿石,有较强的吸附性与离子交换性能,是一种很好的载体物料。因而在有凹凸棒土、沸石、膨润土、海泡石等资源的地区,可首选其作为生产微量元素预混料的载体与稀释剂,其次可选石粉。对于维生素预混料脱脂米糠与麸皮是良好载体。

表 3-3　几种常用载体性能的比较

载体	自流角	容重 /(kg/L)	粒数 /(个/g)	颗粒大小 /mm	分级试验/% 边缘	分级试验/% 中心
小麦粗粉 麸皮	48°	0.33	约 160 000	90%<0.5 50%<0.25 10%<0.1	<+10	<−10
小麦粗粉 (干燥)	67°	0.43	约 1 200 000	100%<1.25 25%<0.1	<+10	<−10
砻糠粉	59°	0.39	约 90 000	95%<1 50%<0.25	−19	+12
玉米芯粉 (干燥)	34°	0.40	约 10 000	100%<1.25 50%<0.63 10%<0.4	−73	+78
大麦粉	48°	0.56	约 10 000	75%<1 25%<0.25	−76	+44
豆饼粉	27°	0.59	约 3 000	60%<1 10%<0.4	−70	+52
石粉(粗)	37°	1.17	约 2 000	90%<0.5 50%<0.25 10%<0.1	−77	+65
石粉(细)	69°	0.93	约 15 000 000	55%<1 15%<0.5	<+10	<−10

载体	自流角	容重/(kg/L)	粒数/(个/g)	颗粒大小/mm	分级试验/% 边缘	分级试验/% 中心
食盐	31°	1.08	约25 000	100%＜1 65%＜0.5 15%＜0.25	＜＋10	＜－12
磷酸钙	29	0.94	约110 000	100%＜1 80%＜0.5 10%＜0.1	＜－10	＜－17

刘当慧等测定了几种常用载体和稀释剂的性能(表 3-3 和表 3-4),并比较了它们与甲基紫、硫酸亚铁等微量成分混合 20 min 后的振动分级及下落分级的状况,结果见表 3-5 和表 3-6。结果表明:载体中,脱脂米糠及麸皮均是优良的,具有较好的承载能力,所承载的微量成分不易分级;二者相比,脱脂米糠容重大于麸皮,粒度较细,对甲基紫(与维生素比重相当)和硫酸亚铁都有较好的承载能力,因而可作为微量元素、维生素及复合添加剂预混料载体的首选原料。麸皮对硫酸亚铁的承载能力较差,较易发生分级现象。玉米粉容重大,表面光滑,承载能力不如脱脂米糠和麸皮,粒度粗者效果更差;细玉米粉适用于生产距离短、分级不严重的厂内二次预混料载体。3 种稀释剂与硫酸亚铁和甲基紫混合后均表现后者的分级现象大于前者,特别是粗石粉和贝壳粉,可见这 3 种物料均可作为微量元素预混料的稀释剂,以双飞粉较好。

表 3-4　几种载体和稀释剂的性能

名称	来源	水分/%	容重/(kg/L)	粒度 几何平均粒径/mm	粒度 几何标准差
麸皮	无锡第一面粉厂	13.0	0.30	0.58	2.18
脱脂米糠	无锡第一米厂冷榨饼粉	11.7	0.47	0.222	1.91
粗玉米粉	实验室粉碎(筛板 2 mm)	13.5	0.67	0.466	2.26
细玉米粉	实验室粉碎(筛板 1 mm)	13.5	0.66	0.308	2.38
双飞粉	无锡钙塑料厂	0.09	1.35	0.067	2.48
石粉	实验室粉碎	0.05	1.55	0.199	1.32
贝壳粉	滨海	0.53	1.60	0.187	2.21

表 3-5　各种载体与稀释剂混合与分级性能比较　　　　　　　　　%

名称	混合机内混合均匀度 甲基紫法	混合机内混合均匀度 铁比色法	下落分级后混合均匀度 甲基紫法	下落分级后混合均匀度 铁比色法	振动分级后混合均匀度 甲基紫法	振动分级后混合均匀度 铁比色法
麸皮	2.0	3.0	11.0	12.8	4.3	20.8
脱脂米糠	3.6	2.8	7.2	4.9	6.7	3.4
细玉米粉	3.0	1.5	8.7	7.0	27.1	33.5

名称	混合机内混合均匀度		下落分级后混合均匀度		振动分级后混合均匀度	
	甲基紫法	铁比色法	甲基紫法	铁比色法	甲基紫法	铁比色法
双飞粉	4.0	1.7	15.0	4.2	6.4	11.0
石粉	4.9	3.0	27.7	17.8	20.1	13.9
贝壳粉	6.3	1.6	21.7	19.6	15.0	4.5
粗玉米粉	3.0	2.7	16.5	17.3	28.0	46.8

表3-6 几种载体与稀释剂的主要性能与适用范围

性能	脱酯米糠	麸皮	双飞粉	玉米粉
承载性能	优良	优良	差	差
分级性能	不易分级	微量元素易分级	易分级	易分级
对预处理要求	不需预处理	要干燥、粉碎	不需预处理	要干燥、细粉碎
营养成分	与配合饲料接近	与配合饲料接近	为碳酸钙,添加多了会影响营养平衡	与配合饲料接近
成本	低	低	最低	中等
适用范围	各类预混料的载体	大部分预混料载体,不可作微量元素的载体	只可作微量元素稀释剂	只能作厂内预混料载体,不可作商品性预混料载体

根据我国具体国情,我国很少生产大豆皮粉与小麦粗粉等加工副产品,而常用脱脂米糠、麸皮与玉米粉作为复合添加剂预混料的载体,其选择顺序为脱脂米糠、麸皮、玉米粉。这主要是由于脱脂米糠容重大于麸皮不易分级,粒度较小,颗粒表面黏附力强,承载性好,含水量低(一般含水量在8%以下),易加工处理,且资源丰富,成本低廉。

四、合理选用载体和稀释剂

载体与稀释剂的广泛利用促进了添加剂的发展,但科学合理地选用载体与稀释剂需注意下列问题。

(一)确定首选指标

载体和稀释剂是保证添加剂预混合饲料产品质量的重要条件之一,因此各添加剂生产厂家均需认真选择载体和稀释剂的品种与规格,以确定合理的加工工艺。正如前面所述,选择的原料一是因地制宜,就地取材,价格低廉;二是因添加剂活性成分而异,分别选择。具体选用时应当分别考虑如含水量、粒度、容重、表面特性等物理特性。问题是:当所选物料的若干理化特性间有相互矛盾与颉颃时该怎么办?我们认为承载能力大,容重相近与保持微量成分活性稳定是选择载体与稀释剂的首要条件,即在所有理化特性中,应首选考虑粒度、容重与pH这几个指标。如流动性对载体与活性成分的均匀混合起重要作用,当活性成分的粒度、载体或稀释剂的粒度与其他组分的特性发生矛盾时,可首先满足载体与微量活性成分的粒度,而适当牺牲一些物料的流动性等特性。

不同粒度的同种物料作为微量活性成分的载体与稀释剂其承载性能相差很大。因此，根据微量活性成分的粒度，以粒度为首选指标选用合适物料作载体与稀释剂十分必要。如分别以细玉米粉（几何平均粒度 dgw＝0.308 mm）与粗玉米粉（dgw＝0.466 mm）作硫酸亚铁（dgw＝0.108 mm）载体，其下落分级后的混合均匀度（CV，％）分别为 8.7 和 16.5；以双飞粉（一种全部通过 325 目的极细石粉，dgw＝0.067 mm）与普通石粉（dgw＝0.199 mm）作硫酸亚铁的稀释剂，双飞粉的振动分级现象不明显，而普通石粉则十分严重。

（二）保护活性成分活性

为保证添加剂活性成分的安全有效，所选载体与稀释剂要尽量选择 pH 在 6.0～7.5 的物料，但各种活性成分对 pH 的适应范围不同，如维生素 B_1 理想的 pH 范围为 3.0～5.0，维生素 B_6 对 pH 大于 6 敏感，而叶酸则在 pH 小于 5 时稳定性差。

（三）做好载体或稀释剂的前处理

根据添加剂活性成分的不同要求，选用的载体或稀释剂各异，为了满足载体或稀释剂要求，保证添加剂预混料的质量，必须根据选用物料的不同情况给予适当的预处理。

载体与稀释剂的预处理主要是烘干与粉碎。考虑到添加剂预混料中微量活性成分的稳定性，必须严格控制载体与稀释剂的含水量。对含水量达 12％ 以上的物料必须进行烘干预处理，但并不是含水量越低越好。有报道表明，随着载体含水量的增加，有减少分级现象发生的趋势。一般应控制载体与稀释剂的含水量低于 10％，无机载体最好为 5％ 以下。

粒度是影响载体承载能力的重要因素，一般来讲，粒度在 590～177 μm 间最适合，当载体中 10％ 颗粒的粒度大于 590 μm 时，需进行粉碎预处理，但粒度小于 177 μm 的颗粒量也不能超过 12％。应注意的是，不同物料进行粉碎预处理的效果不同，如石粉（dgw＝0.199 mm）经粉碎成细石粉（dgw＝0.067 mm）后，承载性能明显提高，而混合麸（dgw＝0.58 mm）粉碎处理成细麸（dgw＝0.288 mm）后，反而增加了分级现象，承载能力下降。因此，载体与稀释剂的粉碎预处理要因料而异。

（四）添加油脂，消除静电影响

在载体表面添加少量油脂、液体石蜡或糖蜜等抗静电物质，可较好地消除静电影响。据报道，国外有些预混合饲料厂较普遍采用油脂添加技术，添加油脂除消除静电外，还能减少粉尘，提高载体承载能力，减少分级，从而改善饲料添加剂预混合料的混合均匀性。

添加油脂大多是在搅拌机上设有喷雾装置，添加程序有 2 种。第一种方法是向载体物料中添加上油脂，混合 15 min，再添加微量活性成分，然后混合 18 min。这种方法添加油脂的主要目的是消除静电，提高载体承载微量活性成分的能力。第二种方法是先向载体物料中添加微量活性成分，混合 12 min 后，再加油脂，然后混合 15 min。这种方法添加油脂的主要目的是减少离析和分级。

添加的油脂可选无毒、稳定且便宜的矿物油，或者是植物油（如豆油、菜籽油或棉籽油）。因易变质而产生异味，尽可能不用低级油脂与动物油，添加量为 1％～3％。

（五）掌握理化特性，防止不良后效反应

各种载体与稀释剂物料具有不同的理化特性，而许多添加剂活性成分又十分敏感，有些载体及稀释剂物料的使用还可能影响配合饲料的营养平衡，进而影响畜禽的消化吸收，因此选用载体和稀释剂时要十分谨慎。如癸氧喹酯、丁喹酯等喹诺酮类抗球虫剂就不能

用于含有膨润土作载体的饲料产品中,而且膨润土还会干扰抗球虫剂——氨丙啉的分析检验结果。维生素在酸性与碱性环境中都不稳定,不宜用弱碱性的碳酸钙作为载体与稀释剂,而应选用稻壳粉、乳糖等中性物料。膨润土对喹乙醇的性能影响较大,不能用它与喹乙醇混合使用。

(六)同料异用,科学选择

由于载体与稀释剂具有不同的作用与特点,一般来讲相互不宜替代。但这里要强调指出的是:同一种物料有时既可作为某种添加剂活性成分的载体,又可作为另一种活性成分的稀释剂。如小麦粗粉因能吸附维生素 B₂ 微粒可作为维生素 B₂ 的载体,但它却不能吸附维生素 A 微型胶囊,因此又可作为维生素 A 的稀释剂。

◆ 岗位操作任务

饲料添加剂混合均匀度的测定

一、实验目的

熟悉散剂、预混剂均匀度的测试方法。

二、测定原理

通过对散剂混合均匀程度的观察和对预混剂中主要成分含量的多次测定,确定供试品的均匀程度。

本方法通过预混合饲料中铁含量的差异来反映各组分分布的均匀性。通过盐酸羟胺将样品中的铁还原成二价铁,再与显色剂邻菲罗啉反应,生成橙红色的络合物,以比色法测定铁的含量。

(一)散剂均匀度检查

取散剂适量置于光滑纸上平铺约 5 cm²,将其表面压平,在亮处观察,应呈现均匀的色泽、无花纹、色斑。

(二)预混剂的含量均匀度测定

取供试品 5 个,照各药品的规定,分别测定含量,并求其平均含量。每个含量与平均含量相比较,含量差异大于 15% 的不得多于 1 个。

本测定方法适用于含有铁源的微量元素预混合饲料混合均匀度的测定。

三、主要试剂及仪器

(1)乙酸盐缓冲溶液(pH 4.6):称取 8.3 g 无水乙酸钠于水中,加入 12 mL 乙酸。并用水稀释至 100 mL。

(2)盐酸羟胺溶液:溶解 10 g 盐酸羟胺于水中,并用水稀释至 100 mL,保存在棕色瓶中,并置于冰箱内可稳定数周。

(3)邻菲罗啉溶液:取 0.1 g 邻菲罗啉加入约 80 mL,80℃水中,冷却后用水稀释至 100 mL,保存在棕色瓶中,并置于冰箱内可稳定数周。

(4)浓盐酸。

(5)分析天平:感量为 0.000 1 g。

(6)可见分光光度计。

(7)容量瓶:100 mL,50 mL 各 1 个。

(8)三角瓶、吸量管、量筒等。

四、测定方法

称取试样 1～10 g(准确至 0.000 2 g),放入烧杯中,加入 20 mL 浓盐酸,加入 30 mL 水稀释,充分搅拌溶解,过滤到 100 mL 容量瓶中,定容到刻度。取过滤的试样液 1 mL 放置到 25 mL 容量瓶中,加入盐酸羟胺 1 mL,混匀后放置 5 min 充分反应(F-F),向 25 mL 容量瓶中加入 5 mL 乙酸盐缓冲液,摇匀,加入 1 mL 邻菲罗啉,用蒸馏水稀释至 25 mL,充分混匀,放置 30 min,以水作参比溶液,用分光光度计在 510 nm 波长处测定其吸光度。

五、数据处理

变异系数$(CV,\%)=S/X\times100\%$

式中,$S=\sqrt{\dfrac{(X_1-X)^2-(X_2-X)^2-(X_3-X)^2+\cdots+(X_{10}-X)^2}{10-1}}$

或　$S=\sqrt{\dfrac{X_1^2+X_2^2+X_3^2+\cdots+X_{10}^2-\overline{X}^2}{10-1}}$

式中,X_1、X_2、$X_3\cdots X_{10}$ 为 10 个试样的测定值(吸光度);$\overline{X}$ 为试样吸光度的平均值;S 为试样吸光度的标准差。

六、注意事项

(1)试样加入浓盐酸时必须慢慢滴加,以防样液溅出;

(2)试样必须充分搅拌;

(3)对于含高铜的预混合饲料可适当将邻菲罗啉溶液的用量增加 3～5 mL;

(4)对于微量元素预混剂、复合维生素等饲料添加剂的混合均匀度也可用"饲料混合均匀度测定仪"进行测定。

● **知识拓展**

膨润土

膨润土是一种以含蒙脱石类矿物为主的黏土岩,具有良好的吸水性、膨胀性、分散性、吸附性、阳离子交换性和润滑性等,是良好的天然矿物饲料添加剂原料。膨润土除含有大量硅、铝化合物外,还有钒、钙、钾、磷、钠、铁、铜、镁、锰、钴、铬等多种对蛋鸡具有生物功效的矿物元素。膨润土具有提高饲料适口性和延缓饲料通过消化道的速度,从而提高饲料的消化率。因此,用适量膨润土饲喂蛋鸡对于提高增重、成活率和饲料利用率都有明显效果。据国内外试验证明,在蛋鸡日粮中加喂 3%～5% 膨润土,可增加采食量和产蛋量。

◈ 项目小结

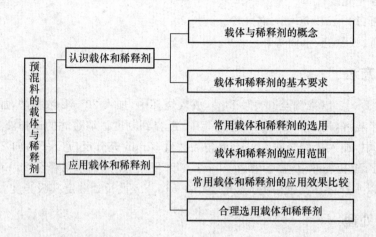

◈ 职业能力和职业资格测试

1. 载体、稀释剂与吸附剂的概念。
2. 简述载体、稀释剂与吸附剂的种类。
3. 简述载体、稀释剂与吸附剂的基本要求。
4. 简述载体与稀释剂选用注意事项。
5. 如何合理应用载体与稀释剂？

饲料添加剂

Project 4

添加剂预混料产品设计

项目设置描述

　　添加剂预混料产品设计实际上就是添加剂预混料的配方设计。预混料配方设计得好与坏，不仅直接影响产品的质量、使用效果和经济效益，同时也会影响加工工艺、设备、原材料和工时定额等一系列生产技术活动，因此，添加剂预混料产品设计是饲料生产中最重要的环节和技术。预混料不仅在配方设计中体现出相当高的技术含量，而且在原料接收处理、配料、混合以及除尘等加工工艺方面具有较高的要求。

学习目标

1. 掌握添加剂预混料的概念和种类。
2. 熟悉预混料产品设计的原则与方法。
3. 熟悉维生素预混料产品设计。
4. 熟悉微量元素预混料产品设计。
5. 熟悉复合添加剂预混料产品设计。
6. 学会复合预混合饲料配方设计步骤和方法。
7. 学会维生素预混料配方设计步骤和方法。
8. 学会微量元素预混料配方设计步骤和方法。

任务 4-1 　了解添加剂预混料

一、添加剂预混料的概念

添加剂预混合饲料简称预混料,它是将多种微量组分(包括各种矿物元素、各种维生素、合成氨基酸、某些药物添加剂及其他添加剂)与载体按要求配比,均匀混合后制成的中间型饲料产品。预混料的生产目的是使微量组分添加剂经过稀释扩大后,其有效成分均匀分散到配合饲料中。预混料一般包括六七种微量元素、15 种以上的维生素、2 种氨基酸、1～2 种药物添加剂、酶制剂和抗氧化剂等。

预混料不能直接饲喂动物,但它是配合饲料的核心,因其含有的微量活性组分常是配合饲料饲用效果的决定因素。

二、添加剂预混料的种类

(一)单项预混合饲料

单项预混合饲料是指由一种饲料添加剂与适当比例的载体或稀释剂混合配制成的均匀混合物,如 1%亚硒酸钠、2%生物素等。

(二)微量矿物质元素预混合饲料

微量矿物质元素预混合饲料是指由多种微量矿物质元素添加剂按一定比例与适当比例的载体或稀释剂配制而成的均匀混合物。

(三)维生素预混合饲料

维生素预混合饲料即复合多维,指由多种维生素添加剂按一定比例与适当比例的载体或稀释剂配制而成的均匀混合物。

(四)复合预混合饲料

这种预混合饲料除含有多种微量矿物质元素、维生素外,一般还含有氨基酸添加剂、保健促生长剂,甚至常量矿物质元素等成分,只需与适当比例的能量饲料和蛋白质饲料配合就能配制成全价配合饲料。

任务 4-2 　添加剂预混料产品设计的原则和方法

所谓添加剂预混料产品的设计,是指根据不同用途,对各种添加剂原料进行选择、定量、混合,最后形成能用于生产、具有科学性的添加剂预混料配方的一系列过程。在添加剂预混料产品设计时,必须掌握一定的原则和方法。

一、预混料产品设计的原则

(一)有效性原则

有效性是指按照一定方法设计出来的添加剂预混料产品在畜禽饲养过程中必须有确实

的效果。添加剂预混料产品具有组分复杂、性质各异、剂量低等特点,要保证产品的有效性,在设计时,要充分考虑设计的目的、所选原料、加工工艺、销售运输、贮存条件等因素。

营养性添加剂预混料产品的设计要以动物营养学为理论指导,以饲养标准为依据,充分考虑营养性添加剂在补充营养和平衡日粮等方面的作用。要注意各个营养素之间错综复杂的关系,调整各营养素之间的比例,以发挥营养性添加剂最大的作用。

非营养性添加剂预混料产品设计的理论因种类不同而不同,如抗生素类添加剂预混料产品的设计一般以药理学和病理学为理论指导;酶制剂等以生物化学、生理学等为理论指导。

添加剂预混料产品组分的稳定性和均匀性对有效性有很大的影响。在设计时,一方面要考虑各组分间的相互影响,防止各组分间发生不利的化学反应以及在贮存和运输时的化学变化;另一方面要最大限度地提高添加剂预混料产品的均匀度。

(二)先进性原则

添加剂预混料产品设计要有科学的依据,要运用现代科技成果和方法来设计和生产产品,使主要营养指标和卫生指标能够反映营养学和饲料学的最新知识和最新研究成果,能确实提高动物生产性能,同时又符合国家和有关部门的饲料法规和质量标准。

(三)安全性原则

安全性是指按设计的配方生产的产品在饲养实践中必须安全可靠。安全性主要包括3个方面:一是要保证对动物的安全。任何一种添加剂,在使用中都要有"量"的要求,超过动物的最大耐受水平,将会起到相反作用。所以在添加剂品种的选择和确定剂量时,应不会对动物产生急性、亚急性和慢性中毒。二是保证畜产品的食用安全。设计、生产、使用添加剂预混料产品中的药物、重金属和其他有毒有害物质在畜产品中的残留量应符合食品卫生标准。三是要考虑添加剂预混料产品生产和使用时对环境的影响。另外,还要考虑生产场所应具备安全卫生措施,以避免造成对工人的影响。

产品的安全性是第一位的。任何一种添加剂预混料产品,没有安全性就谈不上有效性。所以,无论是原料选择,还是剂量的确定都必须慎重。所选原料必须是国家允许使用的,禁止使用国家明文规定不能使用的添加剂品种,而且要杜绝选用发霉、变质、失效、有毒和被污染的原料。

(四)经济性原则

按配方生产的产品在使用中的投入与产出比,将对产品的竞争力和生命力产生重要的影响,也直接关系到生产厂家的经济效益。因此,在满足产品使用目的的前提下,应尽可能降低成本。要因地制宜、因时制宜选择使用好各种添加剂原料进行产品设计,尽量降低配料成本,以提高经济效益。同时要考虑产品的价格合理,使用户的经济效益最佳。

(五)方便性原则

为了方便使用并充分发挥预混料的功能,要尽量设计出多样化、系列化的产品来适应不同用户与不同生产水平的需要。在浓度和包装的设计上,要充分考虑配合饲料厂或饲养户加工设备与管理的特点,尽量做到与用户的混合机、计量设备匹配。

(六)市场性原则

产品设计必须以市场为目标,配方设计人员必须要熟悉市场,及时了解市场动态,准确定位,明确用户的特殊需求,设计出各种不同的产品,以满足不同用户的需要。同时,还要预测产品的市场前景,不断开发新产品,以增强产品的市场竞争力。

二、预混料产品设计的条件

(一)掌握动物的需求特点

动物种类、品种、年龄、生理阶段或生产水平不同,对添加剂种类和数量的需求就不同。如瘦肉率高的外来品种猪比本地猪的生产性能高,对氨基酸、维生素、微量元素等营养物质的需要量也相应较高;幼龄仔猪消化生理发育不全,饲粮中添加酶制剂、酸化剂的效果优于成年猪。动物年龄或生理状态不同,抗病力也存在差异,在添加剂预混料产品设计时,其抗菌药物品种的选择和剂量大小的确定应区别对待。

(二)充分了解当地饲料资源情况

设计添加剂预混料产品应充分考虑销售使用的地区范围,因为不同地区的饲料资源和配方类型不同。如我国南方地区盛产稻谷,缺乏玉米和豆饼,一般的日粮为稻谷型,在设计添加剂预混料产品时,应充分考虑稻谷型日粮的营养特点,根据稻谷的营养特性进行设计;而在我国的北方地区则盛产玉米和豆饼,畜禽的日粮一般为玉米—豆饼型,设计其添加剂预混料产品则应充分考虑玉米和豆饼的营养特性。

(三)掌握添加剂的功能和质量标准

设计配方时必须掌握添加剂的功能、使用条件、方法、剂量、注意事项以及添加剂的质量标准。

(四)掌握国内外动物营养的最新研究成果

国内外在动物营养和饲养及饲料添加剂等方面的研究成果很多,对添加剂预混合饲料产品设计有很大的参考作用。因此,要及时掌握动物营养和饲料添加剂方面的最新科研动态和管理法规,并在产品设计中加以充分应用。

三、添加剂原料的选择原则

(一)原料的来源、价格和特性

首先考虑添加剂原料能否在当地或其他地方购买到,价格是否经济以及本厂库存的情况等。此外,还要注意原料的溶解性、吸潮性、静电荷、颗粒大小、水分含量等特性。

(二)适口性

所选品种不得影响动物的采食,必须有利于提高动物的采食量。

(三)化学稳定性

选用添加剂原料时首先要考虑其稳定性。许多微量添加成分可能是不稳定的,当某种饲料添加剂加入到预混料或各种饲料中时,它的效价可能受稳定性的影响。选用原料时需要考虑微量成分的纯度、商品形式或在配合料中可能的损失,认识其局限性。对不稳定的添加剂需要明确规定使用的范围,注意影响稳定性的因素,注意添加剂的保质期与有效期。

(四)配伍禁忌

一种添加剂最终都将与许多微量成分混合并稀释于配合饲料中,因此,需要从化学性质上考虑是否存在一种添加剂对另一种添加剂稳定性或功效的影响,如果一种添加剂是另一种的干扰物质,影响其生物学效价,则二者存在配伍禁忌。在配制添加剂预混料时要了解和避免各种添加剂间的配伍禁忌,同时,还应注意载体或稀释剂与添加剂间的配伍禁忌。

(五)生物学利用率

添加剂的不同化合物形式,在动物体内的吸收、代谢以及排泄的过程不同,其生物利用率也不同。了解各种添加剂产品的生物学利用率,特别是了解影响其利用率的因素等,有助于有效地设计配方。

(六)毒性、残留、抗药性

选择的品种不得使畜禽产生急性、亚急性或慢性中毒,不得导致组织细胞癌变和遗传变异等。动物食入添加剂后,其有害成分向肉、奶、蛋等畜产品的转移和残留量不得超过国家规定的允许量。在药物添加剂的选择上,应考虑所选用的品种不应导致病原微生物产生抗药性因子。

四、添加剂用量的确定原则

添加剂的添加量要根据动物品种、生长阶段、生理特点、生产水平、饲养条件等因素,参考国内外的研究成果而确定。

(一)营养性添加剂添加量的确定

营养性添加剂预混料产品设计要以饲养标准为依据。首先根据饲养标准确定动物对氨基酸、维生素和微量元素的需要量。饲养标准中规定的氨基酸、维生素、微量元素的需要量是在试验条件下(比较理想的环境条件)得出的数据,是动物的最低需要量,而实际生产条件下各种制约因素远远超过了实验条件下所控制的范围,使动物对微量养分的实际需要量高于饲养标准的推荐量。因此,通常在饲养标准基础上增加一个安全系数(或叫保险系数)作为动物的实际需要量,以保证大多数动物在实际生产条件下所需营养物质得到满足。

动物对微量养分的需要量主要由 2 部分来满足:一是基础饲料中的含量;二是需要由添加剂提供的量。基础饲料中的含量可根据饲料配方和饲料微量养分含量来计算,后者通常来自于营养价值表中的数据。饲料营养价值表中各种养分的含量是许多种同名饲料中养分含量的平均值,而准确含量因饲料产地、收获时间、加工条件的不同而异。因此,要知道饲料中微量养分的准确含量,必须对饲料原料进行直接测定。

氨基酸、维生素、微量元素的添加量是设计营养性添加剂预混料产品的直接依据,确定的原则是基础饲料缺什么补什么、缺多少补多少。因此,准确的添加量应等于动物的实际需要量与基础饲料含量之差,而不是饲养标准规定的需要量。例如,产蛋鸡饲养标准中规定锰的需要量为每千克饲料 60 mg,若安全系数考虑为 100%,则实际需要量为每千克饲料120 mg;基础饲料中锰的含量经测定为每千克饲料 20 mg,则营养性添加剂预混料应为全价饲料提供的锰量为每千克饲料 100 mg。

(二)非营养性添加剂添加量的确定

对抗生素、化学合成药、益生素、酶制剂、有机酸等非营养性添加剂,必须以药理学、药物学、病理学、毒理学、动物生理学、动物生物化学等学科的理论为指导,以国家有关的法律法规为依据来确定其添加量。

五、预混料产品的设计要求

预混料是用于生产全价配合饲料的核心部分,其产品设计要求易流动、低吸湿、抗结块、低静电。

（一）易流动

好的流动性是预混料产品应具备的主要特征之一，它对饲料的混合均匀度有重要影响。产品流动性除很大程度上受微量组分及载体（稀释剂）的颗粒大小、分布、结构及其静电性能的影响外，还取决于颗粒形式及吸湿特性、颗粒表面光滑度等。

（二）低吸湿

预混料吸湿后引起形态变化、化学反应、结晶、重结晶或凝固，都会使预混料中维生素的稳定性下降。此外，吸水后活性成分浓度降低，导致动物实际获得的含量不足。颗粒越小，吸水性越强，流动性越差。含吸湿成分，如经喷雾干燥的维生素、胆碱和烟酰胺等产品时，吸湿性增强。

（三）抗结块

预混料产品在受潮时易发生化学反应，由于气温升高，在有吸湿物质和氯化胆碱存在情况下，载体（稀释剂）和微量元素携带水分释出（迁移），导致产品结块。在某些情况下，酸性反应发生会导致盐类化合物的形成，有时饲料添加剂或载体的重结晶可导致坚硬的团块形成。含有黏性产品和小颗粒产品时结块的可能性极大。

（四）低静电

具有高静电性的维生素与料仓、绞龙混合接触时会粘到这些设备上。高静电维生素都将会与混合器紧紧黏附在一起。分子颗粒越小，静电荷越高。

六、添加剂预混合饲料配方设计的程序

添加剂预混合饲料配方是一个添加剂生产厂的技术核心，必须遵循一定的管理规定和程序，添加剂预混合饲料配方的制作和应用权应由通晓有关技术的专家掌握和负责。

(1)弄清楚厂里现有的和可以购买到的各种生产原料品种、规格，并分析化验，列出各种原料中各种营养成分的实际含量、有毒有害物质的实际含量等清单，供配方设计者使用。分析或检测清单应由各有关主管负责人签字。各种原料应符合国家有关的饲料添加剂原料标准。

(2)根据本厂的需要和产品使用目的，依据各种原料成分分析表和检测表提出初步可行的配方，并由专家签署。

(3)由加工工艺方面的有关专家，根据配方特点和生产厂具体加工条件提出某一种饲料添加剂产品实施的具体工艺流程图，并由专家签署。

(4)进行产品试验，以检验配方和工艺的最终效果，主要是畜禽饲养效果。试验应严格按照有关试验设计的要求进行，并进行统计分析，得出有关配方和工艺的可行性、先进性和实用性等结论。

添加剂预混合饲料配方产品试验与饲料配方产品试验不尽一致，前者要求的内容更广、深度更大。内容应包括：饲养效果、病理、毒理、药物交叉抗药性、动物产品中有毒有害物质残留、使用期限制、使用剂量、使用范围等。上述内容因添加剂品种的不同而异。同时检验产品的理化特性是否符合国家制定的有关饲料添加剂产品的标准。

(5)配方师和工艺设计专家根据上述试验结果提出是否需要修改、调整和完善配方及工艺的意见，并提出正式配方和工艺流程图，由专家签署。

(6)正式配方和工艺加工程序最后由技术总管审批、签署。

（7）正式配方和工艺流程技术图由档案管理人员整理、编号并归档。复制品交添加剂厂配方使用负责人使用保管。

（8）正式投产后，应按照国家规定的样品保存期，留样保存备检。

（9）开展产品用户追踪调查，注意信息反馈，为日后改进提高配方质量和完善加工工艺提供依据。

七、添加剂预混合饲料配方设计的内容

设计制作一个添加剂配方涉及多方面的知识，必须注重配方设计的完整性，以便于考核、呈报、审批、留档等工作。饲料添加剂配方所要求的主要内容大致有如下几方面。

（1）名称或代号。包括常用名、商品名等。

（2）分类或编号。即所设计的添加剂应归属的类别，如复合多种维生素、复合微量元素等属营养性添加剂，而抗生素类、酶制剂、防霉剂、着色剂等属非营养性添加剂。

（3）适应对象范围。即添加剂所适应的动物品种、性别、生理年龄阶段等。

（4）配方组分及含量。包括配方中所选用的原料种类、规格、配比或含量等。

（5）添加剂的功能用途及其作用机理。即添加剂使用后在畜禽机体内起什么作用，达到什么目的，以什么方式或方法发挥作用。

（6）工艺要点及质量标准。即添加剂生产的主要工艺特点（保密部分除外）及产品质量的衡量指标。

（7）测试方法及手段。即添加剂产品中主要原料成分的测定方法，使用的仪器设备等。

（8）添加剂的使用方法及使用剂量。详细说明该添加剂的使用方法（如拌料、饮水、注射等）和使用剂量如每千克饲料添加多少毫克或每天每只动物投给多少毫克等。

（9）添加剂的休添、停添时限。前者是指添加剂经过一定时间使用后应该间隔多长时间才能再次使用；后者是指在动物出栏或出现某一特定生理状态如蛋鸡开产之前多长时间必须停止使用。

（10）包装单位及包装要求。前者是指使用什么重量单位（如 kg、g、mg 或 L 等）以及多少重量为一个包装（如 100 kg 或 500 g 等）；后者指包装形式（如袋、桶、听、罐或其他特制包装容器等）。

（11）贮存条件要求。即添加剂产品在贮存时是否需要特殊条件，如干燥、常温、低温、避光等。

（12）添加剂的有效期限。即添加剂产品中活性成分能保持功能作用的时限，亦即保存多长时间后即行失效。

（13）配方师签名。

（14）配方设计日期。配方师在进行配方设计时，应尽可能对以上各项进行详细说明，必要时还应注明数据及原料等的出处、来源等。

八、预混料配方设计时应考虑的问题

由于不同品种、不同生长阶段或不同生产目的（产肉、产蛋、产奶或产毛等）的动物对所需物质不同，生产添加剂所用的各种原料性质及加工工艺也不同，合理应用添加剂十分重要。

（一）注意使用对象，重视生物学效价

饲料添加剂的应用效果受动物的种类、饲料加工方法及使用方法等因素影响。如益生素，单胃动物应用的微生态制剂所用菌株一般为乳酸菌、芽孢杆菌、酵母菌等，而反刍动物则是真菌酵母等。在动物处于出生、断乳、转群、外界环境变化等应激时，活菌制剂能保持较高的生物学活性，发挥最佳的饲用效果。而在制粒或膨化过程中，高温高压蒸汽明显地影响微生物的活性，制粒过程可使 10％～30％孢子失活，90％肠杆菌损失。在 60℃或更高温度下，乳酸杆菌几乎全部被杀死，酵母菌在 70℃的制粒过程中活细胞损失达 90％以上。选择添加剂时应关注其可利用性，选用生物效价好的添加剂。

（二）正确运用饲养标准，确定适宜添加量

饲养标准是不同饲养目的下动物的营养需要量，同时是很多试验结果的综合，因而完全可以作为添加剂预混合饲料配方设计的依据。

（三）注意理化特性，防止配伍颉颃

添加剂间的可配伍性和配伍禁忌，从化学角度可理解为是一种添加剂对另外一种添加剂是否会起着影响两者分析回收率的作用。如果两者间并不因为二者混合在一起而影响各自的分析回收率，则称可配伍性；相反，由于二者的混合而影响它们各自的分析回收率时，则称之为配伍禁忌。从添加剂的效力角度可理解为，一种添加剂的效力是否会因与另一种添加剂混合在一起而被减弱甚至完全消失，若两者的效力未因它们的相互混合而遭受损失，则称二者具有可配伍性，反之则是配伍禁忌。

（四）重视配合比例，提高有效利用率

矿物元素的有效吸收利用受许多因素的影响，矿物元素之间的比例是否平衡就是其中的一个重要问题，在复配矿物元素添加剂时，必须重视各元素的配合比例，防止因某种元素的增量而造成另一元素的吸收利用不良。如饲粮中钙磷比例过宽、脂肪过多等使钙在动物消化道中形成钙皂，影响钙的吸收与利用；饲粮中铁含量过高会导致牛出现铜、钴、锌、锰、硒的缺乏，而铜、锌、锰、碘等的过高可降低羊对饲粮中铁的可利用性，饲粮中铁与铜的比例应维持在 10∶1 左右。

（五）尽量控制预混料物质间的化学反应

限制含多个结晶水的硫酸盐和氯化物用量。矿物质的硫酸盐和氯化物生物学利用率高，随着这些化合物应用范围的不断扩大以及添加的比例增大，与矿物质有关的相互反应的问题也越来越受到人们的重视。例如，虽然带结晶水的硫酸镁在一般环境中是稳定的，但在需要水而形成更稳定的带结晶水化合物存在的情况下，就不稳定了。这种需水化合物之一就是一水硫酸铁（$FeSO_4 \cdot H_2O$），它可使带结晶水的硫酸镁失去结晶水。这种情况经常出现，可以看到正常清澈透明的硫酸镁晶体失水后，变成白色不透明的晶体。预混料中用的所有硫酸盐，都应该选用带最稳定的结晶水形式的硫酸盐。预混料中的各矿物质原料的相互反应已引起人们高度重视。

任务 4-3　维生素预混料产品设计

维生素预混料是指由 2 种或 2 种以上的维生素添加剂和载体复合而成的混合物，又称复合多维,或简称多维。

一、选择维生素预混料原料

(一)维生素添加剂的选择

选择维生素添加剂预混料原料时,除了要选择维生素添加剂稳定的制剂与剂型外,还应注意以下几个方面。

(1)选择生物学价值高、畜禽利用率高的维生素添加剂。人工合成的维生素添加剂与天然存在的维生素相比,二者的生物学效价不同。如鱼肝油中维生素 A 的生物学效价仅为30%～70%,而人工合成的维生素 A 生物学效价则可达 100%。不同的动物对胡萝卜素的利用率也不同,如牛、猪、鸡使 1 mg 胡萝卜素转化为维生素 A 的量分别为 400 IU、500 IU、1 161 IU。因此,要根据畜禽的种类合理地选择维生素添加剂。还要注意的是对于那些生物学效价和利用率高的维生素添加剂,若毒性大时应慎重选用和限量使用。

(2)根据气候和环境等条件对维生素添加剂的影响选择适宜的维生素添加剂。如在高温、高湿的夏季或湿热地区选用维生素 B_1 添加剂时,选择单硝酸硫胺较选择盐酸硫胺的效果要好。

(3)注意配伍禁忌。如烟酸和维生素 C 都是酸性强的酸性添加剂,易使泛酸钙脱氨失活;氯化胆碱对维生素 A、胡萝卜素、维生素 D、维生素 B_1 以及泛酸钙等均有破坏作用,故使用时应加以注意。

(4)维生素添加剂的粒度。由于维生素添加剂在全价配合饲料中所占的比例极小,因此只有将维生素添加剂活性成分的体积变小,才能使其在全价配合饲料中的颗粒数增多,达到分布均匀的目的。所以,维生素添加剂及其活性成分应粉碎到一定的粒度之后才能使用。

(二)维生素预混料载体、稀释剂的选择

(1)载体种类。制作维生素添加剂预混料所选用的载体种类很多(表 4-1),但通常多选用含粗纤维少的、流动性好的载体。

表 4-1　维生素添加剂采用的载体

亚硫酸氢钠	小麦粉	玉米芯粉	滑石
陶土(高岭土)	小麦次粉	动物油	碳酸钙
甘油、动物油混合液	大豆多糖	乳糖	大豆粉
硅酸钙	脱脂奶粉	高级饱和脂肪酸	白糖
轻质无水硅酸	脱脂鱼粉	米糠	啤酒酵母
轻质流动石蜡	糊精	米糠油脚	麸皮
硅藻土	淀粉	植物油	葡萄糖
玉米叶粉	玉米粉	植物油、动物油混合液	马铃薯浆
玉米糠饲料	玉米淀粉	硬脂酸钙	无水硅酸
小麦淀粉	玉米酒糟	豆饼粉	无水硅酸及盐

(2)容重。载体或稀释剂的容重是影响维生素添加剂预混料混合均匀度的重要因素,所以要注意选择那些与维生素添加剂容重相接近的载体和稀释剂,以保证活性成分在混合过

程中均匀分布,否则将会出现分层现象,直接影响维生素添加剂预混料的质量。

(3)黏着性。要选用黏着性好的载体,以确保承载并粘牢维生素添加剂的活性成分。

(4)粒度。维生素添加剂预混料中所选用的载体或稀释剂的粒度应符合要求,一般载体的粒度为 0.177~0.59 mm,稀释剂的粒度为 0.074~0.59 mm。

(5)含水量。载体或稀释剂的含水量要求越低越好,一般不应超过 10%,以保证有良好的流动性。

二、确定维生素添加剂添加量

由于饲养标准中所给的是最低需要量,即动物不出现维生素缺乏症的最低量,所以在设计维生素添加剂预混料时,一般都要超量添加,有时甚至达到需要量的几十倍。这样做固然可以保证动物的生产性能,但同时必须付出成本升高的代价。因此,如何在两者之间找到一个平衡点是设计维生素添加剂配方的关键。在确定维生素的添加量时,应考虑以下几个因素。

(1)动物本身的需要量。动物维生素需要量在很大程度上取决于其生理状况、年龄、健康、营养和生产目的。例如,高产奶牛由于产奶量高对维生素的需要量比干奶牛和产奶少的牛高;种母鸡要维持高的孵化率,对维生素 A、维生素 D_3 和维生素 E 的需要量比快速生产肉鸡高;生长速度快和产仔数高的猪对维生素需要量也高。

不同动物品种和品系对维生素的需要量也有较大的差异。新品种由于生产性能高,对维生素的需要量也高。快速生长肉鸡的腿病可通过在日粮中加入高水平生物素、叶酸、烟酸和胆碱得到部分纠正。

(2)饲养技术。如家禽在笼养时,不能接触草地,通过食粪获得维生素的机会减少。因此,在设计配方时应注意加大维生素的添加量。

(3)应激、疾病或不良环境。集约化饲养条件下,由于动物饲养密度大,会增加应激或亚临床疾病。在应激和疾病条件下,对某些维生素的需要量会增加。如疾病或寄生虫感染会影响动物胃肠道对维生素的吸收。严重感染寄生虫的动物,常发生维生素 A 缺乏。在肉鸡饲养中,饲喂发霉玉米,通常会导致维生素 D 和维生素 E 的缺乏。饲养环境越差,管理水平越低,动物的应激程度越高,体内合成维生素的能力越低,动物对维生素的需要量越大。

(4)饲料中维生素颉颃物。如果基础日粮中含有某种维生素的颉颃物,则会影响该维生素的消化和吸收,在预混料产品设计时,应适当提高该维生素的添加量。

(5)抗菌药的使用。一些抗菌药会改变动物肠道微生物区系和抑制维生素的合成,使动物对维生素的需要量增加。如某些磺胺类药物由于抑制肠道维生素的合成,使动物对生物素、叶酸、维生素 K 以及其他维生素的需要量提高。

(6)日粮中其他营养素的水平。如采用低脂日粮时,会使与碳水化合物代谢有关的硫胺素和生物素的需要量提高;如果脂肪消化受阻,会影响脂溶性维生素的吸收。

(7)饲料本身的维生素含量及其利用率。饲料中的维生素含量受产地、施肥、遗传、气候等因素的影响很大。不同饲料中的维生素的利用率不同。即使对饲料中维生素含量进行了准确的分析,也不能反映维生素的生物学可利用性的情况。如玉米中胆碱的利用率为100%,而大豆粕仅为 60%~70%。

(8)加工和贮藏。在设计维生素预混料产品时,必须充分了解在加工和贮藏过程中各种因素对维生素的影响,尤其是对维生素稳定性的影响。如温度、湿度、光照、酸碱等都会对维生素的稳定性产生影响。

(9)动物体内维生素的储存。动物体内维生素的储存也会影响维生素的需要量和添加量,对脂溶性维生素和维生素 B_{12} 更是如此。脂溶性维生素易于储存在动物体内,如维生素 A 和 β-胡萝卜素在肝脏和脂肪组织中储存足以满足 6 个月或更长时间的需要量。

(10)成本因素。各种维生素原料用量和价格不同,在预混料总成本中所占比例也不同。一般在维生素预混料中,维生素 A、维生素 E、生物素、胆碱等成本所占比例较大。因此,在设计产品时,在保证质量、效果的前提下,应降低总成本中比重较大的那些维生素的不必要的保险系数,以降低成本,获得最佳经济效益。我国大部分饲料级维生素均靠进口,成本较高,因此,在设计配方时,应因地制宜,不应盲目追求国外的超额添加模式。

三、维生素添加剂预混料产品设计的步骤

(一)设计步骤

(1)根据市场和生产需要确定维生素添加剂预混料产品的种类和在日粮中的添加比例;

(2)确定预混料中各种维生素的添加量;

(3)根据饲料成分表,查出基础原料中各种维生素的含量;

(4)综合以上各种因素,计算维生素的最终添加量;

(5)选用合适的维生素原料,计算各种原料的用量;

(6)选择载体并计算载体在维生素预混合饲料中所占的比例;

(7)复核配方,得出维生素预混合饲料的配方;

(8)配方说明:注明适用范围、功能、用法和用量等。

(二)设计示例

为产蛋高峰期的蛋鸡设计一个多维添加剂预混料配方。

(1)查蛋鸡饲养标准(NY/T 33—2004)。产蛋高峰期的蛋鸡维生素的需要量见表 4-2。

mg/kg

表 4-2　产蛋高峰期的蛋鸡维生素需要量

维生素	需要量	维生素	需要量	维生素	需要量
维生素 A/(IU/kg)	8 000	硫胺素	0.8	生物素	0.10
维生素 D/(IU/kg)	1 600	核黄素	2.5	叶酸	0.25
维生素 E/(IU/kg)	5	泛酸	2.2	胆碱	500
维生素 K	0.5	烟酸	20		
维生素 B$_{12}$	0.004	吡哆醇	3.0		

(2)确定所配制的复合多维预混料中维生素的种类。在本例中,除了生物素和胆碱外,其余都选中。

(3)查饲料成分表中各种维生素的含量。在设计商品用多维预混料时,常常省略此步骤,而在进行有关科学研究时,则需要根据所用配方饲料原料种类,累计各种饲料原料中的各种维生素含量。

(4)确定维生素的添加量。维生素的添加量=需要量+保险量,保险量可参照表 4-3 中的保险系数计算,各种维生素的添加量见表 4-4。

表 4-3　各种维生素的保险系数 %

维生素	保险系数	维生素	保险系数	维生素	保险系数
维生素 A	2～3	维生素 B_1	5～10	叶酸	10～15
维生素 D	5～10	维生素 B_2	2～5	烟酸	1～3
维生素 E	1～2	维生素 B_6	5～10	泛酸钙	2～5
维生素 K_3	5～10	维生素 B_{12}	5～10	维生素 C	5～10

注：1. 德国 BASF 公司推荐。

2. 较好贮存条件下贮存 3 个月。

表 4-4　各种维生素的添加量 mg/kg

维生素	保险系数/%	添加量	维生素	保险系数/%	添加量
维生素 A/(IU/kg)	3	8 240	核黄素	5	2.625
维生素 D/(IU/kg)	7	1 712	泛酸	3	2.266
维生素 E(IU/kg)	2	5.10	烟酸	3	20.6
维生素 K	7	0.535	吡哆醇	7	3.21
维生素 B_{12}	7	0.004 3	叶酸	8	0.27
硫胺素	7	0.856			

注：维生素的添加量＝需要量×(1+保险系数)。

（5）选择单一维生素添加剂。从表 4-5 中选择维生素原料，并换算成添加剂原料的用量。商品维生素添加剂原料用量＝维生素添加量/商品添加剂活性成分含量。

表 4-5　各种维生素原料的规格和用量 g/kg

商品维生素原料	规格	原料用量	商品维生素原料	规格	原料用量
维生素 A	50 万 IU/g	16.48	核黄素	96%	2.734
维生素 D	50 万 IU/g	3.424	泛酸	98%	2.312
维生素 E	50%	10.2	烟酸	99%	20.808
维生素 K	95%	0.563	吡哆醇	98%	3.276
维生素 B_{12}	1%	0.43	叶酸	98%	0.276
硫胺素	98%	0.873			

（6）选择载体。拟选用脱脂玉米淀粉作为载体。

（7）确定多维预混料在配合饲料中的用量。现假定该多维预混料在配合饲料中的用量为 0.2%，则每吨饲料中需添加本品 2 kg。

（8）列出产蛋高峰期蛋鸡复合多维添加剂预混料配方（表 4-6）。

（9）配方说明。①适用范围：本配方用于生产产蛋高峰期蛋鸡复合多维添加剂预混料；②使用方法和用量：将本配方产品按 0.2% 的比例与饲料混合均匀后使用；③生物素和胆碱在配料时另外加入。

饲料添加剂

表 4-6　产蛋高峰期蛋鸡复合多维添加剂预混料配方

成分	添加量/(mg/kg)	占总量的比例/%	成分	添加量/(mg/kg)	占总量的比例/%
维生素 A	16.48	0.824	泛酸	2.312	0.116
维生素 D	3.424	0.171	烟酸	20.808	1.04
维生素 E	10.2	0.51	吡哆醇	3.276	0.164
维生素 K	0.563	0.028	叶酸	0.276	0.014
维生素 B$_{12}$	0.43	0.022	载体	1 938.62	96.931
硫胺素	0.873	0.044	合计	2 000	100
核黄素	2.734	0.137			

任务 4-4　微量元素预混料产品设计

一、选择微量元素原料

(一)原料的生物学效价和经济效益

在选择微量元素盐时既要考虑它们的生物学效价,又要考虑经济效益。例如,氧化物类的长处是元素含量高,价格又往往相对便宜,且又不易吸湿结块,流动性、稳定性好,容易加工。而硫酸盐类则易吸湿返潮,流动性差,不易加工,需要进行干燥、加防结块剂、包被等特殊处理。目前,氧化物添加剂的使用有逐渐增加的趋势。但是,硫酸盐又较碳酸盐和氧化物易溶于水,在畜禽体内易于消化和吸收,生物学效价比后 2 种高。以含铜元素的化合物为例,用硫酸铜($CuSO_4 \cdot 5H_2O$)、氧化铜(CuO)、碳酸铜($CuCO_3$)分别对断奶仔猪进行饲养对比试验,其结果是,硫酸铜的铜生物学效价最高,碳酸铜为硫酸铜的铜生物学效价的 41%,氧化铜为硫酸铜的铜生物学效价的 15%。此外,硫酸盐还能够促进动物对蛋氨酸的吸收利用,使价格较贵的蛋氨酸增效 10% 左右,可提高饲料的经济效益。硫酸铜还能发挥抗生素的作用,预防疾病,促进生长。由此可见,应根据不同的情况综合考虑,选择最适宜的微量元素盐。但无论选择哪一种添加剂,其质量都必须符合矿物质微量元素添加剂的国家标准。

(二)原料粒度

原料粒度是影响微量元素添加剂均匀分布的重要因素。因此,微量元素添加剂的粒度一般要求通过 80～400 目标准筛孔,即粒径在 0.05～0.177 mm。如铁、锌、锰等微量元素的粉碎粒度应全部通过 50 目(0.3 mm);钴、碘、硒等极微量成分应粉碎至 200 目(0.076 mm)以下。为了得到很细的微粒,需要使用特种磨进行细磨,如碘酸钙或碘酸钾、亚硒酸钠用球磨机细磨才能达到所需求的粒度;氯化钴、硫酸铜、硫酸亚铁、硫酸锰和硫酸锌要使用微米级磨细磨至几个微米才能保证适宜的粒度,达到最佳的混合均匀度。

二、设计微量元素预混料考虑的因素

设计微量元素预混料产品时,除应遵循前述的一般方法和原理外,还应考虑如下因素。

(一)微量元素的毒性和公共卫生学问题

动物必需微量元素都具有两面性,即营养性和毒性。当饲料中微量元素的添加量超过动物的最大耐受量时,动物就产生中毒症状,导致畜产品残留和环境污染。一般说来,铁、锌、锰的中毒剂量相当于需要量的 50 倍,即它们的安全范围大,在生产上因混合计量等问题发生中毒的可能性不大。钴和碘等用量虽少,但安全范围较宽,一般也不容易中毒。唯有硒和铜需特别注意。硒为剧毒物质,其中毒剂量为 $3 \sim 5$ mg/kg,安全范围窄,再加上用量极微,其颗粒较粗、计量不准确或混合不均匀都会引起中毒。而铜,在使用高铜时,用量与中毒剂量接近,使用时需特别注意。

(二)配合饲料产品的特殊性

配合饲料中有些基础原料如菜籽饼(粕)、棉籽饼(粕)含量高,应使用较高的硫酸亚铁。高植酸含量饲料的微量元素利用率较低,可适当增加微量元素的添加量。另外,要考虑特殊产品的要求,一些保健畜产品如高硒、高碘、高锌蛋的生产,需要在产蛋禽微量元素预混料中适当提高碘、硒、锌的添加量。

(三)微量元素地区分布特点

硒、碘、钼、锌、锰、氟等元素在土壤、水中分布有明显的区域特异性,常常影响饲料作物中元素含量。如我国四川、黑龙江、陕西部分地区土壤硒含量低,而湖北恩施地区土壤硒含量高,使饲料作物中硒含量也随之变化。对于某些元素严重缺乏或过高的饲料,在配方设计时应有明确的针对性。

(四)微量元素添加剂原料的生物学效价

各种动物对不同微量元素化合物的利用率不同。如硫酸亚铁、氯化亚铁、柠檬酸铁、寡肽铁、小肽螯合铁用于防止仔猪贫血的利用率高于三价铁;硫化铜、氧化铜的利用率低于硫酸铜。有机微量元素如氨基酸、肽微量元素螯合物利用率通常高于无机形式化合物。

(五)硒的限量添加

硒既是动物的必需元素,又是一种剧毒物质,在设计微量元素预混合料时应特别注意。一般用硒酸钠、亚硒酸钠补充。由于常用的亚硒酸钠毒性较大,要求以稀释品的形式出售。应严格按照规定剂量添加。

(六)注意各种矿物质间的相互关系

各种矿物质间的关系错综复杂,有些元素间相互协调,而有些元素间相互颉颃。在产品设计时,特别要注意元素间的颉颃关系,因为存在颉颃关系的元素会因一种元素含量的增加而提高另一种元素的需要量,若不注意调整,则可能会出现后一种元素的缺乏症。如高钙会阻碍锌的吸收,进而增加锌的需要量;高锰会抑制铁的吸收;高磷会增加铜的排泄和干扰锌的吸收等。

(七)微量添加剂的重金属含量不能超标

微量元素添加剂是饲料中重金属元素的一个重要来源,特别是使用一些非饲料级的微量元素添加剂,往往造成饲料中重金属元素含量超标。

(八)产品用量

微量元素预混料的用量取决于产品使用对象、生产计量设备、混合设备的大小与精度、使用方法与包装材料等因素,微量元素预混料在全价料中的用量一般为 0.1%～1.0%。

三、微量元素预混料产品的设计步骤和方法

(一)设计步骤

微量元素预混料产品的设计步骤和方法与维生素预混料产品的设计相似,主要包括以下步骤:

(1)确定预混合饲料在全价饲料中的添加量;

(2)根据饲喂对象、饲养标准等,确认实际添加微量矿物质元素的种类和添加量;

(3)选择适宜的微量元素添加剂的原料,明确原料规格;

(4)计算微量元素添加剂原料的实际用量;

(5)选择载体,并计算载体的用量;

(6)计算出预混合饲料的配方;

(7)配方说明应注明适用范围、功能、用法和用量等。

(二)设计示例

设计生长肥育猪(35～60 kg)微量元素预混合饲料的配方。

(1)确定预混合饲料在全价饲料中的用量为 0.1%。

(2)确定微量元素在全价饲料中实际添加量。查生长肥育猪饲养标准(NY/T 65—2004),体重 35～60 kg 生长肥育猪微量元素需要量见表 4-7。

表 4-7　生长肥育猪微量元素需要量　　　　　　　　　　　　　　　　　　mg/kg

微量元素	铜	碘	铁	锰	硒	锌
需要量	4.00	0.14	60	2.00	0.25	60

根据基础饲料中微量元素含量,确定添加剂预混料中微量元素添加量。确定微量元素添加量,一般不考虑基础饲料中微量元素的含量,则需要量即为添加量。

(3)选择适宜的微量元素添加剂的原料,明确原料规格(表 4-8)。

表 4-8　商品微量元素添加剂原料及规格　　　　　　　　　　　　　　　　　%

微量元素商品	分子式	元素含量	商品原料纯度
硫酸铜	$CuSO_4 \cdot 5H_2O$	Cu:25.5	96
碘化钾	KI	I:76.4	98
硫酸亚铁	$FeSO_4 \cdot 7H_2O$	Fe:20.1	98.5
硫酸锰	$MnSO_4 \cdot H_2O$	Mn:32.5	98
亚硒酸钠	$Na_2SeO_3 \cdot 5H_2O$	Se:30.0	95
硫酸锌	$ZnSO_4 \cdot 7H_2O$	Zn:22.7	99

(4)计算微量元素添加剂原料的用量(表 4-9)。

表 4-9　各种微量元素添加剂原料用量　　　　　　　　　　　　　　　mg/kg

商品原料	计算公式	商品原料用量
硫酸铜	4.00÷25.5%÷96%	16.34
碘化钾	0.14÷76.4%÷98%	0.19
硫酸亚铁	60÷20.1%÷98.5%	303.05
硫酸锰	2.00÷32.5%÷98%	6.28
亚硒酸钠	0.25÷30.0%÷95%	0.88
硫酸锌	60÷22.7%÷99%	266.99
合计		593.73

（5）选择载体，并计算载体的用量。微量元素预混料的载体一般选择密度较大的物质，如石粉、轻质碳酸钙等。

根据市场和生产需要，确定预混合饲料在全价饲料中的用量为 0.1%，即 1 kg 饲粮中用 1 g 预混料。

载体用量＝微量元素预混料总量－各种微量元素添加剂商品原料用量之和
　　　　＝1 000－593.73＝406.27（mg）

（6）列出配方，并进行复核（表 4-10）。

表 4-10　生长肥育猪（35～60 kg）微量元素预混合饲料配方

商品原料	商品原料用量 /(mg/kg)	预混料配方比例 /%	预混料用量 /(kg/t)
硫酸铜	16.34	16.34÷1 000×100%＝1.634	16.34
碘化钾	0.19	0.19÷1 000×100%＝0.019	0.19
硫酸亚铁	303.05	303.05÷1 000×100%＝30.305	303.05
硫酸锰	6.28	6.28÷1 000×100%＝0.628	6.28
亚硒酸钠	0.88	0.88÷1 000×100%＝0.088	0.88
硫酸锌	266.99	266.99÷1 000×100%＝26.699	266.99
载体	406.27	406.27÷1 000×100%＝40.627	406.27
合计	1 000	100	1 000

（7）配方说明。①适用范围：本配方适用于生长肥育猪（35～60 kg）微量元素添加剂预混料；②使用方法和用量：将本配方产品按 0.1% 的比例与饲料混合均匀后使用；③保存方法：本配方产品应保存于阴凉、避光、干燥、通风处。

任务 4-5　复合添加剂预混料产品设计

复合添加剂预混料是由维生素、微量元素、氨基酸、药物、酶制剂以及其他添加剂等多种添加剂和载体或稀释剂组成。复合添加剂预混料的添加比例一般为 0.5%、1% 和 2%。有的复合添加剂预混料还含有钙、磷、食盐等矿物质,如目前市场上销售的 4% 系列的复合添加剂预混料含有动物所需的所有矿物质。

一、设计复合添加剂预混料配方应注意的问题

(一)氨基酸添加量的确定

添加氨基酸的目的是平衡饲料蛋白质中的氨基酸。因此,在确定氨基酸的添加量时,要考虑基础饲料中的氨基酸含量,根据饲养标准,本着缺什么补什么,缺多少补多少的原则添加。

(1)重点考虑补充第一和第二限制性氨基酸。以谷物和豆饼(粕)为主配制的鸡饲料,蛋氨酸是第一限制性氨基酸,赖氨酸是第二限制性氨基酸;猪的饲料则相反,赖氨酸是第一限制性氨基酸,蛋氨酸是第二限制性氨基酸。其他类型的日粮添加氨基酸的种类要视具体情况而定。

(2)确定氨基酸的添加量时,要考虑到氨基酸之间的互作关系。盲目地添加氨基酸添加剂会造成氨基酸新的不平衡。各种氨基酸的添加量要按照理想蛋白质原理,根据氨基酸平衡模式来准确计算。

(二)药物的使用和配合

药物性饲料添加剂的使用总的原则应遵循我国农业部颁布的《允许使用的药物性饲料添加剂》和我国政府制订的《饲料和饲料添加剂管理条例》、《兽药管理条例》等法律法规的有关规定。

(1)严禁使用如氯丙嗪、血利平、β-兴奋剂等国家明令禁止的镇静剂和激素等品种。

(2)严格区分混饲给药的治疗药和饲料药物添加剂。

(3)应使用专用的饲用抗生素,不使用人用抗生素。如螺旋霉素在我国是人用抗生素中较新的品种,如过多地在饲料中使用,会因细菌产生抗药性而影响人类疾病的治疗效果。

(4)合理地进行交替、轮换、穿梭使用不同种类的抗生素,以降低耐药性和抗药性的产生,提高药物添加剂的使用效果。

(5)将药物添加剂进行适当的配伍,制成复方,不仅用量降低,而且使用效果也会更好。如硫酸黏杆素在抗菌活性上的高度选择性是其优点,对革兰氏阴性菌比革兰氏阳性菌高 10～100 倍,但也有易产生肾中毒的缺点,因此希望降低用量。它与杆菌肽锌有较好的协同作用,将硫酸黏杆素与杆菌肽锌进行适当的配伍使用就可以弥补其缺点,而且使用效果更加优良。

(6)严格遵守药物添加剂的使用剂量及停药期规定。

(7)在生产饲养实践中重点应考虑当地饲养环境和用药情况。如果当地的饲养环境良好,疾病少、污染少,应尽量少用药物添加剂。当地的用药情况是药物添加剂配方设计的重要参考依据。如某地长期大量地使用某一药物,则在预混料设计时就不选用这种药物。

(三)微量组分的稳定性和有效性

复合预混合饲料组分复杂,各种酸性、碱性、氧化剂、还原剂共存于一体,各种微量组分的稳定性就尤其突出。因此在复合预混合饲料设计时,要注意各组分的稳定性,尽量减少活性组分的损失。

(1)维生素是最突出的稳定性差的组分之一。当维生素与微量元素在一起时很容易被氧化。因此,在设计复合预混合饲料时,一要注意抗氧化剂的使用;二要注意维生素的超量添加,当制成的复合预混料贮存 3 个月时,在预混料中维生素宜超量添加,建议超量比例可参考表 4-11。

表 4-11　复合预混料中维生素的超量添加比例　　　　　　　　　　　　　　%

维生素	超量比例	维生素	超量比例
维生素 A	50~100	烟酸	5~10
维生素 D	50~60	泛酸钙	5~10
维生素 E	30	维生素 B$_1$	10~15
维生素 K	200~300	维生素 B$_6$	10~15
维生素 B$_2$	5~10	维生素 B$_{12}$	10~15
叶酸	10~20	维生素 C	10~20

(2)选择稳定性好的原料,如选择经过稳定性处理的维生素 K 和微粒化的维生素 A。

(3)使用硫酸盐作原料时,应尽量使用低结晶水或无结晶水的盐类,或选用有机微量元素等。

(4)适当增加载体或稀释剂的比例,降低复合预混合饲料中微量组分的浓度。

二、复合添加剂预混料配方设计步骤和方法

(一)设计步骤

(1)确定复合添加剂预混料的组成。复合添加剂预混料一般包含微量元素、维生素、氨基酸、药物类添加剂和抗氧化剂等有效成分。

(2)确定维生素预混料的用量,采用第三节的方法,设计维生素预混料配方。

(3)确定微量元素预混料的用量,采用第四节的方法,设计微量元素预混料配方。

(4)确定其他添加剂的添加量,选择相应的原料,确定有效成分含量。

(5)计算各原料和载体的用量。

(6)整理出复合添加剂预混料配方,注明配方说明,包括适用范围、使用方法和用量、保存方法等。

(二)设计示例

为体重 20~50 kg 生长肥育猪设计复合预混料添加剂配方,其添加量为 2%。

要求:生长肥育猪全价饲料中维生素预混合饲料用量为 0.2%,微量元素预混合饲料用量为 0.5%,含速大肥 30 mg/kg,L-赖氨酸 0.15%,抗氧化剂 0.01%,饲用土霉素 50 mg/kg。

(1)按照第三节、第四节的方法分别设计配制出体重 20~50 kg 生长肥育猪的专用维生素预混合饲料和微量元素预混合饲料,备用。

(2)选择并确定速大肥、L-赖氨酸、抗氧化剂和饲用土霉素的原料及规格。

(3)根据各种添加剂的添加量和原料规格,计算速大肥、L-赖氨酸、抗氧化剂和饲用土霉素原料在全价料中的用量(表 4-12)。

表 4-12 速大肥等添加剂用量计算

成分	在全价料中的添加量	原料规格（有效含量）/%	原料在全价料中的用量/%
速大肥	30 mg/kg	50	0.006
L-赖氨酸	0.15%	78	0.192
饲用土霉素	50 mg/kg	10	0.050
抗氧化剂	0.01%	100	0.010
合计			0.258

（4）选择并计算载体用量，选择麸皮为载体。

载体用量（%）＝复合添加剂用量－（维生素预混合饲料用量
＋微量元素预混合饲料用量＋速大肥等添加剂用量）
＝2%－（0.2%＋0.5%＋0.258%）＝1.042%

（5）整理出复合添加剂预混料配方（表 4-13）。

表 4-13　复合添加剂预混料配方　　　　　　　　　　　　　　　　　%

原料	在全价料中用量	预混料配方
维生素预混合饲料	0.2	10
微量元素预混合饲料	0.5	25
速大肥	0.006	0.3
L-赖氨酸	0.192	9.6
饲用土霉素	0.05	2.5
抗氧化剂	0.01	0.5
麸皮	1.042	52.1
合计	2.00	100

注：预混料配方＝各原料在全价饲料中用量（%）÷2。

（6）配方说明。①适用范围：本配方适用于 20～50 kg 生长肥育猪；②使用方法和用量：将本配方产品按 2%的比例添加到配合饲料中并混匀后使用；③保存方法：本配方产品应保存于阴凉、避光、干燥处，有效保质期 2 个月；一旦出现结块、变色和异味，则不能再用添加剂预混料使用。

◉ 岗位操作任务

根据所学内容，分别设计一个肉仔鸡、产蛋鸭、仔猪、奶牛和鱼用维生素预混料、微量元素预混料和复合预混料配方。

知识拓展

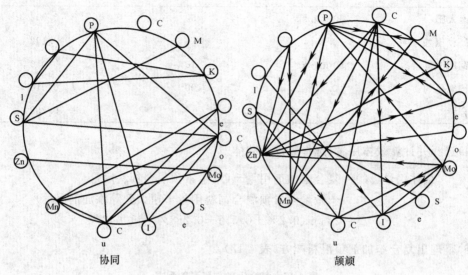

图 4-1 矿物质元素之间相互关系

项目小结

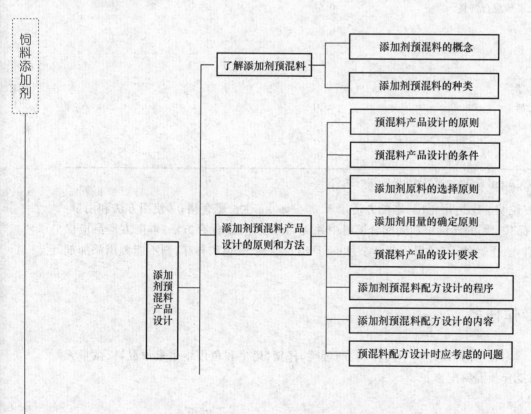

饲料添加剂 — 添加剂预混料产品设计
- 了解添加剂预混料
  - 添加剂预混料的概念
  - 添加剂预混料的种类
- 添加剂预混料产品设计的原则和方法
  - 预混料产品设计的原则
  - 预混料产品设计的条件
  - 添加剂原料的选择原则
  - 添加剂用量的确定原则
  - 预混料产品的设计要求
  - 添加剂预混料配方设计的程序
  - 添加剂预混料配方设计的内容
  - 预混料配方设计时应考虑的问题

176

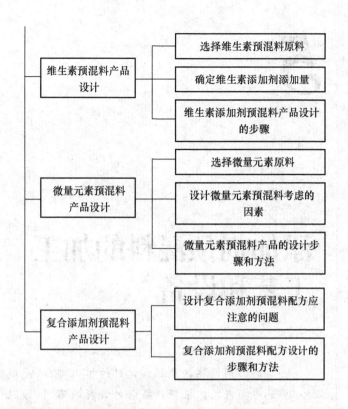

维生素预混料产品设计 ── 选择维生素预混料原料
　　　　　　　　　 ── 确定维生素添加剂添加量
　　　　　　　　　 ── 维生素添加剂预混料产品设计的步骤

微量元素预混料产品设计 ── 选择微量元素原料
　　　　　　　　　 ── 设计微量元素预混料考虑的因素
　　　　　　　　　 ── 微量元素预混料产品的设计步骤和方法

复合添加剂预混料产品设计 ── 设计复合添加剂预混料配方应注意的问题
　　　　　　　　　 ── 复合添加剂预混料配方设计的步骤和方法

◉ 职业能力和职业资格测试

1. 添加剂预混料产品设计应遵循哪些基本原则？

2. 要科学地设计添加剂预混料配方，必须具备哪些条件？

3. 选择添加剂原料时应考虑哪些问题？

4. 如何确定添加剂的用量？

5. 维生素添加剂原料选择应注意哪些问题？

6. 维生素预混料载体和稀释剂有哪些要求？

7. 影响维生素添加剂添加量的因素有哪些？如何确定维生素添加剂的添加量？

8. 微量元素添加剂原料选择应注意哪些问题？

9. 设计微量元素添加剂预混料配方时应考虑哪些因素？

10. 复合预混料配方设计时应注意哪些问题？

11. 简述添加剂预混料产品设计的一般方法和步骤。

Project 5

添加剂预混料的加工工艺和设备

➤ **项目设置描述**

　　添加剂预混料是配合饲料的核心部分,是现代饲料工业重要的中间产物。根据产品设计目标的不同,预混料在配合饲料中的比例从千分之几到百分之几不等,组成成分也从几种到数十种不等,因此预混料的生产从工艺到设备与配合饲料的生产有相似之处,更有许多不同的地方。本项目主要介绍添加剂预混料的加工工艺和设备,一个完整的预混料加工工艺主要由原料的前处理、粉碎、配料、混合、物料的输送、产品的包装、贮存以及通风除尘等工序所组成,并详细介绍各个加工工艺过程中所用的设备。举例说明了人工配料加工工艺、罗氏公司维生素添加剂预混料加工工艺、美国 MEC 公司设计的预混料加工工艺、微量矿物盐前处理工艺、全自动配料加工工艺及预混料加工成套设备,预混料厂可根据自己的需求选择。为保证预混料活性不受损失或少受损失,最后介绍了如何正确合理加工预混料。

学习目标

1. 掌握各种添加剂原料的预处理。
2. 掌握粉碎工艺、设备及其特点。
3. 掌握配料粉碎工艺、设备及其特点。
4. 掌握混合粉碎工艺、设备及其特点。
5. 掌握包装粉碎工艺、设备及其特点。
6. 掌握预混料贮存、通风除尘及其特点。
7. 掌握预混料生产中需要注意的问题。
8. 会设计简单的预混料生产工艺与配置主要设备。

添加剂预混料是将畜禽需要的各种微量成分如维生素、矿物质微量元素、氨基酸、生长促进剂、防腐剂等,用一定量的载体或稀释剂均匀地混合在一起的混合物。它作为配合饲料的一种原料,按一定比例添加到配合饲料中去,便于使微量的成分均匀分散,一般占配合饲料重量的 5% 以下,不经稀释不得直接饲喂。虽然预混料用量很少,但作用很大,具有补充营养、强化基础日粮、促进动物生长、防治疾病、保护饲料品质、改善动物产品质量等作用。由于预混料的组分极其复杂,用量相差悬殊,品种繁多,理化性能差异大,而且在安全稳定性等方面存在种种问题,大大增加了其生产的复杂性,其加工工艺与配合饲料加工工艺相比,有如下的特殊性:①应最大可能地保护活性成分的活性;②工艺流程应简短,有广泛的适应性和灵活性,最大可能地减少交叉污染;③配料精度要求高,微量配料精度要求达到 0.01%;④混合均匀度要求高,通常变异系数(CV)不得大于 5%;⑤包装要求高,包装材料要有利于贮存,保护活性;⑥对工人的劳动保护要求高。

一、原料预处理

生产预混料的各种原料,一般都能从市场上买到符合生产要求的饲料级产品,无须再处理。但也要根据原料的实际情况具体对待,使其达到相应生产的质量和工艺要求。由于添加剂预混料的原料品种繁多,各种原料的物理和化学特性不一,其生产加工过程中的前处理就显得十分重要,前处理技术水平的高低直接影响产品质量的好坏。

(一)添加剂原料的预处理

1. 微量元素添加剂原料的预处理

微量元素添加剂主要指铜、铁、锰、锌等的矿物质盐(碳酸盐和硫酸盐)与氧化物。这些添加剂化合物中有的水溶性差,工艺上易处理(如氧化物),有的则极易吸湿返潮而结块,直接影响加工处理和设备的使用寿命(如硫酸盐等),其结果是既不能满足饲料加工过程中对粒度和流动性的要求,又影响饲料产品的质量。由于微量元素添加剂原料的这些特性,因此,在应用之前必须进行适当的预处理,以改变它们的某些物理性状,使之既符合加工工艺要求又能确保产品质量。

(1)硫酸盐的预处理。

①干燥处理。硫酸盐类如硫酸亚铁、硫酸铜、硫酸钴、硫酸锰、硫酸锌等常含有 5～7 个结晶水,在空气中易吸潮结块,给生产加工带来不利影响。主要的危害有:一是在加工过程中易黏附在设备壁上,对设备有腐蚀作用;二是由于结块导致粒度增加,使混合均匀度降低,影响饲喂效果;三是在产品贮藏中易破坏预混料中其他成分的生物活性。因此有必要进行干燥和防潮处理。

干燥处理主要是采取强制烘干以消除游离水。不同国家对硫酸盐游离水含量的要求也不同。有的国家要求游离水含量低于 0.5%;有的允许范围为 0.5%～2%;还有的要求需除去全部游离水外,还要将产品干燥到 1 个结晶水。如美国的王子公司所用的硫酸盐除硫酸铜为 5 个结晶水的产品外,硫酸亚铁、硫酸锌等均经干燥处理为只含 1 个结晶水的产品。

②添加防结剂处理。在某些特别容易吸湿结块的硫酸盐原料中可添加少量吸水性差、流动性好、对畜禽无害甚至有益的某些防结块剂,如二氧化硅、硅酸钙、硅酸镁、硅酸铝钙、硅酸铝钾、硅酸三钙、沉淀碳酸钙及碳酸镁等,以解决硫酸盐易结块和流动性差的问题。但防结块剂的用量不得超过饲料最终成品的2%。

③涂层包被处理。采用涂层包被处理可使硫酸盐颗粒之间互相隔离,建立"隔水屏障",使粉粒在松散状态下不易结块,满足工艺要求。在复合制剂中,使硫酸盐与维生素不直接接触,可保护维生素的活性(稳定性等)。

以矿物油或石蜡油包被在硫酸盐的预混料中,加入3%矿物油或石蜡油,直接在混合机内搅拌混匀,可起到阻挡水分的屏障作用,使已干燥的硫酸盐微粒不致吸湿返潮。此外,矿物油和石蜡油还具有一定的黏滞性以及绝缘性,可防止粉尘污染和微粒产生的静电作用。另外还可用蜂蜡、漂白蜂蜡、巴西棕榈蜡作为包被剂。

④制成多糖复合物。多糖复合物是一种溶解性盐与多糖溶液所形成的特殊金属复合物。如铜、锌、铁的多糖复合物等。该工艺可将微量元素完全包被,更有利于动物的利用,还可以防止它们与维生素及其他矿物质元素之间的相互影响。用二乙胺四乙酸作螯合剂制成铜、锌、铁等的螯合物。通常要求螯合剂的纯度至少为99%,用量在配合饲料中不得超过240 mg/kg。

(2)碘化钾和氯化钴的预处理。碘化钾和氯化钴在预混料中用量极微,为便于均匀混合,通常采用以下方法进行预处理。

①硬脂酸钙保护法。首先用球磨机分别将碘化钾和氯化钴这两种原料细粒化,然后用硬脂酸钙作保护剂形成一种包合物,保护剂的用量比例为2∶98。

②吸收剂平衡法。将碘化钾与氯化钴原料分别准确地称量,然后各以1∶(15~20)的比例溶解于水中,再分别按照1∶500的比例喷洒在石粉等吸收剂上进行预混合。

③添加抗结块剂。由于碘化钾结晶粉在潮湿空气中可轻微潮解,因此,可向原料中加入10%抗结块剂以防止结块。

(3)硒酸钠与亚硒酸钠的预处理。畜禽对硒的需要量极微,而硒酸钠与亚硒酸钠这两种原料均为剧毒物质,且亲水性强,故极易溶于水。因此,要进行必要的预处理。一般使用的方法是将含硒45%的亚硒酸钠加入81.4℃的热水中,经过5 min完全溶解后制成10 kg水溶液,然后再喷洒在搅拌机内的砻糠粉上,混合均匀,制成硒稀释剂,再与其他原料混合成为硒的预混料。硒的含量为0.02%,最后可按1∶2 000的比例加到配合饲料中去。

(4)细粒化。细粒化是将微量元素添加剂进行细粉碎。其目的在于提高混合均匀度,有利于均匀混合,保证动物采食的概率相等,同时也有利于微量元素添加剂在胃肠道中的溶解和吸收。添加量越少的微量元素,要求粉碎粒度也越小。但是粉碎得过细也将带来许多不利的影响,如流动性降低、粉尘增加、静电效应增大、化学稳定性变差、混合特性降低、制成的预混料质量差等。因此,并非粉碎得越细越好,应选择最佳的粉碎粒度,而最佳粒度的确定主要视其在配合饲料中的用量而定,详见表5-1。

(5)预粉碎。预粉碎是微量元素添加剂的原料处理中又一种必不可少的方法。它是将用作载体和稀释剂的所有谷物饲料以及矿物质盐类(微量元素盐),按照一定的粒度要求进行预先粉碎,以保证微量元素添加剂符合加工工艺的粒度要求。

表 5-1　活性成分在配合饲料内添加量与粒度要求的关系

饲料内的添加量	美国标准筛/目	粒度/μm	1 g 物料内的粒子数
4.5 kg	18	1 000	1 530
—	20	840	2 580
—	25	710	4 350
—	30	590	7 460
0.9 kg	40	428	20 800
227 g	60	250	84 700
—	80	177	281 000
—	100	149	392 000
—	200	74	3 260 000
1 g	325	44	15 600 000
100 mg	—	22	—
10 mg	—	5	—

(6)制成预混料。微量元素添加剂的原料处理中除以上介绍的几种方法外,还可以制成微量元素添加剂预混合饲料,即将一种或多种微量元素添加剂与稀释剂或载体相混合,进行预先稀释和预先混合,以保证微量元素添加剂的有效性和安全性,使之能均匀地混合于配合饲料中。如将硫酸锰($MnSO_4$)、碳酸锰($MnCO_3$)的细粉原料与石粉的细粉原料相混合,直接进行预混料的配料混合工艺即属这种情况。这样既简化了工序,又保证了配合饲料的质量。在设备尤其是计量与搅拌设备条件差的情况下,预混料无疑是一种使用添加剂的有效而不可缺少的形式。

2. 维生素原料的预处理

维生素易受氧、潮湿、热、光照、金属离子等因素的影响而降低其活性。为了满足加工工艺上的要求,几乎所有维生素添加剂都需经过特殊加工处理,以保持维生素的稳定性和活性。

(1)维生素 A 的预处理。常用的维生素 A 添加剂为维生素 A 乙酸酯和维生素 A 棕榈酸酯,经酯化的维生素 A 稳定性虽有提高,但也易被氧化而使其活性降低,还需进一步处理。

①乳化。先在乳化器内加入阿拉伯胶,然后加入维生素酯进行乳化,使之形成微粒,均匀地分散于基质中。基质可采用阿拉伯胶或明胶,也可采用蔗糖或淀粉;可进行一次乳化,也可采用双重乳化。为避免在乳化过程中维生素 A 被氧化,还应加入一定量的抗氧化剂,如乙氧基喹啉、BHT 或 BHA。

②包被。将制成的细粒再移至反应罐中,加入明胶水溶液,利用电荷作用使乳化液微粒和明胶水之间发生反应,形成被明胶包被的微粒,随后再加糖衣、疏水剂,再用淀粉包被,即制成微型胶囊。将上述制成的细粒再用可溶性变性淀粉加以包被,形成极细小的微粒。

这样处理过的微粒比以往的明胶微粒胶囊形式好,其硬度高,能抵抗机械损伤,抗氧化性能好,微粒表面粗糙,不规则,混合性能好,单位饲料中的颗粒数多。吸附在经过乳化工艺处理制成的细粒中,再加入吸附剂,如用干燥的小麦麸和硅酸盐进行吸附,制成粉剂。经过预处理的维生素 A 酯,在正常贮存条件下,如果是在维生素预混料中,每月损失 0.5%～1%;如在维生素矿质预混料中,每月损失 2%～5%;在配合饲料(粉料或颗粒料)中,温度在23.9～37.8℃时,每月损失 5%～10%。

(2)维生素 D_3 的预处理。维生素 D_3(胆钙化醇)对光敏感,微耐酸,不耐碱,能被矿物质和受氧化作用而遭破坏。但酯化并经明胶、糖、淀粉包被后稳定性可大大提高。例如,在常温(20～25℃)条件下,维生素 D 酯化包被物与其他维生素添加剂混合在一起时,可贮存 1～2 年仍不失活性,但是如果温度提高到 35℃,同样条件下贮存 2 年,其活性将损失 35%。因此,应将维生素 D_3 存在干燥阴凉处,并注意防湿防热。

(3)维生素 E 的预处理。维生素 E 本身是一种抗氧化剂,但它本身被氧化的同时也就推动其活性,因为它是以自身的氧化来延缓其他物质的氧化。因此,维生素 E 需要采用以下几种工艺进行预处理。

①吸附工艺。将油液状的维生素 E 原料与二氧化硅相混合,二氧化硅由于具有高度的分散性且有很多小孔,可使维生素 E 原料被吸附、渗透到二氧化硅这种胶体物质中。

②喷射包被工艺。先将维生素 E 油制成极细的微粒,然后喷射到基质上被包被,基质可用乳制品、明胶或糖,这类基质在水中具有弥散性,故该工艺制成的维生素 E 添加剂比吸附工艺制成的维生素 E 添加剂效果好,稳定性高,且可以作水溶性维生素预混剂的组分。

③固化处理。将 1 kg 大豆卵磷脂、25 g 抗氧化剂和 3.975 kg 饱和脂肪加入到 50 kg 脂溶性维生素油剂中,使其乳化和稳定化。

在以上配制好的 55 kg 经乳化与稳定化维生素 E 中加入 115 kg 麦麸粉(载体)、30 kg 硅酸盐或膨润土(吸附剂)进行预混合,即制成粒度为 0.1～1.0 mm 的粉剂。经该方法制得的维生素 E 预混料稳定性高,但效果较差,可用于配制预混料。

(4)维生素 K 的预处理。用作饲料添加剂的维生素 K,其活性成分为甲萘醌。由于稳定性差,易失去活性,故需进行适当的预处理,制成维生素 K 衍生物,以提高稳定性。

(5)胆碱的预处理。胆碱添加剂主要是氯化胆碱,分为液体氯化胆碱和固体氯化胆碱 2 种。前者需采用专门设备,使用也不方便。这里仅介绍固体氯化胆碱的预处理技术。

①干燥法。将液体氯化胆碱喷洒到吸附剂上,同时加入抗结块剂,制成固体粉粒状氯化胆碱。吸附剂选用有机载体(如麸皮粉、玉米芯粉、谷粉)。由于有机载体的含水量高,易吸潮结块,所以,经干燥后方能配制胆碱含量为 50% 的粉剂。

②吸收法。使用符合粒度的二氧化硅或硅酸盐等吸收剂平衡其水分以达到固化而呈粉状。虽然制成的固体氯化胆碱的稳定性得到了提高,但因其对其他添加剂活性成分的破坏很大,故在预混料中一般不加氯化胆碱,而是在配制配合饲料时随用随加。

(6)叶酸的预处理。叶酸稳定性较好,但因其具有黏性,故也要进行预处理,如加入稀释剂降低浓度,以克服其黏性而有利于预混料的加工。

(7)生物素的预处理。生物素的有效成分含量极低,且饲料中添加量也很少,所以,要进行一定的预处理。

①细磨。生物素在饲料中的添加量很少,故对其粒度要求极细,需要进行细磨处理。

②稀释。加入稀释剂,先进行稀释混合。

③加吸附。将生物素直接喷洒在吸附剂上,混合均匀。

(8)维生素 B_{12} 的预处理。维生素 B_{12} 在配合饲料中的添加量也极少,故可先加入稀释剂进行稀释混合,再加载体或吸附剂做预混料。

总之,饲用添加剂中有些维生素并非使用其纯品,而是用它的一些比较稳定的复合物,如盐类或酯类的衍生物,或加入载体,或制成微型胶囊,或制成稳定的化合物。在剂型上则有粉剂(混拌或冲饮)、水剂、油剂、针剂、复合制剂以及微型胶囊制剂等,其目的都是提高其稳定性,而且还有利于加工使用。

(二)载体与稀释剂的前处理

载体与稀释剂的品种很多,对其进行前处理是保证添加剂预混料加工质量的重要条件,对选定载体与稀释剂的前处理主要是烘干与粉碎。

为确保添加剂预混料质量,控制载体与稀释剂的水分含量十分重要。一般要求稀释剂与载体的含水率不超过 10%,对含水率达到或超过 12% 的物料,必须进行干燥处理后才能进一步加工。考虑到降低产品成本,可利用阳光对原料进行干燥处理,如达不到加工要求,再用烘干机械进行干燥处理。

载体与稀释剂的粒度影响承载添加剂活性成分的能力与加工混合均匀度,物料如有 10% 以上的颗粒粒度大于 0.59 mm,一般需进行再次粉碎加工。一般要求稀释剂的粒度比载体更细些。

二、粉碎工艺

粉碎是使载体、稀释剂等原料达到国家标准规定的预混料粒度要求,从而保证各组分混合均匀,并能获得最大的生物效能。预混料厂需粉碎的物料有玉米、麸皮、玉米芯等有机载体及碳酸氢钙等无机载体;此外,还有碳酸铜、硫酸亚铁、碳酸钴、碘酸钙和亚硒酸钠等活性成分。对于复合预混料,其粒度要求为:全部通过 16 目分析筛,30 目以上留存不大于 10%;对于微量元素预混料,其粒度要求为:全部通过 40 目,80 目以上留存不大于 20%。

在欧美的一些国家,添加剂预混合饲料厂大多不设粉碎工段,生产中所需的原料如维生素、载体、稀释剂等基本都由专业厂提供,但在我国这些原料大部分都需要添加剂预混合饲料厂组织加工。粉碎的目的是减小粒径,以便混合均匀。由于各类物料对粉碎有自己的特殊要求,因此要合理设计粉碎工艺。

通常,载体物料的粉碎成品粒度不够均匀,对此可采用二次粉碎工艺,一种是由一台粉碎机和一台分级筛组合,即由粉碎工艺与设备机排出的物料经 1 台单进口双出口的分级筛筛分,合格的进入料仓备用,粗粒再进入粉碎机粉碎;另一种是双机粉碎工艺,第一台粗粉碎机排出的物料经 1 台单进口双出口分级筛,合格的进入料仓备用,不合格的粗粒再经 1 台细粉碎机粉碎。为了有效控制主车间噪声,粉碎工段可不设置在主车间内,粉碎后的物料由输送设备送至主车间。粉碎设备取决于生产规模、原料特性以及对产品粒度的要求。

目前预混料饲料厂大多不设粉碎工段,生产中所需的原料都由专业厂家提供或从市场上直接购买。若设粉碎工段,必须根据生产规模、原料特性以及对产品的粒度要求,合理设计粉碎工艺和选择粉碎设备,保证成品粒度的均匀性。国内外预混料厂大多采用锤片式粉碎机二次粉碎,若对载体和稀释剂的粒度要求较细,则采用微粉碎机。

三、配料工艺

配料是预混料生产中的重要工序,配料的准确性直接影响到预混料的质量、成本和安全性。

（一）配料秤

正确选择配料秤和采取适宜的配料方式是确保配料准确的关键。由于预混料中原料配比量差异大,允许配料误差也不相同,应采用大、中、小秤相结合分别进行配料,以提高配料精度。预混料的配料主要分为两种。

1. 微量组分的配料、稀释

微量组分的配料多采用在配料间人工配料,极微量成分采用高精度天平或高精度电子台秤。一般微量组分采用50、5和1 kg台秤或电子台秤,大称量用大秤,小称量用小秤,这样可以解决添加比例的差别及缩小各组分的误差。在日常生产管理中,要定期校准称量设备,加强对配料操作的监督。配制好的微量组分由于原料浓度高、加入量小,需要加稀释剂予以稀释。为减少称量次数,提高配料效率,建议对微量组分进行分类配料、分类预混合。

2. 载体和常量元素的配料

载体和各种常量矿物元素及氨基酸的配料形式,可根据预混料厂的规模大小采用自动配料或人工配料,其配料误差应控制在总量的 0.25% 范围内。配制添加剂预混合饲料时对配料秤的精度要求高,应选用微量配料秤,配备电脑控制,这样可使称量精度达到万分之一。同时要求配备随被称量物料多寡不一而要求各异的料秤,以保证配料称重的综合误差达到0.01%～0.03%。

（二）计量系统的精度

预混料厂从原料进厂到成品出厂,为保证产品质量,各环节均需配置相当精度的称量设备。一般在添加剂活性成分稀释前,极微量活性成分用感量为 0.1 mg 的天平(即万分之一分析天平),一般活性成分用感量 50～500 mg 的天平称量。

稀释后的添加剂根据各厂条件,可用人工计量(多采用台秤,静态精度为千分之一),一些现代化的工厂大多设备用电子计算机控制的微量配料秤。正确选择配料秤和采取适宜的配料方式是确保配料准确的关键。根据配料的不同,50 kg 以下的配料秤的配料误差为 5 g,100～150 kg 以上的配料误差为 50 g。为了提高配料精度,可采用大、中、小秤相结合进行分别配料。

（三）人工称重

在配制室内配料,可用分析天平、台天平等,稀释剂可用台秤、磅秤等。大称量用大秤,小称量用小秤,不同称量段采用不同的配料误差。特点是较为准确、投资少,但效率低。

（四）自动配料工艺

添加剂预混料生产的自动配料系统由载体输送与配料、微量组分输送与配料两部分组成。对微量组分的配料可采用微量组分配料秤,自动完成给料、称重的任务,配料精度高。载体用电子秤称重,整个配料系统由微机控制,可自动完成配料、计量、混合等全部操作,采用自动配料系统设备投资大。目前常见的配料工艺流程有多仓一秤、一仓一秤和多仓数秤等形式。

1. 多仓一秤配料工艺

多仓一秤的配料工艺特点是工艺简单、配料计量设备少,设备的调节、维修、管理方便,易于实现自动化。其缺点是配料周期比一仓一秤要长,累次称量过程中对各种物料产生的称量误差不易控制,从而导致配料精度不稳定。其工艺流程见图 5-1。

2. 多仓数秤配料工艺

多仓数秤配料工艺应用极为广泛,即用配料饲料厂,特别对于预混合饲料厂、浓缩饲料厂等几乎都采用这种配料工艺形式,见图5-2。该工艺是将各种被称物料按照它们的特性或称量差异而采用相应的分批分档次称量的称量设备。一般大配比物料用大秤,配比小或微量组分用小秤,因此配料绝对误差小,从而经济、精确地完成整个配料过程。当然,同时配用多台自动化较高的配料秤将增加一次性投资和以后的维修管理费用。但该配料工艺较好地解决了多仓一秤和一仓一秤工艺形式的存在问题,是一种比较合理的配料工艺流程。

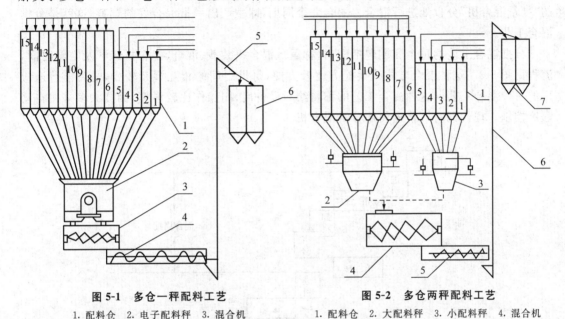

图 5-1　多仓一秤配料工艺
1. 配料仓　2. 电子配料秤　3. 混合机
4. 螺旋输送机　5. 斗提机　6. 成品仓

图 5-2　多仓两秤配料工艺
1. 配料仓　2. 大配料秤　3. 小配料秤　4. 混合机
5. 水平输送机　6. 斗提机　7. 成品仓

(五)注重投料顺序

1. 首先投入载体(或稀释剂)

这样做的目的之一是使载体的一小部分沉降到预混机底部,即便螺旋叶片的顶端不能把它们充分搅动,也比把微量活性成分的添加剂沉降到底部为好。

2. 加入植物油

在投入载体后再加油,加油量为整个预混料(剂)的1%～3%,以其能均匀地布满载体表面为度。植物油一方面起黏合剂作用,一方面还可使静电消失或减弱。

3. 加入饲料添加剂

占配比小的先加,占配比大的后加,从而有助于它们的均匀分布。如果载体的用量较大,可以分两次加入,先加一半,在加全份饲料添加剂之后,再加入留下的一半载体。一半在完全投料之后,再混合搅拌10 min或稍长一些。搅拌时间的多少,因预混机的性能而异。一般是制作预混料的搅拌时间要比制作配合饲料的时间为长,约需15 min时间。

但要注意向混合机内投料时,很易造成微细粉粒的粉尘,损害人的呼吸道、皮肤、口腔、眼睛等,因而,工作人员必须有防护用具,混合机上不能有缝隙,投料口要有防止粉尘外扬的设计。

工作人员应熟记预混料配方中各种原料的添加量,认真填写生产记录,生产负责人每天应检查记录,定期检查库存,核对产品用量。

四、混合工艺

混合工艺可分为分批混合(或称批量混合)和连续混合两种。

(一)分批混合

分批混合就是将各种混合组分根据配方的比例配合在一起,并将它们送入周期性工作的"批量混合机"分批地进行混合。混合一个周期,即生产出一批混合好的饲料,这就是分批混合工艺。

分批混合工艺的每个周期包括配料(称重)、混合机装载、混合、混合机卸载及空转时间,流程见图5-3。这种混合方式改换配方比较方便,每批之间的相互混杂较少,是目前普遍应用的一种混合工艺。这种混合工艺的称量给料设备启、闭操作比较频繁,因此大多采用自动程序控制。现代饲料厂普遍使用分批混合机。

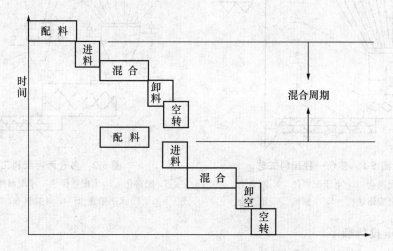

图5-3 分批混合工艺混合周期示意图

(资料来源:沈再春等译校.饲料制造工艺学(第4版).中国农业出版社,1996)

(二)连续混合

连续混合工艺是将各种饲料组分同时分别地连续计量,并按比例配合成一股含有各种组分的料流,当这股料流进入连续混合机后,则连续混合而成一股均匀的料流,工艺流程如图5-4所示。

连续混合工艺由喂料器、集料输送、连续混合机三部分组成。喂料器使每种物料连续地按配方比例由集料输送机均匀地将物料输送到连续混合机,完成连续混合操作。这种工艺的优点是可以连续地进行,容易与粉碎及制粒等连续操作的工序相衔接,生产时不需要频繁地操作。但是在更换配方时,流量的调节比较麻烦,而且在连续输送和连续混合设备中的物料残留较多,所以两批饲料之间的互相混合问题比较严重。近年来,由于添加微量元素以及饲料品种增多,连续配料、连续混合工艺的配合饲料厂日趋少见。一般均以自动化程序不同的批量混合进行生产。

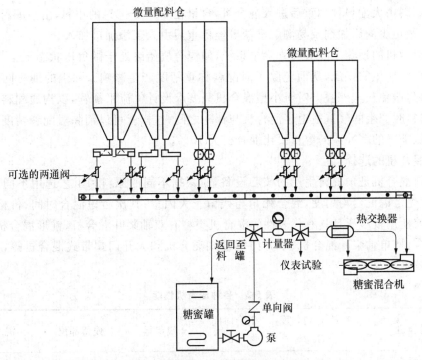

图 5-4　典型连续式混合系统示意图

(资料来源:沈再春等译校.饲料制造工艺学(第4版).中国农业出版社,1996)

(三)典型混合工艺流程

典型混合工艺流程见图5-5。它以混合机为主体,上盖入口有3个,包括大、小配料秤、人工添加口;旁侧有油脂添加接口;下面有出料缓冲斗,再经刮板输送机和斗式提升机输送。

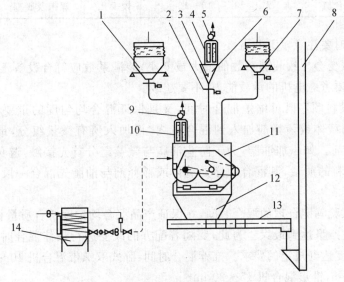

图 5-5　混合工艺流程图

1. 大配料秤　2. 气动闸门　3. 料位器　4. 脉冲除尘器　5. 风机　6. 人工添料斗

7. 小配料秤　8. 斗式提升机　9. 风机　10. 脉冲除尘器　11. 双轴桨叶混合机

12. 缓冲斗　13. 刮板输送机　14. 油脂添加系统

主要原料由大配料秤称重后进入混合机,含量在 0.5%～5% 的小料,由小配料秤称重后入混合机,量更少的添加剂及易潮解食盐等经称重后由人工添加口加入。

大型混合机的顶盖上配有独立除尘系统,使混合机始终处于微负压状态下工作,消除了混合机混合时产生的正压,从而免除了对配料称重精度产生影响。除尘的细粉同时又回到混合机内部,避免灰尘外溢。对于小型混合机只要求设计气流平衡管,以沟通配料秤与混合机,使装卸料时产生的气流往返于混合机与秤斗之间,这样就可以消除对配料精度产生的影响。混合机下设的缓冲斗的容量要比混合机大 10%。

(四)混合机的选择

预混料混合机是预混料生产的核心设备,应根据不同的原料和工艺选用不同形式的混合机,需优先考虑混合均匀度、混合死角与残留三大因素;其次考虑混合时间、价格、安装条件等。目前使用较广泛且具有代表性的混合机类型有双轴桨叶混合机、锥形混合机、翻转式无残留混合机、单轴桨叶混合机、小开门螺带式混合机和大开门螺带式混合机等,具体的性能特点比较见表 5-2。

表 5-2　各种混合机性能

混合机	混合均匀度 CV/%	混合时间 /min	残留量	残留部位	混合死角
双轴桨叶混合机	5	5～8	较少	桨叶及底部	无
锥形混合机	5	15～20	较少	悬臂及螺带	圆锥底部
翻转式无残留混合机	5	10～15	较少	螺带	无
单轴桨叶混合机	5	8～10	较少	桨叶及底部	无
小开门螺带式混合机	7	10～15	较多	螺带及底部	出料口处
大开门螺带式混合机	7	10～15	较少	螺带及底部	无

使用混合机时要注意以下几点:

(1)配方的改变会导致装满系数的增大或变小,装满系数应符合设备正常使用范围,对于比重大的物料要考虑电机的承载能力,不要超载。

(2)科学的投料顺序既可缩短混合时间,又是保证混合均匀度的重要环节,一般是先将 70%～80% 的载体或稀释剂加入到混合机内,再加入所有微量组分,最后加入剩余部分的载体或稀释剂。如添加油脂,为了防止油脂与微量组分首先接触,避免造成微量组分结团而影响预混料的质量,其混合顺序是载体或稀释剂与油脂先混合一段时间,再加微量组分。

(3)应通过试验确定合理的混合时间,在保证产品混合均匀度符合质量标准要求的情况下,使混合机的时产量达到最大。为此,要随着配方的改变进行最佳混合时间的检测,使预混料的混合均匀度达到规定的要求。推荐混合时间:卧式双螺带混合机 10～15 min,双轴桨叶混合机 5～8 min,锥形混合机 15～20 min。

混合机应是不锈钢材料,有的还在表面涂上防腐蚀的合成材料。微量元素添加剂、含药添加剂和维生素添加剂必须分别使用各自的预混机。用后必须清洗干净,以免污染另外的预混料。

(五)影响混合均匀度的因素

预混料的均匀性除与混合机的性能有关外,以下因素也有直接影响。

1. 粒度

粒度也叫细度,即颗粒的大小,以粒径来衡量和表示。一般说来,预混料内微量添加剂的颗粒大小是由其在饲料中添加的量来决定。颗粒过小,体积增大,导致流动性变差,同时静电增加,易吸附槽壁,从而导致损失及污染;相反颗粒太大,导致混合不均匀,特别是对于一些药物添加剂,影响其添加作用。预混料颗粒大小差异越小越好;反之,在饲料中的均匀度越差。

预混料中的各种微量成分、载体和稀释剂,要求有一定的粒度。作为载体要求的粒度应为30～80目,其颗粒应多于 2.0×10^4 粒/g。对于微量添加物粒度的大小,除考虑其溶解性、消化吸收、稳定性等外,更应保证饲粮中每一种添加的微量物质有一定的颗粒数,以利于分布均匀,从而保证动物摄入量符合或接近理论供给量。

颗粒数与粒度、物质比重有关。同重物质在相同比重条件下,粒子越小则颗粒数越多;在粒数相同条件下,比重越小则颗粒数越多。各种添加剂成分在预混料中的添加量差别很大,为使各个组分在预混料中分布均匀,添加剂量小的组分其颗粒比添加剂量大的组分颗粒要小的得多。表5-3为美国大豆协会推荐的矿物盐的添加量与粒度的关系,供参考。

表5-3 不同添加量的矿物盐对粒度的要求

每吨饲料中添加量	最大粒径/μm	美国标准筛/目
10 mg	<5	—
100 mg	20	—
1 g	45	325
10 g	100	140
50	170	80
250 g	270	60
1 000 g	470	40
5 000 g	726	25

2. 容量

容量即单位体积中物质的重量。如容重差异大,微量成分难于混合均匀,在运输和存放时易发生分层。因此,在预混料的制造工艺上,要设法根据活性成分的容重选择载体和稀释剂。只有载体和稀释剂的容重和微量成分的容重相接近时,才能保证活性成分在混合过程中的均匀分布。综合预混料的载体容重,一般为各种微量添加成分容重的平均值,对载体容重的要求为 0.5～0.8 g/L。

3. 静电荷

很细的纯化合物通常带有较高的静电性,静电性会有下述3种不利之处:一是因带有相同电荷的颗粒间产生相同作用而使体积增加,导致操作上的困难;二是由于吸附槽壁而引起损失及污染;三是混合时易扬尘,影响微量成分的混合均匀性。通常通过使用抗静电物质,如喷以不饱和植物油来阻绝静电力,或利用配方添加具有相反电荷的稀释剂来中和,以解决静电问题。

4. 载体与稀释剂

载体用于承载微量组分,因而要求有粗糙的表面,以利于微量活性成分吸收其表面或进入其小孔内。但表面过于粗糙时,流动性差,不利于混匀,故一般宜选用小麦粉、玉米芯粉、二氧化硅等作载体。稀释剂不同于载体,它用于进一步稀释,要求有良好的流动性,才易于均匀混合到微量活性组分中。但流动性过强,制成的预混料在运输过程中易产生分离现象,故一般选用矿物质原料,如碳酸钙等。选择具有流动性良好的载体和稀释剂对混合物均匀度来说是至关重要的。

5. 投料顺序

科学的投料顺序既可缩短混合时间,又是保证混合均匀度的重要环节,一般是先将70%～80%的载体或稀释剂加入到混合机内,再加入所有微量组分,最后加入剩余部分的载体或稀释剂。如添加油脂,为了防止油脂与微量组分首先接触,避免造成微量组分结团而影响预混料的质量,其混合顺序是载体或稀释剂与油脂先混合一段时间,再加微量组分。

6. 混合机的充盈度及混合时间

无论是哪种混合机,适宜的装料状况是混合机正常工作的保证。混合机混合时间的多少,也会影响混合机内预混料的混合均匀度。混合机的最佳充盈度及混合时间因混合机性能而异,需通过测试方能确定。由于添加剂预混料的混合并不是一般的混合,而是使微量添加剂镶嵌在载体中,以提高载体的能力。因此,应通过试验确定合理的混合时间,在保证产品混合均匀度符合质量标准要求的情况下,使混合机的时产量达到最大。

微量元素预混料的预混工艺主要指稀释混合和承载混合 2 种方式,稀释混合的净混合时间为 10 min 左右,承载混合时间一般为 15～20 min。混合时先将载体全部加入搅拌机内,随后加入所需原料搅拌。在生产中尽量减少微量组分的机械输送,以减少残留、污染、配料误差和混合后物料的分离。

五、输送工艺

预混合饲料输送工序形式的选用十分重要,常用的输送设备主要有斗式提升机、螺旋输送机、平刮板输送机、圆弧刮板输送机、电动葫芦和气力输送等,这些设备主要用于载体和大宗原料的输送,要求设备内部物料残留尽量少,输送过程中物料应不易分级,输送线路越短越好,尽可能采用自流。

对于量少、浓度高的单品种微量组分,一般不宜几种物料合用一台输送机械设备,最好是采用电动葫芦提升,人工输送投料。特别重要的是混合后成品应直接计量打包,尽量减少输送,避免采用斗式提升机和螺旋输送机,以减少分级和物料残留,保证成品质量。

预混料生产不同于配合饲料,长距离的输送会导致各药物之间的污染及成品的分级,影响成品的均匀度。因此,预混料生产要求线路简短,尽量减少运送环节。

六、包装工艺

包装可采用人工方式或全自动包装机。

包装工艺流程如下：料仓接口→自动定量秤定量→人工套装→气动夹袋→放料→入口引袋→缝口→割线→输送。

目前国内预混料厂为了节省投资，大多数采用人工接料，手提缝包，工人劳动强度大，称重误差较大，效率低。为克服人工包装的缺点，可采用数显式高精度电子台秤、单设固定式缝包机头。

全自动包装机由于价格高、性能不太稳定、有残留且不易清理，中小型厂很少使用，如因生产需要必须配备全自动包装机，应选择性能稳定可靠的产品，同时要妥善处理残留防止交叉污染。

为防止添加剂预混料在运输过程中发生分级，一般加工成品不采用散装形式，都需袋装打包成品的包装。一般应根据应用时的一次用量或几次用量，不宜过大，以防开包后有效成分的损失。包装材料和方法主要取决于被包装物料的性质，以保证活性成分的稳定为原则。被包装物料稳定性差，含微量组分浓度高，其包装材料及方法就要求高，根据不同的要求可选用铝箔袋真空包装、纤维板桶、聚乙烯塑料外加牛皮纸袋包装等不同的包装形式。

七、贮存

预混料在贮存过程中有的活性成分会损失，特别是一些维生素和药物。影响微量组分活性的因素主要有载体含水量、pH、贮存的温度和时间。

为了防止活性成分的损失，可从以下几个方面注意：第一，对稳定性差的组分可适当超量添加；第二，限制贮存时间，复合预混料一般以 1 个月用完为好，不宜超过 3 个月；第三，控制贮存条件，使其保持低温、干燥、通风，仓内最高温度不得超过 31℃。仓库的墙、顶应有隔热防潮层，并且应有通风装置，以便高温季节通风；光线不宜过强，阳光不宜直接照到产品上。

八、通风除尘

由于原料都是粉状，而且粒度很小，造成预混料生产中粉尘点多，粉尘量大，对工人健康危害大，必须严格控制。主要产尘点为：原料投料、人工配料台、包装口以及设备、料仓密闭不严处。在遵循"密闭为主，吸风为辅"的原则基础上，预混料厂多采用集中除尘和单点除尘相结合的通风除尘方式。由于物料粒度小，要求吸尘口的风速不宜过高，避免太多的有效成分被吸走，应采用一级或二级除尘，但必须配备布袋除尘器。为了减少浪费和避免交叉污染，混合机人工投料口最好采用单点除尘。由于预混料原料及成品具有较强的吸潮性，除尘器布袋易受潮腐烂，应加强布袋的清理，定期晾晒，损坏后及时更换。

任务 5-2　添加剂预混料的生产设备

根据一般加工工艺流程，饲料添加剂预混料的生产工序分为接收、输送、粉碎、配料、混合与包装等几个主要环节。考虑到添加剂预混料特殊的理化特性，具体设备最好选用不锈钢结构。

一、原料的接收与清理设备

(一)原料接收设备

饲料厂规模较小时,常用汽车运输原料和成品。具有一定规模并有水运和铁路的条件,则应充分利用船舶和火车运输物料,以便降低运输费用。

原料的接收设备主要有各类输送设备(如刮板输送机、带式输送机、螺旋输送机、斗式提升机、气力输送机)以及一些附属设备和设施(如台秤、地中衡、自动秤等称量设备,储存仓及卸货台、卸料坑设施等)。接收设备应根据原料的特性、数量、输送距离、能耗等来选用。

(二)原料清理设备

为了保证预混料的产品质量,必须清除原料中的大而长的块状物质和磁性物质,因此在大料投料口处应安装栅筛,配料仓之前安装粉料清理筛和永磁筒,对于采用电动葫芦提升的小配比物料,也应在每个配料仓投料口或混合机小料投料口安装栅筛或简易振动筛。

1. 粉料清理筛

粉料清理筛用于粉状物料的初清,可有效地分离混杂于粉状物料中的秸秆、石块、麻片、结团物等大杂物,以使物料能顺利地通过其他设备,有效保证后段加工设备及输送设备的正常工作。适用于米糠、麸皮、鱼粉等粉状原料的清理等。见图5-6。

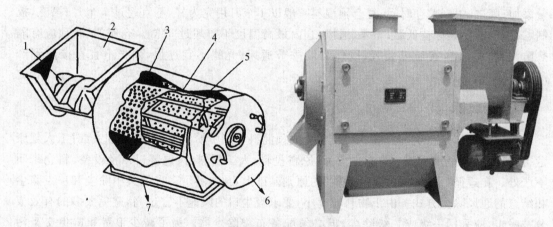

图 5-6　粉料清理筛
1. 螺旋供料器　2. 料斗　3. 圆锥筒筛　4. 轴
5. 氂刷　6. 杂质卸料口　7. 洁净物料卸料口

2. 箅式磁选器

一般安装在粉碎机、制粒机喂料器和料斗的进料口处,磁铁呈栅状排列,磁场相互叠加,强度高。它是由永久磁环组成的磁栅,因形似箅格而得名。当物料流经磁铁栅时,料流中的磁性金属杂物被吸住,定期由人工清除。由于磁栅的磁场作用范围有限,磁性金属杂质容易通过,除杂率不高。同时磁铁经常处于摩擦状态,退磁快、寿命短,吸附的铁杂物对物料流也有阻碍作用。但该磁选器结构简单、使用方便,常将它安装在粉碎机、制粒机等入料口处,作为其他磁选设备的一种补充。见图5-7。

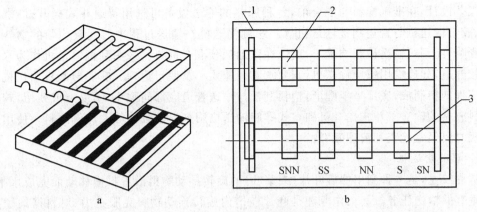

图 5-7　筐式磁选器

1. 外壳　2. 导流栅　3. 磁铁栅

a. 筐式磁选器　b. 筐式磁选器内部结构

3. 永磁筒磁选器

它由内筒和外筒两部分组成,如图 5-8 所示。外筒与溜管磁选器一样,通过上下法兰连接在饲料输送管道上;内筒即磁体,它由若干块永久磁铁和导磁板组装而成,即用铜螺钉固定在导磁板上。磁体外部有一表面光滑而耐磨的不锈钢外罩,并用钢带固定在外筒门上,清理磁体吸附的铁质时可打开外筒门,使磁体转到筒外。永磁筒结构简单、无须配备动力。

图 5-8　永磁筒磁选器

1. 进料口　2. 外筒　3. 磁体　4. 外筒门　5. 出料口

6. 不锈钢外罩　7. 导磁板　8. 磁铁块

永磁筒工作时,物料由进料口落到内筒顶部的圆锥体表面,向四周散开,随后沿磁体外罩表面滑落,由于铁质比重大,受到锥体表面阻挡之后弹向外筒内壁,在筒壁反力及重力作用下,沿着近于磁力线方向下落,故易被磁体吸住,而非磁性物料则从出料口排出,从而完成物料与铁杂质的分离。由于结构合理,磁性强,磁选效果好。据实测,去铁效率高达 99.5% 以上,能确保机器的安全运行,但必须由人工排铁。

二、输送设备

在添加剂预混料生产中,输送是衔接各种机械设备,提高加工效率的重要纽带。根据不同的工艺设计,在准确配料与混合前,各种原料的输送设备可选用普通斗式提升机、螺旋输送机、胶带输送机与普通刮板输送机等。螺旋输送机在输送过程中对混合均匀的物料有一定的影响,而刮板输送机影响最小,所以在添加剂预混合饲料厂采用刮板输送机作为水平输送比较合适,如确需用螺旋输送机,则要求其间隙要小及便于清理。圆底形刮板输送机的刮板由工程塑料制成,底部呈半圆形,塑料刮板与输送管道底部间隙小,不易造成残留,较适合预混料成品的输送。斗式提升机和立式螺旋输送机用来提升载体等大比例原料。使用斗式提升机时要经常检查和清理残料。

1. 螺旋输送机

常称绞龙,是一种利用螺旋叶片(或桨叶)的旋转推动物料沿着料槽移动而完成水平、倾斜和垂直的输送任务。其工作原理是叶片在槽内旋转推动物料克服重力、对料槽的摩擦力等阻力而沿着料槽向前移动(图5-9)。

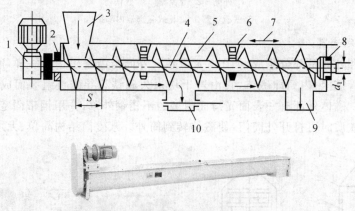

图5-9   TLSS水平螺旋输送机

1. 驱动装置 2. 首端轴承 3. 装料斗 4. 轴 5. 料槽 6. 中间轴承

7. 中间加料口 8. 末端轴承 9. 末端卸料口 10. 中间卸料口

使用立式螺旋输送机时,由于物料对叶片和料槽磨损很快,所以要及时更换磨损的部件,防止提升效率严重下降、产生严重的交叉污染。有些预混料厂也用它们来提升微量成分,这样往往造成残留和严重的交叉污染,同时设备也严重腐蚀。对高倾角和垂直螺旋输送机(图5-10),叶片要克服物料重力及离心力对槽壁所产生的摩擦力而使物料向上运移,为此后者必须具有较大的动力和较高的螺旋转速,故称它为快速螺旋输送机;前者螺旋转速较低,相应称为慢速螺旋输送机。将螺旋体作某些变形,有着不同作用,完成不同任务。如用作供料装置(螺旋供料器)、搅拌设备(立式混合机的垂直绞龙、卧式混合机的螺带等)、连续烘干设备、连续加压设备等。

2. 斗式提升机

垂直输送多选用斗式提升机。国外专门为添加剂预混合饲料厂设计了一种小间隙斗式提升机(即自清式斗提机),使

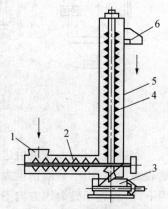

图5-10   垂直螺旋输送机

1. 加料口 2. 水平喂料螺旋

3. 驱动装置 4. 垂直螺旋

5. 机壳 6. 卸料口

机内残留量控制在最小范围。自清式斗式提升机的提升斗与机座底部间隙可以调整,间隙最小可调至小于 10 mm,而且机床底部还可喷雾压缩空气,可清除斗底部的残留物。这种设备适用于活性成分原料或预混剂成品的垂直输送。国内普遍采用人工清理的办法,即在配方更换时,用压缩空气清理,使机座内的残留物减少到最小。

斗式提升机(图 5-11)主要构件有畚斗、牵引构件、提升管、机座和机头等。斗式提升机是环绕在驱动轮(头轮)和张紧轮上的环形牵引构件(畚斗带或钢链条)上,每隔一定距离安装一畚斗,通过机头(鼓轮、链轮)驱驶而带动牵引构件在提升管中运行,完成物料提升的专用垂直输送设备。机座安有张紧机构(可调),保持牵引构件张紧状态。

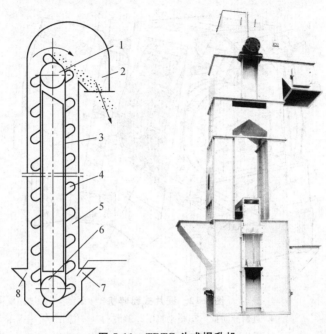

图 5-11　TDTG 斗式提升机
1. 驱动轮　2. 卸料口　3. 提升带(或链)　4. 畚斗
5. 提升管　6. 张紧轮　7、8. 进料口

斗式提升机,按其安装形式可分为移动式和固定式;按畚斗深浅可分为深斗型和浅斗型;按畚斗底有无又分为有底型和无底型;近期又出现圆形畚斗;按牵引构件不同可分为链式和带式;按提升管外形不同分为方形和圆形;按卸料方式不同可分为离心式卸料、重力式卸料和混合式卸料。

三、粉碎设备

饲料添加剂预混料的生产设备最好选用不锈钢结构。常用的粉碎设备有锤片式粉碎机、齿爪式粉碎机、微粉碎机和超微粉碎机。与粉碎机配套使用的设备还有给料器、分级筛、输送机和气力输送装置等。

1. 锤片式粉碎机

锤片式粉碎机一般由进料斗、转子、锤片、筛片等部分构成(图 5-12),主要用于载体与稀释剂的粉碎。锤片式粉碎机利用粉碎室内一组高速旋转的锤片与进入粉碎室内的物料产生强烈的冲击,将物料击碎。随后物料在气流的驱动下沿筛面运动,小于筛孔的颗粒穿过筛孔,被输送器或气流带走;其余的颗粒沿筛面形成一环流层,在颗粒与筛面、颗粒之间及颗粒与锤片之间的强烈摩擦、搓擦作用下得到进一步的碎裂最终穿出筛孔。有些型号的粉碎机配有齿板,其作用是破坏环流层、增大与物料的碰撞、摩擦。对纤维类物料,齿板的作用比较明显。锤片式粉碎机结构简单,使用方便,适应性广且生产率高。缺点是能耗高,噪声大,不能一次就粉碎成粒度很细的产品。锤片式粉碎机适用于粉碎载体、某些矿物盐等原料。选定的生产能力要略大于实际需要的生产能力,以保证生产需要。生产上常见粉碎机见图5-13 和图 5-14。

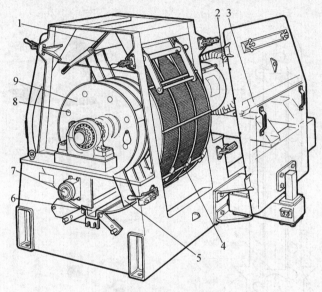

图 5-12　锤片式粉碎机

1. 进料导向板　2. 电动机　3. 操作门　4. 筛片
5. 锤片　6. 底槽　7. 主轴　8. 销轴　9. 锤架板

图 5-13　牧羊 668 锤片式粉碎机

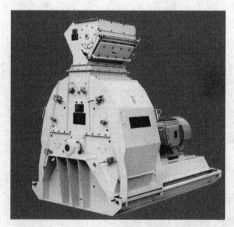

图 5-14　牧羊 968 水滴王锤片式粉碎机

2. 齿爪式粉碎机

齿爪式粉碎机的粉碎室由动齿盘、定齿盘组成（图 5-15），周边是环筛，动定齿盘上错开排列着齿爪。原料由轴向喂入粉碎室，在旋转气流的作用下，由中央向外圈运动，受动、定齿盘齿爪的冲击、挤压、摩擦而破碎。到达外圈后，旋转气流带动碎料沿环筛运动，小于筛孔的细粒穿过筛孔排出机外，粗颗粒继续与筛面摩擦、与齿爪撞击而变细，最后排出粉碎室。齿爪式粉碎机体积小，重量轻，粉碎粒度细，适合于粉碎矿物原料、载体或稀释剂等原料；缺点是功耗大、噪声大，含油物料和纤维物料不适宜。

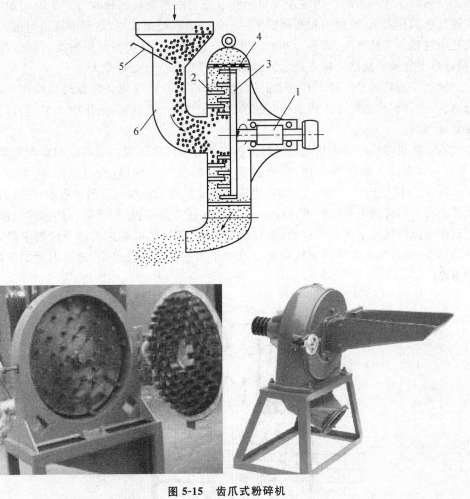

图 5-15　齿爪式粉碎机
1. 主轴　2. 定齿盘　3. 动齿盘　4. 筛片　5. 进料控制插门　6. 进料管

动齿盘的齿爪磨损后应及时更换。影响爪式粉碎机工作效果的有动齿线速、齿筛间隙等。用 0.6 mm 筛孔，齿筛间隙为 22 mm 的试验表明，线速在 80～85 m/s 时，单位电耗最低；低于 80 m/s、高于 100 m/s，单位电耗增大。在系列设计中线速取 85～86 m/s，齿筛间隙取 18～20 mm。

3. 微粉碎和超微粉碎机

微粉碎和超微粉碎设备主要包括微粉碎机、精细分级、物料输送、介质分离、除尘、脱水、控制、检测等工艺设备,由上述设备与仪器构成完整的微粉碎工艺,在工艺布置上有开路与闭路微粉碎。目前使用的微粉碎方法主要是机械粉碎,包括高速机械冲击式磨机、悬辊磨、球磨机、盘磨机、振动磨、气流磨和胶体磨等。而在饲料加工中,鱼、虾等特种饲料厂普遍使用的是大产量而产品粒度较粗的微粉碎机。这种场合下,粉碎物料大多是玉米、鱼粉和豆粕等有机物,不要求粒度太细,但产量较高。

对规模化生产添加剂预混料的工厂或车间来说,采用微粉碎或超微粉碎机可以很方便地得到各种粒度要求的产品,产品质量好,生产率高。此类粉碎机一般是按冲击粉碎和气流粉碎相结合的原理工作的。物料进入粉碎室后先与高速旋转的锤片等产生冲击粉碎,随后在高速气流的作用下,使物料相互间发生强烈的碰撞和搓磨作用,达到细碎的目的。此类粉碎机还通过控制气流速度、卸料口间隙来调整产品粒度。这类粉碎机的共同特点是生产率高,粉碎粒度易调整控制。缺点是动力消耗大、噪声大、空气处理量大。

立轴式微粉碎机是一种立轴、无筛网、机内带有离心式气流分级器的微粉碎机,具有结构紧凑、占地面积小的特点。产品粒度 90% 能通过 60~80 目筛,适于中小型饲料厂粉碎对虾及鳗鱼饲料。

立轴式微粉碎机主要由机架、机体(由粉碎及分级部件组成)、喂料器和蝶阀等部分组成(图 5-16),物料进入微粉机之前,应经过筛选或磁选,必要时应经过预粉碎,粒度不大于 1 mm,含水量不大于 12.5%。工作时,由喂料器定量均匀地喂入到粉碎室的一侧,刀片在高速旋转的转子的带动下对物料进行打击,同时物料还受到搓擦、研磨等作用,破碎、微细的颗粒经负压吸风随气流上升至分级轮,被分级轮分级,合格的微粒进入到分级轮中部,被气流吸向卸料器,较粗的不合格的颗粒在离心力的作用下被分级轮甩出,落至刀盘的中部,再重新被粉碎。

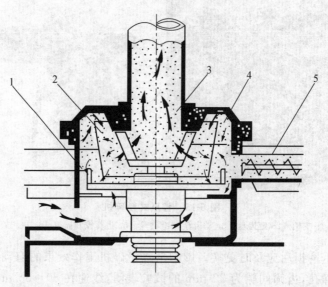

图 5-16 立轴式微粉碎机的结构
1. 粉碎刀盘 2. 分流锥套 3. 分级室 4. 粉碎室 5. 螺旋进料机构

超微粉碎机主要适用于各种非金属物料的超细粉加工,如方解石、白垩、石灰石、白云石、炭黑、高岭土、膨润土、滑石、云母、菱镁矿、伊利石、叶蜡石、蛭石、海泡石、凹凸棒石、累托石、硅藻土、重晶石、石膏、明矾石、石墨、萤石、磷矿石、钾矿石、浮石等100多种物料,细粉成品粒度在325~8 000目,产量可达0.5~8 t/h。其结构见图5-17。

4. 球磨机

在生产预混料时,对某些微量元素化合物的粒度要求更为严格,要求将某些组的平均粒度控制在10 μm左右。对这些组分可用球磨机碾磨。如钴、碘、硒化合物的粉碎,在碾磨前先烘去结晶水再加一定比例的稳定剂。控制球磨机机型球径及碾磨时间,以达到需要的细度。如碾磨亚硒酸钠加入双飞粉

图5-17 超微粉碎机

作稳定剂,比例为1:1,研磨6 h,可达平均粒度10 μm左右。小型球磨机多为双缸,以达平衡,适合于制药、化工、食品等行业的超细粉碎,可干磨或湿磨,碾磨升温低,物料损耗少,无污染。适用于韧性低黏度的物料,大多数矿物添加剂均可用此法,但其产量低,只适用于极微量组分的粉碎。

(1)特点与分类。球磨机是利用水平回转筒体中的研磨介质(简称磨介,球或棒)产生的冲击与摩擦,达到对物料颗粒粉碎的目的。其特点是结构简单,运行可靠,适应性广,其粉碎效果好,粉碎比可达到300以上,粉碎成品最小平均粒度可达到20~40 μm,一般亦可达到40~100 μm,且可方便准确地调节成品粒度。缺点是能耗高,"钢耗"(球磨机的衬板和磨介)也高。饲料行业使用球磨机,主要是在矿物饲料原料的微粉碎作业上,一般是采用较小机型。

球磨机、棒磨机和管磨机统称慢速磨碎机,其分类方式较多,有的按磨介分类,有的按磨碎机的筒体形状分类,也有的按排料方式分类。通常将慢速磨碎机分为球磨机、棒磨机和管磨机3类。球磨机与棒磨机分类见表5-4。

表5-4 球磨机与棒磨机的分类

机型	磨介	磨机筒体形状	筒体长度与筒体直径的关系	排料方式
球磨机	钢球	短筒	$L \leqslant D$	溢流或格子排料
		长筒	$L = (1.5 \sim 3.0)D$	溢流或格子排料
		管形	$L = (3 \sim 6)D$	溢流或格子排料
		锥形	$L = (0.25 \sim 1.00)D$	溢流排料
棒磨机	钢棒	筒形	$L = 2D$	溢流或周边排料;或筒体中部周边排料

(2)工作原理与结构。球磨机主要由圆柱形筒体、端盖、轴承和传动大齿圈等部件组成。筒体内装入直径25~150 mm的钢球(棒),其装入量为筒体有效总容积的25%~50%。筒体两端的端盖用螺栓与筒体法兰相连,中心有"中空轴颈"支承在轴承上。筒体的一端固定有传动大齿圈,由电机经联轴器和小齿轮传动,使筒体缓慢转动。当筒体转动,磨介随筒体

内壁上升,至一定高度后,呈抛物线落下或斜落而下。待粉碎料从左方的中空轴颈进入筒体,并逐渐向右方移动,在此过程中物料受到钢球的不断打击而逐渐粉碎,直至从右方的中空轴颈排出机外。图 5-18 所示的球磨机为"溢流型"球磨机。

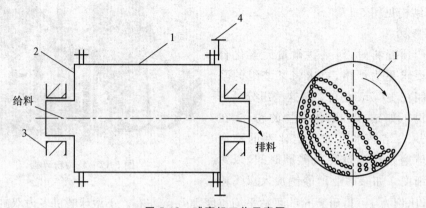

图 5-18　球磨机工作示意图
1. 筒形　2. 端盖　3. 轴承　4. 大齿圈

另一种球磨机在排料端附近有格子板。格子板由若干块扇形板组成,扇板上有宽 8～20 mm 的筛孔,物料可通过扇板筛孔而存留在右端盖与格子板之间的空间。此空间设有若干辐射状(端盖径向)的举板,将物料提举,经锥体向右下排出。此种球磨机称为"格子型"球磨机。

还有一种分批式球磨机,是间歇工作的,也称为间磨,小型机多见。即每次间磨机内加入定量物料就开动磨机,研磨约 1 h,停机并卸出磨好的物料。间磨设备投资少,操作维修简便,但产量低、能耗高,且粉尘浓度高。

慢速磨机可以干法或湿法工作。干法磨时,物料含水量不可高,否则会发生粘连或排料不通畅;湿法磨时,物料与水混合呈料浆状给料。湿法磨较干法磨能耗低、产量高,但钢耗也较高。

四、配料计量设备

配料是按照畜、禽、鱼饲料配方的要求,采用特定的配料装置,对多种不同品种的饲用原料进行准确称量的过程。配料工序是饲料工厂生产过程的关键性环节。配料装置的核心设备是配料秤。配料秤性能的好坏直接影响着配料质量的优劣。配料秤的性能一般包括正确性、灵敏性(度)、稳定性和不变性。

1. 螺旋给料器

螺旋给料器能够得以广泛使用是因为其结构简单、工作可靠、维修方便。

螺旋给料器主要由机壳、螺旋体、传动部件、进料口、出料口等部分所组成,如图 5-19 所示。给料器的螺旋可有 a、b、c、d 等几种结构形式(图 5-20)。

一般为 10～120 r/min,以 20～40 r/min 时给料量相对误差最小。我国采用的 WLL·20 型螺旋给料器系列。

饲料添加剂

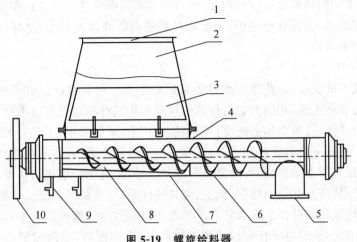

图 5-19　螺旋给料器

1. 进料口　2. 变形管　3. 减压板　4. 机壳　5. 出料口
6. 螺旋体　7. 检查口　8. 衬板　9. 电机机胚　10. 皮带轮

2. 电磁振动给料器

电磁振动给料器主要由料槽、电磁振动器、减震器、吊钩、法兰盘等组成,如图 5-21 所示。电磁振动给料器是饲料工业应用较普遍的给料器之一,它适应连续生产的要求,可以作为非黏性的颗粒或粉状物料的供料装置,它的作用是将物料从储料斗中定量均匀、连续地进到受料装置中。常用它作粉碎机的供料和配料秤的给料装置。

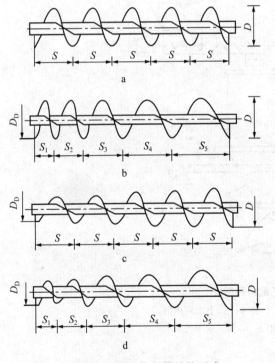

图 5-20　螺旋给料器结构形式

a. 等螺距等直径　b. 变螺距等直径
c. 等螺距变直径　d. 变螺距变直径

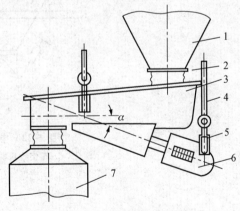

图 5-21　电磁振动给料器

1. 卸料器　2. 法兰盘　3. 料槽　4. 吊斗
5. 减震器　6. 电磁振动器　7. 秤斗

电磁振动给料器的给料过程是利用电磁振动器驱动振动料槽沿倾斜方向(与槽体底平面呈一定角度的方向)作周期性的往复振动来实现的。当槽体振动加速度的垂直分量大于重力加速度时,槽中的物料被连续地抛起,并按照抛物线的轨迹向前进行跳跃式运动。由于槽体振动的频率较高,而振动幅很小,因此物料被抛起的高度也很小,这样往往只能观察到物料在料槽中向前流动。

3.电子配料秤

随着电子技术的发展,以称重传感器为基础的电子秤得到普及。电子秤得以广泛使用并成为当前秤的发展主流,是因为它与传统机械秤和机电秤相比具有以下特点(优点):称重传感器的反应速度快,可提高称重速度;重量轻、体积小,结构简单,不受安装地点的限制,对于大吨位的电子秤还可以做成移动式的;称重信号可以远距离传送,并可用微机进行数据处理,自动显示并记录称重结果,还可给出各种控制信号,实现生产过程的自动化;称重传感器可做成密封型的,从而有优良的防潮、防尘、防腐蚀性能,可在机械无法工作的恶劣环境下工作;电子秤没有机械秤那种作为支点的刀承和刀子,稳定性好,机械磨损小,减少了维修保养工作;精度高。因此,采用电子秤可以实现连续称重、自动配料、定值控制,这对保证产品质量,提高劳动生产率,减轻劳动强度,降低生产成本,提高管理水平有着重要的意义。

饲料厂常用的电子配料秤系统(图 5-22)主要由给料器、秤斗、称重传感器、测量显示仪表、框架、卸料机构等组成。

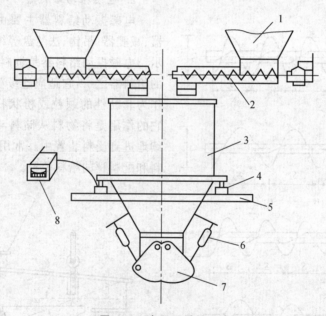

图 5-22 电子配料秤系统
1.料仓 2.螺旋给料器 3.秤斗 4.称重传感器
5.框架 6.汽缸 7.料门 8.测量显示仪表

五、混合设备

混合是保证饲料产品质量的主要因素,近年来混合机发展较快,已达到了比较完善的阶段。预混料生产厂使用的混合机有 4 种类型:双轴桨叶混合机、卧式螺带混合机、圆锥行星混合机和 V 形混合机。要求饲料混合均匀度 $CV<1\%$,预混合饲料为 $CV<5\%$。混合机选择的基本条件主要有混合均匀度、混合时间、残留量等几项因素。

1. 双轴桨叶混合机

双轴桨叶混合机是现代饲料厂的优选机型。双轴桨叶混合机混合速度快、混合质量好、适应范围广,在大型饲料厂中迅速获得广泛应用,该机型有如下优点:①混合速度快,每批混合时间为 0.5～2.5 min;②混合均匀度高,变异系数 $CV \leqslant 5\%$;③如比重、粒度、形状等物性差异较大的物料在混合时不易产生偏析;④液体添加量范围大,添加量最大可达到 20%;⑤装填充满数可变范围大(0.4～0.8);⑥吨料耗电小,比普通卧式螺带混合机低约 60%;⑦适用范围广,不仅适用于饲料行业,也可适用于饲料添加剂、化工、医药、农药、染料、食品行业。

双轴桨叶混合机主要有机体、转子、卸料门控制机构、传动部分及液体添加系统组成,见图 5-23。

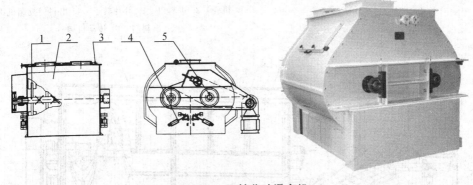

图 5-23 双轴桨叶混合机
1. 转子　2. 机体　3. 喷油系统　4. 出料系统　5. 传动系统

混合时机内物料受 2 个相反旋转的转子作用进行着复合运动。桨叶带动物料一方面沿着机槽内壁作逆时针旋转,一方面带动物料左右翻动,在两转子交叉重叠处形成失重区,在此区域内,不论物料的形状、大小和密度如何,都能使物料上浮处于瞬间失重状态,这使物料在机槽内形成全方位连续循环翻动,相互交错剪切,从而达到快速揉和、混合均匀的效果。图 5-24 为 SJHS 混合王双层高效混合机,它在诸多方面进行了改进,如增加了过渡搅拌件,使物料混合均匀度、残留率等指标得到明显改善,生产效率也大大提高;机体的密封和机体占地面积等得到明显改进。机内物料颗粒在桨叶的作用下,既有圆周运动,又有轴向运动;依据物料混合运动状态,有对流混合、剪切混合和扩散混合。

2. 卧式螺带混合机

卧式螺带混合机有单轴式和双轴式 2 种。单轴式的混合室多为 U 形,也有 O 形;双轴式则为 W 形。其中 O 形适用于预混合料的制备,亦可用于小型配合饲料加工厂;U 形是普通的卧式螺带混合机,也是目前国内外配合饲料厂应用最广泛的一种混合机;W 形则使用较少,多用于大型饲料加工厂。U 形卧式螺带混合机的结构示意图见图 5-25。

卧式螺带混合机主要由机体、转子、出料门及出料控制机构、传动机构、液体添加系统等组成。其总体结构见图 5-26。

图 5-24 SJHS 混合王双层高效混合机

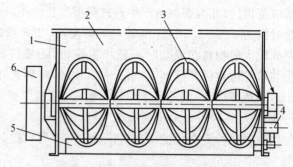

图 5-25 卧式螺带混合机示意图

1. 机壳 2. 进料口 3. 叶片转子 4. 出料门控制机构

5. 出料门 6. 传动机构

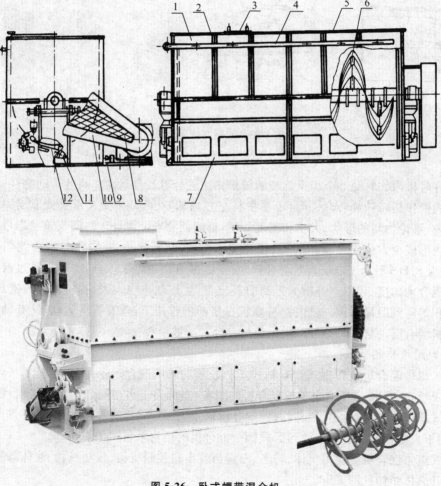

图 5-26 卧式螺带混合机

1. 上机体 2. 添加剂进口盖板 3. 观察门 4. 液体添加管道 5. 主料进口盖板

6. 转子 7. 下机体 8. 减速电机 9. 滑轨 10. 链罩 11. 汽缸 12. 出料门

卧式螺带混合机的工作过程是:各种组分的物料按配方比例经过计量后进入混合机,物料在带状螺旋叶片的推动下进行混合。外螺带将物料从一端向另一端推动,内螺带则使物料向相反的方向运动,里层饲料被推到一侧后由里向外翻滚,外层饲料被推到另一侧后由外向里翻滚。饲料在对流过程中两股物料流相互渗透、变位而进行混合,在两侧翻滚过程中再进行混合,这样反复进行多次,最后通过出料控制机构将混合均匀后的物料从卸料门卸出。

3. 圆锥行星混合机

圆锥行星混合机由圆锥形壳体、螺旋工作部件、曲柄、减速电机、出料阀等组成。传动系统主要是将减速器的运动径齿轮变速传递给两悬臂螺旋,实现公转、自转2种运动形式。该机结构如图 5-27 所示。

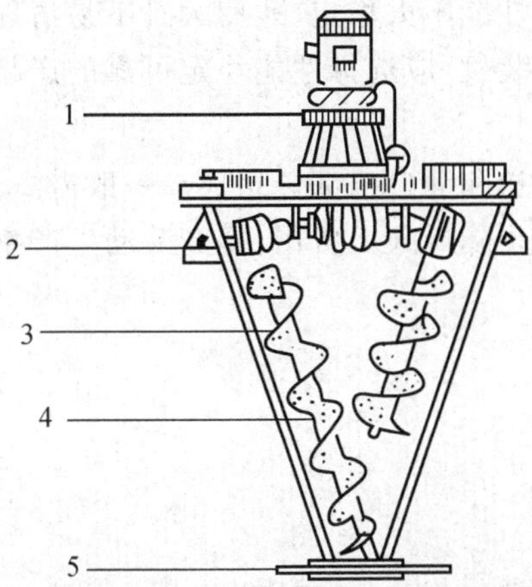

工作时由顶端的电动机减速器输出 2 种不同的速度,经传动系统使双螺旋轴作行星式的运转。由于有螺旋公、自转的运动形式存在,物料在锥筒内有沿着锥体壁的圆周运动,圆锥行星混合机内物料流动形式沿着圆锥直径向内的运动,也有物料上升与物料下落等几种运动形式存在。螺旋的公、自转造成物料作 4 种流动形式:对流、剪切、扩散、掺和。而且 4 种形式又相互渗透与复合,因而使混合料在较短的时间内均匀混合。

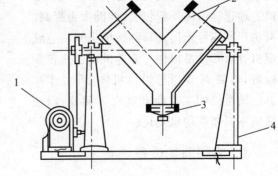

图 5-27　DSH 型立式圆锥行星
混合机结构示意图
1. 减速器　2. 传动系统　3. 锥体
4. 非对称悬臂双螺旋　5. 出料阀

圆锥行星混合机的优点:占地面积较小,制造成本较低,出料口可以高于进料口,当混合机放置在地面上时可以不抬高、不挖坑而进行正常的混合及打包工作。由于出料较慢,机下缓冲仓可不设置。但是如与同体积的卧式螺带混合机相比,多批料的混合时间较长,混合均匀度较差,特别是物料的残留量较多,变换配方时批次之间的互混污染严重。因此在大型工厂中很少应用。一般用于小型工厂和组及饲养场的饲料加工车间。

4. V 形混合机

V 形混合机外形见图 5-28,多用于添加剂的稀释混合。在混合粉料时,还可加入一定数量的液体。V 形混合机内,一般装有高速旋转的打板,可以防止产生结块。也有中间无转轴的 V 形混合机。物料的充满系数对混合均匀度有较大的影响,充满系数小,混合时间短(6~10 min),充满系数为 0.3,混合效果最佳。

六、包装设备

添加剂预混料成品以包装出厂较为合适,不宜散装运输,否则在运输过程中容易产生分级,影响成品质量。包装材料主要取决于包装物料的性质,若包装物料的稳定性

图 5-28　V 形混合机
1. 电机及减速机　2. V 形混合筒
3. 进出料口　4. 机架

差,其包装要求应高些。包装设备可采用手动、半自动和全自动,视用户资金状况而定。根据用户需要与加工工艺,小包装每袋重有 250 g、500 g、1 000 g 等规格,包装材料有聚乙烯塑料、锡箔、纸袋、瓶(塑料桶)等。大包装每袋重 2～25 kg,包装材料有塑料牛皮纸复合材料、编织化纤袋等。包装设备有全自动包装设备和半自动包装设备。

考虑到生产规模与成本,我国大多数预混料厂大包装采用半自动包装设备或采用全人工包装。半自动包装设备由半自动定量打包秤、机械缝包机等作业机构成,需人工套袋。对于大袋包装一般采用人工接料手提缝包或全自动包装机。前者劳动强度大、称重误差较大、效率低,但投资少,大多数采用人工方式。为克服人工包装的缺点,可以增设除尘、采用数显式高精度电子台秤、单设固定式造包机头。后者价格高、性能不太稳定、残留大且不易清理,中小型厂很少使用。如果因生产需要必须采用全自动包装机,应选择性能稳定可靠的产品,同时要妥善处理残留,防止交叉污染。

包装过程主要由自动定量秤称重、人工套袋打包、输送和缝口三部分组成。一般需 2 个人工来完成。如采用先进的自动套袋、缝口设备,可进一步降低人工费用,提高劳动生产率。典型的包装工艺流程为:

料仓→料斗→自动定量秤称重→放料进装袋器
放料→输送引袋→缝口→割线→输送
人工套袋→装袋器自动夹紧

机械定量包装秤由机体、给料系统、杠杆系统、称量斗、打包筒、电磁计数器、电器和气动控制等组成(图 5-29)。主要性能:称量范围 25～100 kg,称量速度 100～250 包/h,称量精度静态 1‰,动态 3‰。

目前,国内生产的称重打包机采用计算机控制(图 5-30)。称重打包机需进行强制检验的商用秤。大型饲料厂宜选用高速打包机,打包速度达 480～600 包/h。缝口机是打包系统的薄弱环节,国产机的可靠性差、故障多,往往使自动缝口变为人工缝口。通过学习国外缝包机,性能大为提高。有的厂家还可配用进口缝纫机头并供应缝纫机针及其他易损件。输送机以链式传动较好,容易调节到与封口机同步,工作可靠。输送机的工作面高度应可调节,以便适应不同高度的包装袋。

七、油脂添加设备

近年来,为了改善预混料产品质量和降低作业场所有毒有害粉尘浓度,开始向预混料中添加 0.5%～1.0%油脂。

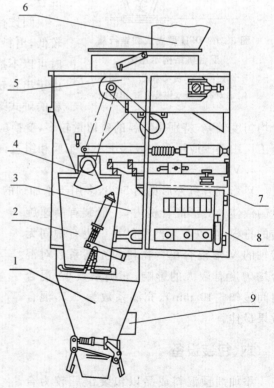

图 5-29　定量包装秤
1. 打包筒　2. 称量斗　3. 杠杆系统　4. 喂料斗及门
5. 给料系统　6. 贮料斗　7. 电器控制
8. 气动控制　9. 电磁计数器

饲料添加剂

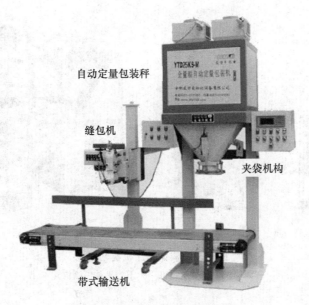

图 5-30　自动定量称重打包系统

　　油脂添加方式主要有人工直接倒入、半自动油脂添加机和全自动油脂添加机喷雾加入。采用人工直接倒入方式,成品中往往带有没散开的油团;而全自动添加设备价格较高,产品的性能也不太稳定,不太适合中小型预混料厂。

　　预混料中添加的油脂品种较单一,且流动性很好,对添加的精度要求不太高,所以适合用价格较低的半自动添加设备,该设备通过定容积或定时间的方式来控制油脂的添加量,结构简单、性能较稳定。

　　图 5-31 为 93YT-50 型油脂添加装置工艺流程图,图 5-32 为液体喷涂机实物图。油脂储罐容量要稍大,数量宜配备 2 只,便于定期轮流清理。其底部应有倾斜(呈倒锥形)用于排污,油脂出口应较排污口高 15～30 cm,以利于沉淀的污物从底部排出。顶部应装呼吸阀。罐体应能适度隔热,油脂在其中应能保持 48℃ 左右的温度。当油脂出料时,为避免储罐内有过多的水分凝结或形成真空,要采取强制通风措施。

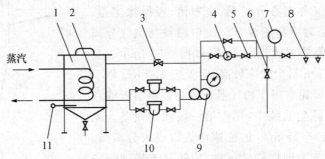

图 5-31　93YT-50 型油脂添加装置工艺流程图

1. 油罐　2. 蛇形管加热器　3. 溢流阀　4. 流量计

5. 阀门　6. 回油阀　7. 压力表　8. 喷嘴

9. 齿轮泵　10. 过滤器　11. 温度计

图 5-32 液体喷涂机实物图

a. 非真空液体喷涂机　b. 真空液体喷涂机

八、通风除尘设备

工艺较完善的预混料厂采用集中除尘和单点除尘相结合的方式。主要除尘点有载体粉碎机、矿物盐粉碎机、配料口、混合机投料口、包装口等。对于条件不具备的生产厂可以将载体粉碎机、矿物盐粉碎机的工作场所分别封闭起来,避免粉尘外泄。由于原料有腐蚀性和毒性,配料室应采用强制通风,减少对操作人员健康的影响。

粉尘浓度通过粉尘取样仪,在测试现场实际的大气压和气温下,采用一个稳定的流量值,在被测试设备工作过程中,采取空气样一段时间,称得滤膜的前后质量差,从而求得工作现场空气的单位体积粉尘含量,即粉尘浓度。在配合饲料加工机组和饲料混合机的标准中规定,工作现场粉尘浓度应≤10 mg/m³ 空气。

目前,饲料厂采用最多的离心式除尘器和袋式除尘器分述如下。

1. 离心式除尘器

离心式除尘器又称离心分离筒、集料筒、旋风除尘器、沙克龙,是利用离心力将高速混合气流中粉粒与空气分离的装置,其结构简单、本身无运动部件,如图 5-33 所示。它捕集或分离 5～10 μm 粉尘效率较高,但处理 1.0 μm 以下粉尘的除尘效率低。通常用作粉气混合流的集料装置或在除尘效率要求高的除尘系统中,用作第一级除尘设备。工作时,含尘气流以 10～25 m/s 的流速由入口进入分离筒,气流将由直线运动变为圆周旋转运动,旋转气流将围绕着圆筒螺旋向下,含尘气流在旋转过程中产生离心力,粉尘在其离心力的作用下,被甩向筒壁,粉粒便失去惯性力,由于重力作用将沿筒壁面下落至锥体底部,经叶轮排出。

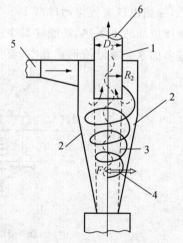

图 5-33 分离筒的分离原理

1. 内筒　2. 外筒　3. 假想圆筒
4. 粒子　5. 入口　6. 排气口

饲料添加剂

2. 袋式除尘器

袋式除尘器主要采用滤料(织物或毛毡)对含尘气体进行过滤,将粉尘阻挡在滤料上,以达到除尘的目的,其结构如图5-34所示。过滤过程分为2个阶段:首先,含尘气体通过清洁滤料,这时起过滤作用的主要是纤维;其次,当阻留的粉尘量不断增加,一部分嵌入滤料内部,一部分覆盖在滤料表面,而形成粉尘层,此时含尘气体的过滤主要依靠粉尘层进行。这2个阶段的效率和阻力有所不同。对饲料工业用的袋式除尘器,其除尘过程主要在第二阶段进行。

袋式除尘器的主要优点有:①除尘效率高,特别是对细微粉尘(5 μm 以下)有较高效率,一般在99%以上,经除尘后的空气含尘浓度常小于 0.1 mg/m³,可以回到车间再循环;②工作稳定,便于回收干料;③一般不会被腐蚀。其缺点是:①滤袋中的粉尘浓度可达到爆炸的浓度,此时若有明火进入,易发生爆炸事故;②体积大,占地面积大,设备投资高;③换袋的劳动条件较差;④不宜处理湿粉尘。

决定除尘器性能的是滤袋和清灰机构,简介如下。

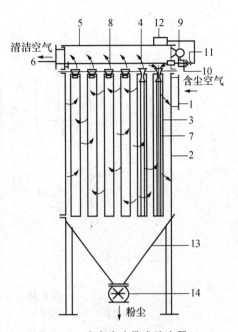

图 5-34　喷吹脉冲袋式除尘器

1. 进气口　2. 中箱体　3. 滤袋　4. 文氏管
5. 上箱体　6. 排气口　7. 框架　8. 喷吹管
9. 气包　10. 脉冲阀　11. 控制阀
12. 控制器　13. 灰斗　14. 卸灰阀

(1)滤料及滤袋性能。为提高滤尘性能,需选择适合滤袋材料,如工业涤纶绒布、毛毡以及新材料聚四氟乙烯(滤膜)等是很好的滤袋材料。滤袋一般占设备费用的 10%～15%,需定期更换。滤袋的除尘效率还与过滤风速有关,过大过小都不利,通常在 0.9～6.0 m/min 范围内选用。在运行中要保持滤袋完整,否则,在一个滤袋上出现小孔,除尘效率将急剧下降。为解决静电荷积聚问题,可在滤料中掺入导电纤维。据资料,滤料中只要有2%～5%的这种纤维,就能防止静电积聚。滤袋通常做成圆形,袋径为 120～300 mm,长为 200～3 500 mm,袋间间距不小于 50 mm。

(2)振打清灰装置。对滤袋进行清灰的振打装置有机械振动式、反吹风式和脉冲式等多种。现代饲料厂多采用脉冲式。

任务 5-3　添加剂预混料加工工艺实例

一、人工配料加工工艺

预混合饲料微量配料秤要求精度高,价格昂贵。人工配制则能减少资金投入,故现在应用较多。图5-35是人工配料预混料加工工艺流程图。

(1)预处理。利用台秤、天平、混合机、球磨机,将亚硒酸钠、碘化钾、氯化钴、维生素 B_{12} 制成浓度为1%的预混料。

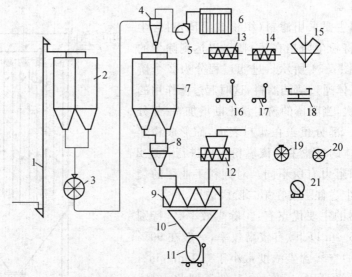

图 5-35　人工配料预混料加工工艺流程图

1. 载体提升机　2. 待粉碎载体仓　3. 粉碎机　4. 气力输送卸料器　5. 风机　6. 集尘器

7. 载体仓　8. 计量秤　9. 每批 250 kg 混合机　10. 成品仓　11. 成品包装

12、13. 每批 50 kg 混合机　14. 每批 5 kg 混合机　15. 每批 7 g 混合机

16. 50 kg 台秤　17. 5 kg 台秤　18. 1 kg 天平秤　19. 200 kg/h 粉碎机

20. 20 kg/h 粉碎机　21. 球磨机

（2）载体的处理。载体经接收、粉碎后进入载体料仓，根据需要进行计量。

（3）维生素预混料生产。按配方比例称取各种维生素，其中维生素 B_{12} 以 1‰ 预混料进行配料，以每批配制 200 kg 预混料计算所需的各种维生素，载体分两次加入，第一次人工加入混合机 12，经混合 10 min 后进入预盛有载体的混合机 9 继续混合，再混合 10 min，即为维生素预混料成品。

（4）微量元素预混料生产。以每批生产 200 kg 微量元素预混料计算，按配方比例称取铁、铜、锰、锌及防结块剂后，混合在一起倒入粉碎机 19 粉碎。粉碎后的物料进入预盛有载体的混合机 12，同样称取 1‰ 含量的硒、钴、碘预盛有载体的混合机 9 再次扩大混合，制成微量元素预混合饲料。

（5）复合预混料的生产。利用混合机 13、混合机 14 将维生素与微量元素制成一定含量的维生素预混料与微量元素预混料直接加入预盛有适量载体的混合机 9，然后按配方比例取其他添加剂如氨基酸、抗生素、药物、抗氧化剂等分别加入混合机 9，经充分混合均匀后，即可得复合预混合料。

二、罗氏公司维生素添加剂预混料加工工艺

罗氏公司维生素预混合饲料厂加工工艺流程如图 5-36 所示。

三、美国 MEC 公司设计的预混料加工工艺

MEC 公司时产 10 t 预混合饲料厂，产品是各种预混料和浓缩饲料，其流程如图 5-37 所示。该流程有原料接收、清理、配料、混合、打包和通风除尘几个部分。

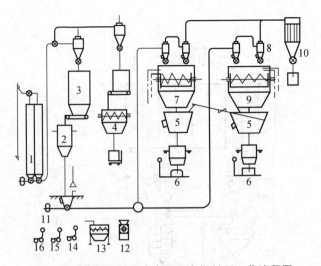

图 5-36   罗氏公司维生素预混合饲料厂工艺流程图

1. 载体仓   2. 计量秤   3. 给料机   4. 混合机   5. 振动器   6. 计量打包   7. 453.59 kg(1 000 lb)混合机

8. 离心卸料器   9. 1 814.36 kg(4 000 lb)混合机   10. 脉冲除尘器   11. 压送风机   12. 粉碎机

13. 混合机   14. 453.89 kg(1 000 lb)计量台秤   15. 45.36 kg(100 lb)计量台秤

16. 2.268 kg(5 lb)计量台秤

（资料来源：杨在宾、杨维仁主编,饲料配合工艺学,中国农业出版社,1997）

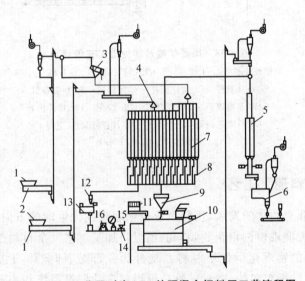

图 5-37   MEC 公司时产 10 t 的预混合饲料厂工艺流程图

1、2. 刮板输送机   3. 初清筛   4. 分配器   5. 成品仓   6. 计量打包机   7. 配料仓   8. 螺旋给料机

9. 2 t 自动配料秤   10. 2 t 混合机   11. 微量配料秤   12. 200 kg 计量秤   13. 0.293 m³ 混合机

14. 量台秤   15. 混合机   16. 料车

（资料来源：杨在宾、杨维仁主编,饲料配合工艺学,中国农业出版社,1997）

四、微量矿物盐前处理工艺

微量矿物盐前处理工艺流程如图 5-38 所示。

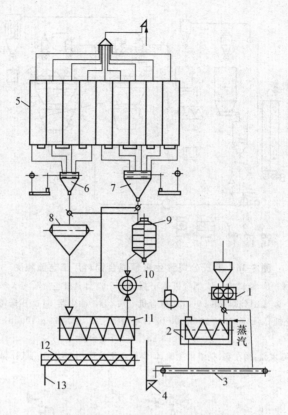

图 5-38　微量矿物盐前处理工艺流程图

1. 对辊破碎机　2. 干燥器　3. 带式输送机　4. 提升机　5. 料仓
6. 小计量秤　7. 大计量秤　8. 球磨机　9. 预混合机
10. 高速粉碎机　11. 混合机　12. 绞龙　13. 成品出料
（资料来源：杨在宾、杨维仁主编，饲料配合工艺学，
中国农业出版社，1997）

五、全自动配料加工工艺

随着我国畜牧业集约化的发展，饲料企业也朝着现代化生产的方向发展，全自动配料加工工艺是目前我国大型规模饲料企业倾向的预混料加工工艺。全自动配料加工工艺根据原料用量的大小、原料的物理化学性质等将系统分为 4 部分，即载体与常量成分自动配料系统、维生素预混料自动配料系统、微量矿物盐预混料自动配料系统和小剂量微量元素及其他微量添加剂人工配料添加系统。具体工艺流程如图 5-39 所示。

本工艺流程科学、合理、实用，路线简短，原料按类专线输送，避免了原料间的交叉污染；配料工艺自动化程度高，保证了较高的精确度；各除尘点分别处理，使粉尘得到很好的控制。本工艺投资成本较高，适合于大型预混合饲料加工生产线。

六、预混料加工成套设备

预混料加工成套设备用于加工畜禽、水产等所需的粉状预混料，如图 5-40 所示。

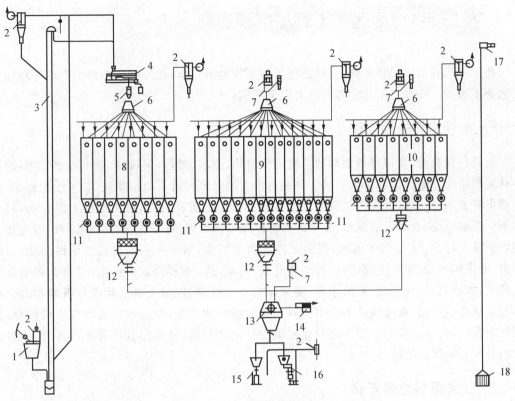

图 5-39　全自动配料加工工艺流程图

1. 载体投料斗　2. 除尘器　3. 斗提机　4. 初清筛　5. 永磁筒　6. 分配器

7. 投料斗　8. 载体与常量成分配料仓　9. 维生素预混料配料仓

10. 微量矿物盐预混料配料仓　11. 喂料器　12. 配料秤

13. 混合机　14. 油脂添加机　15. 台秤

16. 自动打包秤　17. 电动葫芦

18. 提筐

图 5-40　预混料加工成套设备图

要生产出高品质的预混料,设计出优秀的配方是第一步,而严格科学的生产程序和加工工艺必不可少。在加工工艺中需要注意以下问题。

一、重视原料的预处理

原料在混合前,要对需预处理的原料进行粉碎、去水、稀释、包被、抗静电等预处理,使原料达到相应生产的质量和工艺要求。预混料中大部分原料属不稳定物质,若不经包被、不作抗静电和去水等处理,就会因组分间相互作用而影响效价。为此,在生产加工混合前,对于达不到要求粒度,含水量的原料,要先进行粉碎或干燥处理;对于吸湿性强的原料,要先加入植物油或矿物油、SiO_2 等疏水剂,以避免产品吸湿霉变;对于一些易失效的活性物质,如维生素,要采用明胶、淀粉覆盖,并进行微囊化处理,以减少不利因素的作用;对带有静电作用的物质,如核黄素、尼克酸、抗菌素等,要采取抗静电处理,以避免其活性成分吸附在混合机械及运输机械表面,造成成品不合格。对于用量极小的组分,要在添加之前先进行稀释,以保证混合均匀。同时,对于相互之间存在颉颃作用的原料,要先用载体载承后再混合,以减少组分间互相接触的机会。

二、注意配料准确无误

饲料厂生产的饲料中,成分与预先配方设计中的成分出现较大偏差的原因,除 30% 归咎于所使用的原料变化外,其余的 70% 应归咎于加工工艺的缺陷所致,特别是计量误差的倍增效应更不可忽视。因而重视计量问题,是生产高质量预混料的前提。为此,在预混料生产中,操作人员一定要严格执行计量规定,做到不同使用量用不同的计量装置称量,确保称量的准确性,以保证生产的每批预混料的质量均保持相对稳定。由于预混料中原料配比量差异大,因此要求在配备称重设备时最好选取不同称量精度的秤,以满足精度的要求。在日常生产管理中要定期校准称量设备,加强对配料操作的监督。为减少称量次数,提高配料效率,建议对配方中所有原料进行分类(如多维、多矿等)配料、分类预混合。

三、注意预混料的混合程序

科学的进料顺序,既可缩短配料的混合时间,增加产量,降低成本,又是保证预混料混合均匀的重要环节。因此,进行混合机的配料,要采用"配比大、比重大的物料先进,配比小、比重小的物料后进的先大后小的进料原则"进行配料,以保证物料的混合均匀度。

四、掌握好混合时间

饲料的混合时间是指产品混合均匀度变异系数符合产品质量标准要求时混合机产最大量的最短混合时间,它是通过对常用配方在不同混合时间内所生产出来的产品产量和混合均匀度进行多次测试的基础上,确定最佳的经济混合时间,它是确定产品是否混合均匀的依据。为此,为保证混合均匀度,饲料厂要随着配方的改变而进行检测最佳混合时间,使预混料的混合均匀度达到规定的要求,以避免因搅拌不均匀而引起质量不稳。据报道,转速为 24 r/min 的卧式带状间歇混合机,其混合时间为 3 min 即可;而双螺旋立式行星高效混合机的混料时间为 4~8 min。

五、注意预混料的粒度

适宜的粒度是预混料混合均匀的前提,也是提高营养吸收利用率的措施之一。 GB 8832—88 对复合预混料粒度要求为全部通过 16 目分析筛,30 目以上留存不大于 10%; GB 8830—88 对微量元素预混料要求为粒度全部通过 40 目,80 目以上留存不大于 20%。 据报道,在基础料中不同的添加量对预混料的粒度要求不同,每吨配合饲料添加预混料 4.5 kg,要求预混料的粒度为 590~1 000 μm,添加量为 0.9 kg 时为 420 μm,0.2 kg 时为 74~250 μm。在生产与工艺设计中必须遵守国家标准,具体措施如下:①配置投料检查筛起保险作用;②载体或稀释剂的原料粒度超标时应配备载体粉碎系统;③所购原料的粒度必须符合要求。

六、注意包装及其规格

包装不仅影响产品形象,而且对预混料的质量也有影响。为此,包装材料要选择无毒、无害、结实、防湿、避光的材料,且要求包装要严密和美观;对于包装规格,要因地制宜,有不同规模的包装,以满足不同层次用户的需要。

七、防止产生分级

混合后的物料直接进入成品包装,尽量避免提升、风运、振动。选用承载力高的载体,规定加料的顺序,建议配比大的先加,配比小的后加。输送设备应根据工厂规模与劳动力状况而定,但不论何种情况,一般混合加工完成的添加剂预混料产品,不宜多增加输送环节,以防分级与散落,影响产品质量。作为添加剂预混料加工成品应尽可能避免提升与横向输送,如受条件限制,必须采用输送的地方,需选用残留量少、污染可能性小的输送设备。

八、防止交叉污染

对量小、浓度高的单一微量成分,可采用人工输送或专线输送,不宜几种物料用同一台输送机。混合后尽量减少输送,一般直接计量打包。凡有药物或某些微量成分稀释混合经过的设备,如料仓、混合机、输送机等,在更换品种时应及时清洗。大多数情况下,物料的污染主要是由残留物在机械设备内引起的,所以,要经常检查料仓及其他设备有无死角、霉变、结块等现象,并随时清扫,特别要注意添加油脂的混合机等设备。必须加强打包工段的清理工作,避免交叉污染的产生。

九、防止粉尘危害

由于原料绝大部分都是粉状,而且粒度很小,因此,添加剂预混合饲料厂应具有较好的通风除尘系统,其要求应比配合饲料厂高,除尘设备尽量设置在主车间外部,以降低主车间的粉尘和噪声。预混料生产中的粉尘点多、粉尘量大,对工人健康危害大,必须严格控制。主要产尘点有:原料投料、人工配料台、包装口以及设备料仓密闭不严处。在遵循"密闭为主,吸风为辅"的原则基础上,对产尘点配备较好的通风除尘系统。由于物料粒度小,要求吸尘口的风速不宜过高,采用一级或二级除尘,但需配备布袋除尘器。

◉ 岗位操作任务

实训一　饲料添加剂粒度的测定

(一)实训目的

了解饲料添加剂粒度的测定方法。

(二)测定原理

样品通过一定筛孔的筛网时,颗粒直径小于筛孔孔径的样品即成筛下物,而颗粒直径较筛孔孔径大的样品则成筛上物,由此确定粉碎粒度的大小。

(三)主要仪器

统一型号电动筛机、验筛(R40/3 系列)、天平。

(四)测定方法

称取试样约 50 g,精确至 0.1 g,置各添加剂规定项下的试验筛内,开动电动筛机连续筛 10 min,将筛下物进行称量,精确至 0.1 g。

(五)数据处理

粉碎粒度(以试验筛筛上物的质量百分数表示)按下式计算:

$$筛上物 = (1 - m_1/m) \times 100\%$$

式中,m_1 为试验筛筛下物的质量(g);m 为试样质量(g)。

(六)注意事项

(1)预混剂中的药物均应先粉碎,除另有规定外,应全部通过 3 号筛,但混有能通过 4 号筛不超过 10% 的粉末。

(2)所用药筛选用国家标准的 R40/3 系列,如表 5-5 所示。

表 5-5　药筛选用国家标准

μm

筛号	筛孔内径(平均值)	筛号	筛孔内径(平均值)
1 号筛	2 000±70	6 号筛	150±6.6
2 号筛	850±29	7 号筛	125±5.8
3 号筛	355±13	8 号筛	90±4.6
4 号筛	250 ±9.9	9 号筛	75±4.1
5 号筛	180±7.6		

粉末的分等如表 5-6 所示。

饲料添加剂

表 5-6　粉末的分等

等级	特征
最粗粉	能全部通过 1 号筛,但混有能通过 3 号筛不超过 20% 的粉末
粗粉	能全部通过 2 号筛,但混有能通过 4 号筛不超过 40% 的粉末
中粉	能全部通过 4 号筛,但混有能通过 5 号筛不超过 60% 的粉末
细粉	能全部通过 5 号筛,并含能通过 6 号筛不少于 95% 的粉末
最细粉	能全部通过 6 号筛,并含能通过 7 号筛不少于 95% 的粉末
极细粉	能全部通过 8 号筛,并含能通过 9 号筛不少于 95% 的粉末

实训二　饲料添加剂混合均匀度的测定

(一)实训目的

熟悉散剂、预混剂均匀度的测试方法。

(二)测定原理

通过对散剂混合均匀程度的观察和对预混剂中主要成分含量的多次测定,确定供试品的均匀程度。

本方法通过预混合饲料中铁含量的差异来反映各组分分布的均匀性。

本方法通过盐酸羟胺将样品中的铁还原成二价铁,再与显色剂邻菲罗啉反应,生成橙红色的络合物,以比色法测定铁的含量。

1. 散剂均匀度检查

取散剂适量置光滑纸上平铺约 5 cm^2,将其表面压平,在亮处观察,应呈现均匀的色泽、无花纹、色斑。

2. 预混剂含量均匀度测定

取供试品 5 个,照各药品下规定,分别测定含量,并求其平均含量。每个含量与平均含量相比较,含量差异大于 15% 的不得多于 1 个。

本测定方法适用于含有铁源的微量元素的预混合饲料混合均匀度的测定。

(三)主要仪器及试剂

(1)分析天平:感量为 0.000 1 g。

(2)可见分光光度计。

(3)容量瓶:50、100 mL 各 1 个。

(4)三角瓶、吸量管、量筒等。

(5)乙酸盐缓冲溶液(pH 4.6):称取 8.3 g 无水乙酸钠于水中,加入 12 mL 乙酸,并用水稀释至 100 mL。

(6)盐酸羟胺溶液:溶解 10 g 盐酸羟胺于水中,并用水稀释至 100 mL,保存在棕色瓶中,置于冰箱内可稳定数周。

(7)邻菲罗啉溶液:取 0.1 g 邻菲罗啉加入约 80 mL 80℃ 的水中,冷却后用水稀释至 100 mL,保存在棕色瓶中,置于冰箱内可稳定数周。

(8)浓盐酸。

(四)测定方法

称取试样 1~10 g(准确至 0.000 2 g),放入烧杯中,加入 20 mL 浓盐酸,加入 30 mL 水稀释,充分搅拌溶解,过滤到 100 mL 容量瓶中,定容到刻度。取过滤的试样液 1 mL 放置到 25 mL 容量瓶中,加入盐酸羟胺 1 mL,充分混匀,放置 5 min 充分反应,向 25 mL 容量瓶中加入 5 mL 乙酸盐缓冲液,摇匀,加入 1 mL 邻菲罗啉,用蒸馏水稀释至 25 mL,充分混匀,放置 30 min,以水作参比溶液,用分光光度计在 510 nm 波长处测定其吸光度。

(五)数据处理

$$变异系数\ CV = S/X \times 100\%$$

$$式中,S = \sqrt{\frac{(X_1-\overline{X})^2-(X_2-\overline{X})^2-(X_3-\overline{X})^2+\cdots+(X_{10}-\overline{X})^2}{10-1}}$$

$$或\ S = \sqrt{\frac{X_1^2+X_2^2+X_3^2+\cdots+X_{10}^2-\overline{X}^2}{10-1}}$$

X_1、X_2、$X_3\cdots X_{10}$ 为 10 个试样的测定值(吸光度);$\overline{X}$ 为试样吸光度的平均值;S,试样吸光度的标准差。

(六)注意事项

(1)试样加入浓盐酸时必须慢慢滴加,以防样液溅出。

(2)试样必须充分搅拌。

(3)对于含高铜的预混合饲料可适当将邻菲罗啉溶液的用量增加 3~5 mL。

(4)对于微量元素预混剂、复合维生素等饲料添加剂的混合均匀度也可用"饲料混合均匀度测定仪"进行测定。

◉ **知识拓展**

预混料生产工艺要求

预混料产品的特殊性,要求预混料生产工艺与之相适应。对其基本要求主要有如下两点:

1. 最大可能地保护微量成分的活性

预混饲料的微量组分原料大多来自于化工和医药行业,从原料选购,接收开始,应注意其理化特性。在混合前,对需处理的原料进行粉碎、驱水、稀释、包被、抗静电等预处理。在贮存、加工过程中,一方面要设法保护添加剂组分的原有活性;另一方面要避免不同组分产品间的交叉污染影响。因此工艺设计时要采取特有的手段,使用专用生产线,最大可能地保护微量成分的活性。

2. 配料精度高,误差小

一般的配合饲料厂处理的对象都是常量原料,其常量成分的变化范围都较大。但是预混料厂和配合饲料厂不同,它所涉及的物料大都是微量成分,用量很少,有的甚至极微量,而且安全剂量与中毒剂量十分接近(如硒),因此对配料精度要求很高。配料误差小,是生产高质量预混料的前提。为实现这一目标,必须选用高精度的配料器具(如电子秤);设计出合理的称量工艺,如采用多级稀释混合,分组配料工艺,对某些级微量成分甚至可在配制室内用微量天平称取,以保证称量精确。

◎ 项目小结

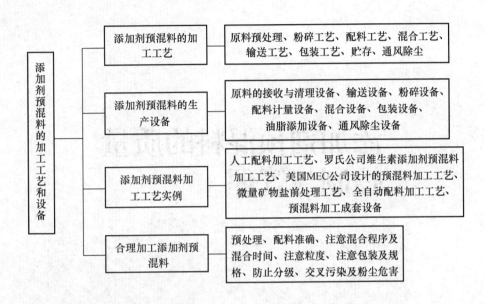

◎ 职业能力和职业资格测试

1. 简述各种添加剂原料的预处理方法。
2. 简述粉碎工艺、设备及其特点。
3. 简述配料粉碎工艺、设备及其特点。
4. 简述混合粉碎工艺、设备及其特点。
5. 简述包装粉碎工艺、设备及其特点。
6. 简述预混料贮存、通风除尘及其特点。
7. 简述预混料生产中需要注意的问题。

添加剂预混料的质量控制与管理

项目设置描述

　　本项目主要介绍了饲料添加剂预混料原料、生产过程的质量控制,简述了添加剂预混料产品的检测方法。采用的是任务式教学法,通过学习本项目内容,学生能够正确对预混料产品进行检测,在预混料生产过程中合理应用 HACCP 管理体系。通过项目相关任务知识阅读、完成任务的相关题目,制定完成任务计划、实施方案,获得添加剂预混料的质量控制与管理的知识和技能,在饲料生产中正确应用 HACCP 管理体系。

知识目标

1. 掌握原料的质量控制。
2. 掌握预混料生产过程的质量控制。
3. 掌握预混料产品的检测方法。
4. 掌握实施 HACCP 管理体系的基本程序。
5. 掌握 HACCP 在预混料质量管理中的应用。

添加剂预混料成分多、用量小、作用大、安全性要求高，被列入农业部生产许可管理。加强添加剂预混料生产质量管理，严格把好生产准入关，对提高饲料质量安全十分重要。为了不使更多的畜牧产品危及人类的生命健康，必须严把饲料产品的质量，其中，控制饲料原料的质量显得尤为重要。原料质量是产品的前提和基础，搞不好原料质量控制，产品质量控制就无从谈起，原料质量的控制是指原料的自身质量和原料的品种、型号、特性等的选择控制。

任务 6-1　添加剂预混料原料的质量控制

添加剂预混料原料主要包括维生素、微量元素、磷酸氢钙、氯化胆碱、载体和稀释剂等。

一、维生素

维生素是饲料添加剂中最常用，也是最重要的一类。在饲料生产中，添加维生素的目的并非治疗某种维生素缺乏症，而是作为天然饲料营养的补充，提高动物的抗病应激能力，促进生长以及改善某些畜产品的产量和质量。但是维生素作为一类低分子有机化合物，其稳定性受多种因素的影响，如湿度、压力（制粒需要）、氧化、还原、光、热、酸碱度、水分以及微量元素的相互作用、酶、载体和饲料添加剂的存在等。潮湿是影响维生素稳定性最重要的因素。特别是在与微量元素及氯化胆碱同时使用时，会导致微量元素水合盐中游离水的释放而使维生素降解，以维生素 A、维生素 D_3 的破坏较大，故胆碱、维生素宜制成单一的预混剂，同时在维生素制剂中添加抗氧化剂，可延长促使活性维生素氧化的诱导期，保持维生素在 4～8 周的贮存期不受太大影响，延长预混料的保质期。在使用维生素时，注意含量和浓度。如维生素 B_2，其饲料级浓度为 96%，药品级则为 98%；维生素 B_1 的含量有 0.1%、1% 等。选择维生素添加剂预混料原料时，除了要选择稳定性好的维生素制剂与剂型外，还应注意以下几个方面。

（一）选择生物学价值高、畜禽利用率高的维生素添加剂

人工合成的维生素添加剂与天然存在的维生素相比，二者的生物学效价不同。如鱼肝油中维生素 A 的生物学效价为 30%～70%，而人工合成的维生素 A 的生物学效价则可达 100%。因此，根据畜禽的种类合理地选择维生素添加剂。

（二）选择适宜的维生素添加剂

研究表明，在气候应激条件下，具有较高含量的抗氧化剂的维生素 A 原有一定的稳定性，贮藏 8 周后其存留量比低含量的抗氧化剂的维生素 A 原高，在高温、高湿的夏季或湿热地区选用维生素 B_1 添加剂时，选择硝酸硫胺较选择盐酸硫胺的要好。

（三）注意配伍禁忌

烟酸和维生素 C 都是酸性强的添加剂，易使泛酸钙脱氨失活。氯化胆碱对维生素 A、胡萝卜素、维生素 D、B 族维生素以及泛酸钙等均有破坏作用，使用时应加以注意。

（四）维生素添加粒度

维生素添加剂在配合饲料中所占的比例极小，因此，只有将维生素添加剂活性成分的体积变小,才能使其在全价配合饲料中的颗粒数增多,达到分布均匀的目的。所以,维生素添加剂及其活性成分应粉碎到一定的粒度之后才能使用。

(五)添加维生素稳定剂

在维生素干粉中添加 BHA 和乙氧喹啉与不添加的相比,其稳定性要好。

二、微量元素

动物必需的、在其营养价值中作用最大的微量矿物元素有 7 种:铁、铜、锌、锰、硒、碘、钴。微量元素等级分饲料级、工业级、试剂级等。由于化学形式、产品类型、规格以及原料细度不同,其生物学利用率差异较大,销售价格也不一样。选用微量元素添加剂时,必须考虑其对动物的生物学效价、产品的稳定性以及对环境的污染。

目前,我国一般采用化工生产的各类饲料级微量元素、盐类或氧化物作添加剂,很少采用纯的试剂级产品,氧化物类的优点是元素含量高,不易吸湿结块,流动性、稳定性好,容易加工;硫酸盐类则易吸湿返潮,流动性差,不易加工,但硫酸盐的生物学效价高。以含铜元素的化合物为例,用硫酸铜、氧化铜、碳酸铜分别对仔猪进行饲料对比试验,其结果是,硫酸铜的铜生物学效价最高,碳酸铜次之。用硫酸盐作饲料添加剂,还可促进动物对蛋氨酸的吸收利用,能发挥抗生素的作用,预防疾病,促进生长。

三、磷酸氢钙

磷酸氢钙在预混料中添加量很大,所以,磷酸氢钙产品的质量对预混料产品的质量影响很大。目前,国内生产磷酸氢钙的厂家很多,产品质量参差不齐,应特别注意产品含氟量不能超标(行业标准为不大于 0.18%),氟过量时,会对多种酶有抑制作用,这是由于氟夺取了酶的活性成分而造成的。氟可抑制磷酸化酶,导致体内钙代谢紊乱,钙的吸收和蓄积减慢,使骨溶钙化不良。而且高氟易与钙、锰、镁、铜、铁、锌等阳离子结合,使畜禽体内需要的这些离子酶受到抑制,直接导致脂肪的利用率下降、糖代谢紊乱。

四、氯化胆碱

氯化胆碱易溶于水及醇,水溶液呈碱性,极易吸潮,胆碱在饲料中添加量往往很高。在复合预混料中(如 1% 预混料),胆碱(50%)的添加可达 8%~30%。氯化胆碱对维生素 A、维生素 D、维生素 E、维生素 K、B 族维生素、泛酸等都有破坏作用,有微量元素存在时,加剧破坏程度。预混料生产中一般选用干粉的氯化胆碱,其稳定性很好,选择氯化胆碱时应慎重。

五、载体、稀释剂、吸附剂

选用合适的载体与稀释剂是保证预混料产品质量的重要条件之一。目前常用的载体和稀释剂有沸石、膨润土、凹凸棒土、玉米(芯)粉、稻壳粉、麸皮、乳糖、淀粉和大豆粉等。载体选择时要注意其粒度、密度、吸湿性、流动性、化学性状及表面特性等方面的不同要求。

(一)粒度

稀释剂的粒度要求小于载体。在粉状添加剂产品中,某种湿性成分的均匀性取决于混合物中载体和稀释剂的数量粒度以及活性成分的粒子数目,要获取良好的添加剂产品,一般要求活性成分的粒度小于载体与稀释剂粒度。

（二）密度

密度是影响添加剂产品混合均匀度的重要因素。要求选作载体和稀释剂的物料，其密度应同添加剂活性成分的密度相似。

（三）含水量及吸湿性

作为预混料产品的载体与稀释剂的水分含量不应超过10％。吸湿性强、易结块的物料不宜选作载体与稀释剂。目前，市售产品采用烘干工艺生产的凹凸棒土水分可控制在5％左右。

（四）pH

接近中性，否则会影响活性成分维生素酶制剂等的效价，从而影响产品质量。

（五）表面特性

选用不带静电的物料作为稀释剂为好。控制预混料原料的质量，还要使所选的原料不能被有毒物质所污染，进货时必须检查，控制好储存期间的安全质量问题。生产厂家必须派出业务能力强、工作素质高的从业人员，否则，会用更高的价格来换取劣质的产品，从而从中谋取暴利。只有注意了这些方面的问题，预混料原料的质量就能控制好。如果再配以高质量的原料配方，注意加工工艺以及成品储存、运输、留样等的质量控制，就会生产出高质量的产品，从而就有高质量的畜牧产品。这样，畜牧产品的质量问题就不会再困扰人们的生命健康了。

针对每种原料的规格、有效含量、异构物体、活力单位等，必须做出准确无误的换算；面对纷乱的供应商市场，技术人员要找到并选出最合理、最实用，甚至是最新的产品；检查所进原料的每一包装是否均符合要求；各原料的哪些项目是硬指标，哪些有弹性；采购主管、生产品控人员和技术主管要进行有效及时的沟通与配合。这众多环节均涉及预混料成品的质量。预混料企业应结合原料质量、生物有效性、原料相互间的不良作用，价格比较，质量和供货的稳定性、付款方式等多方面选择产品和供应商。

任务 6-2　预混料生产过程的质量控制

添加剂预混料加工过程的质量管理，除生产管理问题外，还涉及技术问题。饲料加工工艺和加工机械的先进与否也是影响饲料产品质量的重要因素，但加工过程中人为的因素更应该得到重视。

一、卸料的管理

在加工车间的卸料坑处应有专人负责检查所卸原料与配方要求是否相符，并检查所进仓柜是否正确。对不进粉碎机的原料都应检查粒度是否符合加工指标，对粒度不符合要求的原料必须进行粉碎加工。根据当日的加工任务，从料库称取各种微量成分原料，结束时实称退回仓库，对照计划耗料与实际耗料，依据微量原料用量级别和秤的精度，确定一个允许误差范围，若超过这个范围则应追查原因。

二、粉碎的管理

粉碎机操作工应负责检查粉碎料的质量,根据生产品种选择圆孔筛,粉碎加工中发现过大的颗粒,应检查粉碎机筛片是否破损,接头处是否漏料。

三、配料的管理

配料秤应定期检验,以保证配料准确。对配料仓要定期清理,核对原料数量,不使仓内死角积存物料时间过长。称量容器应准确、清晰标记皮重,有专人称取各类微量原料,在混合投料前,由质量监督人员验称、记录,与应投的计划重量对比,检查是否在允许误差范围内,对超过范围者,要查找原因。

四、混合的管理

加工不同品种预混料应用载体清洗混合机,按照载体、微量组分、载体的次序投放物料。要将容器刷净,以减少耗损。应确定合理的混合时间,不得随意变动。混合机正常工作的情况下,保证混合工序质量的关键是:严格按规定步骤及规定量添加各种活性成分,并按规定的混合时间操作。要防止过分强调产量,缩短混合时间,造成混合质量降低的现象发生。经混合处理后的物料要尽量减少输送,以减少分级与粉尘飞扬。

五、成品的管理

混合均匀后的成品应及时称量记录,并与混合一次的重量相同,根据情况确定允许误差。超过允许误差,则可能有物料黏附在混合机内,或投料量不足,或被过度的风力吸走。最后加工结束,累积误差超过一定范围,则要查找原因,改进工艺。成品应留样保存,并定期检测。成品包装及贮藏时,包装工人应负责调整好仓柜,准确计量。掌握好包装袋与标签,防止搞错。成品堆放在仓内,应按品种分类堆放,仓库要有良好的防湿、防鼠、防虫条件,不能有漏雨等情况。成品库必须与原料库分开,以防混杂。

维生素预混料生产加工时必须做到准确配料、定量投料,注意配伍禁忌。要保证严格按配方要求进行投料,提高配料人员素质。目前,国外自动化的微量配料秤已逐步推广使用,而国内(尤其浙江省内)还是以人工称料为主,必须对称重设备加强定期校准,严格操作程序。确保投料准确性与稳定性。

维生素预混料生产中必须注意以下因素对维生素稳定性的影响:①微量元素对维生素A、维生素 D_3、维生素 K_3、维生素 B_1、维生素 B_6、叶酸等有破坏作用;②胆碱因碱性强对维生素 B_1、维生素 B_2、泛酸、维生素 B_6、维生素 K_3 有破坏作用;③维生素 C 有强还原性,水溶液呈酸性,维生素 B_{12}、叶酸在还原性酸性环境中易分解失效,维生素 B_1、维生素 B_2 与维生素 C易相互作用而失效,最好选用中性的维生素 C 多聚磷酸酯,维生素 C 盐较好;④在生产 1%复合预混合饲料时,应先将多维一级预混后,与微量元素用载体隔开再进行混合,氯化胆碱应迟加、稀释后加;⑤饲用防霉剂对维生素稳定性也有影响,配合饲料防霉用的丙酸类不要加在载体中。

任务 6-3　预混料产品的检测

一、感官指标

饲料添加剂的原料与成品首先应通过感官鉴定。感官鉴定的方法十分简单,主要是通过感官鉴别饲料添加剂原料或成品有无发霉变质、结块及异味,从大体上核对一下品种与质量情况,进而指导取样并提出更具体的检测项目。

二、化学成分

化学成分的检测是饲料添加剂产品质量的中心环节。除添加剂活性成分的检测外,对添加剂产品质量影响极大的化学成分是水分,水分是说明稳定性与耐贮性的重要指标,因此,检测水分的高低是对添加剂原料与成品质量做出判断的首选指标。

三、加工质量

添加剂预混料的加工技术对保证产品质量十分重要,在诸多加工质量指标中,最主要的有粒度与混合均匀度。对粉状添加剂预混料来说,应有相应的粒度要求,因为粒度影响加工成本、混合均匀度、饲喂使用效果及畜禽对营养物质的消化吸收。因饲料添加剂在配合饲料中添加量极小,为使其在饲料成品中达到一定的颗粒数,并易于黏附于载体上,粒度要求细于一般饲料。饲料添加剂预混料的混合均匀度是判断加工质量好坏的又一主要指标。混合不均匀的产品饲养效果不好,甚至造成部分畜禽因采食含超量某些添加剂活性成分的饲料,而导致中毒与死亡。测定混合均匀度的方法有甲基紫法与沉淀法,一般要求添加剂预混料均匀度的变异系数小于 5%。

四、卫生质量

饲料添加剂预混料的质量关系到人畜健康,在生产加工与贮存运输中必须加以重视。

一般需注意的卫生质量指标有:一是重金属与有毒元素的含量。如铅、砷、汞、氟等对人畜均有毒害;铜、硒等微量元素在适量情况下对人畜有益,具有补充营养与调节代谢的功能,但添加超量会引起中毒。因而要对矿物质添加剂原料与产品进行重点检测,防止超标。二是微生物与微生物毒素指标。富含各种养分的添加剂预混料在潮湿地区,极易霉变。某些添加剂活性成分原料与有机载体也极易霉变或被微生物污染。经有害微生物污染的产品,有效成分含量下降,甚至因含有微生物毒素而导致畜禽的中毒与死亡,造成经济损失。因此,在加工贮运中要加强防护措施,严格检测把关,防止污染。

必须注意的还有其他一些有害成分,如农药的残毒及过量的尿素等,在必要时也应加以检测,以保证产品质量,提高社会经济效益。

HACCP 是 Hazard Analysis Critical Control Point 的缩写,直译为危害分析关键控制点,是食品行业安全卫生标准,其定义为鉴别、评价和控制对食品安全有重要危害的一种系统性管理制度。其目的是控制化学物质、毒素和微生物对食品和饲料的污染,就是通过对食品加工过程的关键环节实施有效监控,从而将食品安全卫生危害消除或降低至安全的水平。它是一个以预防为基础的食品安全生产、质量控制的保证体系,由食品的危害分析(hazard analysis,HA)和关键控制点(critical control point,CCP)两部分组成。自 20 世纪 60 年代美国 Pillsbury 公司与美国航空航天局用"零缺陷"方法控制宇航员食物的卫生质量开发航天食品,形成了 HACCP 食品质量管理体系以来,经过 30 多年的发展,被国际权威机构认可为保证食品安全卫生最有效的方法,被世界上越来越多的国家认为是确保食品安全的有效措施体系。

近年来,随着畜牧业和饲料工业的迅速发展,人们对畜产品安全、食品质量和生态环境越来越关注,许多学者和企业将 HACCP 方法应用于畜产品生产和饲料加工、兽药制造等的过程中。

一、HACCP 的概念

HACCP 包括两方面的内容:①危害分析:分析食物制造过程中各个步骤的危害因素及危害程度;②关键控制点:依危害分析结果设定关键控制点及其控制方法。

HACCP 提出了 7 项基本准则,这些准则既是基本原理,又是执行的步骤:①危害分析(HA);②确定关键控制点(CCPs);③确定各关键控制点的限值;④制订监控程序;⑤确立纠偏措施;⑥建立验证程序;⑦建立可靠而准确的文件和记录的保存制度。

HACCP 涉及以下一些基本概念:①危害(hazard):包括生物性、化学性及物理性的危害;②关键界限(critical limit):为防止危害发生设的标准;③控制点(control point):可控制生物性、物理性及化学性的一个点、步骤或程序;④关键控制点(critical control point):为一个点、步骤或程序,若加以控制,则可预防、去除或降低食品中安全危害至可接受的程度;⑤矫正措施(corrective action):当监测结果显示关键控制点失控时,所应采取的措施;⑥监测(monitor):执行有计划的观察与测定,以评估关键控制点是否在控制之下。

二、HACCP 管理体系的基本原理

1959 年美国 Pillsbury 公司与国家航空航天局为生产安全的宇航员食品创建了该质量管理体系。经过多年来的实际应用与修改、完善,现已被联合国食品法典委员会确认。

与传统的终产品质量检验相比,HACCP 管理是一个确认、分析、控制生产过程中可能发生的生物性、化学性、物理性危害的系统方法,是一种全新的质量保证系统。HACCP 管理是对生产过程各环节的控制,主要包括危害分析(HA)和关键控制点(CCP)等 7 个基本原理。

(一)危害分析(HA)和确定预防性措施

确定与饲料和食品生产各阶段有关的潜在危害性,包括原材料生产、饲料和食品加工制造过程、产品贮运、消费等各环节。危害分析不仅要分析其可能发生的危害及危害程度,而且也要制定控制这种危害的预防性措施。

(二)确定关键控制点(CCP)

对可以被控制的点、步骤或方法,经过控制可以使饲料和食品潜在的危害得以防止、排除或降至安全水平。每个步骤可以是饲料和食品生产制造的任一步骤,包括原材料及其收购、生产、收获、运输、产品配方及加工贮运等任何环节。

(三)建立关键限值

对每个CCP点需确定一个关键限值,以确保每个CCP限制在安全值以内。这些关键值常是一些保藏手段的参数,如温度、时间、物理性能、水分、水分活性、pH等。

(四)监控每一个CCP

要有计划、有顺序地观察或测定,以判断CCP确实在控制中,并有准确的记录,用于事后评价。应尽可能通过各种物理及化学方法对CCP进行连续的监控。若无法连续监控关键限值,应确保CCP完全在控制之中,并建立通过使用监控结果来调整加工和保持控制的持续。

(五)确立纠偏措施

当监控显示出偏离关键限值时,要采取纠偏措施。虽然HACCP管理体系已有计划防止偏差,但从总的保护措施来说,应在每一个CCP上都有合适的纠偏计划,万一发生偏差,立即用适当的手段来恢复或纠正出现的问题,并有维持纠偏行动的记录。

(六)建立有效档案记录保存体系

要求把列有确定的HA、CCP、关键限值的制定、执行、监控、记录和其他措施等与执行HACCP计划有关的信息、数据记录文件完整地保存下来。

(七)建立验证程序,确保HACCP管理体系正确运行

三、实施HACCP管理体系的基本程序

推行HACCP管理体系至少应遵循3个程序。

(一)建立HACCP管理体系

目前,国际上通行的做法有两种:一是政府管理部门依据HACCP原理直接建立HACCP管理体系,通过法律法规强制执行,如美国、韩国等;二是政府提倡,中介机构和组织建立并推行HACCP管理体系,如加拿大、欧盟、日本、澳大利亚、新西兰、泰国等。一个国家、地区或者一个行业决定推行HACCP管理体系时,应当根据本国、本地实际和行业特色,选择建立HACCP管理体系的模式。

(二)确立HACCP实施方案

该方案应当包括:组建HACCP队伍—认定生产目标—描述加工过程—构建工艺流程图—量化危害与风险程度—确定关键控制点—确定每个关键控制点关键限值—确定每个关键控制点的监控系统与记录—建立纠偏方案—建立档案—建立校验程序—操作程序手册—审验、复查与培训—HACCP计划的评价。

(三)总结提高 HACCP 管理体系

实践证明,实施 HACCP 管理能有效杜绝有毒有害物质和微生物进入饲料原料或配合饲料生产环节。同时,由于关键控制点的有效设定和检验,保证了最终产品中各种药物残留和卫生指标均在控制限以下,确保了饲料原料和配合饲料产品的安全。对新推行 HACCP 管理体系的国家、地区或者行业,应当认真总结传统管理模式的经验和成效,并与 HACCP 管理体系进行全面的比较,结合国情和行业特点,不断丰富和完善这一全新的管理体系。

四、HACCP 与其他质量保证体系的关系

HACCP 管理体系提供了一种科学、严谨、适应性强的控制生物性、化学性和物理性危害饲料和食品的手段。它是一种以预防为主的质量保证方法,可以最大限度地减少产生饲料和食品安全危害的风险,又避免了单纯依靠最终产品检验进行质量控制产生的问题,实际上是一种既经济又高效的质量控制方法。HACCP 的基本原理和执行程序带有普遍性,适于不同类型的饲料和食品安全生产计划的制定。HACCP 计划专一性强、针对性强,不同的产品、不同生产工艺应该有不同 HACCP 计划。HACCP 管理体系与其他管理体系是相辅相成的,它不是一个独特的程序,而是一个更大的控制程序的一部分。为了更有效地实施 HACCP 管理,必须首先吸取良好生产规范(GMP)、可接受的卫生标准操作程序(SSOP)和 ISO 9000 系列体系的管理经验,将 HACCP 建立在 GMP、SSOP 和 ISO 9000 系列科学管理的基础之上。

(一)HACCP 与 GMP 的关系

GMP 是一种具有专业特性的品质保证体系。GMP 较多应用于制药工业,许多国家也将其用于食品工业,制定出相应的 GMP 法规。GMP 也是一种具体的食品质量保证体系,它要求食品工厂在制造、包装及贮运食品等过程的有关人员配置,建筑、设施、设备等的设置,以及卫生、制造过程、产品质量等管理均能符合良好生产规范,防止食品在不卫生条件或可能引起污染及品质变坏的环境下生产,减少生产事故的发生,确保食品安全卫生和品质稳定。GMP 在确保食品安全性方面是一种重要的保证措施。GMP 强调食品生产环境、生产过程和贮运过程的品质控制,尽量将可能发生的危害从规章制度上加以严格控制。GMP 和 HACCP 管理系统有着共同的基础和目标。

(二)HACCP 与 SSOP 的关系

SSOP 实际上是 GMP 中最关键的基本卫生条件,也是食品生产中实现 GMP 全面目标的卫生生产规范。SSOP 强调食品生产车间、环境、人员及与食品有接触的器具、设备中可能存在危害的预防以及清洁的措施。SSOP 与 HACCP 的执行有密切的关联。

(三)HACCP 与 ISO 9000 系列的关系

ISO 9000 系列标准是国际标准化组织(ISO)1987 年发布的国际通用的质量管理与保证体系,它规定了质量体系中各个环节、各个要素的标准化实施规程和合格评定实施规程,实行产品质量认证或质量体系认证。这些质量管理和质量认证都是以确保最终产品质量为目标。质量体系的 19 个要素(1994 版)、8 个方面(2000 版)基本包括了 HACCP 所要求的从食品加工原材料、食品加工过程到产品的贮运销售等环节。其基本操作步骤有:质量环节的分析,找出可能影响产品质量的各个环节并确定每个质量环节的职能;依据质量环节分析结果,确定质量体系中应包括的具体要素,以及对每个要素进行控制的要求和措施质量体系文

件的确立与实施；领导对质量体系的审核等。这些都与 HACCP 是一致的。可以说，HACCP 原理中关于危害分析、CCP 的确定及其监控、纠偏、审核等都是与 ISO 9000 系列中各要素相对应的。ISO 9000 提出的是基本原则与执行方法，带有普遍指导原则。实际上，HACCP 是执行 ISO 9000 标准在饲料和食品行业的具体实践。

五、推行 HACCP 管理的必要性

近年来由于人们只重视人类的食品卫生安全，而忽视了对饲料和牲畜的安全卫生管理，致使如疯牛病、重金属(铅、砷、铬)中毒、黄曲霉毒素致癌等灾难性疾病以及人类和周围环境的严重污染。我国饲料产品质量认证近年来才开始受到重视和启用。我国制定的饲料产品标准不配套、不齐全，加上生产管理水平有限，导致我国饲料无标生产现象严重，开展质量监督检测也出现了无标可依的尴尬局面。饲料工业中的农药、违禁兽药、各种添加剂有害残留问题突出，乱用滥用现象比较严重。这都已向人们敲响了警钟。HACCP 管理系统在食品、制药等工业中应用后，成功而有效地解决了安全卫生的问题，为它在饲料工业中的应用提供了很好的参考和借鉴。

(一)与国际接轨的需要

饲料和食品的国际组织已采纳以 HACCP 管理体系，如联合国动物饲料法典、食品法典都规定了饲料和食品生产应当推行以 HACCP 管理体系，并将其纳入国际贸易中饲料和食品质量和安全管理的规定之中。推行以 HACCP 管理体系是我国饲料工业走向世界的通行证。

(二)饲料安全管理工作的需要

目前我国饲料管理实行的是事后监督制度，迫切需要饲料生产、经营企业加强事前管理，消除各种安全隐患，以 HACCP 管理的事前性和预防性，并将大大降低事后监督成本，提高事后监督的成效。

(三)生产无公害和绿色养殖产品的需要

养殖产品的成本 70% 以上来自饲料，饲料工业推行以 HACCP 管理将保证养殖产品的生产资料质量安全，为生产无公害和绿色养殖产品奠定良好的物质基础。

(四)建立和完善我国饲料工业标准体系的需要

当前我国饲料标准体系建设滞后，一些允许使用的饲料添加剂品种仍未制定标准，有关安全卫生方面的检测方法标准也不完善，无法为行业监督和行政执法提供技术依据，直接影响到监督检测的法律效力。HACCP 管理体系对饲料生产的各个环节都提出了具体而明确的要求，推行 HACCP 管理体系必将进一步推进我国饲料标准体系的建设和完善步伐。

六、HACCP 在预混料质量管理中的应用

(一)饲料原料采购、贮藏的危害分析及关键控制点

饲料原料是饲料工业的基础，也是影响最终产品质量的关键。由于饲料原料来源较复杂，相当部分需进口，以及中间商的介入和运输储存等环节，往往存在货源批次的质量差异，甚至造成严重的污染。故饲料加工厂在购买原料时存在质量和安全的风险。控制该关键点的措施是：首先要有完整的企业内部原料质量验收标准，包括取样方法，原料进厂必须做到严格按质量标准验收，杜绝各种人情关系，对进厂原料首先按规定方法取样，进行水分及感官指标的验收，不符合标准直接退货，合格的填写质检报告单，质检报告单随车过磅，主要原

料卸料时，还要按 100％抽取大样检验，杜绝农兽药污染的原料、有毒有害物质污染的原料、发霉变质的原料等。合格的方可入库，同时，根据不同原料还要做相应的营养指标检测，不符合标准的应退货。入库原料由品管部门及时挂上质量标志牌。由于饲料原料在贮藏时常常受到微生物污染，使原料质量下降，严重影响了后续工艺的加工生产。因此，饲料原料贮藏关键点的检测与控制应给予足够的重视。

饲料原料的微生物危害主要指有害细菌和产毒霉菌。有害细菌是指饲料中可以造成饲料腐败或由饲料传染疾病的细菌。其危害主要有 3 方面：一是含有致病性细菌如沙门氏菌、志贺菌、肉毒梭菌的饲料将使动物产生疾病；二是细菌的繁殖使某些饲料营养成分如脂肪、动物蛋白产生腐败作用；三是非致病性细菌寄生于饲料中，消耗饲料中的养分，使饲料营养价值下降。产毒霉菌在自然界中分布广泛、种类繁多。从原料生产到配合饲料被动物食入，每个环节都有污染产毒霉菌的可能性。它们大多数都能引起包括粮食、饲料在内的多种物质的霉腐变质。就目前所知，常见的产毒霉菌大多为曲霉、青霉和镰刀霉。在一定环境条件下，蛋白质、碳水化合物含量高的饲料原料（鱼粉、肉骨粉、豆饼、玉米等）容易霉变。为了防止饲料原料的微生物污染，原料入库必须按规定的要求进行堆放，做好防潮、防霉变、通风等措施。同时，在贮存过程中，由品管部门定期有步骤地对原料进行质量检查，发现问题及时解决，不留质量隐患。坚持先进先出，"推陈储新"原则。

(二)饲料产品加工过程中的危害分析及关键控制点

1. 加工设备管理

只有一流的设备，才能生产出一流的产品，加强设备管理对生产出高质量的饲料极为重要，规范设备操作程序，做好设备的例行维护保养和润滑工作，并定期维护检修，将有助于减少设备的各种问题发生，使设备始终保持正常运行状态，确保生产正常进行。由于加工设备（颗粒机的冷却装置、膨化机、制粒机等）与饲料接触部分的间隙会残留饲料残渣，给霉菌和沙门氏菌等有害微生物提供污染的可能，这就给牲畜带来非常严重的问题。加工设备表面要经过喷漆处理，而且还应进行喷砂和化学处理，确保漆料稳固地附着在输送机上，以防止其混入饲料中造成污染。因此，饲料企业应定期对设备的维护程序进行检查，对其中的关键点和孔径部更应频繁检查，每周对排料门、提升斗进行清扫，并检查磨损和渗漏情况。每周至少检查一次转头、刮板及原料清洁设备。

2. 粉碎加工

粉碎工艺中受污染最严重的是物理危害，如饲料原料中混入金属、石头、塑料、玻璃等杂质，都会给后续工艺带来无法弥补的严重后果。因此，在投料前应对原料进行除杂处理和专人监控，同时，粉碎机的工作状态和磨损也必须每天检查。每轮班还应检查粉碎的均匀度和粒度。此外，还要注意粉碎后料的冷却过程，因为粉碎过程产热将导致水分漂移，造成局部水分过高，使中间仓内易发霉变质。

3. 配料与混合工艺

配料控制是整个饲料加工过程中最主要的关键控制点，药物、微量元素、菜籽饼粕等添加过量都会带来严重污染。这就要求配料时必须在检查核对配方无误后，方可进行正常配料，并指定专人进行监督检查各种添加剂及添加料配制是否正确，定期校验各种配料秤，确保配料计量准确。另外，要随时检查配料仓的进料情况，不得换错仓。并且不论生产何种料都必须严格按照规定的混合时间进行混合生产，如果混合不均匀，产品的局部会出现上述物

饲料添加剂

质过量,也会造成一定的污染。所以,混合时不得随意缩短混合时间,同时,应定期进行混合均匀度的测定,以保证混合时间准确无误,确保混合质量。

4. 打包控制

饲料打包过程中也会受到微生物的污染,同时还需注意饲料标签上的各项指标是否符合成品。如有较大出入,将会在畜禽养殖中造成污染。所以,重点对成品的感官、粒度、色泽、气味等监督的同时,还要检查饲料标签是否符合《饲料标签》国家强制标准和《饲料和饲料添加剂管理条例》,如发现不符合要求应及时处理。

(三)饲料成品的管理、运输和销售的危害分析及关键控制点

1. 成品管理

对成品检测是必要和重要的,合格产品出厂,避免造成更大损失。成品入库前,每轮班必须进行感官上的检查,无异常的方可入库,有异常的必须通知品管人员到场核实解决,入库的成品每批次必须由品管部门随机抽样进行相应的营养指标及水分检测,不符合标准的要及时处理,并查明原因,不得销售出库,以避免造成更大的损失。入库的成品,必须按规范、品种及生产日期分区堆放,并保证通风、干燥,以保证饲料的新鲜度及不发生霉变。同时遵守先进先出、"推陈储新"的原则。

2. 成品的运输和销售

在成品进入市场流通的过程中,应尽量减少尘土和各种有害微生物的污染,以保证成品饲料的质量。此外,员工素质对整个加工过程影响都很大,企业应对员工进行岗位技能培训和企业精神教育,不仅使他们熟练掌握操作技能,还要使他们明确自己岗位对整个生产质量的重要性,提高员工质量意识和工作质量。

饲料行业经过改革开放 20 多年的迅猛发展,已经成为我国国民经济当中的重要支柱产业之一。2004 年饲料工业的总产量已经达到 8 760 万 t,总产值 2 100 亿元。饲料工业的发展有力地支持了畜牧、水产养殖业和食品工业的发展,为极大地丰富城乡居民的"菜篮子"、促进农村产业结构调整和农民增收做出了应有的贡献。在饲料工业快速发展的同时,也应该清醒地看到,当前饲料的安全问题已经成为关系食品安全和人民健康的重大问题,越来越引起全社会的关注。我国近年来在饲料生产、经营和使用等方面还存在相当多的问题,如饲料中非法使用违禁药品、滥用药物和饲料添加剂的现象仍很突出,屡禁不止,现状令人十分担忧,如不进一步采取必要措施,将对饲料工业和养殖业的发展及养殖产品消费造成严重的负面影响。对此,应该引起我们的高度重视。不论从国内市场和国际市场看,现在都对畜产品消费的安全性提出了更高的要求。这就相应要求饲料行业进一步提高饲料产品的质量安全水平,实现产品的可追溯性。要从饲料原料进厂到饲料产品生产和检验出厂的全过程进行安全监控,解决生产中的安全问题;要对饲料的安全监管前移到产品的设计和生产过程的控制,从源头规范饲料生产,消除饲料生产过程中可能发生的安全隐患,最大限度减少饲料生产环节的质量安全风险。国内外质量管理的实践说明,质量认证认可制度,特别是实施HACCP 认证,是规范经济、促进发展的重要手段,是企业提高管理水平、保证产品质量、提高竞争力的有效方式,是从源头上确保产品质量安全、保护人民健康的必要措施。几年来,中国饲料工业协会与全国饲料办积极配合,为探索本行业安全监管与国际接轨的先进可行的管理手段和方法,做了大量的基础准备工作。如参与"十五"饲料科技攻关,制定饲料和饲料添加剂生产质量安全管理规范,编制饲料行业 HACCP 管理技术指南,在部分公司进行了

HACCP 管理试点,积累了一些初步经验,为今后进一步开展质量认证工作,尤其是开展 HACCP 认证试点奠定了较好的基础。国家认监委已同意在全国饲料行业开展 HACCP 认证工作,农业部已决定在全国饲料行业推行 HACCP 安全管理体系和饲料产品的认证制度,这标志着饲料行业的质量认证工作进入了一个新的时期。

岗位操作任务

1. 能够对添加剂原料进行质量控制。
2. 能够对预混料生产过程进行质量控制。
3. 能够将 HACCP 管理体系应用于预混料质量管理。

知识拓展

欧盟饲料评价组织机构及其职能

为保证评价工作的公正性、客观性和科学性,欧盟饲料评价框架内的各机构有着明确的职责分工,形成了相互独立与密切协作相结合的组织结构体系。

一、欧盟委员会健康与消费者保护总司(DGSANCO)

DG SANCO 是欧盟委员会下设 33 个部门之一,是欧盟食品安全(包括饲料安全)的主管部门,在欧盟条约和相关法律赋予的权利范围内,以 EFSA 的风险评估科学结论为基础,负责起草、制定、修订欧盟食品安全相关法规并提交欧洲议会审议,并监督成员国对食品安全有关法律法规的实施以及转化,以确保食品安全以及消费者和动植物健康。DG SANCO 下设 7 个部门,分别负责公共事务、消费者事务、消费者健康、健康体系和产品、食物链安全、食品和兽医办公室、兽医和国际事务。负责饲料立法的动物营养处隶属于兽医和国际事务部,负责饲料监管的部门为食品和兽医办公室(FVO)。

二、欧洲食品安全局(EFSA)

EFSA 根据欧盟(EC)178/2002 号条例于 2002 年成立,承担欧盟范围内从农田到餐桌全过程中的食品安全评价工作,其中包括饲料添加剂的评价和饲料中有毒有害物质的风险评估工作。

三、欧盟参考实验室及成员国国家参考实验室

欧盟参考实验室(EURL)、国家参考实验室(NRL)和常规实验室构成了欧盟的实验室网络,根据法律赋予的职能共同开展工作。

四、成员国饲料管理部门

欧盟成员国根据相关法规建立本国的食品和饲料质量安全管理机构,如英国食品标准局就是英国的饲料管理机构,通过与欧盟委员会、其他成员国之间的合作,履行饲料监管职能。

五、各机构的分工与协作

欧盟委员会、欧洲食品安全局、各成员国监管部门和参考实验室在欧盟饲料管理体系中承担不同角色,形成了完整的欧盟饲料管理体系,实现了评价和审批、立法与监管的分离,充分保证了公正性和透明性。

◉ 项目小结

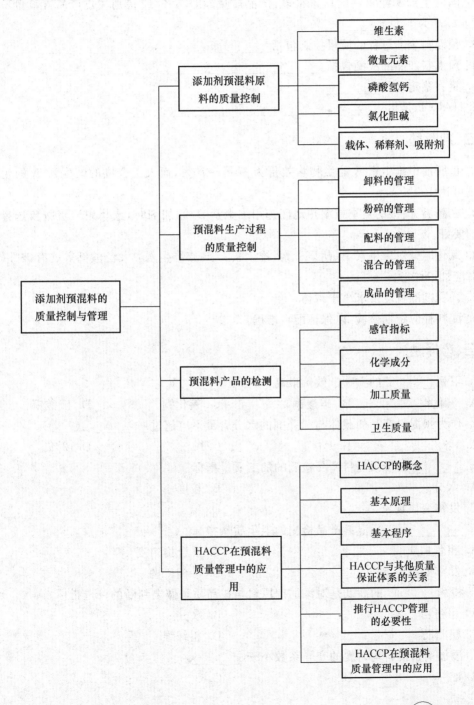

一、填空题

1. 微量元素添加剂等级分_____、_____、_____。

2. 国内生产磷酸氢钙的厂家很多,产品质量参差不齐,应特别注意产品含氟量不能超标,行业标准为不大于_____%。

3. 预混料生产过程的质量控制包括_____、_____、_____、_____。

4. 预混料产品的检测包括_____、_____、_____、_____。

5. 感官鉴定是指_____。

6. HACCP 是指_____,包括_____和_____。

二、判断题

1. 鱼肝油中维生素 A 的生物学效价为 $30\%\sim70\%$,而人工合成的维生素 A 的生物学效价则可达 100%。　　　　　　　　　　　　　　　　　　( )

2. 在高温、高湿的夏季或湿热地区选用维生素 B_1 添加剂时,选择硝酸硫胺较选择盐酸硫胺的要好。　　　　　　　　　　　　　　　　　　　　( )

3. 氯化胆碱对维生素 A、胡萝卜素、维生素 D、B 族维生素以及泛酸钙等均有破坏作用,使用时应加以注意。　　　　　　　　　　　　　　　　　　( )

4. 稀释剂的粒度要求小于载体。　　　　　　　　　　　　　　( )

5. 配料秤应定期检验,以保证配料准确。　　　　　　　　　( )

三、选择题

1. 下列_____的生物学效价最高。( )

A. 氧化铜　　　　B. 碳酸铜　　　　C. 氧化铜　　　　D. 硫酸铜

2. 作为预混料产品的载体与稀释剂的水分含量不应超过_____。( )

A.8%　　　　B.9%　　　　C.10%　　　　D.12%

3. _____属于预混料产品检测的加工质量指标。( )

A. 水分　　　　　　　　　　B. 粒度

C. 发霉变质现象　　　　　　D. 铅

4. _____属于预混料产品检测的卫生质量指标。( )

A. 粗蛋白质　　　　　　　　B. 混合均匀度

C. 发霉变质现象　　　　　　D. 沙门氏菌

5. 检测_____的高低是对添加剂原料与成品质量做出判断的首选指标。( )

A. 粗蛋白　　　　　　　　　B. 水分

C. 粗脂肪　　　　　　　　　D. 粗纤维

6. 添加剂预混料均匀度的变异系数小于_____%。( )

A.4　　　　　　B.5　　　　　　C.6　　　　　　D.7

四、简答题

1. 简述添加剂预混料原料的质量控制。
2. 简述添加剂预混料生产过程的质量控制。
3. 简述添加剂预混料产品的检测方法。
4. 实施 HACCP 管理体系的基本程序有哪些?
5. 简述 HACCP 在预混料质量管理中的应用。

饲料添加剂与畜产品安全及环境保护

项目设置描述

饲料添加剂可改善畜禽健康状况,提高繁殖力和生产性能,并通过调节采食量及提高营养物质和能量的消化率来提高饲料转化率和营养物质的利用率,因此,饲料添加剂已成为动物生长、繁育和疾病预防等不可缺少的重要组成成分,并给养殖业带来了巨大的经济效益。与此同时,饲料添加剂的滥用危害了人们的身体健康,与畜牧生产有关的食品安全危机和环境污染问题也愈加突出,其中由于饲料添加剂的使用不当造成的畜产品安全及环境污染问题已经成为现代畜牧业发展中不容回避的课题,解决好这些问题是保障畜牧业持续健康发展的重要环节。本项目主要学习了解饲料添加剂对畜产品危害及对环境的不良影响,并提出确保畜产品和环境安全的措施。

学习目标

1. 熟悉饲料添加剂对畜禽的安全危害。
2. 熟悉饲料添加剂对环境的不良影响及保护作用。
3. 能对畜产品进行饲料添加剂的安全控制。
4. 能在产品中合理地使用饲料添加剂。

从 20 世纪 90 年代至今,食品安全问题已成为全世界普遍关注的话题,畜产品作为食品的一个重要组成部分,其安全性受到了消费者和各国政府的极大关注。近几年,"疯牛病"、"二噁英"、"瘦肉精"以及市场恶性竞争致使畜禽产品中药残过高、环境受到污染等问题屡有发生,"放心肉"、"安全蛋"、"放心奶"、"绿色蔬菜水果"已成为人们讨论的热门话题和迫切要求。与此同时,因动物疫病、有毒有害物质污染、饲料中安全隐患造成的畜产品质量问题屡屡出现,如比利时的"二噁英"、英国的疯牛病、英国和中国台湾的口蹄疫、亚洲的禽流感、法国的李氏杆菌、日本的 O-157 大肠杆菌、西班牙和中国的"盐酸克伦特罗"中毒等,这些事件给消费者带来了极大的心理压力和健康危害。经济发达的国家对畜产品的安全性要求日趋严格,如美国从 1998 年 1 月就开展实施了"公害分析临界控制点",明确规定了食品中有毒有害物质的临界点,超标一律不准上市。目前,许多国家在进出口食品的检测上,增加了有关环保、健康、农(兽)药监测、产地等内容,筑起了"绿色壁垒"。

安全即食品安全的概念在世界范围内已成为共识。食品和饲料在美国是同一概念,适用于同一部法律。美国饲料工业协会明确要求,所有生产饲料的会员必须遵循"安全的饲料＝安全的食品"的理念。只有安全的饲料才能生产出安全的肉、蛋、奶、鱼和其他水产品等畜产品。如果饲料产品中存在不安全因素,如含有毒副作用和违禁药物,不但会影响饲养动物的健康和生产,而且会通过残留、转移、积蓄等方式污染环境和畜产品,最终影响人类健康。

一、饲料添加剂造成的畜产品安全危害

饲料添加剂使用不当、有毒有害物质残留、饲料添加剂加工过程中的污染、外源性污染等成为饲料添加剂造成畜产品安全危害的主要环节。

(一)营养性饲料添加剂

营养性饲料剂包括维生素类添加剂、氨基酸添加剂、微量元素类添加剂等。

1. 维生素、氨基酸类添加剂

维生素、氨基酸类添加剂造成畜产品食用不安全性主要是因为其制剂品质不良,可能含有某些有毒成分或被掺假及过量添加。维生素 A 从机体内排泄的效率不高,如果长期摄入大于代谢需要的剂量,或一次给予超大剂量(代谢需要量的 50~500 倍),均有可能引起家畜中毒。过量摄入维生素 D 也易在体内逐渐蓄积而引起中毒。猪每头每日摄入维生素 D 25万 IU,持续 30 d,即会出现中毒症状;雏鸡每千克日粮中含 400 万 IU 即可引起中毒。大剂量摄入维生素 D 时,可使大量钙从骨组织中转移出来,引起高血钙,进而使大量钙盐沉积于一些软组织内,可引起肾钙化及肾功能减退,并常形成肾结石。所以在生产维生素、氨基酸类添加剂时要注意控制产品用量及铅、砷等金属及有毒有害物质的含量,在使用时应避免化学性和生物性污染。

2. 微量元素类添加剂

微量元素添加剂的主要安全隐患包括两方面:一是微量元素添加剂超量添加,危害动物

健康并降低其生产性能,严重者还会引起微量元素残留、中毒及动物死亡;二是添加剂产品中有毒重金属的含量较高,达不到饲料级产品的卫生标准要求,引起重金属中毒和残留。

(1)超量添加微量元素。目前,饲料工业中的突出问题除部分饲料原料的重金属含量常常达不到卫生标准外,主要是人为大剂量添加铜、铁、锌等元素的无机盐。

①过量添加铜。猪饲料中添加高剂量铜(125~250 mg/kg),具有促生长的效果,使猪皮肤发红、粪便变黑,提高饲料的商业性能。为满足养殖户的这种心理需求,饲料企业不断提高铜的添加量,部分饲料产品中铜的添加量已经达到或超过猪的最小中毒剂量。当饲料中添加铜100~125 mg/kg时,猪肝铜上升2~3倍;添加250 mg/kg时,肝铜升高10倍;添加到500 mg/kg时,肝铜水平可达到1 500 mg/kg。过高肝铜可影响肝脏功能,降低Hb含量和血液比容值。人食用这种猪肝后,会出现血红蛋白降低和黄疸等中毒症状。绵羊和犊牛对过量铜特别敏感,摄入大量铜能发生急、慢性中毒,主要症状表现为溶血性贫血、血红蛋白尿、黄疸和肝损伤,肝脏中铜浓度为正常的6~10倍,高达1 000~3 000 mg/kg。绵羊的日粮干物质中含铜50 mg/kg时即可引起中毒。随着铜添加量的提高,锌、铁等元素的添加量也相应增加。近几年来,不少企业在饲料中添加氧化锌2 000~3 000 mg/kg来预防仔猪腹泻。高锌、高铁的使用同样会产生类似高铜的残留和中毒症状。

②过量添加铁。大多数家畜对饲粮中的过量铁具有较高的耐受性。但当摄入高剂量铁时,由于铁有沉淀蛋白质的作用,常可引起食欲下降及腹痛、腹泻等消化道反应。过多的铁离子及铁复合物(如铁蛋白)沉积在各种细胞器内或胞浆中,可引起细胞内的生化过程紊乱。铁中毒的临床症状主要表现为共济运动失调、肌肉痉挛性收缩及呼吸困难等。仔猪可发生瘫痪及剧烈腹泻。反刍动物对过量铁比较敏感,在牛的日粮干物质中加入硫酸铁400 mg/kg,牛的增重降低,如铁盐增至2 000~4 000 mg/kg时,采食量与增重明显降低,家畜消瘦。日粮中高含量的铁,还可降低肝脏中铜与锌的含量。

③过量添加锌。饲料含锌过量能使家畜厌食,且当摄入过量锌时,锌吸收率降低,因此,家畜一般均能耐受饲料中高含量的锌。其中,猪和禽对过量锌的耐受性较强,而反刍动物较差。过量的锌对铁、铜元素吸收不利,故可引起食欲不振、生长迟缓、贫血、血红蛋白含量降低、血清铁及体内铁贮存量减少等。高含量锌的饲料可抑制瘤胃微生物,从而可引起瘤胃消化功能紊乱。据实验,羔羊饲喂含锌1 500 mg/kg的饲料时,可引起采食量和增重降低,锌的含量增加到每千克干物质4 000 mg时,可引起羔羊衰竭和死亡。生长幼牛的日粮干物质中锌含量为900~1 700 mg/kg时,引起食欲降低及异嗜现象。断奶仔猪饲喂含锌1 000 mg/kg的饲料时,无任何损害,饲喂含锌4 000~8 000 mg/kg的饲料时,可出现生长抑制、骨关节周围出血、步态僵直,并可引起死亡。雏鸡饲粮干物质中锌的含量不超过1 000 mg/kg时,无任何不良影响,当锌的含量为1 500 mg/kg时,可使生长速度及饲料利用效率降低。

④过量添加钴。在反刍动物饲养实践中,最常发生钴的缺乏而不易引起钴的中毒。但是,如果饲料中钴的含量过高也可能发生钴中毒。牛对高剂量钴的耐受性比绵羊差。钴中毒的临床表现为食欲与增重降低、消瘦、贫血、虚弱以及红细胞增多症。具有特征性的是钴中毒的临床症状与钴缺乏时相似。雏鸡对摄入过量的钴较敏感,当雏鸡的饲料中含钴5 mg/kg时,可使其生长速度降低,而饲料干物质中钴量增加到50 mg/kg时,可引起死亡。一般认为,饲料干物质中钴的最大安全量,生长雏鸡、牛、羊分别为4 mg/kg、10~20 mg/kg、

50 mg/kg。

⑤过量添加锰。大多数家畜对饲粮中过量锰具有耐受力。犊牛和家禽的饲料中含锰820～1 000 mg/kg时不产生有害影响。生长猪的耐受性较差,当饲料含锰500 mg/kg时,就会抑制食欲,从而阻碍生长。饲料中过量的锰对大多数家畜可引起食欲下降,纤维素的消化率及增重降低,并使血红蛋白的合成减少,红细胞的体积减小。饲料中锰过多可抑制体内铁的代谢过程。当饲料含锰达1 000～5 000 mg/kg时,牛、羊、猪和兔体内铁贮备减少,产生缺铁性贫血。一般认为,牛、羊、禽饲料干物质中锰的最大安全量为1 000 mg/kg。

⑥过量添加碘。各种家畜对摄入过量碘的耐受力存在差异。据试验,当牛的饲料中含碘50～200 mg/kg时可出现中毒症状,表现为食欲减退、增重降低、流泪、流涎、血红蛋白含量降低等。但当饲料中碘含量恢复到正常水平以后,中毒症状可迅速消失。青年牛对过量碘的敏感性比泌乳牛大。母鸡饲料中含碘312 mg/kg时,产蛋量显著降低,蛋重减小,当含碘量达5 000 mg/kg时,可使产蛋停止。但是,在停止饲喂高碘饲料7 d内可恢复产蛋。猪对过量碘的耐受性比牛高得多,其最低中毒水平为饲料干物质中400～800 mg/kg。

(2)使用质量低劣的矿物质添加剂。配合饲料中添加质量低劣的矿物元素添加剂,会导致重金属元素超标,成为畜禽重金属元素中毒和残留的途径之一。重金属元素包括汞、铅、砷、镉等,这些元素多数在人体内的半衰期长,如甲基汞在人体内的半衰期为70 d,铅为1 460 d。这些元素一旦进入人体就难以清除,一方面重金属与蛋白质结合成为不溶性盐而使蛋白质变性;另一方面逐渐蓄积起来最终导致人体发生蓄积性中毒。

(二)非营养性添加剂

1. 有机砷制剂

砷与硒、钼、碘等元素一样都是剧毒物质,但又是动物必需微量元素。当前作为兽药用的有机砷制剂包括对氨基苯胂酸和硝羟基苯胂酸。近年来,一些试验研究报告都片面强调其促生长及预防疾病效果,而忽视其致毒及污染环境的一面。砷易在动、植物体内富集,畜产品中砷的残留是引起畜产品食用不安全问题中最突出的问题。给鸡饲喂阿散酸,停喂当天肝脏、腿肌、胸肌的残留量分别为0.47 mg/kg、0.04 mg/kg和<0.01 mg/kg;停喂5 d后的残留量分别为0.37 mg/kg、<0.01 mg/kg和<0.01 mg/kg。可见,肝脏中砷的残留量超过WHO规定的食品砷含量标准(0.1 mg/kg)。砷的危害性主要表现在:第一,砷具有三致(致畸、致癌、致突变)特性,国际癌症研究机构公布砷为致癌因子;第二,在体内具有残留和累积性;第三,亚砷酸盐易通过胎盘进入临分娩期的胎儿体内,毒害胎儿。砷对人的半数致死量为1～2.5 mg/kg;每天摄入3 mg无机砷,经2～3周即可导致成年人中毒。

目前,不少国家已禁止在动物饲料中添加砷制剂。我国仍允许使用,但应遵循法规的要求,严格执行停药期和限制添加剂量的规定。美国食品与药物管理局(FDA)及饲料协会(AAFCO)规定:在使用有机砷制剂时必须在饲料标签管理上注明是"加药饲料",而且在屠宰前5 d停药。

2. 抗生素

抗生素是饲料添加剂中对畜产品和人类健康危害潜力最大的物质之一。抗生素是细菌、放线菌、真菌等代谢产物或用化学方法生产的类似物及衍生物。由于抗生素应用广泛,用量也越来越大,加之滥用和不按规定使用,不可避免地造成抗生素以原型或代谢产物的形式蓄积、贮存于动物的细胞、组织器官或可食产品中。美国曾检出12%牛肉、58%犊牛肉、

23％猪肉、20％禽肉中有抗生素残留。日本曾有 60％牛肉和 93％猪肉被检出有抗生素残留，包括金霉素、土霉素、四环素、新霉素、红霉素等。韩国 1997 年对 45 000 个样品（牛肉10 000 个、猪肉 23 000 个、禽肉 12 000 个）中 9 种抗生素（青霉素类、四环素类、磺胺类）和 6种杀虫剂的残留检验结果表明，四环素、磺胺和氨基糖苷类的残留率平均为 6％。我国肉类食品中抗生素残留问题也较突出。

含有残留抗生素的肉类、奶类等动物性产品加热或加工后不能完全使抗生素失活，如从奶牛乳房灌注青霉素后 120 h 仍可检测出其残留量，将含有青霉素残留的乳样于 0℃冷藏或100℃加热 30 min，青霉素不被破坏。青霉素残留为阳性的生奶经加工制成消毒奶或奶粉后青霉素的残留仍为阳性。此外，链霉素的降解作用也很低，而四环素的降解产物甚至比四环素具有更强的溶血作用或肝毒作用。

畜产品中抗生素残留对人类健康的主要危害包括以下几点：

（1）引起过敏和变态反应。最常引起人发生过敏反应的药物主要有青霉素类、四环素类、磺胺类和某些氨基糖苷类药物，其中以青霉素类引起的过敏反应最为常见。我国因服用牛奶后出现皮肤过敏和荨麻疹的病例（尤其是婴儿）屡见不鲜，这主要是由于使用药物添加剂或兽药来治疗奶牛乳腺炎时不遵守休药期而造成牛奶中药物残留而引起的。

（2）导致细菌产生耐药性。耐药性是指某些细菌菌株对抑制其生长繁殖的某种浓度的抗菌药物的耐受性，这是细菌为了生存和适应环境自发突变的结果。许多研究结果表明，当病原菌长期接触低浓度的抗生素时，容易产生耐药性。在饲喂阿伏霉素的猪和鸡中分离到对阿伏霉素耐受的肠道球菌比较试验还发现，应用抗生素前分离到的肠道细菌对抗生素非常敏感，而应用抗生素后分离到的肠道细菌中至少有 20％以上对一种抗生素的耐药性非常高。研究证明，细菌的耐药性基因可以在人群中的细菌、动物群中的细菌、生态系统中的细菌中相互传递，由此可导致致病菌（如沙门氏菌、大肠杆菌及志贺氏菌等）产生耐药性，从而影响对重大疫病的防治效果。

（3）引起菌群失调，造成畜禽机体免疫力下降。在正常情况下，人体肠道内存在大量的、种类繁多的寄生菌群，它们大多是非致病菌，少数是条件致病菌。一般说来，它们能与人体相互适应，处于平衡状态。如果人们长期食用含有抗生素的畜产品，体内敏感群将被杀死或抑制，耐药性菌群则大量繁殖，从而打破原有的平衡状态，导致腹泻或营养不良，严重时还可造成耐药性感染，给临床治疗带来困难。长期使用抗生素引起大量抗生素在被摄入机体后，随着血液循环分布到淋巴结、肾脏、肝脏、脾脏、胸腺、肺脏和骨骼等各组织器官，动物机体的免疫能力被逐渐削弱，人和动物慢性病例增多，一些可以形成终生坚强免疫的疾病频频复发。抗生素还会导致抗原质量降低，直接影响免疫过程，从而对疫苗的接种产生不良影响。

（4）在畜产品和环境中造成残留。抗生素被吸收到体内后，几乎分布到全身各器官，在内脏器官尤其是肝脏内分布较多。抗生素的代谢途径多种多样，但大多数以肝脏代谢为主，经胆汁由粪便排出体外；也会通过泌乳和产蛋过程残留在乳和蛋中。一些性质稳定的抗生素被排泄到环境中仍能稳定存在很长一段时间，从而造成环境中的药物残留。这些残存的药物，通过畜产品和环境慢慢蓄积于人体和植物体中，最终以各种途径汇集于人体，导致人体产生大量耐药菌株，失去对某些疾病的抵抗力，或因大量蓄积而对机体产生毒害作用。

3. 激素类添加剂

我国农业部颁布的《允许作饲料药物添加剂的兽药品种及使用规定》明确规定,禁止向饲料中添加 β-兴奋剂、镇静剂、激素等药物。

(1)盐酸克伦特罗。盐酸克伦特罗是一种化学合成的 β-兴奋剂,俗称瘦肉精。能提高动物的瘦肉沉积能力和饲料利用率,具有促进瘦肉增长的作用。因此在20世纪80年代末期欧洲国家将其作为一种营养分配剂使用。20世纪90年代中期开始,一些饲料生产企业和养殖企业在饲料中非法添加瘦肉精。瘦肉精的添加,使胴体肝糖原和肌糖原过多分解,屠宰后肌肉糖原含量较少,无氧酵解减弱,产热不足,体温下降过快,肌纤维冷缩,肌肉变得松软、苍白,pH升高,蛋白质降解酶活性降低,蛋白质酶抑制剂活性升高,导致肌肉变黑、变干和嫩度下降,从而大大降低了畜产品的质量。研究表明,在机体的不同组织中,克伦特罗作用的时间和残留量不同,其中以肝脏的残留量最大、作用时间最长(表7-1)。同时,因克伦特罗性质稳定,一般的烹饪方法不能使其失活。因此,人若食用了含克伦特罗残留的动物产品会发生中毒。轻者可见心悸胸闷、心动过速、手指发抖、四肢肌肉震颤、头晕等,严重者可导致心律失常、高血压和甲状腺功能亢进;老年人特别是心脏病患者,会出现心跳过快、心慌、手颤、头晕、头痛等神经中毒,易导致心脏病发作;儿童出现呕吐、发烧、头晕、脚酸痛无力等症状。我国已明令禁止在饲料和动物饲养过程中使用该产品。有研究发现,健康人摄入超过20 μg瘦肉精就会出现中毒症状,用含瘦肉精的饲料喂养的家兔会发生严重的四肢瘫痪症状,最终消瘦。

表7-1　口服克伦特罗后不同停药时间其在牛体内残留浓度之比[a]

组织残留比	停药时间					
	6 h	1 d	2 d	4 d	8 d	16 d
肝脏/肾脏	1	0.6	1.5	1.3	2.3	2.5
肝脏/膈	15.9	26.3	25.2	39.4	∞[b]	∞[b]
肝脏/胆汁	2.2	2.5	3.2	6.2	31.2	41.1
肝脏/尿液	1.8	5.0	3.0	10.6	24.0	34.5

注:a. 克伦特罗用量:10 μg/kg体重,每日2次,连续10 d;停药后16 d肝脏中浓度为9.8 μg/kg肝。b. 膈中克伦特罗的浓度接近零。

资料来源:Saller等,1995。

(2)激素类添加剂。早年批准在肉牛和水生动物中使用的性激素类促生长剂(如睾酮、己烯雌酚、雌二醇、玉米赤醇酮等)和甲状腺类激素(如T3、T4、碘化酪蛋白),因易在畜产品中残留而危害人体健康已被禁止使用。研究发现,猪生长激素因能增加猪体重和瘦肉率而常被超量添加,人吃了含有雌激素的畜产品会影响机体激素平衡,引起女性早熟、男性女性化、妇女更年期紊乱、孩子性成熟加快、男人的生育能力降低。儿童性早熟及肥胖症与摄入动物性食品残留的性激素或甲状腺类激素有关。若长期食入含有上述激素残留的动物性食品不仅影响人体的激素水平,且具有致癌的危险。国内外对使用外源性激素的控制都十分严格。医学界已证实,人类常见的癌症、畸形、青少年性早熟、中老年心血管疾病等问题以及某些食物中毒,往往与畜禽食品中激素的滥用与残留有关。镇静类药物如氯丙嗪是作用于中枢神经的安定药,经常用于动物饲料中,则会使动物心率失调,运动不便。

肽类激素,特别是重组猪生长激素(PST)和牛生长激素(BST)的安全问题尚存在争论。生长激素和胰岛素一样都是肽类激素,口服后在胃中被水解成小肽分子或氨基酸,所以口服无效,只有肌肉注射才有效。许多试验都证明,生长激素(BST 或 PST)通过肌肉注射不仅具有促生长作用,还可提高氮存留率和胴体瘦肉率。不同物种生长激素的氨基酸序列不同,有些氨基酸的种类也不同,BST 或 PST 只能与其特定靶细胞细胞膜上的特定受体结合才能发挥生理作用,与人体内的生长激素(ST)受体不同,所以对人不具有生物活性。目前,大部分证明表明,PST 和 BST 的使用对人类健康无不良影响。由于 PST 对瘦肉率和饲料利用率以及 BST 对产奶量的改善效果十分明显,世界上已有部分国家批准在畜牧业中应用。未批准的国家,主要原因与动物权益和政治有关,而与安全问题关系不大。

4. 改善饲料品质的添加剂

改善饲料品质的添加剂主要有抗氧化剂、脂肪氧化抑制剂、防霉剂、乳化剂、调味剂、着色剂等。为了改善饲料质量,添加适量的上述添加剂是可以的,但不能过量添加。过量添加防霉剂、抗氧化剂、调味剂和着色剂会残留在畜产品中,对人体造成危害。

(1)着色剂。着色剂在饲料中的应用已经有近 40 年的历史,其有效性和安全性已被业界广泛认可。添加于饲料中的着色剂主要用于家禽、水产动物,鸟类的蛋黄、皮肤、羽毛及肌肉的着色;其次是添加于有较高经济价值的鲑鱼、鳟鱼、红尼罗鱼、锦鲤鱼等鱼、虾的饵料中,以增加皮肤和肉的颜色。但是,着色剂的不合理使用,会造成严重危害。

在我国部分地区,人们对三黄鸡的毛黄、喙黄、脚黄的消费需求较强。有的养殖户在饲料中添加皮肤着色剂,以满足消费者对肉黄、脚黄的要求。虽然叶黄素的基本结构属类胡萝卜素,但由于它们都含有氧原子,在鸡体内不能转化成维生素。动物营养学的研究至今没有发现叶黄素有任何其他营养作用。因此,在肉鸡生产中不正确或过量地使用叶黄素必然会造成经济上的浪费。目前很多国家,如美国、日本、澳大利亚不欢迎皮肤着色的肉鸡,我国出口的禽肉不允许添加任何着色剂。

在家禽生产中,曾经将苏丹红作为着色剂使用。苏丹红为偶氮系列化工合成染色剂,是工业染料,具有致突变性和致癌性,我国禁止使用于食品。2006 年我国河北石家庄等地用添加苏丹红的饲料喂鸭所生产的"红心鸭蛋",引发了严重的后果。1995 年欧盟(EU)国家开始禁止在饲料中添加苏丹红。

近年来,饲料—食品这一链条上各个环节的安全性越来越受到重视。任何新的着色剂都必须通过充分的评估论证、严格地检验和全面的审核,才可获得批准在饲料中使用。

(2)防霉剂。饲料中添加防霉剂可降低饲料中微生物的数量,抑制霉菌毒素的产生,防止饲料发霉变质并延长贮存时间。饲料防腐剂的使用在饲料的贮存上发挥了巨大的作用,但是,有些防腐剂在发挥作用的同时,对畜产品的质量也产生了不良的影响。脱氢乙酸是一种高效广谱抗菌剂,具有较强的抑制细菌及酵母菌发育的作用,但是毒性较大,饲喂动物有残留,因此被部分国家和地区限用或禁用。据齐德生(2002)报道,富马酸二甲酯在高水分饲料中防霉效果不佳,随饲料水分增大(超过 15%),其用量需要增加,效果下降,同时对人的皮肤及黏膜有强烈的刺激作用,不适于作雏鸡及鱼、虾饲料的防霉剂。因此,未来防霉剂的研究和开发应向优质、高效、低成本且无毒副作用、无残留的方向发展。

(3)抗氧化剂。目前常用的抗氧化剂的毒性均很小,较为安全。但近年对丁基羟基甲氧基苯(BHA)、二丁基羟基甲苯(BHT)的安全性提出了疑问。日本有人报道,用含 2%BHA

的饲料喂大鼠 2 年，发现其胃发生扁平上皮癌。美国有人报道，BHT 有促癌作用。

（三）有毒有害物质残留

畜产品有毒有害物质残留包括兽药残留、激素和重金属残留等。动物在使用药物预防或治疗疾病后，药物的原形或其代谢产物可能蓄积、贮存在动物的细胞、组织、器官或可食性产品中，称为兽药在动物性食品中的残留，简称兽药残留。动物生长过程中所用的饲料含有激素和超标的重金属，不能被动物完全吸收利用，以游离的形式残留于器官、组织或肉、蛋、奶中，也有部分以结合的形式存留于组织中，为激素与重金属残留。

随着畜牧生产中各种饲料添加剂以及药物的使用，畜产品污染问题日益突出，有毒有害物质对畜产品造成的污染，成为食品安全的重大隐患。因兽药残留影响畜禽产品出口的报道也越来越多，2001 年 8 月 26 日广东省信宜市 530 人、11 月 7 日河源市 484 人，2003 年 10 月 18 日辽宁省辽阳市 38 人，都因为食用有瘦肉精（盐酸克伦特罗）残留的猪肉导致中毒；还有近两年发生的红心鸭蛋事件、多宝鱼孔雀石绿事件；2008 年的大头娃娃事件牵扯出来的名牌牛奶中违规添加三聚氰胺事件等等。我国加入 WTO 后，畜禽产品开始大量出口，但每年因兽药残留被退货、销毁、索赔的金额达几十亿元。2002 年 2 月，瑞士政府以中国产鸡肉抗生素超标为由，强制销毁了中国出口到瑞士的全部库存鸡肉和包装物，并发布了进口禁令。有害物质残留影响了我国养殖业的健康发展，并阻碍我国畜禽产品走向国际市场。残留的主要原因是为了追求更高的经济效益，有些饲料企业和养殖户在饲料中长期非法超量添加药物、激素、兴奋剂；也有的使用低价、劣质未经检疫的动物源性原料（骨粉、血粉、羽毛粉、肉粉等）；还有的随便添加微量元素造成重金属严重超标。牛奶中检测到三聚氰胺残留，有好多养殖户并未添加三聚氰胺，而是因为饲料生产企业为了追求低成本，在饲料中违规添加所谓的"蛋白精"替代蛋白质引起的。这样做不仅可使畜禽机体产生内源性感染和二重污染，也使畜产品中的有害物质残留超标。另外，我国养殖业从业人员大多没有经过正规培训，或者缺乏科学用药知识或者受经济利益的驱使，在养殖过程中存在很多滥用抗生素类等药物、随意加大用药剂量、不遵守动物休药期规定的现象，导致动物性食品中检测出药物残留的事件时有发生。

残留不仅可以直接对人体产生急慢性毒性作用，引起细菌耐药性的增加，还可以通过环境和食物链的作用间接对人体健康造成潜在危害。如化学药品抗生素、激素的三致作用：即致癌、致畸、致突变作用，长期食用含三致作用药物残留的动物性食品时，会对人体产生有害作用，或在人体中蓄积，最终产生致癌、致畸、致突变作用。药物残留不仅可以直接对人体产生急慢性毒性作用，引起细菌耐药性的增强，而且通过环境和食物链间接对人体健康造成潜在的危害。正常机体内寄生着大量菌群，如果长期食用含中低剂量人畜共用抗菌药物残留的动物性食品，就会诱导耐药菌株的繁殖而干扰人体内的正常菌群环境，使条件性致病菌趁机繁殖，特别是携带多抗性 R 质粒的菌株产生，易使条件性疾病发生。动物用药以后，药物以原形或代谢物的形式随粪、尿等排泄物排出，残留于环境中，会对土壤微生物、水生生物及昆虫等造成影响，耐药基因不但可以贮存于水环境中，而且可以通过水环境扩展和演化。Hamscher G 等报道，在用动物排泄物施肥的土壤的 0～40 cm 的表层检测到了土霉素和氯四环素的残留，其最大浓度竟分别高达 32.3 mg/kg 和 26.4 mg/kg。Wollenberger L 等报道畜禽常用抗菌药甲硝唑、喹乙醇、萘啶酸、土霉素、泰牧霉素、泰乐菌素对甲壳细水蚤的作用，发现喹乙醇对甲壳细水蚤的急性毒性最强，对水环境有潜在的不良作用。

饲料工业中最常见的重金属元素包括铅、汞、砷等。有机砷制剂(阿散酸或洛克沙砷)近年来广泛用作动物生长促进剂,砷被机体吸收后导致细胞代谢紊乱,危害人类健康,同时污染环境。因此使用时要严格执行停药期规定,即生猪屠宰前 5 d 停药,如果在屠宰前继续采食添加有阿散酸的饲料,就会导致阿散酸在体内残留。人经常食用含这类重金属残留的猪肉,可导致其在人体内的积蓄,最终导致中毒。

农药污染与残留问题一直是人们关注的食品安全问题之一。目前世界各国生产和使用的农药品种达 500 多种,年产量达 400 多万 t。大量农药的施用,不仅造成其在畜禽和人体内的直接沉积,且通过饲料而残留在肉产品中。据研究报道,有机氯杀虫剂,如 DDT、γ-BHC 硫丹等可以在动物体脂肪组织中大量沉积。

(四)饲料加工过程的污染

饲料添加剂多以粉状形式被使用,在配方中比例很少,难以跟踪,使用不当容易导致饲料的交叉污染。饲料污染是指在饲料产品中出现配方没有的成分。如果某种添加剂被使用在一个配方中而没有在后续生产的产品配方中使用,但却在该产品中被发现,则称为"交叉污染"。导致交叉污染的添加剂可能对使用被污染饲料的动物或通过畜产品对消费者构成危害。此外,添加剂在使用过程中计量和搅拌不精确也会引起饲料的隐患。

(五)添加剂的外源性污染

人们在现代工农业生产中广泛使用的某些化学物质,在给社会带来巨大经济效益的同时也污染了食物链和环境,威胁着人类自身的生存。经饲料、饲料添加剂和食品进入动物体和人体的有毒有害物质是危害动物及人类健康的重要渠道之一,也是影响畜产品食用安全性的重要隐患。如二噁英污染,二噁英是多氯二苯并二噁英和多氯二苯并呋喃两类化合物的总称,是生产、使用或处理含氯产品(如聚氯乙烯、溶剂、纸张漂白等)时产生的副产物。二噁英化学性质稳定,不溶于水,不易分解,进入机体后沉积于肝脏和脂肪组织中,几乎不被排泄。二噁英属剧毒物质,其致癌性比黄曲霉毒素高 10 倍。其中,2、3、7、8 位均被氯原子取代的二噁英毒性最强,比氰化钾高 1 000 多倍。二噁英进入机体后,改变 DNA 的正常结构,破坏基因的功能,导致畸形和癌变,扰乱内分泌功能,损伤免疫机能,降低繁殖力,影响智力发育。二噁英致肝癌的剂量为 10 $\mu g/kg$ 体重,致死剂量为 4 000~6 000 $\mu g/kg$ 体重。二噁英可污染动物生产的各个环节,如通过污染饲料、饲料添加剂而被动物采食后可在肉产品中残留,或在加工生产的某个环节直接污染肉食品,最终危害人体健康。

二、保证饲料添加剂安全的方法

某种饲料添加剂能否影响畜产品的食用安全、能否引起动物中毒及对动物和人体是否具有危害,必须进行科学研究。主要研究方法如下:

1. 化学检验

利用化学方法对饲料添加剂中可能存在的有毒有害物质进行分离提取或定量检测,研究其理化特性和作用机理。

2. 畜禽健康调查

在已采食含有毒有害物质的饲料添加剂的畜群中,利用流行病学调查方法,调查畜群的健康状况、发病率、死亡率以及可能与被检有毒物质有关的疾病或病理变化。通过调查畜群健康状况,可以直接了解饲料添加剂中含有的有毒有害物质对家畜的危害,也可以验证动物毒性试验的结果。

3. 动物毒性试验

给动物饲喂怀疑含有毒有害物质的饲料添加剂，或将可能有毒的被检物混入饲料进行饲喂，观察动物出现的形态和功能的变化。动物毒性试验根据目的、试验的长短或主要观察指标的不同，可分为急性、亚急性、慢性、亚慢性、致突变、致畸、致癌等各种毒性试验。此外，还可利用昆虫、微生物、细胞培养或组织培养等方法进行一些特殊试验。

三、确保畜产品食用安全的措施

从饲料添加剂方面来确保畜产品食用安全性的方法和措施有以下几个方面。

(一)严格法律法规

饲料安全关联食品安全，关系到人类的健康。世界各国普遍重视饲料安全，欧盟从2006年开始禁止在饲料中添加任何一种抗生素。美国药品与食品管理局2014年宣布取消16种抗生素使用到食用动物生产中。多数国家都制定了饲料管理法规。如日本的《饲料安全法》、韩国的《饲料管理法》、德国及加拿大的《饲料法》，美国虽然没有专门的饲料法规，但饲料被当作食品按照《联邦食品、药品及化妆品法令》来管理。

我国政府十分重视饲料安全问题，根据我国饲料安全问题的特点，在原有法规、条例的基础上，又重新起草或修订一系列法规和管理条例，如2012年我国新的《饲料药物添加剂使用规范》中明确规定，允许作为促生长类添加剂在饲料中长期使用的抗生素为33种，而且每种药物添加剂规定有严格的用量、适用范围和停药期。必须在产品标签中标明所含兽药成分的名称、含量、适用范围、停药期规定及注意事项等。

其他与饲料安全相关、新颁布的法律法规和条例还有《饲料和饲料添加剂管理条例》(国务院609号令，2012年5月1日施行)、《饲料原料目录》(农业部公告第1773号，2013年1月1日起实施)、《饲料添加剂品种目录》(农业部公告第2045号，2013年1月1日起实施)、《饲料质量安全管理规范》(农业部2014年第1号，2015年7月1日起施行)、《饲料生产企业许可条件》(农业部公告第1849号，2012年12月1日起实施)、《饲料和饲料添加剂生产许可管理办法》(农业部2013年第3号，2012年7月1日起实施)、《混合型饲料添加剂生产企业许可条件》(农业部公告第1849号，2012年12月1日起实施)等等。

(二)加强技术监督，建立健全检测体系

1. 加强新技术、新产品的研究和开发

从饲料添加剂方面来解决畜产品安全问题必须依赖于新技术、新产品的研究及应用。由于抗生素、高铜、砷制剂等添加剂对动物生长性能和饲料利用效率具有明显的促进作用，停止使用这些物质对动物的生长性能，乃至对整个动物饲养业和社会生活产生不利的影响。以抗生素为例，取消饮用抗生素将对动物疫病的控制带来巨大困难，增加治疗用药。瑞典取消饲用抗生素后，治疗用青霉素的量增加44%。丹麦从2000年起停用抗生素后，用于治疗和系统预防的抗生素量以惊人的速度增长。同时，取消饮用抗生素后，每头猪生产成本增加1美元；比利时估计，每头猪的收入减少2美元。由此看见，取消抗生素的前提是研究应用无残留、无抗药性的新型抗生素或抗生素替代品。目前，研究最多、最有希望替代抗生素的新型添加剂包括有机酸、益生素、寡糖类、中草药等。

2. 严格按规定使用药物添加剂

我国农业部 2001 年 7 月发布了《饲料药物添加剂使用规范》,规定了 57 种饲料药物添加剂的适用动物、用量与用法、休药期及注意事项等。这 57 种饲料药物添加剂按作用和要求分为两类:一类是具有预防动物疾病、促进动物生长作用、可在饲料中长时间添加使用的饲料药物添加剂,共有 33 种,使用此类添加剂时,不得超范围(使用对象、期限)、超剂量使用,必须遵守休药期、注意事项等规定;另一类是用于治疗动物疾病、并规定了疗程、通过混饲给药的饲料添加剂,共有 24 种,所有商品饲料均不得添加此类添加剂。

正确使用药物添加剂的方法包括:第一,严格按照抗生素的使用对象、剂量和注意事项用药;第二,交叉用药,即两种或两种以上药物添加剂轮换使用,避免长期使用同一药物,以防止耐药菌株的产生和药物在体内蓄积中毒;第三,联合用药,即同时使用两种以上无配伍禁忌的药物添加剂,以降低药物的使用剂量,同时提高其使用效果;第四,严格执行动物出售与屠宰前的休药期规定。

3. 根据药物在机体内的代谢规律,制定药物使用技术规程

药物残留主要与畜禽的品种、药物的种类、剂量、给药的途径和时间等因素有关。给 3 周龄肉鸡饲喂含新霉素的饲料(140 mg/kg)14 d 后,除肾脏有明显残留外,肌肉、肝脏、脂肪组织残留的检测结果均为阴性。对四环素、强力霉素、诺氟沙星、恩诺沙星在鸡和猪组织中残留的研究结果也表明,药物种类、畜禽品种、药物剂量、给药途径不同,药物在组织器官中残留的浓度也不同。因此,为了合理使用药物添加剂,应根据药物在体内的代谢动力学规律,合理确定休药期,使动物性食品中药物的残留浓度在上市前降到最大允许范围内,减轻药物残留的危害。

4. 根据人体对抗生素及其他化学物质的耐受水平,确定产品中的最大残留量

人体本身具有较强的缓冲能力,对食入的抗生素、霉菌毒素、农药、激素等化学物质具有一定转化、排泄等解毒功能。因此,只有人食入的这些物质在其每日可接受的食入量(ADI)范围内,则对人体健康不会产生任何不良影响。

目前,世界上许多国家对肉品中抗生素残留的最高限量(MRL)都有具体规定。欧盟规定,四环素在各类肉用动物的 MRL 为:肝脏 600 $\mu g/kg$、肾脏 300 $\mu g/kg$、禽蛋 200 $\mu g/kg$、肌肉 100 $\mu g/kg$;螺旋霉素在牛、猪中的 MRL 为肝脏 300 $\mu g/kg$、肾脏 200 $\mu g/kg$、肌肉 50 $\mu g/kg$;氯霉素在各类肉用动物的肌肉、肝脏、肾脏及脂肪中的 MRL 均为 10 $\mu g/kg$。日本规定甲砜霉素的 MRL 为 0.5 mg/kg。韩国则规定动物组织中不得检出氯霉素,甲砜霉素的 MRL 为 0.5 mg/kg。我国农业部于 1994 年颁布的《动物性食品中兽药最高残留量》中规定:金霉素在家禽、猪肾脏中的 MRL 为 4 $\mu g/kg$;在猪、家禽肌肉中的 MRL 分别为 0.2 $\mu g/kg$ 和 1 $\mu g/kg$;在猪、家禽肝脏中 MRL 分别为 2 $\mu g/kg$ 和 1 $\mu g/kg$。土霉素在动物肌肉、肝脏、肾脏和脂肪中的 MRL 分别为 0.1 $\mu g/kg$、0.5 $\mu g/kg$、0.6 $\mu g/kg$ 和 0.01 $\mu g/kg$。青霉素在动物肌肉、肝脏和肾脏中的 MRL 中为 0.05 $\mu g/kg$;链霉素在动物可食用组织中的 MRL 为 0;四环素在动物可食用组织中的 MRL 为 0.25 $\mu g/kg$;氯霉素在所有动物性产品中的 MRL 为 0。

5. 合理设计饲料配方,选用合适的加工工艺

在设计饲料配方时,不应在饲料配方中添加违禁药物和兽药,使用药物添加剂时要按推荐用量添加,且应注意配伍禁忌。

在加药饲料的生产过程中,应注意以下事项:

(1)定期对计量设备进行检验和维护,以确保其精确性和稳定性,其误差应不大于规定范围;

(2)用添加剂进行配料时应进行预混合,并且在专门的配料室中进行;

(3)配料室应有专人管理,保持卫生整洁;

(4)混合工序投料应按先大量、后小量的原则进行,投入的添加剂组分应将其稀释到配料秤最大称量的5%以上;

(5)生产含有药物添加剂的饲料产品时,应根据药物类型,先生产药物含量低的饲料,再集资生产药物含量高的饲料;

(6)为防止加入药物饲料添加剂的饲料产品在生产过程中的交叉污染,在生产不同产品时,应对所用的生产设备、工具、容器等进行彻底清理。

总之,按照有关饲料安全法规的规定,大力加强基础研究,在开发和应用新型抗生素替代品和生物型饲料添加剂的同时,对饲料添加剂原料、加工工艺、饲料添加剂产品、运输贮存等环节进行严格的质量控制,并实施优质的质量管理模式,可确保饲料添加剂、饲料和畜产品的安全性。

6. 加强基础研究和技术开发

开发新型绿色安全的饲料添加剂,推广使用无毒、无害、无污染、无残留的绿色饲料添加剂,可以减少或取代药物在饲料中的使用、促进畜禽生长、提高动物免疫力、减少药物在畜产品中的残留,如植物提取物、酶制剂、酸化剂、微生态制剂等。要以研究开发蛋白质饲料、农副产品饲料的生产及高效利用技术为重点,大力开发非常规饲料,加速研制并推广生态型饲料,大力推动专用饲料科学配方技术,研究不同因素对动物营养需要量影响的定量关系并将其作为营养需要量数学模型变量,精确动态地评定不同条件下动物特定的营养需要量,科学降低日粮营养供给中的安全用量及超量供给,减少营养物质的排出。此外,要加强生物工程技术及饲料营养理论的研究,加速科研成果的转化,还要提高信息网络技术化在饲料生产和经营中的应用水平。进入20世纪以后,有用天然中草药及其提取物制成的添加剂取代某些化学合成药物作为动物保健品与饲料添加剂的趋势。使用我国传统的中草药为畜禽保健防病,促进其快速生长,备受研究者的青睐。研究和开发中草药,制成可供畜牧养殖使用的饲料添加剂,已列入我国《国家饲料工业1996—2020年发展战略》开发中心的项目。目前发展中草药制剂已经成为一项国策,研究与发展既能满足我国内需又能参与国际市场竞争的中草药饲料添加剂,已受到普遍关注。

7. 饲料监察部门建立监测体系,加大抽检及处罚力度

完善检测方法,建立企业饲料及违禁药物检测与官方监督抽检相结合、动物免疫与定点屠宰相配合的双重管理机制,发挥政府和企业两方面的积极性。另外还要扶持国家和部省级饲料质量与安全检验机构,建立饲料安全评价基地和饲料安全监控信息网、完善饲料标准化体系、改善检测条件、加强监控和执法力度。对饲料添加剂和兽药的生产、销售、使用等全方位严格管理。

8. 推行 HACCP 管理

HACCP 即危害分析与关键控制点,是保证饲料和食品安全而对生产全过程实行的事前预防性控制体系。HACCP 管理使饲料生产对最终产品的检验转化为控制生产环节中潜

在的危害,确立符合每个关键控制点的临界限,与关键控制点的所有关键组分都是饲料安全的关键因素。同时,建立临界限的检测程序、纠正方案、有效档案记录保存体系、校验体系,以确保产品安全。HACCP 管理实施后,能把从对饲料企业最终产品的检验转化为控制生产环节中潜在的危害,饲料生产者利用 HACCP 控制产品的安全性比利用传统的最终产品检验法可靠,并且可把饲料安全风险降到最低限度。

各级饲料监察部门应分工负责,加大对饲料的抽检力度。省级饲料部门应着重加强对其辖区内的饲料生产企业的成品质量监控,严禁不符合国家标准的不安全饲料出厂。市(地)饲料监察所应重点抽取本辖区内流通市场及大型饲养企业使用的饲料,掌握其质量情况,严禁销售、使用不安全饲料产品。各级饲料管理部门应加大对生产、销售、使用不安全饲料的企业及个人的处罚力度,让不安全的饲料产品无市场,让生产不合格饲料产品的企业没有生存的空间。

任务 7-2　饲料添加剂与环境保护

随着畜牧业的不断发展,畜禽饲养规模越来越大,由畜牧业生产带来的排泄物、畜禽饲料和产品带来的有害残留物对环境安全的威胁也越来越严重。作为畜禽生产重要饲料原料的饲料添加剂,其应用对提高动物生产性能、增强抗病力和提高经济效益发挥了重要作用,与此同时,也产生了因用法用量不当或长期使用带来的安全问题和环境污染问题。随着饲料工业的不断发展和动物营养研究的不断深入,饲料添加剂及其应用正朝着安全型和环保型方向发展。本节重点介绍饲料添加剂与环境保护方面的关系。

一、饲料添加剂对环境的不利影响

(一)微量元素添加剂的超量使用

1. 铜、锌类饲料添加剂对环境的污染

高铜制剂在猪饲料中广泛应用,它能促进猪的生长,使猪粪便发黑,增加猪饲料的商品性状。一些厂家不仅在仔猪、生长猪饲料中添加高铜,而且在育肥猪、肉鸡等饲料中也使用高铜制剂。研究表明,育肥猪、肉鸡饲料使用高铜制剂,对生产性能的改善并不明显。通常情况下育肥猪饲料中含有 4 mg/kg 铜就能满足需要。

高铜在畜禽生产上的广泛应用必然会对生态环境产生不利影响。猪对铜的利用率不到20%,其中,只有5%被存留在机体中,90%的铜通过与胆汁中的氨基酸结合后经粪便排出。猪日粮中添加铜 125 和 250 mg/kg,与对照组无铜日粮相比,粪中铜浓度分别为 34.27、44.63 和 3.15 mg/kg,高于对照组 10 倍以上。

大量高铜添加剂的使用,使过多的铜排放入土壤和水源中。土壤中的含铜量一般在 1~20 mg/kg,超过此值,将使土壤板结、土壤肥力下降。当土壤溶液中铜的浓度在 0.1~0.3 mg/L 时就对植物有毒;当环境中的铜浓度达到有毒的水平时,植物生长受阻,根内铜浓度超过 150 mg/kg。此外,有资料表明,日粮中添加高水平的铜还会减少粪尿池中微生物的数量,微生物的作用降低,粪便臭味增加。

随着铜添加量的提高,锌、铁等元素的添加量也相应增加。近年来,有不少厂家在乳猪饲料中使用 2 000~3 000 mg/kg 氧化锌来预防仔猪腹泻。高锌、高铁也会造成与高铜一样的环境污染。

2. 有机砷制剂对环境的污染

有机砷制剂对动物有抗菌促进生长作用,但砷的毒害作用和对环境的污染却不容忽视。如果长期大剂量使用砷类化合物作为饲料添加剂,额外的砷导入生态循环系统,造成的后果不堪设想。生物体一般都能富集砷,砷作为饲料添加剂使用,将通过食物链和生态系统循环,逐级加大砷的累积量。当猪、羊、鸡、鸭等饲喂砷制剂后,其粪尿作为有机肥料而施入农田,土壤中和农作物中的砷含量也会由此升高,而农作物被人摄食后,造成人体砷的蓄积,或作为饲料饲喂动物,动物排泄物中的砷又会再次流入农田土壤中,如此反复循环累积,环境中的砷污染程度就会更大。

据专家预测,万头猪场即使只在商品猪日粮中使用阿散酸,假定添加量为 100 mg/kg 饲料,料肉比为 4∶1,出栏体重为 90 kg,配套耕地 133.33 hm²,则每年要用去 360 kg 阿散酸,向环境排入约 124.4 kg 砷,8 年即可达 1 t 之多。除自然界本身的砷循环外,土壤砷含量人为地增加了 4.6 mg/kg,16 年后土壤中砷含量每升高 1 mg/kg,块根中砷含量即上升 0.28 mg/kg。按此计算不出 10 年,该地所产甘薯中砷含量会全部超过国家食品卫生标准,这片耕地只能废弃。同时不可避免引起地下水的砷含量升高,特别是长期工作在高砷环境中的养殖场职工患职业病的几率将升高。若砷制剂的添加量超过 100 mg/kg,则环境砷污染的速度更快。

(二)矿物质添加剂之间互作引起的污染

过多矿物质添加剂的使用并不能保证预期的饲养效果,它们之间不平衡的比例和较低的生物利用率,也可能造成矿物质元素不能被畜禽充分利用,引起粪便中含量过高造成对环境的污染。如高铜对铁、锌的颉颃作用;钙、磷比例不当;工业级的微量元素造成重金属含量超标而引发的重金属污染等。据报道,全国每年使用微量元素添加剂 15 万~18 万 t,但由于生物效价低和矿物元素的相互颉颃,其中约有 10 万 t 未被动物利用随着粪尿排出体外而污染环境,成为一大公害。

(三)非营养性添加剂造成的污染

现代畜牧业为了防治畜禽疾病和促进动物生长,普遍在饲料或日粮中以单独或复方的剂型添加经化学合成的抗生素。这些化学合成的抗菌药或抗生素经家畜摄入后吸收较少,部分药物会残留在肉、蛋、奶等制品中,更大部分是随粪尿排出体外进入环境。

在大、中、小型猪场的实际生产过程中,存在超量使用金霉素、痢特灵等药物及不严格遵守停药期等问题,这些药物大部分随粪、尿排泄到环境中。如金霉素,经动物体内主要以原形经肾脏排泄,尿中药物浓度较高;痢特灵经尿排出量占原形的 6%~10%。一个万头猪场每年需添加金霉素等药物 3 000~5 000 kg,排泄到环境中的量以 10% 计,则该猪场每年向环境排泄上述原形药物 300~500 kg。

为了减轻抗生素等药物对生态环境的影响,首先,应选用畜禽专用的抗生素作为饲料添加剂,如杆菌肽锌、盐霉素等;其次,作为保健或促生长时应注意使用剂量,尽量使用低限剂量(2~50 mg/kg),避免使用亚治疗量(50~200 mg/kg)和治疗量(>200 mg/kg);第三,努力寻找抗生素的替代品。

二、饲料添加剂对环境的保护作用

在环境污染日趋严重、饲料资源日趋紧缺的今天,提高动物的饲料利用率、降低畜牧生产对环境的污染、提高畜禽产品的品质,是营养学家们极为重视的一个课题。使用合成氨基酸、酶制剂、微生态制剂、除臭制剂等添加剂,能够提高动物对饲料的利用率,减少代谢废物的排出,缓解畜牧业对环境的污染。

(一)氨基酸添加剂

畜禽日粮中氮转化为畜产品的利用率通常只有30%～50%,要提高氮的利用率,必须平衡日粮氨基酸,提高蛋白质利用率。若日粮必需氨基酸含量占总氮含量45%～55%时,氮的利用率最高。在日粮氨基酸平衡较好的条件下,日粮蛋白质降低2个百分点对动物的生产性能无明显影响,而氮排泄量却下降20%;采食相同氨基酸水平而粗蛋白质水平低4%的日粮,动物的总氮排泄量降低可高达49%,而不影响生产性能;在猪日粮中补充4种氨基酸(赖氨酸、蛋氨酸、苏氨酸和色氨酸)的基础上,日粮蛋白质水平降低2.6%,氮排泄量减少31.5%;补充4种必需氨基酸,使日粮蛋白质水平降低4个百分点,可使空气中氨气的浓度降低69%,减少猪舍的臭气;选用含硫低的饲料原料,配制营养合理含硫量低的日粮,仔猪排泄物中总硫和硫酸盐的含量可以减少约30%,同时也可使猪舍硫化氢气体排放量减少。据统计,通过理想模型计算出的日粮粗蛋白质的水平每低1个百分点,粪尿氨气的释放量下降10%～12.5%。向日粮中添加合成氨基酸,能使生长猪和育肥猪日粮的蛋白质水平分别从21%降到14%和从19%降到13%,从而使尿氮的排出量减少40%,粪尿中的臭味物质也显著减少。可见,在畜禽日粮中使用合成氨基酸能提高日粮氮利用率、减少氮的排泄量,从而节约蛋白质饲料,减少氮污染。

(二)酶制剂

酶制剂是高效、实用、安全的绿色添加剂。其应用可提高饲料中能量、有机物、蛋白质、氨基酸和矿物元素的利用率,从而降低排泄物对环境的污染。对有机养分利用率作用最大的是非淀粉多糖分解酶、蛋白质酶和淀粉酶。单胃动物饲料中添加这些酶制剂,能量利用率提高6%～8%,蛋白质、氨基酸利用率提高8%～10%,饲料利用率提高3%～10%,干物质及氮排泄量下降5%～20%。

对矿物元素影响最大的酶是植酸酶。植物性饲料一般均含有植酸盐,植酸盐中的磷占饲料总磷量的50%～80%,单胃动物不仅对这部分磷基本上不能利用,而且植酸盐还会与锌、铜、铁等矿物元素螯合成复杂的螯合物,降低这些元素的利用率,导致环境的污染。饲料中添加植酸酶,可提高植酸磷的利用率,减少磷的添加和排出量,减轻环境污染。在不添加植酸酶的情况下,猪对玉米中磷的消化率仅为16%,对豆粕中磷的消化率为38%。每千克饲粮添加1 000酶单位的微生物植酸酶可将约1/3的不可利用磷转化为可利用磷。每千克饲粮添加500酶单位的植酸酶可产生约0.8 g可消化磷,相当于1.0 g磷酸一钙来源的磷或1.23 g磷酸二钙来源的磷。在仔猪试验中,每千克日粮添加500酶单位的植酸酶可分别提高日增重12%～16%、饲料转化率6%、磷利用率23%～80%;每千克日粮添加1 000酶单位时,磷的消化率提高27%～51%;每千克日粮添加1 500酶单位时,磷的消化率提高70%以上。此外,植酸酶可提高猪对日粮蛋白质、氨基酸及钙的利用率。

由此可见,在动物饲粮中有针对性地加入适宜的酶制剂,可以显著提高养分利用率,减少排泄量,降低环境污染。

(三)微生态制剂

1. 益生素

在畜禽日粮中添加益生素,通过调节胃肠道的微生物群落,促进有益菌的生长繁殖,对提高饲料的利用率有明显作用,可降低氮排出量 2.9%～25%。在饲料中添加 0.1% 的加酶益生素,可使鸡对粗蛋白质、钙、磷的可见消化率分别提高 7.37%、4.90% 和 4.34%,并可使粪便的水分含量下降 11.09%。在饲料中添加芽孢杆菌、EM、乳酸杆菌和益生素分别使饲料转化率提高了 7.1%、15.7%、32.2% 和 3.9%。

益生素还可以降低消化道及粪便的 pH,pH 的下降可抑制腐败微生物的作用,降低腐败物质的产生。研究发现,酵母菌可同化尿酸形成蛋白质氮。用蜡样芽孢杆菌饲喂猪,发现氮沉积显著增加、血氨浓度减少 13.5%～20.1%、尿氨浓度减少 1.7%～5.5%,表明血液的日排泄物中的氨的含量下降,释放到环境中的氨随之减少。益生素还可以降低饲养环境中氨气的浓度。可能有两方面原因:一是饲料中含氮化合物向氨基酸方向的转化率提高;二是肠内优势菌群使大肠杆菌的活动受抑制,阻碍蛋白质转化为氨和胺。同时,粪便中含有的大量活菌也可利用剩余的氨及胺,对净化环境、保护健康具有不容忽视的意义。

目前,研究和应用较多的益生素为寡糖类物质,如低聚果糖(FOS)、甘露低聚糖(MOS)及异麦低聚糖(COS)等。研究发现,低聚糖除能提高日增重和饲料转化率、降低畜禽疾病发生率等作用外,还能显著降低仔猪对氨、吲哚、粪臭素及甲酚等有害物质的排出量。

2. EM 制剂

EM 生物技术是日本琉球大学的比嘉照夫教授主持研究出来的微生物菌剂。EM 是有益微生物(effective microorganisms)的英文缩写,是由光合细菌、乳酸菌、酵母菌、放线菌、发酵型丝状菌等 5 科 10 属 80 多种有益的微生物复合培养而成,是一种厌氧化与亲氧性兼而有之的特殊菌群。EM 技术在环境保护方面的应用主要体现在畜禽粪便除臭、污水处理、水体富营养化治理、生活垃圾处理等方面。

EM 能使密闭鸡舍内氨气的浓度由 87.6 mg/L 下降到 26.5 mg/L,除氨率达 69.7%。同时,应用 EM 技术对畜禽粪便进行无臭化处理,可以从根本上改善饲养场内环境卫生条件,降低了对大气、水源和土壤的污染,使粪便资源化、无害化成为可能。用 EM 对猪进行饲养试验证明,EM 能明显加快猪的生长速度,提高日增重和饲料转化率,降低饲养成本,增加经济效益;EM 能改善生猪体内微生态环境,减少发病率,降低猪舍浓度,改善卫生环境。

3. 除臭剂

畜牧生产中的恶臭主要产自粪尿、饲料发酵和家畜呼吸等。畜牧散发的恶臭中,含有168 种臭味化合物,其中猪粪产生的臭味化合物有 75 种之多。恶臭主要是由氨、硫化氢、甲烷、吲哚、甲基吲哚以及脂肪族醛类、硫醇和胺类等化合物引起。恶臭不仅使畜禽空气卫生指标恶化,而且散发到空中造成对大气环境的污染,严重地危害人与动物健康。

除臭剂的使用可降低畜禽生产中的臭气所带来的危害,提高动物的生产性能。现用商品除臭剂,一种是 Smilacis Rhyzoma 植物萃取物,它能阻断脲酶活性,减少氨气的产生,促进乳酸菌增殖;另一种是 Yucca Schidigera 提取物,它能跟氨气、硫化氢、吲哚等有毒有害气体结合,控制恶臭,并抑制尿素分解,降低尿中氨含量,还能与肠内微生物协同作用,共同促进营养物质的吸收。在 25～30 kg 体重猪饲粮中添加 120 mg/kg 的除臭灵(一种含有 Yucca

Schidigera 提取物的商品除臭剂)能明显提高日增重 52%，减少背膘厚 14%，减少尿中尿素浓度 12%～36%。荷兰和法国的不同牧场分别对 900 和 5 780 头猪进行试验结果表明，饲粮中添加 120 mg/kg 除臭灵可明显减少牧场氨浓度(分别降低 42.5% 和 28.5%)，提高饲料转化率，减少发病率，降低治疗成本。此外，膨润土、沸石粉、腐殖酸钠和硫酸亚铁也有一定的除臭作用。

三、环境管理标准

目前，全球施行的环境管理标准是 1996 年 9 月 15 日正式颁布实施的 ISO 14000 系列环境管理标准，它是关于环境保证体系的标准。ISO 14000 的实施可促进企业节约能源、资源、原材料，调整结构，开发绿色产品；使企业由应付环保部分转变为积极主动改善环境，以更好的环境形象增强竞争力。如果说贯彻 ISO 9000 系列标准是通向国际市场的第一张通行证的话，那么 ISO 14000 系列标准则是通向国际市场的第二张通行证。

ISO 14000 系列标准是 TC207 委员会借鉴 ISO 9000 成功推广的经验和先进国家的环境管理标准，制定颁布的一套国际环境管理标准，其核心是 ISO 14001，即组织建立相关的环境管理体系的标准，它规定了组织建立、实施并保持环境管理体系的基本模式和 17 项环境管理体系要点。现已公布 ISO 14000 系列标准的组成为 ISO 14001《环境管理体系导则和使用规范》；ISO 14004《环境管理体系原则、体系和支持技术使用指南》；ISO 14011.1《环境审核导则环境管理体系审核程序》和 ISO 14012《环境审核导则审核员资格准则》。它包含了环境管理体系及其审核，环境标志实施，产品从设计、制造、使用、报废到再生利用的全过程，即从摇篮到坟墓的生命周期评估等；规范了企业的环境行为。

ISO 14000 环境管理系列标准是环境管理发展到以预防为主阶段的必然产物，也是环境管理手段的新发展。它是利用为改善企业环境管理绩效的管理要素来规范企业的管理行为，也就是企业通过建立环境管理体系实现确定的环境方针、目标和指标，并不断地持续改进，最终形成一个能自我约束、自我调节和自我完善的运行机制，从而达到整顿和规范企业生产经营全过程环境管理的目的。企业 ISO 14000 实施环境管理体系标准，其主要目的就是提高企业环境绩效、树立企业环境形象、促进企业市场的开发。

该标准强调预防为主和持续改进，强调通过建立相应的环境管理体系进行全过程管理的控制，持续改进组织的行为对环境所造成的影响。ISO 14000 系列标准适合所有类型的组织，比 ISO 9000 标准适用的范围更广。

ISO 14000 标准并未定量确定环境影响的程度，只是要求认证的组织符合相关的环境法律和法规，并持续地改进，使其逐渐减小对环境的负面影响。

▶ 岗位操作任务

实训一　饲料中盐酸克伦特罗的检验

配合饲料、浓缩饲料和预混饲料中盐酸克伦特罗的测定与确证可分别采用 HPLC 法和 GC-MS 法。HPLC 法的最低检测限为 0.5 ng(取试样 5 g 时，最低检测浓度为 0.05 mg/kg)；GC-MS 法最低检测限为 0.025 ng(取试样 5 g 时，最低检测浓度为 0.01 mg/

kg），其中 GC-MS 法为仲裁法。

<h2 style="text-align:center">➤ 方法一　高效液相色谱法</h2>

一、实验原理

用加有甲醇的稀酸溶液将试样中的克伦特罗盐酸盐溶出，溶液碱化，经液液萃取和固相萃取柱净化后，在 HPLC 仪上分离、测定。

二、材料

以下所用的试剂和水，除特别注明外均为分析纯，水为符合 GB/T 6682 中规定的三级水。

（1）甲醇：色谱纯，过 0.45 μm 滤膜。

（2）乙腈：色谱纯，过 0.45 μm 滤膜。

（3）提取液：5 mol/L 偏磷酸溶液（14.29 g 偏磷酸溶解于水，并稀释至 1 L）：甲醇＝80：20（$V：V$）。

（4）氢氧化钠溶液：$c(NaOH)$ 约 2 mol/L，20 g 氢氧化钠溶于 250 mL 水中。

（5）液液萃取用试剂：①乙醚；②无水硫酸钠。

（6）氮气。

（7）盐酸溶液：$c(HCl)$ 约 0.02 mol/L，1.67 mL 盐酸用于定容至 1 L。

（8）固相萃取（SPE）用试剂：

①30 mg/mL Oasis HLB 固相萃取小柱或同等效果净化柱；②SPE 淋洗液；淋洗液-1：含 2％氨水的 5％甲醇水溶液；淋洗液-2：含 2％氨水的 30％甲醇水溶液。

（9）HPLC 专用试剂：

①HPLC 流动相：1 mL 1：1 磷酸（优级纯）溶液（$V：V$）用实验室二级水稀释至 1 L，并按 100：12 的比例和乙腈混合（$V：V$），用前超声脱气 5 min。

②盐酸克伦特罗标准溶液：

A. 储备液：200 μg/mL：10.00 mg 盐酸克伦特罗（含 $C_{12}H_{18}Cl_{12}N_{20} \cdot HCl$ 不少于 98.5％）溶于 0.02 mol/L 盐酸溶液并定容至 50 mL。贮存于冰箱中，有效期 1 个月。

B. 工作液：2.00 μg/mL：用微量移液器移取。储备液 500 μL，以 0.02 mol/L 盐酸溶液稀释至 50 mL，贮存于冰箱中。

C. 标准系列：用微量移液器移取工作液 25、50、100、500、1 000 μL，以 0.02 为：0.025、0.050、0.100、0.500、1.00 μg/mL 贮于冰箱中。

三、仪器设备

（1）实验室常用仪器设备。

（2）分析天平：感量 0.001 g；感量 0.000 01 g。

（3）超声水浴。

（4）离心机：能达 4 000 r/min。

（5）分液漏斗：150 mL。

(6)电热块或沙浴:可控制温度至[(50～70)±5]℃。

(7)烘箱:温度可控制在(70±5)℃。

(8)高效液相色谱仪:具有 C_{18} 柱 4 μm(如 150 mm×3.9 mm)或类似的分析柱和 UV 检测器或二极管陈列检测器。

四、测定方法

1. 提取

称取适量试样(配合饲料 5 g,预混料、浓缩料 2 g)精确至 0.001 g,置于 100 mL 三角瓶中,准备加入提取液 50 mL,振摇使全部润湿,放在超声水浴中超声提取 15 min,每 5 min 取出用手振摇一次。超声结束后,手摇至少 10 s,并取上层液于离心机 4 000 r/min 下离心 10 min。

2. 净化

准确吸取上清液 10.00 mL 分液漏斗中滴加氢氧化钠溶液,充分振摇,将 pH 调至 11～12。该过程反应较慢,放置 3～5 min 后,检查 pH,若 pH 降低再加碱调节。溶液用 30 mL、25 mL 乙醚苯取两次,令醚层通过无水硫酸钠干燥,用少许乙醚淋洗分液漏斗和无水硫酸钠,并作乙醚定容至 50 mL。准确吸取 25.00 mL 于 50 mL 烧杯中,置通风橱内 50℃加热块或沙浴上蒸干,残渣溶于 2.00 mL 盐酸溶液,取 1.00 mL 置于预先已分别用 1 mL 甲醇和 1 mL 去离子水处理过的 SPE 小柱上,用注射器稍试加压,使其过柱速度不超过 1 mL/min。再先后分别用 1 mL SPE 淋洗液-1 和淋洗液-2 淋洗,最后用甲醇洗脱,洗脱液置(70±5)℃加热块或沙浴上,用氮气吹干。

3. 测定

(1)在净化、吹干的样品残渣中准确加入 1.00～2.00 mL 0.02 mol/L 盐酸溶液,充分振摇、超声,使残渣溶解,必要时过 0.45 μm 的滤膜,上清液上机测定,用盐酸克伦特罗标准系列进行单点或多点校准。

(2)HPLC 测定参数设定:

①色谱柱:C_{18}柱(150 mm×3.9 mm ID),粒度 4 μm 或类似的分析柱。

②柱温:室温。

③流动相:0.05%磷酸水溶液:乙腈=100:12($V:V$),流速:1.0 mL/min。

④检测器:二极管阵列或 UV 检测器。

⑤检测波长:210 nm 或 243 nm。

⑥进样量:20～50 μL。

(3)定性定量方法:

①定性方法:除了用保留时间定性外,还可用二极管阵列测定盐酸克伦特罗紫外光区的特征光谱,即在 210、243、296 nm 有 3 个峰值依次变低的吸收峰。

②定量方法:积分得到峰面积,而后用单点或多点校准法定量。

五、数据处理

(1)试样中盐酸克伦特罗的质量分数按下式计算:

$$w(盐酸克伦特罗) = \frac{m_1}{m} \times D \times 10^{-6}$$

式中：m_1 为 HPLC 色谱峰的面积对应的盐酸克伦特罗的质量(μg)；D 为稀释倍数；m 为试样质量(g)。

结果精确至小数点后一位。

(2)允许差。取平行测定结果的算术平均值为测定结果,两个平行测定的相对偏差不大于10%。

➤ 方法二　气相色谱—质谱法 GC-MS 法(仲裁法)

一、实验原理

用加有甲醇的稀酸溶液将饲料中的克伦特罗盐酸盐溶出,溶液碱化,经液液萃取和固相萃取柱净化后,GC-MS 联用仪上分离、测定。

二、试剂

以下所用的试剂,除特别注明外均为分析纯,水为符合 GB/T 6682 中规定的三级水。

(1)提取净化用试剂:同 HPLC 法。

(2)衍生剂:N,O-双三甲基甲硅烷三氟乙酰胺(BATFA)。

(3)甲苯。

(4)盐酸克伦特罗标准溶液:

①储备液:200 μg/mL:10.00 盐酸克伦特罗(含 $C_{12}H_{18}C_{12}N_{20} \cdot HCl$ 不少于 98.5%)溶于甲醇并定容至 50 mL,贮存于冰箱中,有效期 3 个月。

②工作液:2.00 μg/mL:用微量移液取储备液 500 μL,以甲醇稀释至 50 mL。贮存于冰箱中。

三、仪器设备

(1)试样前处理设备同 HPLC 法。

(2)GC-MS 联用仪。装有强弱性或非极性的毛细管柱的气相色谱仪和电子轰击离子源和检测器。

四、测定方法

(1)提取同 HPLC 法。

(2)净化同 HPLC 法。

(3)测定。

①衍生:于净化、吹干的试样残渣中加入衍生剂 BSTFA 50 μL,充分涡旋混合后,置(70±5)℃烘箱中,衍生反应 30 min。用氮气吹干,加甲苯 100 μL,混匀,上 GC-MS 联用仪测定。同时用盐酸克伦特罗标准系列做同步衍生。

②GC-MS 测定参数设定:

色谱柱:DB-5MS,30 m×0.25 mm ID,0.25 μm。

载气:氦气,柱头压:50 Pa。

进样口温度:260℃。

进样量:1 μL,不分流。

柱温程序:70℃保持 1 min,以 25℃/min 速度升至 200℃,于 200℃保持 6 min,再以 25℃/min 的速度升至 280℃并保持 2 min。

E1 源电子轰击能:70 eV。

检测器温度:200℃。

接口温度:250℃。

质量扫描范围:60~400AMU。

溶剂延迟:7 min。

检测用克伦特罗三甲基硅烷衍生物的特征质谱峰:$m/z=86,187,243,262$。

(4)定性定量法。

①定性方法:试样与标准品保留时间的相对偏差不大于 0.5%。特征离子基峰百分数与标准品相差不大于 20%。

②定量方法:选择离子监测(SIM)法计算峰面积,单点或多点校准法定量。

五、数据处理

(1)试样中盐酸克伦特罗的质量分数按下式计算:

$$w(盐酸克伦特罗)=\frac{m_2}{m}\times D\times 10^{-6}$$

式中,m_2 为 GC-MS 色谱峰的面积对应的盐酸克伦特罗的质量(μg);D 为稀释倍数;m 为试样质量(g)。

(2)测定结果用平行测定的算术平均值表示,保留至小数点后两位。

(3)允许差。取平行测定结果的算术平均值为测定结果,两个平行测定的相对偏差不大于 20%。

实训二　饲料中己烯雌酚的检验

配合饲料、浓缩资料和添加剂预混合饲料中己烯雌酚(DES)的测定可采用 HPLC 法和 LC-MS 法。HPLC 法的最低检测限度为 4 ng(取样 10 g 时,最低检测浓度为 0.1 mg/kg);LC-MS 法的最低检测限为 0.5 ng(取样 10 g 时,最低检测浓度为 0.025 mg/kg),其中 LC-MS 法为仲裁法。

▷方法一　高效液相色谱法(HPLC 法)

一、实验原理

试样中的 DES 用乙酸乙酯提取,减压蒸干后,经不同 pH 的液液分配净化,再于 HPLC 仪器上分离、测定。

二、试剂

除特殊注明外,本试验所用的试剂均为分析纯,水为去离子水,符合二级用水的规定。

(1)抗坏血酸。

(2)乙酸乙酯。

(3)三氯甲烷。

(4)甲醇。

(5)氢氧化钠溶液：$c(NaOH)=1\ mol/L$。

(6)碳酸氢钠溶液：$c(NaHCO_3)=1\ mol/L$。

(7)无水硫酸钠。

(8)DES 标准溶液。

①DES 标准储备液：准确称取 DES 标准品(含量＞99％)0.010 00 g,置于 10 mL 容量瓶中,用甲醇溶解,并稀释至刻度,摇匀,其浓度为 1 mg/mL,贮存于 0℃冰箱中,有效期 1 个月。

②DES 标准工作液：分别准确吸取标准储备液 1.00、0.500、0.10 mL,置于 10 mL 容量瓶中,用甲醇稀释、定容。其对应的浓度为 100、50、10 μg/mL,再以此稀释液配制 2、0.5、0.25、0.1 μg/mL 的标准工作液。

(9)HPLC 流动相：0.5 mL 1:1 磷酸(优级纯)溶液($V:V$)用实验室二级用水稀释至 1 L,并按 40:60($V:V$)的比例和甲醇混合。用前超声或做其他脱气处理。

三、仪器设备

(1)实验室常用仪器、设备。

(2)分析天平：感量为 0.000 1、0.000 01 g 的各一台。

(3)超声水浴。

(4)离心机：能达 4 000～5 000 r/min。

(5)旋转蒸发器。

(6)分液漏斗：150 mL。

(7)高效液相色谱仪：具有 C_{18}柱(如 150 mm×3.9 mm ID,粒度 4 μm)和紫外(UV)或二极管阵列检测器。

四、试样选取和制备

采取有代表性的样品,四分法缩减至 200 g,粉碎,使全部通过 0.45 mm 孔径的筛,充分混匀,贮于磨口瓶中备用。

五、测定方法

1. 提取

称取配合饲料 10 g(准确至 0.001 g)和抗坏血酸 2 g,置于 50 mL 离心管中,加乙酸乙酯 60 mL,盖好管盖,充分振摇约 1 min,再置超声水浴中超声提取 2 min,其间用手回旋摇动两次。取出后于离心机上,4 000～5 000 r/min 离心 10 min,倒出上清液,再分别用 50、40 mL 乙酸乙酯重复提取两次,汇集上清液,置旋转蒸发器上,68～72℃减压蒸发至干。

浓缩饲料和添加剂预混合饲料提取过程相同,只是浓缩饲料需称取 3～4 g。添加剂预混合饲料 2 g(称量准确至 0.000 1 g),提取用的乙酸乙酯量也相应减至 10、30、20 mL。

2. 净化

将蒸干的乙酸乙酯提取物用三氯甲烷溶解,分 3 次定量转移至 150 mL 的分液漏斗中(共用三氯甲烷约 60 mL),加少许抗坏血酸(0.3～0.5 g),用氢氧化钠溶液 10 mL,将 DES 萃取至水相(回旋振摇 30 s),并用三氯气甲烷洗涤水相 2～3 次,每次 20 mL,回旋振摇 10 s。然后用碳酸氢钠溶液 12～15 mL 将 pH 调至 10.3～10.6,用 30、30、20 mL 三氯甲烷萃取 3 次,将 DES 回提至三氯甲烷中,并将三氯甲烷层通过无水硫酸钠(30～35 g)干燥。将干燥过的三氯甲烷溶液置旋转蒸发器上,在 55～57℃下减压蒸发至干。以适量的甲醇溶解后,上机测定。

3. 测定

①HPLC 测定参数的设定:

色谱柱:C$_{18}$柱,150 mm×3.9 mm ID,粒度 4 μm 或性能类似的分析柱。

柱温:室温。

流动相:0.025％磷酸水溶液:甲醇=40:60($V:V$),流速:1.0 mL/min。

检测器:UV 或二极管阵列检测器。

检测波长:240 nm。

进样量:8～20 μL。

②定性、定量测定:按仪器说明书操作,取适量由获得的试样制备液和相应浓度的 DES 标准工作液进行测定。以保留时间和 DES 的紫外光区特征光谱定性(DES 在 240 nm 有一吸收峰,而后在约 280 nm 处有一肩峰)。以色谱峰面积积分值做单点或多点校准定量。

六、数据处理

(1)试样中己烯雌酚的质量分数按下式计算:

$$w(己烯雌酚) = \frac{m_1}{m} \times D \times 10^{-6}$$

式中:m_1 为 HPLC 试样色谱峰对应的己烯雌酚质量(μg);m 为试样质量(g);D 为稀释倍数。

(2)测定结果用平行测定的算术平均值表示,保留至小数点后一位。

(3)允许差。两个平行测定的相对偏差不大于 7％。

➤方法二　液相色谱—质谱法(LC-MS 法)

一、实验原理

试样中的 DES 用乙酸乙酯提取,减压蒸干后,经不同 pH 的液液分配净化,再于 LC-MS 仪器上分离、测定。

二、试剂

(1)LC 流动相:甲醇:水=70:30($V:V$)。

(2)其他同 HPLC 法。

三、仪器设备

(1)LC-MS 联用仪。

(2)其他仪器设备用 HPLC 法。

四、试样制备

同 HPLC 法。

五、测定方法

(1)提取:同 HPLC 法。

(2)净化:同 HPLC 法。

(3)测定。

LC-MS 测定参数的设定:

液相色谱(LC)部分:

LC 色谱柱:C_{18} 柱,柱长 150 mm×2.1 mm ID,粒度 3.5~5 μm。

柱温:30℃。

流动相:甲醇:水=70:30($V:V$)。

流动相流速:0.2 mL/min。

质谱(MS)部分:

负离子电喷雾电离源(ESI)。

电离电压:3.0 kV。

取样锥孔电压:60 V。

二级锥孔电压:4~5 V。

源温度:103℃。

脱溶剂温度:180℃。

脱溶剂氮气:260 L/L。

锥孔反吹氮气:50 L/L。

(4)定性定量的方法。

定性方法:以试样与标准品保留时间和特征质谱离子峰定性,DES 应有准分子离子峰 $m/z=267$ 和 251、237 两个离子碎片。

定量方法:以选择准分子离子峰($m/z=267$)计算色谱面积,单点或多点校准法定量。

六、数据处理

(1)试样中己烯雌酚的质量分数按下式计算:

$$w(己烯雌酚)=\frac{m_2}{m}\times D \times 10^{-6}$$

式中:m_2 为 LC-MS 试样色谱峰对应的己烯雌酚质量(μg);m 为试样质量(g);D 为稀释倍数。

(2)测定结果用平行测定的算术平均值表示,保留至小数点后一位。

(3)允许差。两个平行测定的相对偏差不大于 10%。

实训三　饲料中三聚氰胺的测定

用高效液相色谱法(HPLC)和气相色谱质谱法(GCMS)测定饲料中三聚氰胺的方法。高效液相色谱法为筛选法,气相色谱质谱法为确证法。

本法适用于饲料中三聚氰胺的测定,高效液相色谱法和气相色谱质谱法最低定量限分别为 2.0 mg/kg 和 0.05 mg/kg,高效液相色谱的最低检测浓度分别为 0.5 mg/kg。

➢ 方法一　高效液相色谱法

一、实验原理

试样中的三聚氰胺用 1% 三氯乙酸提取,离心后取部分提取液,用阳离子交换柱净化,洗脱物用具有二极管阵列检测器的高效液相色谱仪进行定量。

二、材料

除特殊说明外,所用试剂均为分析纯,水为蒸馏水,色谱用水符合 GB/T 6682 一级用水的规定。

(1)甲醇:色谱纯。

(2)乙腈:色谱纯。

(3)氨水。

(4)混合型阳离子交换固相萃取柱(SPE柱):60 mg、3 mL。

(5)1% 三氯乙酸:称取 10 g 三氯乙酸溶解于 1 000 mL 水中。

(6)5% 氨化甲醇:量取 5 mL 氨水,溶解于 100 mL 甲醇中。

(7)乙酸铅溶液($\rho(PbAc_2) = 22$ g/L):取 22 g 乙酸铅用约 300 mL 水溶解后,定容至 1 L。

(8)滤膜:0.45 μm。

(9)甲醇溶液:200 mL 甲醇加入 800 mL 一级水,混匀。

(10)流动相:称取 2.02 g 庚烷磺酸钠和 2.10 g 柠檬酸于 1 L 容量瓶中,用水溶解并稀释至刻度线。取该溶液的 900 mL 并加入 100 mL 乙腈。

(11)三聚氰胺标准品(>99.0%)。

(12)标准储备液(1 mg/mL):称取 100 mg(精确到 0.1 mg)的标准品,用甲醇溶液溶解并定容于 100 mL 容量瓶中。

(13)标准工作液:标准工作液按照需要逐级稀释配制。

三、仪器设备

(1)高效液相色谱仪,配有二极管阵列检测器。

(2)离心机:10 000 r/min。

(3)涡旋混合器。

(4)氮吹仪。

(5)固相萃取装置。

(6)高速匀质器。

(7)索式提取器。

(8)振荡式摇床。

四、测定方法

1. 提取

称取 5.0 g 样品,准确加入 50 mL 1‰三氯乙酸溶液,加入 2 mL 饱和醋酸铅溶液。摇匀,超声提取 20 min。静止 2 min,取上层提取液约 30 mL 转入离心管,在 10 000 r/min 离心机上离心 5 min。

2. 净化

分别用 3 mL 甲醇、3 mL 水活化混合型阳离子交换固相萃取柱,准确移取 10 mL 离心液分次上柱,控制过柱速度在 1 mL/min 以内。再用 3 mL 水和 3 mL 甲醇洗涤混合型阳离子交换固相萃取柱,抽近干后用 5‰氨化甲醇溶液 3 mL 洗脱。洗脱液于氮吹仪上 50℃氮吹至干,准确加入甲醇溶液,涡旋震荡 1 min,过 0.45 μm 滤膜,上机测定。

3. 液相色谱条件

色谱柱:C_{18}柱,柱长 150 mm,内径 4.6 mm,粒度 5 μm;或性能相当的色谱柱。

柱温:室温。

流动相流速:1.0 mL/min。

检测波长:240 nm。

4. 测定

按照保留时间进行定性,试样与标准品保留时间的相对偏差不大于 2%,单点或多点校正外标法定量。待测样液中三聚氰胺的相应值应在工作曲线范围内。

根据试样中被测物的含量情况,选取响应值适宜的标准工作液进行色谱分析,按照保留时间和二极管阵列的紫外光谱进行定性,标准工作液应有 5 个浓度水平。标准工作液和待测样液中三聚氰胺的响应值应在仪器线性响应范围内。

五、数据处理

按照下式计算试样中三聚氰胺的含量(mg/kg),单点校正按公式(1)计算:

$$三聚氰胺含量 = \frac{A \times c_s \times V}{A_s \times m} \times n \tag{1}$$

式中:V 为净化后加入的甲醇溶液体积(mL);A_s 为三聚氰胺标准溶液对应的色谱峰面积响应值;A 为试样溶液对应的色谱峰面积响应值;C_s 为三聚氰胺标准溶液的浓度(μg/mL);m 为试样质量(g);n 为稀释倍数。

多点校正按公式(2)计算:

$$三聚氰胺含量 = \frac{c_x \times V}{m} \times n \tag{2}$$

式中:V 为净化后加入的甲醇溶液体积(mL);c_x 为标准曲线上查得的试样中三聚氰胺的浓

度（μg/mL）；m 为试样质量（g）；n 为稀释倍数。

六、数据处理

（1）结果表示。平行测定结果用算术平均值表示，结果保留三位有效数字。

（2）重复性。在同一实验室由同一操作人员使用同一仪器完成的两个平行测定的相对偏差不大于10%。

➢方法二　气相色谱—质谱法（确证法）

一、实验原理

试样中的三聚氰胺用1‰三氯乙酸提取，用混合型阳离子交换固相萃取柱净化，用BST-FA衍生化，用气相色谱质谱进行定性和定量分析。

二、材料

衍生化试剂：N,O-双三甲基硅基三氟乙酰胺（BSTFA），其他同方法一。

三、仪器设备

气相色谱质谱联用仪，其他同方法一。

四、测定方法

1. 提取

前处理同方法一，但需根据洗脱液中三聚氰胺的浓度用甲醇进行适当稀释。

2. 衍生化

取1的稀释液适量用氮气吹干，加入 200 μL BSTFA，混匀，在 70℃ 衍生 30 min。同时用三聚氰胺标准系列做同步衍生。

3. 气相色谱—质谱条件

色谱柱：柱长 30 mm，内径 0.25 mm，甲基苯基聚硅氧烷涂层，膜厚 0.25 μm。

载气：氦气，流速为 1.3 mL/min。

进样量：1 μL。

进样口温度：250℃。

升温程序：起始温度 75℃，持续 1.0 min，以 30℃/min 升温至 300℃，保持 2.0 min。

传出线温度：280℃。

运行时间：10.5 min。

扫面范围：60～400 m/z。

扫描模式：选择离子扫描。监测离子 99、171、327、342 m/z。

离子源温度：230℃。

EI 源轰击能：70 eV。

4. 测定

①定性方法：样品与标准品保留时间的相对标准偏差不大于 0.5%；特征离子基峰百分

数与标准品相差不大于 20%。

②定量方法：选择离子监测(SIM)法计算峰面积，单点或多点校准法定量。

五、数据处理

按照下式计算试样中三聚氰胺的含量(mg/kg)，单点校正按公式(1)计算：

$$三聚氰胺含量 = \frac{A \times c_s \times V}{A_s \times m} \times n$$

式中：V 为用于衍生的试样溶液体积(mL)；A_s 为三聚氰胺标准溶液对应的色谱峰面积响应值；A 为试样溶液对应的色谱峰面积响应值；c_s 为标准工作液中三聚氰胺标准溶液的浓度(μg/mL)；m 为试样质量(g)；n 为稀释倍数。

多点校正按公式(2)计算：

$$三聚氰胺含量 = \frac{c_x \times V}{m} \times n$$

式中：V 为用于衍生的试样溶液体积(mL)；c_x 为标准曲线上查得的试样中三聚氰胺的浓度(μg/mL)；m 为试样质量(g)；n 为稀释倍数。

六、注意事项

(1)结果表示。平行测定结果用算术平均值表示，结果保留三位有效数字。

(2)重复性。在同一实验室由同一操作人员使用同一仪器完成的两个平行测定的相对偏差不大于 20%。

实训四　饲料中苏丹红染料的测定(高效液相色谱法)

一、适用范围

本标准规定了用高效液相色谱仪测定饲料中的苏丹红染料的方法定量为 0.05 mg/kg。本标准适用于配合饲料、浓缩饲料及添加剂预混合饲料中苏丹红Ⅰ、苏丹红Ⅱ、苏丹红Ⅲ、苏丹红Ⅳ的测定。

二、实验原理

试样中苏丹红染料经乙腈震荡提取后，氮气吹干浓缩，注入高效液相色谱仪反相色谱系统中进行分离，用紫外检测器和二极管矩阵检测器进行定性、定量测定。

三、材料

除特殊说明外，所用试剂均为分析纯，色谱用水为复合 GB/T 6682 规定的一级用水。

(1)乙腈：色谱纯。

(2)乙腈：分析纯。

(3)流动相：溶剂 A-乙腈；溶剂 B-水。

(4)苏丹红染料标准品：苏丹红Ⅰ、苏丹红Ⅱ、苏丹红Ⅲ、苏丹红Ⅳ的纯度均应大于 95%。

(5)苏丹红染料标准贮备液:分别准确称取已知纯度的苏丹红标准品苏丹红Ⅰ、苏丹红Ⅱ、苏丹红Ⅲ、苏丹红Ⅳ各 10 mg,精确至 0.000 1 g,分别置于 100 mL 棕色容量瓶中,加乙腈(色谱纯)超声使之完全溶解,并定容至刻度,摇匀。该溶液中苏丹红Ⅰ、苏丹红Ⅱ、苏丹红Ⅲ、苏丹红Ⅳ浓度均为 100 μg/mL,于 4℃保存可使用 3 个月。

(6)苏丹红染料标准中间液:分别准确移取苏丹红Ⅰ、苏丹红Ⅱ、苏丹红Ⅲ、苏丹红Ⅳ标准贮备液各 5 mL,置于 50 mL 棕色容量瓶中,用乙腈(色谱纯)定容至刻度。该溶液中苏丹红染料浓度为 10 μg/mL,于 4℃保存可使用 1 个月。

(7)苏丹红染料标准工作液:准确移取苏丹红染料标准中间液 0.5 mL、1.0 mL、2.5 mL、5.0 mL、10.0 mL 于 50 mL 棕色容量瓶中,用乙腈(色谱纯)定容至刻度。此时,溶液中苏丹红染料的浓度分别为 0.1 μg/mL、0.2 μg/mL、0.5 μg/mL、1.0 μg/mL、2.0 μg/mL,于 4℃保存可使用 1 周。

四、仪器设备

(1)电子天平:精度为万分之一和千分之一各 1 台。

(2)振荡器。

(3)高效液相色谱仪:紫外检测器(多波长)和二极管矩阵检测器。

(4)针头过滤器:备孔径为 0.45 μm 有机微孔滤膜。

(5)离心机:5 000 r/min。

(6)氮吹仪:50℃。

(7)涡轮混合器:2 500 r/min。

五、试样的选取和制备

选取有代表性饲料样品至少 500 g,四分法缩减至 100 g,粉碎,全部通过孔径为 0.42 mm 的分析筛,混匀,装入密闭容器中,避光低温保存,备用。

六、测定方法

(1)试液提取。称取配合饲料 10 g;浓缩饲料、添加剂预混合饲料样品各 5 g(精确至 0.001 g),置于150 mL 具塞锥形瓶中,加入 50 mL 乙腈(分析纯),于振荡器振荡提取 30 min,离心,上清液备用。

准确吸取试液(7.1.1)中配合饲料提取液 10 mL,氮气吹干,加入 2 mL 乙腈(色谱纯)涡轮混合器混合 30 s,过孔径为 0.45 μm 的有机滤膜,滤液上机测定。

浓缩饲料、添加剂预混合饲料提取液直接上液相色谱仪测定。

(2)色谱条件

①色谱柱:具有 C_{18} 填料的柱子(粒度为 5 μm),柱长 250 mm,内径 4.6 mm。

②流动相:以 1.0 mL/min 流速梯度洗脱,梯度条件见表7-2。

③进样量 50 μm/L。

④检测器:紫外检测器和二极管矩阵检测器,检测波长苏丹红Ⅰ为 478 nm;苏丹红Ⅱ、苏丹红Ⅲ、苏丹红Ⅳ均为 520 nm。

(3)测定。

①定性测定:二极管矩阵检测器定性。样品峰只有满足下述条件,才能证实是苏丹红染料:

表 7-2　洗脱梯度表

时间/min	溶剂 A/%	溶剂 B/%
0.00	95	5
8.00	100	0
8.50	100	0
28.0	100	0
29.0	95	5
35.0	95	5

样品峰的保留时间与标准峰的保留时间相同(差异≤±5%)。如有怀疑,需做标准物添加(即将标准物加到样品中)实验。

波长大于 220 nm、样品的光谱图应与标准品光谱图无明显差别,样品峰与标准峰的最大吸收波长相同,即其差异不大于检测系统分辨率决定的范围(一般是 2~4 nm)。

②定量测定:按高效液相色谱仪说明书调整仪器操作参数。向液相色谱柱中注入待测定苏丹红染料标准液及试液,得到色谱峰面积响应值,用外标法定量。

七、数据处理

试样中每种苏丹红染料的含量按下式分别计算:

$$苏丹红含量\ W_i = \frac{P_i \times V \times c_i \times V_{st}}{P_{st} \times m \times V_i}$$

式中:W_i 为试样中每种苏丹红的含量(mg/kg);P_i 为试样溶液峰面积值;V 为样品的总稀释体积(mL);c_i 为标准溶液浓度(μg/mL);V_{st} 为标准溶液进样体积(μL);P_{st} 为标准溶液峰面积平均值;m 为试样质量(g);V_i 为试样溶液进样体积(μL)。

(1)结果表示。平行测定结果用算术平均值表示,保留三位有效数字。

(2)重复性。同一分析者对同一试样同时进行两次平行测定结果的相对偏差不大于 10%。

◈ 知识拓展

转基因饲料及添加剂的生物安全性

转基因生物体是利用基因工程技术导入外源基因而选育获得的生物体,主要包括转基因作物、转基因微生物和转基因动物。转基因饲料主要指用作饲料的转基因作物和用作饲料添加剂的转基因微生物体。用作饲料的转基因作物主要为转基因大豆及其加工产品和转基因棉籽及其加工产品,用作饲料添加剂的转基因微生物体主要为转基因产酶微生物和转基因微生态制剂。

随着转基因技术的广泛应用,全球转基因作物种植面积日益扩大。根据国际农业生物技术组织的报告,2013 年全世界有 27 个国家种植了 1.75 亿 hm² 的转基因作物,2013 年中国种植了 420 万 hm² 的棉花、6 000 hm² 抗病毒木瓜以及小面积种植的转基因白杨,转基因作物种植面积位居世界第6。这些转基因作物与人类的食物和动物的饲料密切相关。然而，转基因作物及其产品给人类带来巨大经济效益的同时，也可能对人类健康和生态环境构成潜在的风险。

1999年，Putztai博士在英国电视台发表讲话，声称用转雪花莲凝集素基因的土豆饲喂大鼠后，大鼠的体重和器官质量减轻，免疫系统受到破坏。此事件首次引起了人们对转基因作物安全性的极大关注，被称为Putztai事件。随着转基因作物的迅速发展与应用，转基因作物及其产品将越来越多地用作饲料，转基因作物及其产品作为饲料原料的安全性问题也愈来愈引起人们的关注。

转基因作物被用作饲料原料后，植物叶、种子中的DNA在加工过程中不易被破坏，大部分在80℃加热后仍保持完整，在青贮饲料中DNA也几乎不被降解。因而给动物饲喂含转基因产品的饲料，可能会带进有害的DNA片段，这些片段会对肠道细菌及有关细胞产生一些未知的影响，引起其在遗传上的变异，进而产生破坏性的结果。美国食品及药物管理局明确提出，转基因作物的DNA片段很可能会被哺乳动物细胞摄入。英国官方则指出，转基因的DNA不但可通过摄食转移，而且可在食品加工和农场工作时通过接触粉尘、花粉转移。2004年6月，德国研究人员首次在用转基因饲料喂养的奶牛产出的奶中，发现了转基因作物的DNA片段。专家分析，DNA片段的存在可能是饲料粉尘直接落入新鲜牛奶中造成的，也有可能是奶牛体内没有完全分解的转基因作物穿过肠壁、通过血液进入牛奶中。中国科学院海洋研究所团队用转基因饲料投喂饲料7周后，发现罗非鱼白细胞计数、大血小板比率等4项血液指标明显高于非转基因饲料组，还发现心脏、肝脏、胃、肠、肌肉等不同部位DNA都能检测到外源基因的存在，说明转基因大豆中外源DNA并不能被罗非鱼的消化道完全降解，其DNA片段可能通过消化吸收转移到鱼体的各种组织。

鉴于此，世界各国普遍重视转基因饲料的安全性。挪威被视为全世界监管转基因最严格的国家，政府禁止数种含有耐抗生素标示基因的转基因作物及制品进口，政府实施强制性转基因标签制度。澳大利亚、新西兰于1999年5月起实施《转基因食品标准》，规定对用基因工程技术生产的食品必须进行安全性评价。俄罗斯政府规定，进口转基因食品必须经俄有关部门检验，并于2002年10月1日起开始实施所有转基因食品注册的法律。加拿大法律委员会于2001年完成建议生物技术食品标注的工作。

我国对转基因问题一贯持谨慎态度，我国农业部于2001年5月颁布实施了《农业转基因生物安全管理条例》，对转基因产品的研究、开发、进出口、标志等作了严格的规定。在此基础上，2002年发布了与其相配套的3个管理规章，即《农业转基因生物安全评价管理办法》、《农业转基因生物进口安全管理办法》和《农业转基因生物标识管理办法》，它们构成了我国农业转基因生物安全管理的法规体系，有利于生态环境保护、有利于人类和动物健康、有利于消费者知情权和选择权的保护。但是，对于转基因作物及其产品作为饲料原料的安全性评价方面，仍缺乏相应的评价标准和技术规范，亟须完善和健全。

◉ 项目小结

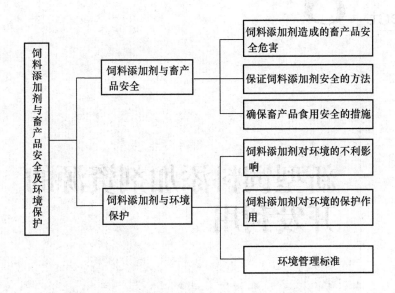

◉ 职业能力和职业资格测试

1. 饲料添加剂会造成怎样的畜产品安全危害？应该如何避免这种危害的发生？

2. 饲料添加剂对环境的影响主要体现在哪些方面？国家在使用饲料添加剂方面有哪些规定？

新型饲料添加剂资源的开发利用

项目设置描述

　　饲料核心技术是添加剂技术,生物技术又是添加剂技术核心之一。因此,研制能提高动物生产性能且安全无害的添加剂新产品一直是畜牧业和饲料业的优先课题。近年来,中国饲料添加剂产业发生了质的变化,主流产品基本实现了国产化,由进口国转变为出口国;新型饲料添加剂主流产品由一系列生物技术新产品组成,包括生物活性肽、植物提取物、单细胞蛋白、微生态饲用添加剂、功能性寡糖饲料添加剂等。本项目重点描述上述5种新型饲料添加剂的功能、制备方法及其在动物生产上的应用及发展前景等。

学习目标

1. 熟悉生物活性肽的种类、功能及制备方法。
2. 熟悉植物提取物的制备方法及植物提取物的抗病毒与抗菌性能。
3. 熟悉单细胞蛋白制备与利用。
4. 熟悉微生态饲用添加剂的种类、制备方法与特性。
5. 了解熟悉功能性寡糖饲料添加剂的种类、特性与应用。
6. 能合理使用与开发新型饲料添加剂。

任务 8-1　生物活性肽

一、生物活性肽的分类

生物活性肽(bioactive peptides,BAP)就是对生物机体的生命活动有益或具有特殊生物功能的肽类化合物,是一类分子质量小于 6 000 u,具有多种生物学功能的多肽。多数生物活性肽以非活性状态存在于蛋白质的长链中,当用专一的蛋白酶水解时,其活性被释放出来。多肽可通过磷酸化、糖基化或酰基化而被修饰。往往能够直接参与机体消化、代谢及内分泌的调节,其吸收机制优于蛋白质和氨基酸。大量的研究表明,生物活性肽具有多种生物学功能,如激素作用、免疫调节、抗血栓、抗高血压、降胆固醇、抑菌、抗病毒、抗癌作用等,是筛选药物的天然资源宝库。

(一)分类

因生物活性肽结构复杂、功能多样、种类较多、分布广泛,所以学术界对生物活性肽的分类方法并不统一。按其来源可分为内源生物活性肽和外源生物活性肽;按其生理功能可分为免疫活性肽、抗菌活性肽、降压活性肽、降胆固醇活性肽、抗病毒活性肽、抗肿瘤活性肽、抗氧化活性肽、抗凝活性肽等;按其材料可分为海洋生物活性肽和陆地生物活性肽;按其形成原因可分为天然生物活性肽和人工合成生物活性肽。

(二)具有重要应用价值的生物活性肽

按照功能不同,可分为以下几类:

1. 生理活性肽(physiologically active peptides)

(1)神经肽。阿片样肽(opioid peptide)是最先研究的一种活性肽。它们与普通镇痛剂的不同点是经消化道进入人体后无任何副作用。这方面已成为药理学、功能食品学研究的热点。

(2)抗高血压肽。抗高血压肽主要是通过抑制血管紧张素-N 转换酶,进而影响肾素—血管紧张素—醛固酮系统来实现对血压的影响。

(3)抗菌肽和抗病毒多肽。包括由细菌与真菌而来的环肽、糖肽、脂肽等。从蚕豆中获得了植物抗菌肽,但其只对革兰氏阳性和阴性细菌有效,而对酵母菌无效。Holz 则从真核和原核生物中合成了抗菌肽。

抗菌肽是各种生物防御系统的一个组成部分,是为抵抗微生物等有害环境因子的侵袭而产生的免疫应答反应产物,与人工合成抗生素相比具有分子质量低、抗菌谱广、热稳定性好、水溶性好、强碱性、抗菌机理独特等优点。另一方面,由于抗菌肽可避免传统抗生素的耐药性问题,故抗菌肽有广阔的发展前景。

2. 免疫活性肽

研究认为:人和牛乳中酪蛋白酶解可释放一种肽,它作为一种外源性刺激,可增强鼠吞噬细胞、人巨噬细胞的活力,体内试验能抗肺炎杆菌的感染,使新生犊牛的免疫功能增强。

免疫活性肽的研究由 Jolles 等 1981 年首次报道,此后科学家们进行了大量免疫活性肽方面的研究,且具有不同生物学功能的免疫活性肽相继被报道,如抗血栓转化酶抑制肽、酪

项目 8　新型饲料添加剂资源的开发利用

蛋白磷酸肽、抗菌肽等。免疫活性肽具有促进机体淋巴细胞的增殖、增强巨噬细胞的吞噬功能，进而提高机体抵御外界病原体感染的能力，并具有抗肿瘤功能。除此之外，来自一些病原微生物的免疫诱导表面肽、糖肽等也具有调节免疫反应的功能。对动物来源的免疫活性肽土富素(tuftsin)和微生物来源的胞型酰二肽的研究证实，二者可增强巨噬细胞的功能和宿主对许多病原体的非特异性反应，具有抗肿瘤和抗病毒的作用。一些研究表明，酪蛋白来源的免疫活性肽对人外周血淋巴细胞增殖具有刺激或抑制的双重效应。

在免疫活性肽中，以胸腺肽的研究报道较多。许多研究表明，胸腺肽能促进T淋巴细胞的成熟和分化，增强单核细胞增殖，刺激 CD^{3+} 细胞表达，促进 CD^{3+}、CD^{4+} 基质细胞成熟及向 CD^{3+}、CD^{4+} 转化，促进 CD^{4+} 细胞亚群成熟和表达。到目前为止，已报道的胸腺肽有二十多种，而且胸腺肽作为一种免疫因子已应用于医学临床，在抗感染、免疫缺乏症的治疗上应用较多。

血管活性肠肽(vasoactive intestinal peptide，VIP)也是近年研究较多的免疫肽。VIP是1970年由 Said 和 Mutt 首次从猪小肠分离出来，是由28个氨基酸残基构成的直链肽，属胰高血糖素—胰泌素家族。VIP 在体内分布非常广泛，主要由中枢和周围神经产生。

二、生物活性肽的生理功能

1. 营养功能

(1)作为氨基酸的来源。小肽和氨基酸转运机制相互独立，可能提高动物对不同生理状态及日粮变化的适应性。因为寡肽较易吸收，且不受氨基酸的影响，当动物由于疾病或其他因素对某种氨基酸不能很好吸收时，可通过添加含有此种氨基酸的寡肽来提供氨基酸，寡肽的这种吸收优势具有很大的潜在营养作用。在某些特殊的临床情况下，以寡肽的形式补充氨基酸，可以改善人或动物对氮的吸收，满足人或动物对氨基酸和氮的需求。例如，某些临床情况需要补充酪氨酸、半胱氨酸和谷氨酸，而这些氨基酸在游离状态下不溶或不稳定，使用相应的小肽可解决这样的难题。

(2)促进氨基酸的吸收。小肽的吸收能缓解肠壁细胞对不同游离氨基酸摄入的竞争，并且肽本身对氨基酸或肽的转运也有促进作用。

(3)直接进行蛋白质合成。Pan 等(1998)观察到，在培养的 C1C12 肌细胞和 MAC-T 哺乳动物上皮细胞中包含蛋氨酸的肽，作为一种蛋氨酸的来源，可支持蛋白质的合成。Backwell(1994)利用双标示踪技术研究认为，哺乳动物乳腺组织本身就有直接利用肽中氨基酸合成乳蛋白的能力。

(4)促进饲料中其他营养成分的吸收利用。有研究认为，植物蛋白中由于植酸、草酸、纤维、单宁及其他多酚等抗营养因子的存在，显著影响了饲粮中 Ca、Zn、Cu、Mg、Fe 等的生物利用率，而植物蛋白在水解成肽的过程中，可以除去可溶性的低分子物质，从而降低上述抗营养因子的含量。同时，肽分子可与上述矿物离子形成螯合物保证其可溶状态而利于机体吸收。

2. 免疫调节

一般具有增强免疫功能的活性肽叫免疫活性肽，免疫活性肽是继牛乳提取物中发现阿片样肽后第二个被发现的生物活性肽，也是人乳蛋白中第一个被发现的生物活性肽。研究表明，该肽不仅影响机体免疫系统，同时也影响免疫反应和细胞功能。利用胰蛋白酶和胰凝乳蛋白酶水解牛乳酪蛋白可分离出具有免疫活性的免疫肽,即三肽 Leu-Leu-Tyr 酪蛋白和六肽 Thr-Thr-Met-Pro-Leu-Tyr。该活性肽的主要功能是激活 B 淋巴细胞和 T 淋巴细胞,增强其吞噬能力,从而使机体产生对细菌和病毒的直接抗性。

3. 抗氧化

天然抗氧化肽是最近被广泛研究的一类活性肽,具有较强的抗氧化活性和很高的安全性。研究表明,以一定的蛋白质为底物,在适宜的酶作用下可产生小分子抗氧化肽,其分子质量小,易消化吸收,安全可靠,不会引起过敏反应,具有良好的开发利用前景。国内外研究人员已从不同来源的蛋白质中提取到各种具有抗氧化活性的肽类物质。研究最多的是肌肽和谷胱甘肽等少数肽。Makoto 等从不溶性的弹性蛋白、Suetsuna 等从酪蛋白、Suetsuna 和 Ukeda 从沙丁鱼中利用酶或盐酸水解都得到了抗氧化肽。此外,还有各种天然蛋白酶解物中具有一定抗氧化活性低分子混合肽。但是由于采用的评价方法和条件不统一,使试验结果的可比较性较差,而且纯品分离困难,通过生物技术手段大量生产具有强抗氧化作用的肽是一个值得深入研究的领域。

4. 调节风味

风味肽包括甜味肽、酸味肽、咸味肽和苦味肽等。这些肽类添加到饲料中,能明显改变饲料原有的口感。Jin 等(2007)利用现代仪器分析表明,酶解大米蛋白可以分离出具有代替谷氨酸钠的风味肽,呈现鲜味。李明等(2006)报道,大米蛋白风味肽也可以作为宠物食品,有效掩盖苦味,增强食品的黏度,改善其风味。

5. 促进矿物质吸收

动物乳中酪蛋白经胰蛋白酶作用后制得的酪蛋白磷酸肽,是以磷酸丝氨酸簇和谷氨酸簇为活性中心的肽,其活性中心所含有的大量丝酰磷酸簇聚集了大量的负电荷,可以与金属离子形成螯合物,这种螯合物在碱性条件下不会沉淀,从而促进了金属离子的不饱和及被动扩散,进而促进金属离子的吸收。

三、生物活性肽在动物生产中的应用

1. 生物活性肽在猪生产中的应用

在仔猪日粮中添加生物活性肽可显著提高日增重,促进采食,并提高饲料转化率。岳洪源(2004)研究表明,大豆生物活性肽添加到仔猪饲料中后,可以显著提高仔猪的日增重和饲料转化效率,同时降低腹泻率。汪官保(2007)研究发现,与添加 2% 的血浆蛋白粉相比,在哺乳仔猪的补饲料中添加植物活性肽可以显著提高仔猪的平均日增重和采食量,并能显著降低仔猪的腹泻率和死淘率。

生物活性肽还可提高猪免疫性能。潘翠玲等(2005)试验结果表明,在仔猪早期断奶日粮中添加大豆蛋白酶解物后,胸腺、脾脏和腹股沟淋巴结的重量分别提高了 105.90%、43.78% 和 28.89%。汪官保(2007)研究发现,添加 4% 植物活性肽后,显著提高仔猪血清中 IgG 的含量,与补饲 2% 血浆蛋白粉相比,添加植物活性肽能够显著促进脾脏的发育从而增强仔猪的免疫性能和抵抗疾病的能力。

2. 生物活性肽在家禽生产中的应用

生物活性肽不仅可提高家禽生产性能,还可改善蛋品质。张功(2005)在蛋鸡饲料中添加 120 mg/kg 大豆活性肽,发现可显著提高蛋鸡产蛋率,降低料蛋比。同时添加大豆油和大豆活性肽可显著提高蛋黄颜色，大豆生物活性肽可以加强蛋鸡对玉米中红色类胡萝卜素的吸收，提高蛋黄颜色，显著降低蛋黄胆固醇浓度，其浓度可下降20％左右，从而改善蛋品质。

陈小莺和张日俊(2005)研究表明，在日粮中添加大豆生物活性肽可以不同程度地提高蛋鸡的产蛋率和饲料转化效率。杨玉荣(2006)研究发现，在肉鸡整个生长过程中，大豆活性肽能刺激肉鸡肠道上皮内淋巴细胞和生成细胞数量增加，这说明大豆活性肽对肠道淋巴细胞的发育有一定的调节作用。

3. 生物活性肽在水产养殖中的应用

李清(2004)研究表明，在草鱼等水产动物日粮中添加一定的生物活性肽可以促进草鱼等水产动物的生长，提高存活率，促进矿物质元素的吸收和利用。该课题组随后研究发现，随着生物活性肽用量的增加，鲤鱼血液免疫球蛋白IgM和补体C_4逐渐升高，T_4的分泌量明显下降，血液中尿素水平显著降低，可见生物活性肽可以提高蛋白质的沉积率，增强免疫力，具有减少尿素在肾脏中的沉积，降低肾脏尿素中毒的可能性。于辉等(2004)研究表明，添加0.5％酶解酪蛋白组草鱼的相对生长率、蛋白效率比、饲料效率比和血浆中镁含量、小肽总量均显著高于0.5％酪蛋白组和0.5％酸解酪蛋白组。

此外，生物活性肽对水产动物肌肉的风味也有影响。李清等(2004)报道，活性肽能促进鲤鱼机体蛋白质的合成，提高鲤鱼肌肉肌苷酸和几种呈味氨基酸含量，具有提高鲤鱼风味、改善鲤鱼肌肉品质的作用。

四、生物活性肽的制备

1. 从天然生物体中分离

天然生物活性肽分布很广泛，目前已经从人、动物、植物、微生物及部分海洋生物中分离出多种生物活性肽。但生物活性肽在生物体内的含量一般是微量的，而且目前从天然生物体中分离纯化获得的活性肽的工艺还很不完善。

2. 水解蛋白质产生

水解法可分为酸水解、碱水解和酶水解3种。相对而言，酶水解的方法是最有效的，因而获得了广泛应用。酶法制备生物活性肽是指利用蛋白酶直接水解蛋白质，再分离纯化得到生物活性肽的过程。利用蛋白酶制备生物活性肽可以使多肽产品具有良好的溶解性、耐酸和耐热稳定性及较高的速溶性等优点。酶解蛋白质法以其技术成熟、投入较低而在生物活性肽制备中得到广泛的应用。

(1)大豆肽的制备。采用酶解法制备大豆肽，可以选用植物蛋白酶(如木瓜蛋白酶、菠萝蛋白酶)、动物蛋白酶(如胰蛋白酶、胃蛋白酶)、微生物蛋白酶(如枯草杆菌蛋白酶、黑曲霉蛋白酶)。不同酶反应条件不同，产生的肽链氨基酸序列也不同，因而具有不同的功能，可以获得降血压肽、免疫调节肽、促消化吸收肽和降胆固醇肽等。通过将复合蛋白酶、中性蛋白酶、碱性蛋白酶及风味蛋白酶进行对比研究，结果表明，风味蛋白酶的效果最好，更适于生产及应用。另外，采用固定化酶可以提高酶的稳定性，控制酶反应过程，提高酶的使用效率，对生产自动化、连续化等方面的应用研究十分有利(图8-1)。

(2)磷酸肽(CPPs)的制备。CPP是含有成簇的磷酸丝氨酸的肽，相对分子质量2 000～4 000，在动物小肠内能与钙结合，阻止磷酸钙沉淀，使肠内溶解钙的量大大增加，从而促进钙的吸收和利用。作为钙铁吸收促进剂，日本和德国已经将CPP开发成功能性食品上市，

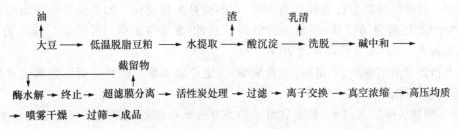

图 8-1 大豆多肽生产工艺流程图

1996 年我国报道有了国产 CPP,CPP 已被中国食品添加剂标准化技术委员会批准列入《食品添加剂使用卫生标准》。

CPPs 的制备流程见图 8-2。制备 CPPs 的原料有用 α-酪蛋白的,也有用 β-酪蛋白的。制备 CPPs 通常采用的是具有较强专一性的胰蛋白酶、胃蛋白酶、胰酶(胰蛋白酶和胰凝乳蛋白酶的混合物)。也有人探索了用不同的蛋白酶、固定化蛋白酶水解酪蛋白的制备方法。如采用胰蛋白酶—微生物中性蛋白酶在温度 37℃、pH 8.0 条件下分解 15% 的酪蛋白溶液,第一次酶解蛋白质水解度 DH 达 8% 以上,第二次酶解 DH 达 2% 以上。

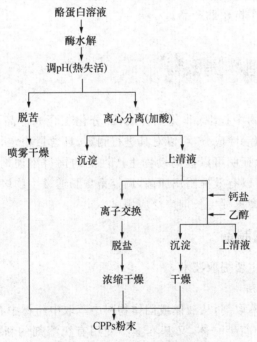

图 8-2 CPPs 制备工艺流程图

3. 化学合成法

化学合成法主要是将带有氨基保护基的氨基酸的羧基端固定到不溶性树脂上,脱去该氨基酸上的氨基保护基,同下一个氨基酸的活化羧基形成酯键,从而延伸肽链形成多肽。但是该法具有耗时、合成效率和纯度低、成本高及合成试剂的毒性大等缺点。

4. 微生物发酵法

微生物发酵法作为一种生产多肽的新方法,是指通过利用蛋白酶产生菌生产酶水解蛋白、分离纯化得到生物活性肽的过程,其较酶法而言减少了蛋白酶的纯化和制备过程。微生物法作为一种新的制备生物活性肽的方法,有其良好的优越性。梁金钟等利用微生物液态发酵法生产大豆蛋白活性肽,得出发酵的最适条件:底物浓度为 8%~10%,pH 为 6.8~7.0,温度为 34~36℃,发酵周期为 30 h。

微生物蛋白酶来源广、产量高、生长周期短、生产成本低。但目前蛋白酶的生产源还有限,且部分菌种有害。

此外,酸碱法降解蛋白质、基因重组等制备方法都存在着很多缺点和技术上的不成熟,不够完善。

五、生物活性肽在饲料工业中的应用前景

生物活性肽作为动物体天然存在的生理活性调节物,由氨基酸组成,是重要的营养物质,而且其功能特点决定了其可以替代某些抗生素和生长促进剂,提高动物免疫力,促进动物生长。因此,可以预见,在畜产品安全要求越来越高的今天,生物活性肽具有很大的发展潜力,是未来的绿色饲料添加剂。但生物活性肽在饲料工业中的应用仍处于初始阶段,且还有很多肽类的具体生理功能仍有待进一步研究。另外,肽的生产成本较高也限制了其在动物生产上的应用。美国奥特奇公司已开发出用于猪、家禽、牛和虾的生物肽,我国中农颖泰公司已经规模化生产出了抗菌肽产品。

任务 8-2　植物提取物

植物提取物是从植物中提取(非化工合成,部分化工合成产品在欧洲也称为类似天然物)(natural-identical)的活性成分,可以对其进行测定,且含量稳定,对人和动物几乎没有任何毒性,并通过动物试验证明可以提高动物生产性能的饲料添加剂。国内外众多学者的研究表明,植物提取物因可以有效抑制病原菌,调控畜禽肠道微生物区系,增强免疫功能,而被应用于替代抗生素作为畜禽促生长剂广泛应用。

一、植物提取物的制备

(一)植物提取物的主要提取技术

1. 超临界流体提取法

利用超临界流体为萃取剂,从液体或固体物料中萃取中药材中有效成分,并进行分离的方法,是一种集提取和分离于一体,又基本上不使用有机溶剂的新技术。一般常用超临界 CO_2 萃取法。目前该方法在国外已应用于食品、香料、石油、化工、医药工业等领域。

CO_2 超临界流体对物质溶解有一定选择性,对极性较低的化合物,如酯、醚、内酯和含氯化合物易萃取;若化合物极性基团多,如羟基、羧基增多,则萃取较难,需加入夹带剂。夹带剂是在被萃取溶质和超临界流体组成的二元系统中加入的第三组分,它可以改善原来溶质的溶解度。常用的夹带剂有甲醇、乙醇、丙酮等。夹带剂的用量一般不超过 15%。单独采用 SCF-CO_2 可提取中药中分子质量较小的活性成分、挥发油、小分子萜类及部分弱极性生物碱等极性不大的成分。通过调节温度、压力、加入适宜夹带剂等方法,提取中药中分子质量较大和极性集团较大的贰类、糖类等物质,如挥发油、生物碱、黄酮、有机酚酸、苷类、萜类以

及天然色素等成分。

以 CO_2 为萃取剂的超临界流体萃取技术与传统的提取分离技术相比较,具有许多独特的优点:萃取能力强、有效成分提取率高;操作参数容易控制、提取速度快、产品质量稳定;适用于分离热敏性、不稳定性组分;萃取选择性好;可以提高产品的安全性、减少环境污染;流程简单、操作简便、生产周期短。

2. 超声提取法

超声提取法是指以超声波(频率范围在 15～60 kHz 的一种高频机械波)辐射产生的骚动效应、空化效应和热效应,引起机械搅拌、加速扩散溶解的一种新型提取方法。超声波在有机物降解和天然物的有效成分提取等方面已有了一定的应用。

3. 半仿生提取法

半仿生提取法是从生物药剂学的角度,将整体药物研究法与分子药物研究法相结合,模拟口服给药后药物经胃肠道转运的环境,为经消化道给药的中药制剂设计的一种新的提取工艺。即先将药粉以一定 pH 的酸水提取,再用一定 pH 的碱水提取,提取用水的最佳 pH 和其他工艺参数的选择,可用一种或几种有效成分结合主要药理作用指标,采用比例分割法来优选。半仿生提取法一般只适合水溶性大的极性有效成分的提取。

4. 加酶提取法

中药制剂中的杂质大多为淀粉、果胶、蛋白质等,可选择相应的酶予以分解除去。中草药根中含有脂溶性、难溶于水或不溶于水的成分较多,通过加入淀粉部分水解产物及葡萄糖苷酶或转糖苷酶,使脂溶性、难溶于水或不溶于水的有效成分转移到水溶性糖苷中。酶反应较温和地将植物组织分解,可较大幅度提高效率。在国内,上海中药一厂应用酶法成功制备了生脉饮口服液。

5. 微波提取法

微波提取法是利用微波能来提高萃取率的一种最新发展起来的新技术。微波是波长介于 1 mm 至 1 m 的电磁波,微波在传输过程中会依物料性质的不同而产生反射、穿透、吸收现象。极性分子接受微波辐射能量后,通过分子偶极以每秒数十亿的高速旋转而产生热效应。在萃取时,微波透过透明的萃取剂到达植物内部,因物料的维管束和腺胞系统含量高,故吸收微波的速度很快而升温,使细胞内压增大,当内压超过细胞壁承受能力时,细胞壁破裂,则其内部的有效成分自由流出,进入萃取剂而被溶解,去渣存液而达到提取目的。微波提取法有提纯物纯度高、后处理方便、溶剂用量少、生产线整体造价低等优点。

(二)分离纯化技术

1. 膜分离技术

膜分离技术是利用天然或人工合成的具有选择性的薄膜,以外界能量或化学差为推动,对双组分进行分离、分级、提纯或富集的技术。根据被分离物粒或分子的大小及所采用膜的结构,可以将压力差驱动的膜分离过程分为微滤、超滤、纳滤与反渗透,四者组成了一个可分离固态微粒到离子的四级分离过程。

纳米膜分离技术是近年来发展起来的膜分离技术,是指膜的纳米级分离过程。其通过截留相对分子质量为 300～100 000(被分离物料粒径相当于 0.3～100 nm)的膜进行分离、纯化,包括了纳滤和部分超滤技术所能分离的量程范围,也是一种以压力为驱动的膜分离过程。由于纳米膜分离技术的截断物质相对分子质量范围比反渗透大,而比部分超滤小,因此,纳米膜分离技术可以截留能通过超滤膜的部分溶质,而让不能通过反渗透膜的物质通过,从而有助于降低目的截留溶质的损失。这种技术具有操作方便、处理效率高、无污染、安全和节能等诸多优点。纳米膜分离技术更适合水和醇等多项溶剂提取液的分离和纯化,尤其在复方中药新药研究和名优产品的工艺改进与二次开发中,有着重要的实用价值和广泛的应用前景。

2. 絮凝沉淀法

絮凝沉淀法是在混悬的中药提取液或提取浓缩液中加入一种絮凝沉淀剂,以吸附架桥和电中和方式与蛋白质、果胶等发生分子间作用,使之沉降,除去溶液中的粗粒子,达到精制和提高成品质量目的的一项新技术。絮凝剂的种类很多,有鞣质、明胶、蛋清、101果汁澄清剂、ZTC澄清剂、壳聚糖等。如用鞣酸和明胶精制小儿抗炎清热剂水提液,成品稳定性好、澄明度高,临床使用观察疗效优于原汤剂。加入蛋清絮凝剂沉降药酒中胶体微粒和大分子物质,可减少药酒中沉淀物的出现,从而提高药酒的澄明度。将101果汁澄清剂用于玉屏风口服液的澄清,与醇沉法比较,前者可更好地保留有效成分,从而降低生产成本和周期。将ZTC澄清剂用于八珍口服液的制备,并与醇沉法比较,结果表明,该方法可较好地保留中草药的指标成分。

3. 高速离心法

高速离心法是以离心机为主要设备,通过离心机的高速运转,使离心加速度超过重力加速度的成百上千倍,从而使沉降速度增加,加速药液中杂质沉淀并除去的一种方法。沉降式离心机分离药液,具有省时、省力、药液回收完全、有效成分含量高、澄明度高的特点,更适合于分离含难于沉降过滤的细微粒或絮状物的悬浮液。高速离心法制备的清热解毒口服液与水醇法进行比较,检测其黄酮含量,结果表明,高速离心工艺流程短、成本低、有效成分损失少,黄酮含量显著高于水醇法。

4. 分子蒸馏法

分子蒸馏法是一种特殊的液—液分离技术,工作原理是在极高真空度下,依据混合物分子运动平均自由度的差别,使液体在远低于其沸点的温度下将其分离。分子蒸馏技术特别适合于高沸点、低热敏性物料,尤其适合有效成分的活性对温度极为敏感的天然产物的分离,如玫瑰油、藿香油、桉叶油、山苍子油等。

5. 大孔树脂吸附法

大孔树脂吸附法是指利用大孔吸附树脂等新型吸附剂,将有效成分从药液中吸附出来或将杂质从药液中吸附除去的方法,可用于多种中药或复方的精制。由于这种方法提取率较高、成本低,所以适合工业化生产。研究人员曾用D101型吸附树脂成功地纯化了银杏叶中的黄酮类化合物,效果良好。在提取和精制过程中还可以选用2种以上工艺联用,以取得更好的效果。将经ZTC澄清剂处理过的药液再用大孔吸附树脂吸附洗脱,得到质量稳定的银杏叶提取物,其黄酮和内酯分别达26%和6%以上。用大孔树脂吸附与超滤技术联用对六味地黄丸进行精制,提取物重量只有原药材的46%,而98%的丹皮酚和86%的马钱素被保留。

(三)浓缩干燥技术

1. 喷雾干燥

喷雾干燥是流化技术用于液体物料干燥的一种方法,由于是瞬间干燥,所以特别适用于热敏性物料,所得产品质量好,保持原来的色、香、味,且易溶解。

2. 冷冻干燥

冷冻干燥是将干燥液体物料冷冻成固体,在低温减压条件下利用水的升华性能,使物料低温脱水而达到干燥的一种方法。由于物料在高度真空及低温条件下干燥,故对某些极不耐热物品的干燥很适合。

二、影响植物提取物质量的因素

1. 药材质量

药物的产地、采收季节等因素对药材质量有直接的影响。如有报道分析各地干地黄、鲜地黄中梓醇的含量,18 个地区的鲜地黄中含量最低为 0.77%,最高为 4.197%;11 个地区的干地黄中含量最低为 0.01%,最高为 0.726%,差距颇为悬殊。仲氏等对不同季节采集葛根中的葛根素进行含量测定,结果发现,6 月份含量为 3.5%,8 月份含量为 0.4%,时间相差 2 个月,含量差异达 8 倍之多。

2. 药物提取时温度、时间、粉碎度

渗透、溶解、扩散能力随温度增高而增大,溶液黏度则随温度增高而降低。提取中加热可加强分子运动,又可软化组织、提高溶解度、加速扩散,从而提高提取率。但含有多量淀粉、黏液质等多糖类的中药,加热可使其有效成分容易分解或影响过滤速度,应避免加热提取。新鲜的中药加热能阻滞扩散与渗透的原生质凝固,有利于成分的提取。对于有效成分是挥发油的中草药,提取时应控制加热温度和时间,避免有效成分的丢失。大多数中药成分的提取率随提取时间延长而增加,直至达到平衡为止,但具体提取时间的长短要根据有效成分的性质制定。

一般来说,中草药粉末越细,表面积越大,其提取率就会越高,但同时也应根据具体情况灵活掌握。用水提取时,药材粉碎度宜采用通过粗筛的药粉或切成薄片;以乙醚、乙醇等有机溶剂提取时,以采用通过 20 目筛的药粉为宜;含淀粉较多的根、根茎类药物,宜粗不宜细;而含纤维较多的叶类、全草、花类、果仁等药物可略细,以过 20 目筛的药粉为宜。

3. 浸提溶剂的选择

植物药的成分在不同溶剂中的溶解性是不同的,同一种药材用不同的溶剂提取,可得到成分各异的提取液。因此,用浸提法提取药材时,选择适当的溶剂是很重要的。目前,常用的溶剂主要有水和乙醇,其中乙醇又有不同的浓度,各种浓度乙醇制备的中药提取液其有效成分含量都有差异。常用中药的有效成分大多属于中等极性成分,用 60% 或 70% 乙醇提取的有效成分在总提取物中所占比例较大,而单用水提,总提取物虽多,但所需的有效成分较少。

在制备中药制剂过程中,多采用水提醇沉工艺,以达到澄清药液、减少服用量的目的。但该工艺耗材多、成本高、流程复杂,而且容易将不溶于醇的具有增强免疫作用和广泛生理活性的大分子有效成分除去。近年来,一些新型吸附澄清剂的应用逐渐弥补了这个缺陷。如 101 果汁澄清剂、甲壳素类絮凝澄清剂、ZTC1+1 澄清剂等均具有资源丰富、成本低、简便快速等特点,展示出良好的应用前景。

4. 提取方法

中药有效成分的分离提取方法主要采用传统的水醇法、石硫法、改良明胶法、醇水法、透

析法、水蒸气蒸馏法等工艺。其中水醇法应用普遍,但存在生产周期长、工艺复杂、生产成本高、有效成分损失严重、成品稳定性差、易产生环境污染等问题。随着现代科技的发展,新的分离提取方法日益增多,如利用膜孔选择性筛分性能以分离、提纯和浓缩物质的超滤法,在杂质截除率、澄明度、制品有效成分含量等方面优于其他方法;超声提取法应用其强烈震动、高加速度、强烈空化效应,可提高提出率、缩短提取时间、节约溶剂,并且免去了高温对有效成分的影响。沈氏等通过 HPLC 法测定大黄、决明子、金银花、黄芩 4 种中药有效成分的提取率,探索微波萃取对不同形态结构中药及不同极性成分中药的提取规律,结果得出,本法对不同形态结构中药的提取具有选择性,对含不同极性成分中药的提取选择性不显著;而同一温度下,根茎类中药大黄中大黄素、大黄酚、大黄素甲醚的提取率明显高于种子类中药决明子中相同成分的提取率。

除上述方法外,还有树脂法、酶法、超临界 CO_2 提取法、旋流提取法、加压逆流提取法、半仿生提取法等,这些方法都各自具有优点,弥补了传统提取工艺流程的不足。但是,新技术新方法应用于中药制剂领域的时间较短,多数研究处于早期开发阶段,仍需要进行系统深入的研究。

三、植物提取物的生理作用

(一)抗菌作用

迄今为止,已经研究的植物提取物中,具有抗菌作用的植物种类包括:绿茶、洋葱、大蒜、丁香、槐树叶、刺柏、麦芽、万寿菊、熊霉叶、蓟草、黄连、鼠尾草、肉豆蔻、月桂、止痢草、牛至草、海藻、蘑菇等植物的提取物或精油。植物提取物抗菌的主要活性成分是酚类、挥发油类和其他一些活性成分。表 8-1 总结了各类植物中的主要活性成分及其抗菌效果。

表 8-1　植物提取物的主要活性成分及抗菌效果

植物来源	主要活性成分	抗菌效果
大蒜	大蒜素	高
牛至草	香芹酚和百里香酚等	高
芥菜	异硫氰酸烯丙酯	高
丁香	丁香酚和丁子香酚	中等
马郁兰	香芹酚和百里香酚等	中等
月桂树	1,8-桉叶素	中等
肉桂	肉桂醛	中等
柑橘	柠檬精油	中等

资料来源:余立志,2010。

1. 活性成分

(1)挥发油类。又称精油,是一类在常温下能挥发的、可随水蒸气蒸馏的、与水不相混溶的油状液体的总称。挥发油在植物中分布广泛,特别是菊科、芸香科、伞形科、唇形科、樟科植物。挥发油为混合物,组分比较复杂,按其组成成分的结构类型可分为萜类、芳香族化合物及脂肪化合物,其中以萜类成分为主,主要包括单萜、倍半萜及含氧衍生物。

研究表明,连翘精油对酿酒酵母属中度敏感,对大肠杆菌、枯草杆菌、白葡萄球菌、黑曲霉、青霉均属高度敏感,并且对霉菌的抑制效果最为强烈,明显强于细菌和酵母;佛手果实挥发油对酵母菌、大肠杆菌、枯草杆菌和金黄色葡萄球菌均有较明显的抑制作用,并且挥发油具有很好的热稳定性及抑菌持久性;香薰精油对测试菌的最小抑菌浓度(Minimum inhibitory concentration,MIC)在 $118\sim472\ \mu g/mL$,特别是对金黄色葡萄球菌和米曲霉具有显著的抑制作用,但对大肠杆菌的抑制作用较弱。此外,丁香油、山苍子油和柠檬油均有一定的抑杀菌效果,抑菌效果优于或相当于苯甲酸、山梨酸、丙酸。赵雪梅等研究表明猫须草超临界 CO_2 萃取物以萜烯类化合物为主,对肺炎链球菌的抑制效果最明显,其次对金黄色葡萄球菌、福氏Ⅱ型杆菌的抑菌效果也比较明显。肉桂油和肉桂醛对细菌的 MIC 在 $75\sim600\ \mu g/mL$,对酵母菌的 MIC 在 $100\sim145\ \mu g/mL$,对丝状真菌的 MIC 在 $75\sim150\ \mu g/mL$,对皮肤真菌的 MIC 在 $18.8\sim37.5\ \mu g/mL$。

　　(2)生物碱类。生物碱是中药中的活性成分或有效成分。赵东亮等采用硅胶柱层析提取博落回生物碱,发现其对球菌和杆菌、革兰氏阳性和阴性菌都有抑菌活性。刘佳斌等在万寿菊根中分离出 5 类具有抑菌活性的生物碱,其中水溶性生物碱对西瓜枯萎病菌菌丝生长有较好的抑制作用。对小檗碱、药根碱、黄连碱和巴马亭 4 种黄连生物碱的抑菌谱和抑菌活性的研究结果表明,小檗碱的抑菌活性最强,黄连碱和巴马亭次之,药根碱最弱;4 种黄连生物碱对革兰氏阳性菌的抑制活性优于革兰氏阴性菌和酵母菌,每种生物碱对耐甲氧西林金黄色葡萄球菌和金黄色葡萄球菌的抑菌能力基本相同。Deng 等以活性追踪法从血散薯的块茎中分离得到千金藤碱和克班宁两种生物碱,结果表明,千金藤碱和克班宁对革兰氏阳性动物致病菌具有较高的抑菌活性,MIC 在 $0.078\sim0.312\ g/L$,但对革兰氏阴性菌的抑菌活性较低,同时千金藤碱和克班宁也能抑制植物致病菌菌丝的生长。

　　(3)黄酮类。黄酮类化合物在自然界分布相当广泛,且具有多方面的生物活性。研究表明,甘草总黄酮对金黄色葡萄球菌、大肠杆菌、绿脓杆菌和枯草杆菌 4 种致病菌均有明显的抑制作用,其 MIC 分别为 $0.312\ 5$、$0.312\ 5$、$0.250\ 0$、$0.312\ 5\ mg/mL$。苦参中黄酮类化合物对细菌和真菌都有抑制作用,对革兰氏阳性菌的作用强于革兰氏阴性菌,对单细胞真菌作用强于丝状真菌。唐明研究表明金银花中黄酮类物质具有较强的抗菌活性。黄酮类化合物高良姜素对 17 种抗 4-喹诺酮类金黄葡萄球菌具有很好的抑制作用,对其中一种菌株的 MIC 为 $6.25\ \mu g/mL$,其余的均为 $50\ \mu g/mL$。

　　(4)有机酸类。有机酸广泛存在于提物体的各部位,尤以果实中最为多见,如乌梅、五味子、覆盆子等。研究表明,金银花中绿原酸有较强的抑菌效果。Kong 等研究了板蓝根中 4 种有机酸对大肠杆菌的抑制作用,发现抑菌活性大小为丁香酸＞2-氨基—苯甲酸＞水杨酸＞苯甲酸。丁香酸的半数抑制浓度(half inhibitory ratio,IC$_{50}$)为 $56\ \mu g/mL$,2-氨基—苯甲酸、水杨酸和苯甲酸的 IC$_{50}$ 分别为 86、86 和 $224\ \mu g/mL$。此外,从菊科植物一枝黄花中分离得到的咖啡酸、樟科植物肉桂中分离得到的桂皮酸、龙胆中龙胆酸、甘草中甘草次酸、掌叶大黄和何首乌中大黄酸、白蒿中丁香酸等有机酸均具有显著的抑菌活性,并已在抗菌药物开发中显示出一定的潜力。

　　(5)多糖类。多糖具有多种生物活性作用,如抗肿瘤、抗炎、抗病毒、降血糖等。研究表明,马齿苋子多糖对金黄色葡萄球菌、大肠杆菌、痢疾杆菌有明显抑制作用。当多糖浓度为 $0.25\ g/mL$ 时,抑菌圈直径均在 $15\ mm$ 以上。密棟和吴茱萸粗多糖对金黄色葡萄球菌、大肠埃希菌、铜绿假单胞菌、白色假丝酵母菌、枯草芽孢杆菌 5 种供试菌均有较强抑制作用,其MIC 在 0.38～5.36 mg/mL。

2. 抑菌机理

尽管对植物提取物添加剂抗菌的作用机制已经进行了很多研究,但是其详尽的作用机制仍不明确。由于植物提取物所用植物的种类繁多,其活性成分也有很多,因此可能存在多种抗菌机制。

(1)作用于细胞壁或细胞膜系统。研究表明,当茶多酚作用于菌体细胞后,能够逐步破坏其细胞壁的完整性,使得碱性磷酸酶渗出,继而使细胞膜的通透性增加,导致金属离子、蛋白质的渗漏,使细胞代谢发生紊乱,逐渐破坏细胞结构,从而起到抑菌作用。研究表明,枯草芽孢杆菌经鱼腥草素同系物(HOU-Cn)作用后,HOU-Cn 被分解成烷基酰乙醛和亚硫酸钠,然后烷基酰乙醛聚集到细胞表面,嵌入到磷脂双分子层,增强了细胞膜的流动性,通过疏水键改变膜蛋白的构造,从而破坏菌体细胞膜,抑制细菌的生长,经透射电镜观察,细胞表面的多糖包被消失,细胞萎缩。另外,香芹酚和麝香草酚的抑菌作用也是通过改变细胞膜的渗透性和极性而产生的。

(2)作用于酶系统或功能蛋白。黄酮类化合物槲皮素和芹菜素均有抑制幽门螺杆菌和大肠杆菌的丙氨酸连接酶活性,从而破坏了菌体正常代谢,且槲皮素的抑制活性大于芹菜素,说明槲皮素的两个额外的羟基增强了对丙氨酸连接酶的抑制作用。黄连素是通过抑制细胞分裂蛋白 FtsZ 的表达而起到抑制细胞菌生长繁殖的作用。

(3)作用于遗传物质。木樨草素有明显的抑菌活性,其抑菌机制主要是通过抑制 DNA拓扑异构酶的活性,进而影响菌体核酸及蛋白质的合成来实现的;金黄色葡萄球菌在鹿蹄草素的作用下,菌内转肽酶 femB 基因转录为 mRNA 过程受到抑制,femB 表达量降低,干扰肽聚糖的合成,最终导致菌体细胞的细胞壁的正常合成受到抑制。

(二)抗氧化作用

目前,植物抗氧化研究大多集中在中草药、香辛料、蔬菜、水果、植物饮品和谷物,植物提取物的抗氧化活性成分主要有多酚类、维生素类、生物碱类、皂苷类、多糖类、多肽类等。

1. 多酚类

植物多酚类抗氧化物质就其化学结构的不同,可分为黄酮类、酚酸、鞣质 3 大类。其黄酮类化合物在多酚类物质中种类最多,几乎所有植物的所有组织均含有这类天然产物。许多黄酮类化合物显示出明显的抗氧化特性,代表性的有刺槐素、槲皮素、柚皮素、黄杉素、茶多酚、大豆异黄酮、三羟基查尔酮、矢车菊色素等。酚酸类物质是指同一苯环上有若干个酚性羟基的一类化合物。自然界植物中发现的具有抗氧化性的酚酸类物质有羟基苯甲酸及其衍生物,如原儿茶酸、没食子酸、丁香酸等;鞣质类物质有鞣花酸及其衍生物、羟基肉桂酸及其衍生物,如绿原酸、阿魏酸、咖啡酸、迷迭香酸、香豆酸、芥子酸等。

2. 维生素类

维生素既是不可缺少的食品营养素,也是人体最重要的抗氧化物质。植物中的抗氧化维生素主要有维生素 E、维生素 C 和类胡萝卜素,但它们在特定情况下也可成为促氧化剂。

维生素 E 是各种生育酚的统称,其中 α-生育酚生物活性最大,维生素 E 的抗氧化作用是与脂氧自由基或脂过氧自由基反应,向它们提供氢离子,使脂质过氧化链式反应中断,是最重要的脂溶性断链型抗氧化剂。

维生素 C 又称抗坏血酸,是含有 6 个碳原子的 α-酮基内酯的酸性多羟化合物,具有可解离出氢离子的烯醇式羟基,是最重要的水溶性捕捉型抗氧化物,能通过逐级供给电子而实现清除活性氧自由基;还能保护维生素 E 和促进维生素 E 的再生。类胡萝卜素共有 600 余种,均为具有 11 个双键的类异戊二烯结构,β-胡萝卜素是典型代表。研究发现有显著抗氧化性的还有番茄红素、虾青素、叶黄素和玉米黄质等。

3. 生物碱类

生物碱是一类大多具有复杂含氮环状结构且有显著生理活性的有机化合物,绝大多数分布在双子叶植物中,如毛茛科、罂粟科、茄科、芸香科、豆科等。具有抗氧化作用的生物碱类有四氢小檗碱、马钱子碱、去甲乌药碱、苦豆碱、川芎嗪、小檗碱、药根碱等。

4. 皂苷类

皂苷是中草药中一类重要的活性物质。近年研究表明,大多数皂苷具有明显的抗氧化作用,包括:五加科皂苷(包括人参、西洋参、刺五加)、豆科(包括黄芪、大豆、甘草)等。绞股蓝、红景天、灯盏花、七叶、柴胡、苦瓜、虎杖、罗汉果、油茶等所含的总皂苷成分也具有较强的抗氧化活性。

5. 多糖类

多糖是由 10 个以上多种单糖聚合而成的天然高分子物质。近年来,人们对多糖及复合物的抗氧化活性作用有了越来越深入的认识。已有大量报道,从植物中提取分离得到的多糖类化合物具有清除自由基、抑制脂质过氧化作用、抑制亚油酸氧化等抗氧化作用。枸杞多糖、金樱子多糖、黄芪多糖、油柑多糖、牛膝多糖、大蒜多糖、三七多糖等 100 多种植物多糖具有抗氧化作用。

(三)提高动物机体免疫力

1. 对免疫器官的调节作用

动物机体的免疫器官按照在免疫过程中所起的作用不同,可分为中枢性免疫器官(骨髓、胸腺、禽类腔上囊)和外周免疫器官(脾脏、淋巴结和全身各处的弥散淋巴组织)。许多中药及其有效成分通过对机体免疫器官的保护和增重,实现非特异性免疫的增强作用。

黄芪、刺五加、麦芽、甘草组成的添加剂可使 2 周龄 AA 肉鸡的胸腺指数、法氏囊指数、脾脏指数分别提高 27.42%、77.50%、35.06%。黄芪、党参、苍术、白芍、金银花等组成复方中药添加剂可使 35 日龄肉用幼兔的胸腺指数比对照组提高 12.9%;中草药能够使 28 日龄肉仔鸡脾脏重量提高 37.21%。0.5% 女贞子能显著提高雏鸡生长前期的法氏囊指数,1% 女贞子能提高雏鸡生长中、后期的胸腺与脾脏指数,证明女贞子对蛋鸡育成期的生长发育和免疫功能有积极作用。

2. 对单核吞噬系统的促进作用

单核巨噬细胞系统具有强大的吞噬能力,是参与机体非特异性免疫的重要部分,并参与机体的特异性免疫。单核吞噬细胞系统包括骨髓内的前单核细胞、外周血中的单核细胞和组织内的巨噬细胞。单核吞噬细胞系统特别是巨噬细胞系统具有抗感染、抗肿瘤、参与特异性免疫应答和免疫调节作用。现代药理学研究表明,许多中药多糖及其有效成分对单核吞噬细胞系统的功能具有较好的促进作用。

利用超微粉中药添加剂能增加断奶仔猪的免疫功能,显著增加外周血淋巴细胞百分比和活性、降低嗜中性粒细胞和单核细胞数量。断奶仔猪饲喂刺五加提取物 7 和 28 d 后显著减少了外周血嗜中性粒细胞数量($P<0.05$);增加了淋巴细胞百分比($P<0.05$)以及血清中 IgG 和 IgM 的含量($P<0.05$)。用黄芪、党参、当归,白头翁等中草药组成方剂饲喂 11 日龄雏鸡,在给药后 14、21、35 和 42 d 血液中吞噬细胞百分率及吞噬指数差异显著或极显著($P<0.05;P<0.01$)。

3. 对体液免疫功能的促进作用

体液免疫是 B 细胞介导的一种机体免疫反应。许多中药及复方能促进机体的体液免疫功能,促进抗体的生成,从而提高机体的免疫力。现代药理学研究也表明,许多中药能使动物机体的 B 细胞和其产生的抗体作用增强。红参、黄芪等中药制剂均能不同程度提高血清抗体水平和体重;黄芪、绞股蓝等中草药组方使鸡血清 ND-HI 抗体效价明显高于对照组($P<0.01$),中药组鸡成活率明显高于对照组。地黄苷能通过增强 B 淋巴细胞产生特异性抗体的能力促进溶血,从而使血清溶血素含量增加,促进免疫功能低下小鼠的体液免疫功能。

4. 对细胞免疫功能的促进作用

T 细胞是机体重要的免疫细胞,不仅介导细胞免疫,而且参与免疫调节等功能。T 细胞介导的细胞免疫主要表现为:能抵抗细胞内寄生的细菌、病毒、真菌以及原虫等的感染;抗肿瘤;移植排斥反应;移植物抗宿主反应以及参与迟发型超敏反应等。植物提取物能促进 T 淋巴细胞的增殖,提高机体的细胞免疫功能。中药四黄提取物作为饲料添加剂对肉仔鸡十二指肠黏膜内淋巴细胞分布比对照组明显增多,空肠黏膜内淋巴细胞分布比对照组更加密集,回肠黏膜和黏膜下层中淋巴细胞有明显聚集现象,且淋巴细胞数量比对照组显著增多($P<0.05$)。饲料中添加黄芪、党参、苍术、白芍、金银花等组成复方中药添加剂饲喂 35 日龄肉用幼兔,试验组 T 淋巴细胞 ANAE 细胞阳性百分率比对照组分别提高了 6.2%、13.9% 和 15.1%。

四、应用前景

由于抗生素的耐药性、残留和对动物本身的毒副作用,抗生素的利用将越来越受到限制,欧盟 2006 年就禁止所有抗生素在饲料中的应用,美国 2014 年也宣布将取消 16 种抗生素在食用动物中的应用,寻求抗生素的替代物就特别重要。中草药饲料添加剂因其无残留、无耐药性,而且来源广泛,在动物生产中被用于动物的防病、治病以及促生长作用。但由于中草药添加剂用量较大,而且作用组分不明确,因而植物提取物就成为现在研究的重点和热点领域。近年来,英国、美国和日本等发达国家在植物提取物方面进行了大量的基础和应用研究,我国在这方面的研究工作还处于初级阶段。在我国,加强植物提取物基础研究将是未来的一个发展方向,包括如何筛选出高效、可靠、安全的植物,对其主要的有效成分进行提取、分离、鉴定和中试开发,加强在动物生产中的应用等。

任务 8-3　单细胞蛋白

细胞和酵母利用甲醇、乙醇、甲烷和多链烷烃生产单细胞蛋白(SCP);利用废物中的许多物质转化为 SCP,如稻秸、蔗渣、柠檬酸废料、果核、糖浆、动物粪便和污物等;利用藻类(如小球藻、栅藻)生产 SCP。生产 SCP 的微生物有酵母、非病原性细菌、放线菌和真菌及藻类蛋白等，其中饲用酵母和藻类蛋白发展最快。生产 SCP 的主要原料有造纸工业的纸浆废液、制糖业的糖蜜及废弃物、酿酒业的糟类及废弃物等，利用各种植物秸秆、壳类、糖渣类、木屑等农村废弃物中的纤维素生产 SCP。SCP 饲料其菌体蛋白质含量可达 40%～80%，若加入限制性氨基酸蛋氨酸后可达 90% 以上，且各种氨基酸、维生素含量丰富。每千克 SCP 可使母牛产奶量增加 6～7 kg，用含 10% SCP 的饲料饲喂蛋鸡，产蛋量提高 21%～35%，1 t 单细胞蛋白可节约饲粮 5～7 t。上海酵母厂通过特异生物技术培育成能富积微量元素的微生物，如硒酵母、锌酵母等，螺旋藻作为藻蛋白生产，已大面积培养推广，蛋白质含量达 62%～70%，富含胡萝卜素、藻兰蛋白、藻酸钠及类胰岛素等活性物质。

一、单细胞蛋白的来源与特点

单细胞蛋白是指利用各种基质大规模培养细菌、酵母菌、霉菌、微藻、光合细菌等而获得的微生物蛋白，是现代饲料工业和食品工业的重要的蛋白来源。SCP 营养丰富，蛋白质含量 40%～80% 不等，所含氨基酸组分齐全平衡，且有多种维生素，消化利用率高（一般高于 80%），其最大特点是原料来源广、微生物繁殖快、成本低、效益高。在我国生物技术发展规划的重点中就有蛋白质生物工程项目。

二、单细胞蛋白的生产

生产单细胞蛋白质的原料广泛。对藻类而言，只需二氧化碳和日光，而细菌、酵母及霉菌，则需要碳水化合物、乙醇及碳氢化合物等提供碳源及能源的含碳物质。此外原料中也包括了氮源（如铵盐或硝酸盐）和无机元素（如钙、磷、铁及镁等）。我国 SCP 生产始于 20 世纪 20 年代初，但 20 世纪 80 年代以后才有较大的发展，主要是利用工农业生产中各种可再生资源生产食用酵母或饲料酵母，如以造纸废液、味精厂废液、糖蜜酒精废液酒糟、淀粉厂废水废渣、油脂工业废水、果渣、石油、天然气等为原料，筛选出可在上述基质中迅速生长的优良菌种，通过现代微生物发酵工程技术或基因工程技术，生产出等级不同的产品。另一类 SCP 就是微型藻蛋白，主要是螺旋藻和小球藻，目前已工厂化生产并普遍应用于畜牧生产的酵母饲料产品，包括石油酵母和农副产品酵母。据报道，猪饲料中添加 4%、家禽饲料中添加 3%、牛和羊饲料中添加 5%～10% 石油酵母效果均比较理想。随着发酵技术的进步，发展石油酵母作为新的蛋白质来源是完全可行的。以农副产品下脚料为主原料所研制的饲料酵母含粗蛋白质 45%～50.1%、粗脂肪 4.63%～4.87%、粗纤维 3.74%、粗灰分 4.78%、无氮浸出物 35.41%，总能量 19.84MJ/kg。饲养试验表明，仔猪、肥育猪日粮中添加 4%～5%，替代等量鱼粉，增重 7.1%～8.4%；仔鸡日粮中添加 4% 替代等量鱼粉，肉鸡日粮中添加 5% 替代等量鱼粉，平均增重分别提高 2.9% 和 1.98%。运用生物技术利用玉米淀粉渣生产活性饲料酵母，其工艺流程如图 8-3 所示。

在无液体发酵条件时，可用淀粉渣作主料，搭配 10%～20% 的饼粕类（棉饼、菜籽饼等）混合发酵，也可生产出粗蛋白质含量在 45% 以上的饲料酵母。

利用纤维素废料生产单细胞蛋白是今后的发展方向，据估算，20 万 t 秸秆经彻底转化可得到 7 万 t 左右的单细胞蛋白。据资料介绍，1 t 单细胞蛋白可节省 5～7 t 饲料粮。如酵母饲料使用效价相当于进口鱼粉，而价格仅为进口鱼粉 50%～60%。

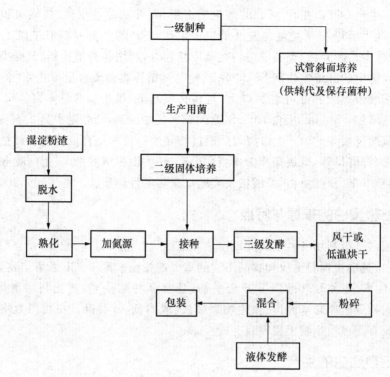

图 8-3　玉米淀粉渣生产活性饲料酵母工艺流程

三、SCP 的安全性与营养性评价

饲料添加剂

联合国蛋白质咨询组对 SCP 的安全性评价做出一系列的规定:生产用的菌株不是病源菌,不产生毒素;生产原料的要求,石油原料中多环芳香族烃含量低;农产品来源的原料中重金属与农药的残留进行测定,含量较少,不能超过要求;培养条件及产品处理中,无污染,无溶剂残留和热损害;最终产品中应无病原菌,无活细胞,无原料和溶剂残留;最终产品必须进行白鼠的毒性试验和两年的致癌试验;还要进行遗传、哺乳、致畸及变异效应试验。这些试验通过以后,还要作人的临床试验,测定 SCP 对人的可接受性和耐受性。

通过安全性评价,进行第 2 个 SCP 评价,即营养评价。从 SCP 的化学成分,特别是从氨基酸组成,可以得到营养价值的信息。从其氨基酸组成来看,在微生物蛋白质中除含硫氨基酸不足,如蛋氨酸低以外,为保持平衡,赖氨酸等含量多。

对 SCP 的营养价值,除根据化学分析数据外,最终评价取决于生物测定。生物测定有两种评价方法,即生长法和氮平衡法。生长法是测定蛋白质效率比(PER)。其定义是,生长中动物每摄入一单位重量的蛋白质所获得的体重。以酪蛋白蛋白质效率为 215 作对照。氮平衡法是确定蛋白质的生物价(BV)。生物价是指被生物吸收的蛋白质与留在动物体内供生长和维持生命部分的比例。BV 值高反映蛋白质质量高。表 8-2 列举了 SCP 的营养价值。SCP 的维生素 B_2、维生素 B_6、β-胡萝卜素、麦角甾蒽醇含量丰富,磷和钾含量丰富,钙较少。补充蛋氨酸,营养价值显著提高。酵母蛋白中赖氨酸较多,用食用酵母作补充物,可将小麦、玉米、谷物蛋白质的生物价提高。

表 8-2　SCP 粗蛋白质含量与氨基酸组成

	粗蛋白质含量/(g/100 g)	氨基酸组成/(g/16 g N)											
		异亮氨酸	亮氨酸	苯丙氨酸	苏氨酸	色氨酸	缬氨酸	精氨酸	组氨酸	赖氨酸	胱氨酸	蛋氨酸	含硫氨基酸
鱼粉	66.2	4.7	7.6	4.2	4.3	1.2	5.3	5.8	2.4	7.7	0.9	3.0	3.9
豆饼	4.5	5.4	7.7	5.1	4.0	1.5	5.0	7.7	2.4	6.5	1.4	1.4	2.8
酵母（正烷烃）	60~62	4.9	7.3	4.5	5.0	1.2	6.0	5.2	2.0	7.1	1.3	1.6	2.9
酵母（甲醇）	58~60	4.7	7.2	4.3	4.8	1.2	5.2	5.0	2.1	6.5	1.5	1.9	3.4
酵母（纸浆废液）	46	5.2	6.2	4.6	3.8	1.1	5.7	5.0	2.0	6.2	1.1	1.1	
细菌（甲醇）	72	4.8	7.6	3.6	4.6	1.0	5.6	5.0	2.0	6.8	0.7	2.5	3.2
霉菌（纸浆废液）	56~63	4.3	6.9	3.7	4.6	1.2	5.1	5.0	6.4	1.1	1.5	2.6	

微生物饲用添加剂(microbial feed additives,MFA)又称益生素、促生素、活性微生物制剂,是近十几年发展起来的新型饲料添加剂。从广义上说,微生物饲用添加剂包括生菌剂和生长促进剂。生菌剂是由活体微生物制成的生物活性制剂,它可通过动物消化道生物的竞争性排斥作用,抑制有害菌生长,形成优势菌群或者通过增强非特异性免疫功能来预防疾病,从而促进动物生长和提高饲料转化率。生长促进剂是指摄入动物体内参与肠内微生物平衡,具有直接提高动物对饲料的利用率以及促进动物生长作用的活性微生物培养物,如寡糖、酸化剂、中草药等。从狭义上说,微生物饲用添加剂仅包括直接饲喂的生菌剂。

微生态饲用添加剂是通过改变动物胃肠道微生态环境和微生物群组成而发挥作用。可以被改变的环境因素包括胃肠道 pH、气体、碳源(糖类)、氮源等,针对这些环境因素已经开发的微生态添加剂有酸化剂、寡糖、芽孢杆菌等。另一类产品包括活菌制剂和微生物培养物,其作用机理是改变胃肠道微生物群的组成,使无害或有益微生物占据种群优势,通过竞争抑制病原或有害微生物的增殖,调节肠道微生态平衡。

微生态饲用添加剂作为无公害的"绿色"饲料添加剂将逐渐替代饲用抗生素添加剂,其开发和应用前景十分广阔。微生物饲用添加剂以其天然、无毒、无副作用、无残留,安全可靠、不污染环境的优点而在畜牧养殖业中越来越广泛的得到应用。研究表明,微生态添加剂无病源性、无毒副作用、无耐药性和无药物残留,能促进动物的生长发育,提高饲料转化率,改善生产性能;具有防治畜禽疾病和增强机体免疫力,降低发病率和死亡率的作用;能改善动物产品的品质,确保食品安全;改善养殖场的生态环境,具有广阔的应用前景。

一、饲用微生物菌种

菌种是微生物饲用添加剂的基础,优良的菌种是产品质量的保证。1989 年美国 FDA和美国饲料控制官员协会公布了可以直接饲喂且一般认为是安全的微生物菌种名单,批准黑曲霉、米曲霉、地衣芽孢杆菌、枯草芽孢杆菌、酿酒酵母菌、两歧双歧杆菌、保加利亚乳杆菌、粪链球菌等 42 种菌种是安全有效的微生物。

2008 年 12 月我国农业部 1126 号公告《饲料添加剂品种目录》中规定的可以直接饲喂动物的饲料级微生物添加剂菌种,共 16 种:地衣芽孢杆菌、枯草芽孢杆菌、两歧双歧杆菌、粪肠球菌、屎肠球菌、乳酸肠球菌、嗜酸性乳杆菌、干酪乳杆菌、乳酸乳杆菌、植物乳杆菌、乳酸片球菌、戊糖片球菌、产朊假丝酵母、酿酒酵母、沼泽红假单胞菌、保加利亚乳杆菌。

2013 年我国农业部又新发布了新的《饲料添加剂品种目录》,允许作为饲料添加剂的菌种见表 8-3。

二、微生物发酵饲料常用的菌种及生长条件

我国微生物资源丰富,用于工业发酵的微生物主要包括细菌、放线菌、酵母菌和霉菌。饲料工业常用的细菌包括枯草芽孢杆菌、乳酸杆菌、醋酸杆菌、地衣芽孢杆菌、纳豆芽孢杆菌和蜡样芽孢杆菌等,其适宜生长温度是 30～37℃,适宜 pH 为 7.0～7.2;常用的放线菌适宜

生长温度是 25～30℃,适宜 pH 为 7.0～7.2;常用的酵母菌包括啤酒酵母、假丝酵母和红酵母,适宜的生长温度是 24～32℃,适宜 pH 为 3.0～6.0;常用的霉菌包括黑曲霉、米曲霉、白地霉和木霉,其适宜的生长温度是 25～30℃,适宜 pH 为 3.0～6.0。酵母或细菌等单细胞菌类能够产生单细胞蛋白,多细胞的丝状真菌类能够产生菌体蛋白。

表 8-3　饲料添加剂品种目录(2013)

地衣芽孢杆菌、枯草芽孢杆菌、两歧双歧杆菌、粪肠球菌、屎肠球菌、乳酸肠球菌、嗜酸乳杆菌、干酪乳杆菌、德式乳杆菌乳酸亚种、植物乳杆菌、乳酸片球菌、戊糖片球菌、产朊假丝酵母、酿酒酵母、沼泽红假单胞菌、婴儿双歧杆菌、长双歧杆菌、短双歧杆菌、青春双歧杆菌、嗜热链球菌、罗伊氏乳杆菌、动物双歧杆菌、黑曲霉、米曲霉、迟缓芽孢杆菌、短小芽孢杆菌、纤维二糖乳杆菌、发酵乳杆菌、德氏乳杆菌保加利亚亚种	养殖动物
产丙酸杆菌、布氏乳杆菌	青贮饲料、牛饲料
副干酪乳杆菌	青贮饲料
凝结芽孢杆菌	肉鸡、生长育肥猪和水产养殖动物
侧孢短芽孢杆菌	肉鸡、肉鸭、猪、虾

三、复合微生物制剂

复合微生物制剂是由两种或多种微生物按合适比例共同培养,充分发挥群体的联合作用优势,取得最佳应用效果的一种微生物制剂。在实际中使用的微生物制剂主要包括乳酸菌制剂、芽孢杆菌制剂、真菌制剂、光合细菌制剂和混合菌制剂。

(一)乳酸菌制剂

乳酸菌是一类可以分解碳水化合物产生乳酸的细菌总称,是微生物饲用添加剂中最多的一类。它们在动物肠道内繁殖可产生多种抑制性化合物,如细菌素、类细菌素物质和各种对抗性物质,如过氧化氢和有机酸等。乳酸菌产的细菌素对革兰氏阳性菌具有抑制作用,可以抑制病原微生物的生长。乳酸菌还可以黏附于肠道细胞上,有占位性竞争和营养物竞争作用。它产生的有机酸可以降低肠道中的 pH,抑制肠道内病原菌如大肠杆菌、沙门氏杆菌、梭菌的增殖,减少肠道疾病的发病率。

乳酸菌产生的抑制性化合物包括细菌素(蛋白质抗菌素)、类细菌素物质及各种对抗性物质,如过氧化氢、某些有机酸。乳酸菌产生的大多数细菌素仅对革兰氏阳性菌有抑制作用,但嗜酸乳杆素、乳菌链球菌肽、尼生素具较广泛的抑菌活性,能抑制病原微生物。体内试验还未证实肠道内抵抗性物质对病原菌生长的抑制作用,其作用方式还不清楚。乳酸菌产生的有机酸同样有抑制作用,能降低肠道 pH。肠道内较高比例的丙酸,可能同鸡肠道内发生的竞争性排斥作用有关。

(二)芽孢杆菌制剂

芽孢杆菌主要包括枯草芽孢杆菌、地衣芽孢杆菌、环状芽孢杆菌、蜡样芽孢杆菌以及东洋芽孢杆菌等有益的种类。它们的特点是可以产生大量的胞外酶(蛋白酶、淀粉酶和半纤维素水解酶等),这些酶类可以促进饲料的消化和吸收,提高饲料的利用率,从而促进动物生长。这类菌具有抗逆性强、耐高温高压、易贮存等特点。这类菌剂可调节肠道菌群平衡、增强动物免疫力、产生多肽类抗菌物质,抑制病原菌。

(三)真菌制剂

真菌主要包括酿酒酵母、产朊假丝酵母、黑曲霉、白地霉等。利用多种酵母菌的产酶活性和各种促生长因子的共同作用,来提高动物饲料的消化率和利用率,有利于动物的生长和繁殖。利用曲霉制剂中的曲霉菌产生一些酶类和类抗生素物质,来改善动物生长性能,提高动物免疫力。

(四)光合细菌制剂

光合细菌是一类能够利用光能进行生长的水生微生物,在生产实践中主要包括 3 个科:红罗菌科、绿硫菌科、着色菌科。经分析,光合细菌的细胞成分优于酵母菌和其他种类微生物,菌体蛋白中多种必需氨基酸的含量高于酵母菌。光合细菌不仅为生物体宿主提供丰富的蛋白质、维生素、矿物质核酸等营养物质,而且可以产生辅酶 Q 等生物活性物质,提高宿主的免疫力。光合细菌作为饲料添加剂用于畜禽和水产业,除具有明显的增重效果还具有一定的增色作用和增强机体抵抗力的效果。目前研究和应用较多的是红螺菌。

(五)链球菌制剂

链球菌主要包括粪链球菌和乳酸链球菌。它们可以产生各种抗菌物质和过氧化氢,可以起到抑制有害菌,消除有毒、有害代谢产物的作用,有整肠的效果。

(六)混合菌制剂

混合菌制剂是由两种以上的单一菌剂复合而成,由于混合菌有益于微生物的功能互补,因此混合菌制剂效果优于单菌制剂,但菌种配伍时要求混合菌种种类宜少而精,并要求在同一保存体系中能有协同作用,可形成共同的生长优势,以保证制剂的功能作用。通常芽孢杆菌与乳酸杆菌联合组成,或乳酸菌属与酵母联合组成,具有很好的协同作用和更好的使用效果。在实际中,一些制剂中所添加的菌种已经超出了我们国家所规定的菌种,因此有些菌种的开发使用还在研究中。

复合微生物制剂的来源主要有 3 个方面:

(1)现有的 EM。EM 有效微生物群组成复杂,结构稳定,功能广泛。

(2)根据所应用的环境条件和所达目的,用天然微生物物种配置的、优化处理的微生物制剂。此种微生物制剂不如 EM 应用广。

(3)为达生产高效而构建的人工菌种或菌种的群体制剂。由具有互生或共生关系的微生物构建工程菌,可使工程菌既具有混合培养的功能,又拥有纯培养菌株营养要求单一、生理代谢稳定、易于调控等优点,因而对复合菌培养的理论和应用都将有巨大的突破,是极有前景的研究方向。

四、复合微生物制剂作用机理

微生态理论认为,宿主和正常微生物群之间存在一种共生关系,其实质主要是营养互作,这种互作在动物胃肠道中的表现尤为明显。一方面,微生物群在动物胃肠道中直接参与动物饲料的消化过程,微生物分泌的酶通过分解饲料中的非淀粉多糖等物质,释放出可被动物吸收的营养成分,并能合成多种维生素和氨基酸,其菌体蛋白也可供动物消化利用;另一方面,微生物群也消耗动物胃肠道的营养物质来满足其种群增殖的需要,并降低某些饲料成分的营养价值。因此肠道的微生态机制主要表现在以下几个方面。

1. 微生物夺氧

胃肠道内厌氧菌占多数,微生物饲用添加剂中有益的耗氧微生物在体内定植,可以降低局部氧分子的浓度,扶植厌氧微生物的生长,并提高其定植能力,从而使失调的微生物恢复平衡,达到治疗疾病的目的。

2. 补充有益菌群

补充有益菌群维持动物肠道菌群平衡,竞争性抑制健康的动物肠道内生长着各种各样的微生物群落,构成肠道内微生物平衡状态,建立一个正常且平衡良好的肠道微生物区系,对抵抗病原微生物感染具有十分重要的作用。在某些情况下,如应急、疾病、长期使用广谱抗菌素等,会破坏肠道内菌群平衡。及时补充有益菌群,可修复动物肠道菌群平衡。研究发现,乳酸杆菌等可抑制埃希氏大肠杆菌和沙门氏菌等其他致病菌附着到肠细胞上,与病原菌发生竞争性颉颃作用,将其驱出定植地点。

3. 产生有益的代谢产物

产生有益的代谢产物抑制或杀死有害菌。有些有益的菌群可产生有益的代谢产物,如产生有机酸,降低肠道 pH;产生过氧化氢和天然抗生素类物质,减少肠道内氨及胺等毒性物质的产生,可造成抑制或杀死有害菌的环境。研究发现一些益生菌对沙门氏菌具有很好的抑制性及杀菌效果。

4. 营养作用

有益微生物影响机体的物质代谢,参与蛋白质、碳水化合物、脂肪代谢及维生素合成与胆汁代谢、胆固醇代谢及激素的转化过程。微生物饲用添加剂在肠道内繁殖,还能产生多种有利于动物机体的 B 族维生素、氨基酸,有较强活性的多种淀粉酶、脂肪酶、蛋白酶、生长刺激因子,可以提高饲料的转化率,促进动物增重。另外,微生物还可产生消化酶,将饲料中难以消化物质(如粗纤维)分解成易被动物吸收利用的小分子物质,提高饲料的转化率。

5. 免疫作用

微生物的免疫作用表现在两个方面:一方面是促进宿主免疫器官的发育成熟,幼畜出生后,免疫器官还未完全成熟,使其早些接触良性微生物,可促使免疫器官的发育;另一方面是作为宿主终生相伴的抗原库,刺激免疫系统产生免疫应答,使宿主对病原微生物保持一定程度的免疫力。良性微生物的长期寄居,与宿主达成一种共生关系,可促使机体产生能抵抗同类病原菌的抗体。另外,微生物产生的代谢产物可抑制其他肠道病原菌的生长,如乳酸菌产生的乳酸可抑制其他大肠杆菌、沙门氏菌的生长,减少肠道疾病的发病率。

有些微生物饲用添加剂具有免疫作用。幼畜出生后,免疫器官还未完全成熟,早些接触良性微生物,可以促进免疫器官的发育,同时作为宿主终生相伴的抗原库,可以刺激免疫系统产生免疫应答,提高肠道抗体水平和巨噬细胞的活性,增强机体体液免疫和细胞免疫功能。

6. 替代抗生素

在饲料中长期添加抗生素或滥用抗生素,食用以抗生素为原料生产的畜禽,将严重危害人们的身体健康。某些抗生素具有致畸、致突变和致癌作用。微生物菌种替代了抗生素的作用,既能增强机体对疾病的抵抗能力,又能促进畜禽生长,有利于生产无公害食品,提高畜产品市场竞争力。

五、复合微生物制剂在畜禽生产的应用

使用添加剂的目的及微生物种类与动物的年龄有关。对幼龄动物,使用微生物添加剂的目的是促进肠道建立有益于健康的微生物区系,避免腹泻、提早断奶。

1. 在养猪生产上的应用

在仔猪和母猪饲料中添加微生物制剂,可明显降低肠道疾病的发病率,同时能提高仔猪成活率和生长率。有研究者证明在断奶的仔猪饲料中加入微生物制剂后,与对照组相比,可明显提高养猪的效益,使日增重提高,生长速度加快,料肉比降低,增重率提高8%～11.6%,降低了饲养成本。长期使用,可明显减轻猪舍内由于粪便引起的恶臭,可改善养殖场的环境卫生。

2. 在养牛生产上的应用

酵母菌制剂可以提高奶牛的产奶量,并能提高乳品质量,其主要的作用机制是酵母菌制剂能显著刺激瘤胃中纤维分解菌群和乳酸利用菌的增殖,纤维分解菌的增殖有助于粗纤维及其他营养物质的消化,乳酸利用菌的增加能减缓采食后瘤胃内pH的降低,保持瘤胃内环境的稳定,从而改善瘤胃发酵,提高饲料的消化和利用效率,最终起到提高动物生产性能的作用。有人利用米曲霉和酵母菌进行奶牛喂养试验,在150 d的泌乳期,可分别提高日产奶量3.1 kg和3.2 kg。

3. 在养鸡生产上的应用

在肉鸡或蛋鸡的饲料中加入微生物制剂,均能明显增加效益,可提高肉鸡的日增重、蛋鸡的产蛋率和饲料转化率,尤其是育雏和育成期间的死亡率明显降低,总死亡率比对照组平均降低了40%以上,并可减少鸡舍内有害气体氨气、硫化氢等含量,改善了鸡舍的环境条件,还可增加鸡体的免疫力,减少用药量,提高产品的品质。有研究表明,在饲料中添加了芽孢杆菌制剂的鸡群出现沙门氏菌的比率只有不到43%,而对照组中全部出现了沙门氏菌;另有研究表明,用嗜酸乳活菌制剂防治雏鸡白痢,试验组发病率明显低于对照组27.5%,使30日龄雏鸡日增重提高12.26%。

在肉鸡日粮中适当添加玉米秸秆粉发酵饲料,不仅降低了饲料成本,而且改善了肉品质,为生产绿色肉鸡产品提供了一个有效途径。有研究人员在雏鸡中分别饲喂和不饲喂乳酸杆菌制剂,进行鸡的白痢沙门氏菌攻毒试验,结果表明,饲喂乳酸杆菌的雏鸡组与对照组相比,死亡率明显降低20%。

4. 在肉鸭生产上的应用

在肉鸭饲料中添加微生态制剂是近年来研究的热点。李焕友等发现在肉鸭饲料中添加适量的微生态制剂,可以代替肉鸭日粮中抗生素和抗菌药物类添加剂,同时也可以改善肉鸭胴体品质,减少粪便恶臭,改善养殖场周围环境。微生物在肉鸭饲料中的主要作用如下:首先,可以调节肉鸭肠道菌群的平衡,通过微生物间的颉颃作用,抵制病原菌入侵,提高鸭的抗病能力;其次,微生物在肉鸭饲料中发酵会产生各种酶,如纤维素酶、果胶酶、蛋白酶等,酶的产生有利于提高肉鸭饲料的转化率;此外,微生物菌体本身也含有较高的蛋白质,可以提高肉鸭饲料的蛋白含量。由于微生物的加入,不仅可以产生各种各样的有用物质,而且也丰富了饲料原料的来源,使原来难以作为饲料的废弃物可以得到重新利用,降低了肉鸭饲料的成本,大大提高了养鸭的经济效益。

5. 在水产养殖中的应用

石斑鱼配合饲料中发酵豆粕和豆粕部分替代鱼粉的研究结果表明,在石斑鱼饲料中添加发酵豆粕14%,其增重率与对照组比较没有显著差异,随着豆粕添加量的上升,增重率显著下降。很适于养鱼业推广应用。

六、复合微生物技术存在的问题

微生物饲用添加剂为饲料工业和畜禽饲养提供了一种健康、无毒、无污染的选择。但是,目前微生物饲用添加剂的生产尚存在一定的问题。除了微生物饲用添加剂企业生产规模小、核心竞争力弱、缺乏发展规划、政府科技投入不足外,尚存在以下问题。

1. 优良菌种的选择和由于菌种失活导致的微生物饲用添加剂活性降低

在菌种筛选的过程中,不仅应选择安全性高的有效菌株;还应考虑到菌种进入动物体内后在消化道内的定位、增殖的可能性。同时,由于菌种要经过胃(pH 2.5~3.5)才能进入肠道,耐酸性双歧杆菌的耐酸性就比较差,经胃到达肠后就已损耗大半,其原有的生理功能就不能完全发挥。一般的活菌制剂从生产到使用,其活性会受到很大的破坏,所以在微生物饲用添加剂生产过程中所用的吸附剂和包装方法也十分重要。国外有的生产厂家采用双层胶囊的方法,外层在胃中溶解,释放出适合在胃中发挥作用的菌体,而内层则在肠中溶解,释放出在肠道中发挥作用的菌体,最大限度地保存菌体的活性,使它们起到应有的作用。

2. 对活菌作用机理所知甚少

人们在使用微生物饲用添加剂的过程中目的不明确,缺乏科学的使用方法,进而影响使用生物饲料添加剂的积极性;同时也存在在使用过程中缺乏足够的试验基础,指导使用具有一定的盲目性,因此,非常有必要针对这些产品的作用及其作用机理做系统的研究,从理论和实践上揭示其在饲料添加剂生产中使用的可行性。

3. 缺乏完整的监督机制和检验手段

目前,部分添加剂原料需要从国外进口,国内添加剂生产有一部分为复制或仿制,质量不稳定,产品生产和管理也没有进入正轨,造成有些用户不接受或持怀疑态度。再者,有关生物饲料添加剂的国家标准没有出台,目前缺乏一套完整的监督检验机制,这也是制约微生物饲用添加剂发展的因素。

4. 生产过程中的问题

微生物饲用添加剂的生产难度大,产品质量难以统一,产品的标准和检测方法尚显混乱等。另外还要考虑菌种进入动物体内后在消化道内的定位和增殖的可能性。由于菌种要经过胃(pH2.5~3.5)才能进入肠道,所以还应考虑菌株的耐酸性。国外有的生产厂家采用双层胶囊的方法,外层在胃中溶解,释放出适合在胃中发挥作用的菌体,而内层则在肠中溶解,释放出在肠道中发挥作用的菌体,最大限度地保存菌体的活性,使其起到应有的作用。

5. 使用过程中的问题

动物消化道内的微生物具有多样性和特异性,不同动物对菌种的要求也不同。同一菌种用于不同动物,产生的效果往往差异很大。使用时要了解菌种的性能和作用,如果选择不当,不但达不到应有的效果,有的还会破坏原有的菌群,甚至会引发疾病。因此,要选用与养殖品种适宜的制剂。另外,还要注意制剂的保存期问题。由于是活菌制剂,在应用中注意其保存期。随着保存时间的延长,活菌数量也逐渐下降,其下降速度因菌种和保存条件不同而异,因而应注意保存方法及保存期限,防止过期失效。

七、微生物饲用添加剂的研究方向

1. 微生物菌株的选择和改造

一种动物微生物添加剂的菌种最好从本动物消化道内分离、培养,以利于添加剂中细菌在宿主体内定植。应用基因工程技术改造有益菌株,使其具有较强定植能力,抗热、抗酸能力,这是解决问题的有效途径之一。我们知道能够耐受饲料运输、包装、制粒等加工过程的菌种很少,但通过诱变育种、多种筛选、微胶囊技术,可基本上解决了这一大难题。

2. 活菌制剂作用机制的研究

如果我们知道了益生菌的作用机理,就可以在实验室条件下选择那些具有特征生化属性的菌株用于动物试验。微生态制剂的研究、生产和质量管理等要认真借鉴国际同行的先进经验,如优良菌种选育,高密度生长规律的探索,益生菌存活机理的研究,细菌黏附定植机制的研究以及益生作用的微生态学和分子生物学原理研究等,力争赶上国际水平。

3. 增加产品的稳定性研究

细菌失活导致微生物添加剂功效降低是目前应用中的难题之一。以稳定化技术和微胶囊化技术防止添加剂微生物失活是饲料工业的热门课题之一。提倡优先发展胶囊型冻干菌粉形式的制剂,并逐渐取代水剂形式的商品,有重点地革新现有生产工艺,加速产品的升级换代。李祥明和张钧利用明胶和阿拉伯胶制成了乳酸菌微胶囊制剂,能有效地减少菌种活力下降,目前已有该产品销售。

4. 微生物添加剂与其他添加剂合理使用的研究

如微生物添加剂与抗生素或酶制剂、有机酸、多肽、中草药等物质联合使用,扬长补短,发挥最佳效果。微生物饲用添加剂广阔的发展前景是不容置疑的,一方面,它为畜禽业的发展提供了一种纯天然的生长促进剂,这在人畜健康和公共卫生方面都具有重要意义;另一方面,从预防兽医学的角度来说,它为人类有效控制畜禽疾病开辟了又一途径—微生态途径,因此它的前景会十分广阔。

虽然在微生物饲用添加剂的生产和使用过程中存在着很多问题,但随着研究的进一步深入,这些问题会得到解决。微生物饲用添加剂以其特殊的功能影响着日益发展的畜牧业,为养殖业提供了一条高效、无害、无污染且无残留的新途径。在当前高新技术产业化和注重环保的潮流的推动下,微生物饲用添加剂将有更广阔的发展前景,有可能成为饲料添加剂的主导产品。

任务 8-5　功能性寡糖

寡糖又称低聚糖或寡聚糖,是由 2~10 个相同或不同单糖分子被糖苷键连接起来形成的一类直链或支链聚合物。根据单糖分子不同的结合位置,又可将其分为功能性寡糖和普通寡糖,普通寡糖中单糖之间的连接方式通过 α-1,4-糖苷键聚合而成,能够被机体消化吸收;而功能性寡糖之间的连接方式除了 1,4-糖苷键外,还含有不能被动物胃肠道内源酶降解的 α-1,6-糖苷键或 β-1,2-糖苷键等,因此它不被人和动物肠道吸收,但能促进双歧杆菌、乳酸杆菌等有益菌的增殖,改善动物肠道健康和免疫功能,是一种理想的绿色饲料添加剂。

一、功能性寡糖的种类与性质

目前我国批准在饲料中使用的功能性低聚糖主要有低聚木糖、低聚异麦芽糖、果寡糖、甘露寡糖和半乳甘露寡糖等。

1. 低聚木糖

低聚木糖又称寡木糖、木寡糖,是由 2～8 个木糖单元以 β-1,4-糖苷键结合形成,主要包括木二糖、木三糖、木四糖等。低聚木糖在竹根、水果、蔬菜、牛乳和蜂蜜中天然存在,但含量稀少。低聚木糖固体为乳白色至淡黄色粉末,稳定性好,动物的唾液、胃液、胰液等各种消化液几乎不能将其分解;在 pH 2.5～8.0 范围内,将其在 5℃、37℃ 下分别贮存 3 个月或者在 100℃ 加热 1 h,其性质无明显变化,表现出非常好的贮藏稳定性;甜度约为蔗糖的 40%,甜味纯正,常作为功能性甜味剂,可部分取代蔗糖,适合糖尿病患者食用;黏度是所有寡糖中最低的;热值低,平均热值约为 14.23 kJ;水分活度低 抗冻性好,并且其溶液在−10℃ 以下也不易冻结,优于葡萄糖、蔗糖和麦芽糖。

2. 低聚异麦芽糖

低聚异麦芽糖(IMO)广泛存在于大麦、小麦、玉米、木薯和马铃薯等植物中,在酱油、清酒、酱类、蜂蜜及果葡糖浆中也少量存在,极少以游离状态存在于自然界。低聚异麦芽糖为直链麦芽糖分子中具有分枝状交链的双糖和低聚糖,因此又称分枝低聚糖或异麦芽寡糖。低聚异麦芽糖是葡萄糖基以 α-1,4-糖苷键、α-1,6-糖苷键、少量 α-1,3-糖苷键和 α-1,2-糖苷键结合而成的单糖数在 2～6 个不等的一类低聚糖。其主要成分为异麦芽糖、潘糖和异麦芽三糖,其含量高低反映产品质量优劣,也影响产品应用和价格前景。异麦芽寡糖的甜度为蔗糖的 40%～50%,可用来代替部分蔗糖,黏度高于蔗糖。保湿和抗结晶效果好,能够抑制淀粉老化,更易于保持结构稳定,耐热、耐酸、耐碱,浓度为 50% 的异麦芽寡糖糖浆在 pH 3、120℃ 条件下长时间不会分解。异麦芽寡糖分子末端有还原基团,与蛋白质或氨基酸共热会发生美拉德反应而产生褐变着色,着色程度的深浅与糖浓度有关,并受到共热的蛋白质或氨基酸种类 pH 加热温度及时间长短的影响。

3. 果寡糖

果寡糖(FOS)又称低聚果糖或蔗果三糖族低聚糖,普遍存在于洋葱、洋姜、马铃薯、大蒜、黑麦大麦、小麦等植物中,在菊芋块茎中含量最丰富,广泛作为饲料添加剂的主要是寡果三糖、寡果四糖和寡果五糖。果寡糖是蔗糖分子在 β-1,2-糖苷键基础上聚合 1～3 个 D-果糖形成的寡聚糖。果寡糖溶解性好,溶液无色透明。在中性(pH=7)条件下,温度高达 120℃ 果寡糖稳定性良好;而酸性(pH=3)条件下,温度为 70℃ 稳定性显著降低,极易分解。果寡糖的甜味较蔗糖清爽,甜度随着质量分数的增加而降低,果寡糖的黏度在 0～70℃ 随温度上升而降低,热值为 6.28 J/g。另外,果寡糖能够抑制淀粉老化、耐碱,并具有非着色性、赋形性、保水性等优点。

4. 甘露寡糖

甘露寡糖(MOS)是几个甘露糖分子或甘露糖与葡萄糖通过 α-1,2、α-1,3、α-1,6-糖苷键组成的寡聚糖。利用天然魔芋和愈创树胶等为原料,将其含有的甘露聚糖(甘露糖 β-1,4-键结合物)在酶的作用下,经加水分解反应后,即可分离到甘露糖寡糖;也可通过富含 MOS 的酵母细胞壁发酵获得。一般在生理 pH 和通常饲料加工条件下,甘露寡糖能够保持结构和功能的完整性不被破坏,能承受加工制粒时的高温处理。甜度比蔗糖低,黏度随温度升高有降低趋势,在 pH 为 3～9 时保持稳定,在 pH 为 1.5～3 时快速上升。易溶于水和其他极性溶剂,不溶于乙醇、乙醚等有机溶剂。饲料用商品甘露寡糖主要来源于酵母细胞壁提取物,多为二糖、三糖和四糖等的混合物。

5. 半乳甘露寡糖

半乳甘露寡糖是半乳甘露多糖的酶降解产物,相对分子质量一般在 360～1 800,田菁胶是目前生产和制备半乳甘露寡糖的主要原料,来源于田菁种子的内胚乳,主要由半乳甘露聚糖组成,含有少量蛋白质,溶于水,不溶于有机溶剂。田菁胶聚糖是由甘露糖形成主链,半乳糖构成支链,2 个甘露糖分子通 α-1,4-糖苷键聚合,1 个半乳糖分子通过 β-1,6-糖苷键连接在甘露糖主链上。

二、寡糖的生理功能与胃肠道菌群的作用机理

寡糖具有以下生理功能:促进动物生长;防止动物腹泻与便秘;增强动物免疫功能,提高动物的抗病力;减少粪便及粪便中氨气等腐败物质的产生,防止环境污染;提高动物对营养物质的吸收率和饲料的利用效率;降低血清中胆固醇的含量;稳定血糖,促进矿物质的吸收等。

(一)促进肠道内有益微生物菌群的增殖

寡糖由于其分子间结合位置及结合类型的特殊性,导致不能被单胃动物自身分泌的消化酶分解,但进入消化道后段可作为营养物质被其中的有益微生物如双歧杆菌、乳酸杆菌、链球菌等消化利用,从而使其大量增殖,形成微生态竞争优势,直接抑制外菌源和肠内固有腐败菌的生长,从而发挥正常肠道菌群在屏障、营养、免疫上的正常功能。

寡糖能被双歧杆菌、乳酸杆菌等有益菌利用,使其大量繁殖;而不能被有害菌利用。肠道中的双歧杆菌发酵寡糖产生醋酸和乳酸,进而降低肠内的 pH,抑制肠内腐败菌的生长。果寡糖(FOS)通过促进乳酸杆菌与双歧杆菌的生长而影响肠道细菌数,体外试验证实以 FOS 为唯一碳源时,沙门氏菌不能生长,而乳酸杆菌和双歧杆菌可以利用 FOS 生长。

(二)阻止有害微生物的生长和定植

肠道病原菌必须首先与肠黏膜黏结才能在胃肠道定植和繁殖而致病,这种黏结是通过菌表面外源凝集素与上皮细胞特异性的糖分子相结合。某些寡糖可与外源凝集素结合,从而破坏细胞的识别,使病原菌不能吸附到肠壁上。而寡聚糖又不能被消化道内源酶分解,可携带病原菌通过肠道防止病原菌在肠道内的繁殖。此外,某些寡糖还能清洗已附着在肠道上的病原菌。体外实验证明,粘连在上皮细胞上的大肠杆菌碰到甘露寡糖后可在 30 min 内脱落下来。

日糖中添加 FOS 促进鸡消化道中常驻菌生长,从而抑制了致病菌的生长、繁殖与定植。寡糖的酵解产生的短链脂肪酸(SCFA)具有抗菌作用,这可能与其降低胃肠道内 pH 有关,因为大多致病菌如大肠杆菌的适宜 pH 对其生长有抑制作用。FOS 不能被消化酶所降解,但是能被肠道细菌利用产生二氧化碳和有机酸。功能性寡糖对肠道菌群的作用方式不同于抗生素与微生态制剂,详见表 8-4。

表 8-4 功能性寡糖与微生态制剂、抗生素影响肠道菌群功能比较

影响菌群方式		稳定性			副作用
		胃酸	高温	加工	
微生态制剂	弥补肠道有益菌群,形成微生态竞争优势	差	差	差	有的菌株可能分泌抗菌素
抗生素	既杀死有害菌,又杀死有益菌	好	好	好	引起动物体二重感染,耐药菌产生,免疫力下降,畜产品中残留
功能性寡糖	选择刺激有益菌增长,排阻有害菌	好	好	好	无

(三)促进矿物质吸收

功能性寡糖能够促进矿物质的吸收利用。乳酸杆菌等有益菌能够产生醋酸、丙酸、丁酸、乳酸等脂肪酸,使肠道 pH 降低,抑制大肠杆菌、SE 菌的生长,并能够使 Fe、Mg 等离子的溶解度增加,促进其吸收。乳酸、醋酸还能促进肠道蠕动,增进食欲,防止便秘。

(四)刺激免疫反应,提高动物的抗病力

1. 作为免疫佐剂,减缓抗原的吸收,增加抗原的效价

寡糖不仅能连接到细菌上,而且也能与某些毒素、病毒、真核细胞的表面结合,作为这些抗原的佐剂。

2. 提高肠黏膜局部免疫力

黏膜体液免疫效应所产生的分泌型免疫球蛋白 A(SIgA)对外来物,特别是病原微生物、致癌物等起免疫屏障作用,阻止这类物质通过黏膜上皮细胞吸收而进入机体。其作用机制作为:①阻抑黏附;②免疫排除作用;③溶解细菌;④中和病毒。Yasuis(1992)证实,某些双歧杆菌可以诱导 SIgA 分泌。

大量研究表明,寡糖具有免疫刺激作用,可以提高大鼠吞噬细胞的活性,可以使血清中 IgG 和 IgA 浓度升高,能显著提高 T 淋巴细胞转化功能和 NK 细胞的杀伤力,增强雏鸡细胞免疫功能;同时提高了新城疫抗体水平,增强雏鸡体液免疫功能。

寡糖对机体免疫系统的调节主要通过充当免疫刺激的辅助因子而发挥作用,佐剂和免疫调节效应是免疫刺激的两个组成部分。寡聚糖能与一定毒素、病毒、真核细胞的表面结合而作为这些外源抗原的佐剂,减缓抗原的吸收,增强细胞和体液的免疫。寡聚糖作为佐剂的效果可加强细胞和体液免疫性。寡聚糖也具有抗原特性,能够产生特异性的免疫应答。

3. 寡糖可通过双歧杆菌而间接地调节机体免疫功能

寡糖作为免疫佐剂,减缓抗原的吸收,增加抗原的效价。双歧杆菌具有免疫刺激作用。双歧杆菌、乳酸杆菌能够产生蛋白质、B 族维生素和维生素 K 等物质,这些物质易被动物的肠黏膜吸收,对动物起到营养作用。双歧杆菌的细胞壁含有大量的肽聚糖及磷壁酸物质,具有很强的生物活性,能激活腹腔内巨噬细胞、NK 细胞和淋巴细胞因子杀伤细胞的活性。

大量研究表明,MOS 可以增强动物的非特异性能,寡糖特别是 MOS 能与细胞表面的 PHA 特异结合,从而竞争性抑制细菌在肠壁上附着增殖。寡糖与细菌结合后,还可以减缓抗原的吸收,刺激机体的免疫系统,从而提高动物的免疫应答能力。MOS 可以提高白细胞

介素-2(IL-2)的水平,而 IL-2 为 T 细胞的生长因子,可促进细胞的增殖与分化,促进肝脏分泌甘露糖结合蛋白。

三、寡糖在动物生产上的应用

1. 在养猪生产中的应用

功能性寡糖主要用在母猪和仔猪生产中。张宏福等(2001)试验表明,在断奶仔猪饲粮中添加 0.5%低聚异麦芽糖,盲肠、结肠的大肠杆菌含量比对照组显著降低,乳酸杆菌和双歧杆菌含量显著提高。侯振平等(2008)研究表明,饲喂不同浓度半乳甘露寡糖可降低早期断奶仔猪回肠微生物种群数量,抑制金黄色葡萄球菌、产气荚膜梭状芽孢杆菌等有害菌,促进部分乳酸杆菌、双歧杆菌等有益菌繁殖。在结肠段也可降低大肠杆菌数,明显提高结肠中乳酸杆菌和双歧杆菌数。黄俊文等(2005)报道,仔猪饲粮中添加 2 g/kg 甘露寡糖,结肠内容物和黏膜中乳酸杆菌和双歧杆菌数量显著增加,大肠杆菌数量显著下降。刘雪兰等(2003)报道,在基础饲粮基础上分别添加 0.4%和 0.8%低聚异麦芽糖浆,仔猪的十二指肠、空肠、回肠绒毛高度比对照组显著升高,隐窝深度比对照组显著降低。黄俊文等(2005)报道,1 g/kg 甘露寡糖使仔猪小肠绒毛高度与隐窝深度比值显著上升,绒毛高度较对照组提高12%,由此看出,能性寡糖的使用有利于促进动物肠道健康发育,从而促使营养物质的消化与吸收。林渝宁等(20011)报道,添加 0.4%低聚果糖和 0.02%低聚木糖均能显著提高仔猪日增重,低聚果糖还能显著提高采食量,低聚木糖能降低料重比,提高饲料利用效率。还有研究表明,早期断奶仔猪饲粮中添加 0.12%半乳甘露寡糖可显著提高平均日采食量和平均日增重,并可降低腹泻率。

功能性寡糖在母猪上的研究较少。王彬等(2006)报道,0.1%半乳甘露寡糖可以替代某些抗生素显著提高泌乳期母猪血清中 IgM 含量,降低母猪血清中甘油三酯、磷酸肌酸激酶和谷草转氨酶含量,增强母猪对病原菌的抵抗力。王彬等(2006)还报道,0.1%半乳甘露寡糖使母猪的泌乳量和乳蛋白含量分别比不添加寡糖的对照组显著提高 44.7%和 4.2%;乳脂量和乳中总固形物含量比对照组提高 6.0%和 6.17%。李梦云等(2014)在头胎怀孕母猪后期(怀孕第 85 天)日粮中添加 0.3%果寡糖,直至哺乳期结束(18 日龄断奶),研究结果见表 8-5。结果表明,母猪饲料中添加果寡糖后,对产程、总产仔数、产活仔数无显著影响,显著提高了健仔数($P<0.05$),极显著提高了健仔率、仔猪断奶重和平均日增重($P<0.01$),显著提高了母猪妊娠后期和哺乳期采食量($P<0.05$)。

表 8-5 日粮中添加 0.3%果寡糖对母仔猪生产性能的影响

指标	对照组	果寡糖组
产程/h	3.70±0.33[a]	4.36±0.42[a]
总产仔数/头	12.23±0.63[a]	11.45±0.76[a]
产活仔数/头	10.00±0.78[a]	10.09±0.76[a]
活仔率/%	81.06±4.44[a]	88.67±4.12[a]
健仔数/头	8.54±0.61[a]	9.72±0.72[b]
健仔率/%	70.02±4.36[A]	85.66±4.30[B]

续表8-5

指标	对照组	果寡糖组
初生重/kg	1.27±0.06a	1.42±0.07a
仔猪断奶重/kg	4.12±0.18A	5.08±0.16B
平均日增重/g	178.27±9.17A	226.56±9.58B
妊娠后期采食量/kg	2.09±0.06a	2.40±0.14b
哺乳期采食量/kg	4.10±0.12a	5.12±0.16b

注:同列不同小写字母表示差异显著($P<0.05$),不同大写字母表示差异极显著($P<1.01$)。

2. 在家禽生产中的应用

1992年,日本学者在饲料中添加0.2%异麦芽寡聚糖对5个农场的9万羽肉鸡进行试验,结果出栏时成活率提高2%,体重增加0.037 g/kg,料肉比下降0.081,每千克体重的可食部分增加75 g。吴天星(1998)观察了15~56日龄肉鸡饲料中添加果寡糖的效果,添加量为0.25%、0.50%、1.00%时,成活率分别为96%、96%、92%,日增重分别为35.40 g、36.86 g、35.46 g,料肉比分别为2.40、2.24、2.38,腹泻率分别为4.90%、1.50%、10.20%,而对照组相应为86%、34.28%、2.57%、15.61%;次年,添加0.5%果寡糖后,试验组盲肠氨浓度、苯酚、对甲酚均低于对照组,而乙酸和丁酸则高于对照组,鸡舍氨浓度和鸡粪味也明显下降。Ailey等(1991)报道,肉仔鸡饲料添加0.375%果寡糖能够防止沙门氏菌引起的细菌性中毒。Eida(1992)报道,饲料添加1~1.5 g/kg的寡糖,可提高产蛋率2%~5%,并且可减少抗生素的使用。

Koayashi(1990)试验表明,在雏鸡料中添加FOS(0.75%)可使沙门氏菌检出率下降12%。朱钦龙(1993)报道,在AA肉鸡日粮中添加低聚异麦芽糖能提高鸡的育成率、抗新城疫(ND)抗体效价、饲料转化率及屠体肉成品率。Savage(1996)发现,MOS能提高火鸡血浆中免疫球蛋白A、G(IgA、IgG)水平。日本的间部谦哉(1998)在开产蛋鸡日粮中添加低聚糖(瓜豆酶分解物),结果表明低聚糖能抑制鸡沙门氏菌感染,能促进SE菌迅速从肠道排出并抑制其向主要脏器的转移。Sisak(1994)在仔鸡日粮中添加0.1%寡甘露醇,仔鸡盲肠、胴体沙门氏菌检出率分别降低58%和56%。

3. 在草食动物生产中的应用

牛、羊日粮中添加一定数量的寡糖可预防犊牛、羔羊下痢,提高日增重,改善饲料转化率。Newman等(1993)报道,犊牛饲粮每天添加2 g甘露寡糖,5周后,粪便中大肠杆菌数量明显降低,呼吸道疾病也有所减少;对于饲喂低乳粉的荷斯坦犊牛,添加甘露寡糖可显著提高35日龄体重,其原因可能是4~5周龄时细菌性肺炎发病率下降。法国农业研究所(1992)报道,饲料中添加0.15%异麦芽寡糖,日增重提高20 g,饲料消耗降低0.02,每头犊牛的药费减少15法郎。Newman等(1993)按2 g/d添加甘露糖,饲喂犊牛5周后,粪便中大肠杆菌显著降低,实验组为4.5 log CFU/g,对照组为7.0 log CFU/g。

Maertens等(1992)报道,添加0.1%寡乳糖,对断奶仔兔的抗大肠杆菌污染不起作用,但仔兔的下痢、死亡率有所下降。Bastien(1990)发现,饲料中添加果寡糖可使1 500只兔的体重上升6.4%,料肉比下降7.8%,死亡率下降32%。

4. 在水产动物生产中的应用

木源念等(1995)将果寡糖及其他寡聚糖应用于鱼饲料中,发现寡聚糖能够促进鱼类生长,减少死亡率,降低粪便中氨的排放量,防止污染。另有试验表明,饵料加入甘露寡糖可增强免疫力。鳟鱼在体重苗 1～7 g 时,受冷水病原菌侵袭后死亡率高达 25％,饵料加入 0.7％甘露寡糖后可使该阶段的死亡率下降到 1％。

四、影响寡糖利用效果的因素

1. 寡糖的种类

寡糖的种类不同所产生的作用效果不同,如不同来源的寡糖对双歧杆菌的影响作用不同。甘露寡糖不能作为双歧杆菌的增殖因子,其应用于饲料中有吸附有害菌、毒素及刺激动物机体免疫系统的功能,而其他大多数寡糖对免疫系统的影响尚未得到肯定。

多位学者的动物实验结果表明,寡糖对促进仔猪生长、改善饲料转化率并防止便秘具有显著的效果。但也有实验结果表明,果寡糖、甘露寡糖、麦芽寡糖等对仔猪的生长性能没有影响。

体外试验证明,低聚葡甘糖和低聚异麦芽糖促进双歧杆菌生长的活性较强,而乳果糖作用较弱,仅能促进婴儿双歧杆菌的生长。Risiey 等(1998)报道,低水苏糖的大豆粕可改善仔猪的生产性能。异麦芽糖、寡果糖能很好地被双歧杆菌利用,而有害菌中除链球菌外,其他都很难利用,是较为理想的饲料添加剂;寡乳糖在猪群健康的情况下利用,也可收到较好的效果。

特别指出的是,目前所使用的寡糖产品多为混合物且来源不同。产品中不同的寡糖种类、同种寡糖不同聚合度、单糖、多糖及非糖类药物质等可能是试验结果不一致的主要原因。

2. 寡糖的添加量

要发挥寡糖的生理作用必须有适当的浓度。添加量不足,则起不到明显的增殖效果;添加量过大,不仅增加饲料和饲养成本,起不到增加有益菌繁殖的效果,还可能造成动物腹泻。吴天星研究了添加不同剂量的寡果糖对 15～56 日龄肉鸡的饲喂效果,结果发现以 0.5％添加量效果最好;达到 1.0％时,成活率和腹泻率均有所上升,详见表 8-6。

表 8-6　日粮中添加不同比例果寡糖对肉鸡生产性能的影响

果寡糖添加水平/％	成活率/％	日增重/g	料肉比/％	腹泻率/％
0	86	34.28	2.57	15.61
0.25	96	35.40	2.40	4.90
0.50	96	36.86	2.24	1.50
1.00	92	35.46	2.38	10.20

Bailey 等用雏鸡试验表明,当果寡糖添加量为 0.375％时,几乎未观察到对沙门氏菌定植有影响;添加量为 0.75％时,沙门氏菌定植数较对照组低 12％。目前市售寡聚糖有很大一部分是由生物酶法合成的,转化率较低。如国内开发的第 1 代低聚果寡糖的有效含量为 30％左右,欲达到较好效果则应提高添加量或采取其他措施。

3. 日粮组成

有关饲料中天然寡糖对动物生产性能影响的报道很少。事实上,玉米中寡糖含量很低,但大麦、小麦、大豆产品中非消化糖类很多,如棉籽糖和水苏糖等。因此大麦、小麦、大豆产品中寡糖的"掩盖或稀释效应"对试验结果会有影响（Gabert等，1994）。无寡糖饲粮（玉米淀粉—酪蛋白饲粮）在这方面的研究非常有用（罗从彦等，1994）。

4．动物种类

动物种类不同其消化道结构和功能也不同，寡糖对其影响也有很大差异（表8-7）。如寡糖能增加家禽消化道双歧杆菌数量，并能显著提高其生产性能，但对猪消化道菌群和生产性能的影响并不显著。

东北农业大学营养研究所用珠海溢多利公司的寡糖产品"绿康宝"饲喂28日龄断乳仔猪4周后的结果见表8-8。

表8-7　寡糖对火鸡、肉鸡、犊牛、兔以及水产动物生产性能的影响

寡糖	剂量	动物	实验结论	作者（年份）
果寡糖		兔	体增重上升6.4%，料肉比下降7.8%，死亡率下降32%	Bastien(1990)
甘露寡糖		鲑鱼	饲喂5周后遭遇疾病袭击，发现幼鱼死亡率降低28%	Onaarhoim(1992)
乳寡糖	0.1%	兔	仔兔下痢，死亡率下降	Maertens(1993)
甘露寡糖	0.7%	鳟鱼苗	鱼苗1～7g时受冷水病原菌侵袭，死亡率由对照的25%降为1%	Lyond(1995)
果寡糖		鱼	增重提高22%，饲料转化率改善7.6%	大源捻(1995)
甘露寡糖	2 g/d	公犊牛	35日龄体重显著提高4～5日龄细菌性肺炎发病率比对照下降78%～80%	Newman(1993)
甘露寡糖		火鸡	成活率提高5.27%，日增重提高1.21 g，不可食部分减少	Randy(1995)
果寡糖	0.3%	肉鸡	腹泻率降低10%～12%，成活率提高10%，体重增加2.7%～6.5%	吴天星(1998)

表8-8　寡糖对肉仔鸡生产性能的影响

组别	对照组	寡糖组			
		0.05%	0.1%	0.2%	0.35%
日增重/g	256.24	281.32	302.64	270.79	252.65
采食量/g	476.36	458.59	453.89	481.56	461.67
料肉比	1.86	1.63	1.50	1.78	1.83
腹泻率/%	17.96	9.64	7.20	10.74	17.18

五、功能性寡糖的研究进展

1．国外研究现状

在新型寡糖开发及使用方面，日本位居世界前列。日本20世纪70年代开始寡糖开发，20世纪80年代初批量生产异麦芽寡糖及果寡糖，到20世纪90年代开发出70余种功能性寡糖，数百个产品，产值近3亿美元。目前日本国内寡糖的生产无论产量、价格优势及消费

表 8-9　日本寡糖产品简介

寡糖	原料	制造方法	生产厂家	商品名称	形态	有效成分/%	甜度
果寡糖	蔗糖	酶法合成	明治制果公司	明治·寡糖 G	糖浆	55	0.3
				明治·寡糖 P	糖浆	95	0.6
				明治·寡糖 P	粉末	95	
大豆寡糖	大豆乳清	分离精制	卡尔比司食品	大豆寡糖	糖浆	50	0.7
半乳寡糖	乳糖	酶法合成	耶库尔特公司 日新制糖公司	寡糖迈拓 55	糖浆	55	0.2
				CUP 寡糖 H70	糖浆	53	
				CUP 寡糖 P	粉末	70	0.3
木寡糖	玉米芯	酶解	三德利公司	木寡糖 70	糖浆	70	0.5
				木寡糖 35	粉末	35	
				木寡糖 20	粉末	20	
乳果寡糖	乳糖蔗糖	酶法合成	盐水港精糖	乳果寡糖 LS-40	糖浆	40	0.8
				乳果寡糖 LS-55L	糖浆	55	
				乳果寡糖 LS-55P	粉末	55	0.5
棉籽糖	甜菜榨汁	分离精制	甜菜制糖公司	甜菜寡糖	结晶	98	0.2
异构乳精	乳糖	异构化	森永乳业公司	丝寡糖	糖浆	35	0.6
					粉末	97	
帕拉金寡糖	蔗糖	酶法合成	日本食品化工	寡实验型糖	糖浆	40	0.2
龙胆寡糖	淀粉			龙胆考司糖	糖浆	45	0.4

注:甜度以蔗糖为 1.0 计。

1995 年日本全国有 42 个寡糖生产厂家,同年厚生省批准的 35 种保健食品中寡糖占 17 种;1996 年则占了 69 种的 40 种;1998 年又批准 40 种寡糖类产品上市,至 1998 年底,大量需求的寡糖产品供求稳定,新产品开发呈下降趋势,其重点转向工艺改进、降低成本、精练产品,开发新生功能及扩大出口方面。

除日本外,韩国(三星集团 寡果糖)、中国台湾省(幸诚贸易公司分支寡糖)、法国(Beghin-say 制药厂 果寡糖)、比利时(ORAFTI 公司、菊粉寡糖)、荷兰(Bercalo 公司 半乳寡糖)、美国(威斯敏斯特金技术公司 果寡糖)、德国、意大利等国内均有工业化生产寡糖厂家。

2. 国内研究情况

国内从 20 世纪 80 年代起开始研制功能性寡糖,目前国内有 10 余家单位从事该项研究,但多处于起始研究阶段,只有无锡、上海、北京、广西等少数单位研究成果转让投产。1995 年无锡开始异麦芽寡糖的工业化生产,1999 年产量达 8 000～10 000 t。国内市场已出现了少量添加寡糖的食品,以乳酸饮料和奶粉为主。饲料行业近年来出现了数个产品,以异麦芽寡糖、果寡糖为主。1998 年底,我国召开了首届寡糖学术会议,会上对寡糖的研究开发及工业化指出了初步发展方向和行业标准规范。可见,我国的寡糖研制开发正处于蓬勃发展初期阶段,但近年出现的盲目投产寡糖产业、供需求矛盾出现等现象也不容忽视。

六、寡糖的研究和应用展望

寡糖是饲料中的天然成分,不会带来污染。寡糖是一种有效的胃肠调节剂,可提高畜禽的抗病能力和生产性能,在动物营养上有着良好的应用前景。但当前寡糖的作用机理尚未完全研究清楚,各种研究的结果存在较大的差异,使其使用受到一定的限制。例如,有报道称,添加 0.3% 寡果糖,在实际生产场,仔猪体增重提高 13%,而在有严格卫生条件饲养场,仔猪体增重仅提高 4%。所以,寡糖的种类和来源、动物的种类、饲养的环境条件等都会影响研究结果,加之目前使用的寡糖大多是混合物,其成分不同也会影响研究结果。今后应进一步探明寡糖的作用机理;寡糖的成分、结构与营养作用的关系;不同种类、年龄、生理状态下寡糖作用的差异性和最佳用量;寡糖与其他添加剂的协同和最佳配比等,从而使寡糖的应用更加合理科学,克服当前的盲目性,促进寡糖在畜牧业上的推广应用。

寡糖是饲料添加剂中很有发展潜力的品种之一,具有增加肠道有益菌,增强抗病力,提高动物的日增重、饲料转化率及生产性能等作用。但目前对寡聚糖的营养研究还不够深入,今后应进一步研究寡聚糖的作用机理,提高寡糖利用率的措施,不同动物在不同生理状态下不同寡糖的最佳添加量和添加方式,寡糖与其他营养因素的关系,饲料中天然寡糖对动物产生性能的影响,生产寡糖的新工艺方法以降低生产成本等。

应从以下几个方面加快应用研究:①降低寡糖生产成本,采用新方法、新工艺、新材料;②提高寡糖利用率,减少添加用量;③研究不同种类寡糖在不同种类动物中的最佳用量、增殖效果、添加方式、增殖机理;④研究寡糖与其他营养因素的颉颃或协同作用;⑤寡糖对动物的具体作用机理(包括间接性营养作用和刺激免疫应答)。

◎ 岗位操作任务

乳酸菌活菌数量检测方法——菌落计数法

一、适用范围

本方法适用于乳酸菌制剂及配合饲料中有效活菌数和杂菌率的测定。

二、测定原理

乳酸肠球菌用肠球菌琼脂培养基,杂菌用营养琼脂培养基;培养后利用平板菌落计数法进行计数。

三、培养基与缓冲液配方

(1)营养琼脂培养基(1 L)。蛋白胨 10.0 g、牛肉膏 3.0 g、氯化钠 5.0 g、琼脂 18.0 g,水稀释至 1 000 mL,调 pH 7.0~7.4。

(2)肠球菌琼脂培养基(1 L)。蛋白胨 20.0 g、蔗糖 5.0 g、葡萄糖 5.0 g、乳糖 5.0 g、酵母膏 5.0 g、氯化钠 4.0 g、乙酸钠 1.5 g、维生素 C 0.5 g、琼脂 17.0 g,水稀释至 1 000 mL,调 pH 6.5~7.0。

(3)pH 6.8 的磷酸缓冲液配制方法。取 0.2 mol/L 磷酸二氢钾溶液 250 mL，加 0.2 mol/L 氢氧化钠溶液 118 mL，用水稀释至 1 000 mL，摇匀即得。

四、样品处理

(1)乳酸菌纯品制剂样品。测定乳酸菌纯品制剂时，取样量为 1 g，溶解到 100 mL 缓冲液中，缓冲液与样品的比例为 100∶1。

(2)配合饲料样品。测定饲料样品时，取样量为 25 g，溶解到 225 mL 缓冲液中，缓冲液与样品的比例为 10∶1。

五、有效活菌数测定

(1)本方法采用平板菌落计数法。

(2)操作方法。

①取磁力搅拌棒装入 500 mL 三角瓶中，再量 225 mL pH 6.8 的磷酸缓冲液一并装入三角瓶中灭菌备用。纯品制剂量取缓冲液 100 mL。

②取 25 g 饲料样品放入三角瓶中，在磁力搅拌器中震荡混匀 5 min 后，再放到摇床上 37℃，150 r/min，充分震荡 45 min，混匀成 1∶10 稀释液。纯品制剂样品量为 1 g，混匀成 1∶100 稀释液。

③在超净工作台内用灭菌的 1.5 mL 离心管，按 10 倍比稀释法稀释。用移液器吸取上述混悬液 100 μL，注入含有 900 μL 缓冲液的离心管内，并在液体中反复吹打 5 次，在漩涡振荡器上震荡 30 s 混匀(注意每次稀释时更换枪头及充分震荡混匀)。

④按上述操作顺序，做 10 倍比稀释，纯品制剂推荐稀释到 10^{-8}，配合饲料推荐稀释到 10^{-4}。

⑤选择 4 个适宜稀释度，吸取该稀释度的液体 10 μL 滴于灭菌平皿上，每个稀释度做 3 个平行。(注意分三点滴，便于液体充分散开)

⑥置于烛缸中 37℃培养 36 h 后，计数菌落。

(3)计算公式。

①计算出平皿同一稀释度 3 个平行组的菌落平均数。

②产品活细胞数＝菌落平均数×稀释倍数×10。

▶ 知识拓展

新型绿色饲料添加剂抗菌肽

近年来，由于养殖者为追求效益随意滥用抗生素等药物而引发的饲料安全问题、食品安全问题和环境污染问题令人担忧。因此尽快寻找到适合安全要求的新型抗菌剂，已是我国养殖业能否可持续发展的关键。抗菌肽是指广泛存在于生物体内具有抵抗外界微生物侵害、消除体内突变细胞的一类小分子多肽，具有广谱抗菌活性。更为重要的是，抗菌肽杀菌快速，且不易产生耐药性，具有安全、无残留、无毒副作用的良好特性。因此，抗菌肽是理想的抗生素替代物。

迄今为止,已有五百多种抗菌肽被分离鉴定。随着新的抗菌肽的不断发现和对抗菌肽作用机制的不断深入了解,具有广谱抗菌、不易产生耐药菌株、无毒无残留的抗菌肽在畜禽疾病治疗与预防中具有广阔的应用前景。目前,不少研究者做了一些相关的试验,得到了较好的结果。汪以真等将抗菌肽与抗生素在体外对大肠杆菌 K88、大肠杆菌 ATCC25922、猪霍乱沙门氏菌 ATCC500、鼠伤寒沙门氏菌和金黄色葡萄球菌 ATCC25923 的效果进行了研究,结果表明,抗生素抗金黄色葡萄球菌的效果要优于抗菌肽,但对大肠杆菌的效果要差得多。马卫明等探讨了从猪小肠分离纯化的抗菌肽对雏鸡促生长发育的机理,结果表明抗菌肽可以增强小肠对营养物质的消化吸收功能,从而促进鸡的生长发育。最近,中国科学院亚热带农业生态研究所研究证实,具有抗菌活性的复合抗菌肽对断奶仔猪肠道具有损伤修复作用,可缓解呕吐毒素诱导的系列猪病对仔猪的毒害。

近年来由于抗生素和传统兽药及饲料添加剂广泛使用所导致的抗药性和药物残留问题已经日益严重地威胁着人们的健康,寻找新型的抗生素是解决抗药性问题的一条有效途径。由于抗菌肽具有独特的性质,是一类非常理想的抗生素替代物,是近些年来国内外的研究热点,具有广阔的发展前景。但目前还需要解决一些问题,一是抗菌肽的生产加工问题,从生物体中提取的天然抗菌肽含量极低,提取工艺复杂,效率低,而且资源有限;化学合成制备难以保持抗菌肽的天然结构及活性;利用基因工程技术重组抗菌肽表达效率低,且常以融合蛋白形式表达,后期处理难以获得纯品。化学合成和基因工程便成为获取抗菌肽的主要手段。化学合成肽类成本较高,而通过基因工程在微生物中直接表达抗菌肽基因,可能造成宿主微生物自杀而不能获得表达产物,这就需要以融合蛋白的形式表达抗菌肽基因。二是抗菌肽无论是基因工程生产还是化学合成生产,目前还很难达到产业化的规模,不能满足市场的需求,这些大大限制了抗菌肽作为饲料添加剂在畜禽养殖业中的应用。相信随着对抗菌肽的结构及其作用机制深入的了解,有目的地对抗菌肽进行人工设计与改造,通过基因工程表达生产大量抗菌肽等各种方法,抗菌肽最终必将取代化工合成的抗生素,对人类的健康做出贡献。

◎ 项目小结

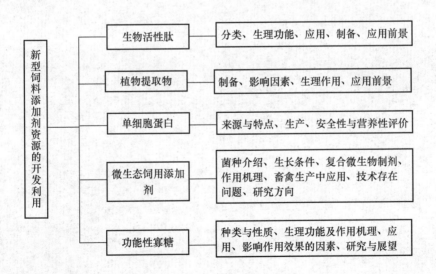

1. 简述生物活性肽的种类、制备方法。
2. 简述植物提取物的制备方法。
3. 简述植物提取物抗病毒与抗菌性能。
4. 简述单细胞蛋白制备方法与利用。
5. 简述微生态饲用添加剂的种类、制备方法与特性。
6. 简述功能性寡糖饲料添加剂的种类、特性与应用。
7. 如何合理使用和开发新型饲料添加剂？

饲料添加剂

附　录

一、猪的氨基酸、维生素及矿物质的需要量

附表 1-1　瘦肉型生产肥育猪的氨基酸、维生素及矿物质的需要量(NRC,1998)

营养指标	体重/kg					
	3~5	5~10	10~20	20~50	50~80	80~120
平均体重/kg	4	7.5	15	35	65	100
预期日采食量/g	250	500	1 000	1 855	2 575	3 075
精氨酸/%	0.59	0.54	0.46	0.37	0.27	0.19
组氨酸/%	0.48	0.43	0.36	0.30	0.24	0.19
异亮氨酸/%	0.83	0.73	0.63	0.51	0.42	0.33
亮氨酸/%	1.50	1.32	1.12	0.90	0.71	0.54
赖氨酸/%	1.50	1.35	1.15	0.95	0.75	0.60
蛋氨酸/%	0.40	0.35	0.30	0.25	0.20	0.16
蛋氨酸＋胱氨酸/%	0.86	0.76	0.68	0.54	0.44	0.35
苯丙氨酸/%	0.90	0.80	0.65	0.55	0.44	0.34
苯丙氨酸＋酪氨酸/%	1.41	1.25	1.06	0.87	0.70	0.55
苏氨酸/%	0.98	0.86	0.74	0.61	0.51	0.41
色氨酸/%	0.27	0.24	0.21	0.17	0.14	0.11
缬氨酸/%	1.04	0.92	0.79	0.64	0.52	0.40
钙/%	0.90	0.80	0.70	0.60	0.50	0.45
总磷/%	0.70	0.65	0.60	0.50	0.45	0.40
非植酸磷/%	0.55	0.40	0.32	0.23	0.19	0.15
钠/%	0.25	0.20	0.15	0.10	0.10	0.10
氯/%	0.25	0.20	0.15	0.08	0.08	0.08
镁/%	0.04	0.04	0.04	0.04	0.04	0.04
钾/%	0.30	0.28	0.26	0.23	0.19	0.17
铜/mg	6.00	6.00	5.00	4.00	3.50	3.00
碘/mg	0.14	0.14	0.14	0.14	0.14	0.14
铁/mg	100	100	80	60	50	40
锰/mg	4.00	4.00	3.00	2.00	2.00	2.00
硒/mg	0.30	0.30	0.25	0.15	0.15	0.15
锌/mg	100	100	80	60	50	50

续附表1-1

营养指标	体重/kg					
	3～5	5～10	10～20	20～50	50～80	80～120
维生素 A/IU	2 200	2 200	1 750	1 300	1 300	1 300
维生素 D₃/IU	220	220	200	150	150	150
维生素 E/IU	16	16	11	11	11	11
维生素 K/mg	0.50	0.50	0.50	0.50	0.50	0.50
生物素/mg	0.08	0.05	0.05	0.05	0.05	0.05
胆碱/g	0.60	0.50	0.40	0.30	0.30	0.30
叶酸/mg	0.30	0.30	0.30	0.30	0.30	0.30
有效尼克酸/mg	20.00	15.00	12.50	10.00	7.00	7.00
泛酸/mg	12.00	10.00	9.00	8.00	7.00	7.00
维生素 B₂/mg	4.00	3.50	3.00	2.50	2.00	2.00
维生素 B₁/mg	1.50	1.00	1.00	1.00	1.00	1.00
维生素 B₆/mg	2.00	1.50	1.50	1.00	1.00	1.00
维生素 B₁₂/μg	20.00	17.50	15.00	10.00	5.00	5.00

注:表中数字除用百分数表示的以外,均为每千克饲粮含量,饲粮干物质为 90%。

附表 1-2　妊娠、泌乳母猪的氨基酸、维生素及矿物质的需要(NRC,1998)

营养指标	妊娠母猪						泌乳母猪					
体重/kg	125	150	175	200	200	200	175	175	175	175	175	175
体重变化/kg	55	45	40	35	30	35	0	0	0	−10	−10	−10
产仔数/头	11	12	12	12	12	14						
仔猪日增重/g	150	200	250	150	200	250						
预期日采食量/g	1.96	1.84	1.88	1.92	1.8	1.85	4.31	5.35	6.4	3.56	4.61	5.66
精氨酸/%	0.06	0.03	0.00	0.00	0.00	0.00	0.40	0.48	0.54	0.39	0.49	0.55
组氨酸/%	0.19	0.18	0.17	0.16	0.17	0.17	0.32	0.36	0.38	0.34	0.38	0.40
异亮氨酸/%	0.33	0.32	0.31	0.30	0.31	0.31	0.45	0.50	0.53	0.50	0.54	0.57
亮氨酸/%	0.50	0.49	0.46	0.42	0.43	0.45	0.86	0.97	1.05	0.95	1.05	1.12
赖氨酸/%	0.58	0.57	0.54	0.52	0.52	0.54	0.82	0.91	0.97	0.89	0.97	1.03
蛋氨酸/%	0.15	0.15	0.14	0.13	0.13	0.14	0.21	0.23	0.24	0.22	0.24	0.26
蛋氨酸＋胱氨酸/%	0.37	0.38	0.37	0.36	0.36	0.37	0.40	0.44	0.46	0.44	0.47	0.49
苯丙氨酸/%	0.32	0.32	0.30	0.28	0.28	0.30	0.43	0.48	0.52	0.47	0.52	0.55
苯丙氨酸＋酪氨酸/%	0.54	0.54	0.51	0.49	0.49	0.51	0.90	1.00	1.07	0.98	1.08	1.14
苏氨酸/%	0.44	0.45	0.44	0.43	0.44	0.45	0.54	0.58	0.61	0.58	0.63	0.65
色氨酸/%	0.11	0.11	0.11	0.10	0.10	0.11	0.15	0.16	0.17	0.17	0.18	0.19

附录

营养指标	妊娠母猪						泌乳母猪					
缬氨酸/%	0.39	0.38	0.36	0.34	0.34	0.36	0.68	0.76	0.82	0.76	0.83	0.88
钙/%	0.75						0.75					
总磷/%	0.60						0.60					
非植酸磷/%	0.35						0.35					
钠/%	0.15						0.20					
氯/%	0.12						0.16					
镁/%	0.04						0.04					
钾/%	0.20						0.20					
铜/mg	5.00						5.00					
碘/mg	0.14						0.14					
铁/mg	80						80					
锰/mg	20						20					
硒/mg	0.15						0.15					
锌/mg	50						50					
维生素 A/IU	4 000						2 000					
维生素 D/IU	200						200					
维生素 E/IU	44						44					
维生素 K/mg	0.50						0.50					
生物素/mg	0.20						0.20					
胆碱/g	1.25						1.00					
叶酸/mg	1.30						1.30					
有效尼克酸/mg	10.00						10.00					
泛酸/mg	12.00						12.00					
维生素 B_2/mg	3.75						3.75					
维生素 B_1/mg	1.00						1.00					
维生素 B_6/mg	1.00						1.00					
维生素 B_{12}/μg	15.00						15.00					

注:表中数字除用百分数表示的以外,均为每千克饲粮含量,饲粮干物质为90%。

附表 1-3　种公猪的氨基酸、维生素及矿物质的需要量(NRC,1998)

营养指标	需要量	营养指标	需要量
预期日采食量/g	2.0	钠/%	0.15
精氨酸/%	—	氯/%	0.12
组氨酸/%	0.19	镁/%	0.04

营养指标	需要量	营养指标	需要量
异亮氨酸/%	0.35	钾/%	0.20
亮氨酸/%	0.51	铜/mg	5
赖氨酸/%	0.6	碘/mg	0.14
蛋氨酸/%	0.16	铁/mg	80
蛋氨酸＋胱氨酸/%	0.42	锰/mg	20
苯丙氨酸/%	0.33	硒/mg	0.15
苯丙氨酸＋酪氨酸/%	0.57	锌/mg	50
苏氨酸/%	0.50	维生素 A/IU	4 000
色氨酸/%	0.12	维生素 D/IU	200
缬氨酸/%	0.40	维生素 E/IU	44
钙/%	0.75	维生素 K/mg	0.50
总磷/%	0.60	生物素/mg	0.20
非植酸磷/%	0.35	胆碱/g	1.25
叶酸/mg	1.30	维生素 B_1/mg	1.0
有效尼克酸/mg	10	维生素 B_6/mg	1.0
泛酸/mg	12	维生素 B_{12}/μg	15
维生素 B_2/mg	3.75		

注:表中数字除用百分数表示的以外,均为每千克饲粮含量,饲粮干物质为90%。

二、鸡的氨基酸、维生素及矿物质的需要量

附表 1-4　育成鸡的氨基酸、维生素及矿物质的需要量(NRC,1994)

营养指标	白壳蛋鸡				褐壳蛋鸡			
	0～6 周	6～12 周	12～18 周	18周至开产	0～6 周	6～12 周	12～18 周	18周至开产
精氨酸/%	1	0.83	0.67	0.75	0.94	0.78	0.62	0.72
甘氨酸＋丝氨酸/%	0.7	0.58	0.47	0.53	0.66	0.54	0.44	0.5
组氨酸/%	0.26	0.22	0.17	0.2	0.25	0.21	0.16	0.18
异亮氨酸/%	0.6	0.5	0.4	0.45	0.57	0.47	0.37	0.42
亮氨酸/%	1.1	0.85	0.7	0.8	1	0.8	0.65	0.75
赖氨酸/%	0.85	0.6	0.45	0.52	0.8	0.56	0.42	0.49
蛋氨酸/%	0.3	0.25	0.2	0.22	0.28	0.23	0.19	0.21
蛋氨酸＋胱氨酸/%	0.62	0.52	0.42	0.47	0.59	0.49	0.39	0.44
苯丙氨酸/%	0.54	0.45	0.36	0.4	0.51	0.42	0.34	0.38

营养指标	白壳蛋鸡				褐壳蛋鸡			
	0~6 周	6~12 周	12~18 周	18周至开产	0~6 周	6~12 周	12~18 周	18周至开产
苯丙氨酸＋酪氨酸/%	1	0.83	0.67	0.75	0.94	0.78	0.63	0.7
苏氨酸/%	0.68	0.57	0.37	0.47	0.64	0.53	0.35	0.44
色氨酸/%	0.17	0.14	0.11	0.12	0.16	0.13	0.1	0.11
缬氨酸/%	0.62	0.52	0.41	0.46	0.59	0.49	0.38	0.43
钙/%	0.9	0.8	0.8	2	0.9	0.8	0.8	1.8
非植酸磷/%	0.4	0.35	0.3	0.32	0.4	0.35	0.3	0.35
钾/%	0.25	0.25	0.25	0.25	0.25	0.25	0.25	0.25
钠/%	0.15	0.15	0.15	0.15	0.15	0.15	0.15	0.15
氯/%	0.15	0.12	0.12	0.15	0.12	0.11	0.11	0.11
镁/mg	600	500	400	400	570	470	370	370
锰/mg	60	30	30	30	56	28	28	28
锌/mg	40	35	35	35	38	33	33	33
铁/mg	80	60	60	60	75	56	56	56
铜/mg	5	4	4	4	5	4	4	4
碘/mg	0.35	0.35	0.35	0.35	0.33	0.33	0.33	0.33
硒/mg	0.15	0.1	0.1	0.1	0.14	0.1	0.1	0.1
维生素 A/IU	1 500	1 500	1 500	1 500	1 420	1 420	1 420	1 420
维生素 D_3/IU	200	200	200	300	190	190	190	280
维生素 E/IU	10	5	5	5	9.5	4.7	4.7	4.7
维生素 K/mg	0.5	0.5	0.5	0.5	0.47	0.47	0.47	0.47
维生素 B_2/mg	3.6	1.8	1.8	2.2	3.4	1.7	1.7	1.7
泛酸/mg	10	10	10	10	9.4	9.4	9.4	9.4
尼克酸/mg	27	11	11	11	26	10.3	10.3	10.3
维生素 B_{12}/mg	0.009	0.003	0.003	0.004	0.009	0.003	0.003	0.003
胆碱/mg	1 300	900	500	500	1 225	850	470	470
生物素/mg	0.15	0.1	0.1	0.1	0.14	0.09	0.09	0.09
叶酸/mg	0.55	0.25	0.25	0.25	0.52	0.23	0.23	0.23
维生素 B_1/mg	1	1	0.8	0.8	1	1	0.8	0.8
维生素 B_6/mg	3	3	3	3	2.8	0.8	2.8	2.8

注:表中数字除用百分数表示的以外,均为每千克饲粮含量,饲粮干物质为90%。

饲料添加剂

附表 1-5 产蛋鸡的氨基酸、维生素及矿物质的需要量(NRC,1994)

营养指标	产蛋鸡(白壳蛋)日采食量/g				产蛋鸡(褐壳)日采食量 110 g
	80	100	120	种用 100	
精氨酸/%	0.88	0.7	0.58	0.7	0.77
组氨酸/%	0.21	0.17	0.14	0.17	0.19
异亮氨酸/%	0.81	0.65	0.54	0.65	0.715
亮氨酸/%	1.03	0.82	0.68	0.82	0.9
赖氨酸/%	0.86	0.69	0.58	0.69	0.76
蛋氨酸/%	0.38	0.3	0.25	0.3	0.33
蛋氨酸+胱氨酸/%	0.73	0.58	0.48	0.58	0.645
苯丙氨酸/%	0.59	0.47	0.39	0.47	0.52
苯丙氨酸+酪氨酸/%	1.04	0.83	0.69	0.83	0.91
苏氨酸/%	0.59	0.47	0.39	0.47	0.52
色氨酸/%	0.2	0.16	0.13	0.16	0.175
缬氨酸/%	0.88	0.7	0.58	0.7	0.77
钙/%	4.06	3.25	2.71	3.25	3.6
非植酸磷/%	0.31	0.25	0.21	0.25	2.275
钾/%	0.19	0.15	0.13	0.15	0.165
钠/%	0.19	0.15	0.13	0.15	0.165
氯/%	0.16	0.13	0.11	0.13	0.145
镁/mg	625	500	420	500	550
锰/mg	25	20	17	20	22
锌/mg	44	35	29	45	39
铁/mg	56	45	38	60	50
碘/mg	0.044	0.035	0.029	0.1	0.04
硒/mg	0.08	0.06	0.05	0.06	0.06
维生素 A/IU	3 750	3 000	2 500	3 000	3 300
维生素 D_3/IU	375	300	250	300	330
维生素 E/IU	6	5	4	10	5.5
维生素 K/mg	0.6	0.5	0.4	1	0.55
维生素 B_2/mg	3.1	2.5	2.1	3.6	2.8
泛酸/mg	2.5	2	1.7	7	2.2
尼克酸/mg	12.5	10	8.3	10	11
维生素 B_{12}/mg	0.004	0.004	0.004	0.08	0.004
胆碱/mg	1 310	1 050	875	1 050	1 150

附

录

营养指标	产蛋鸡(白壳蛋)日采食量/g				产蛋鸡(褐壳)日采食量 110 g
	80	100	120	种用 100	
生物素/mg	0.13	0.1	0.08	0.1	0.11
叶酸/mg	0.31	0.25	0.21	0.35	0.28
维生素 B₁/mg	0.88	0.7	0.6	0.7	0.8
维生素 B₆/mg	3.1	2.5	2.1	4.5	2.8

注:表中数字除用百分数表示的以外,均为每千克饲粮含量,饲粮干物质为 90%。

附表 1-6　肉鸡的氨基酸、维生素及矿物质的需要量(NRC,1994)

营养指标	周　龄		
	0～3	3～6	6～8
精氨酸/%	1.25	1.1	1
甘氨酸+丝氨酸/%	1.25	1.14	0.97
组氨酸/%	0.35	0.32	0.27
异亮氨酸/%	0.8	0.73	0.64
亮氨酸/%	1.2	1.09	0.93
赖氨酸/%	1.1	1	0.85
蛋氨酸/%	0.5	0.38	0.32
蛋氨酸+胱氨酸/%	0.9	0.72	0.6
苯丙氨酸/%	0.72	0.65	0.45
苯丙氨酸+酪氨酸/%	1.34	1.22	1.04
脯氨酸/%	0.6	0.55	0.46
苏氨酸/%	0.8	0.74	0.68
色氨酸/%	0.2	0.18	0.16
缬氨酸/%	0.9	0.82	0.7
钙/%	1	0.9	0.8
非植酸磷/%	0.45	0.35	0.3
钾/%	0.3	0.3	0.3
钠/%	0.2	0.15	0.12
氯/%	0.2	0.15	0.12
镁/mg	600	600	600
铜/mg	8	8	8
锰/mg	60	60	60
锌/mg	40	40	40
铁/mg	80	80	80

饲料添加剂

营养指标	周　龄		
	0～3	3～6	6～8
碘/mg	0.35	0.35	0.35
硒/mg	0.15	0.15	0.15
维生素 A/IU	1 500	1 500	1 500
维生素 D_3/IU	200	200	200
维生素 E/IU	10	10	10
维生素 K/mg	0.5	0.5	0.5
维生素 B_2/mg	3.6	3.6	3
泛酸/mg	10	10	10
尼克酸/mg	35	30	25
维生素 B_{12}/mg	0.01	0.01	0.007
胆碱/mg	1 300	1 000	750
生物素/mg	0.15	0.15	0.12
叶酸/mg	0.55	0.55	0.5
维生素 B_1/mg	1.8	1.8	1.8
维生素 B_6/mg	3.5	3.5	3

注:表中数字除用百分数表示的以外,均为每千克饲粮含量,饲粮干物质为90%。

三、鸭的氨基酸、维生素及矿物质的需要量

附表 1-7　蛋鸭的氨基酸、维生素及矿物质的需要量

营养指标	生长蛋鸭/周龄			产蛋鸭
	0～2	3～8	9～20	
精氨酸/%	1.20	1.00	0.70	1.00
甘氨酸＋丝氨酸/%	0.80	0.70	0.58	0.70
组氨酸/%	0.40	0.30	0.22	0.30
异亮氨酸/%	0.60	0.50	0.40	0.50
亮氨酸/%	1.40	1.00	0.83	1.00
赖氨酸/%	1.20	0.90	0.60	0.90
蛋氨酸/%	0.40	0.30	0.25	0.30
蛋氨酸＋胱氨酸/%	0.70	0.60	0.50	0.60
苯丙氨酸/%	1.00	0.54	0.45	0.54
苯丙氨酸＋酪氨酸/%	1.20	1.00	0.83	1.00
苏氨酸/%	0.70	0.68	0.50	0.68
色氨酸/%	0.30	0.25	0.20	0.25

附
录

营养指标	生长蛋鸭/周龄			产蛋鸭
	0～2	3～8	9～20	
缬氨酸/%	0.80	0.62	0.52	0.62
钙/%	0.90	0.80	0.80	0.50
磷/%	0.45	0.45	0.45	0.45
钠/%	0.15	0.15	0.15	0.15
氯/%	0.15	0.15	0.15	0.15
镁/mg	500	500	500	500
铜/mg	8	8	8	8
锰/mg	100	100	100	100
锌/mg	60	60	60	60
铁/mg	80	80	80	80
碘/mg	0.6	0.6	0.6	0.6
维生素 A/IU	4 000	4 000	4 000	8 000
维生素 D_3/IU	600	600	600	1 000
维生素 E/IU	20	20	20	20
维生素 K/mg	2	2	2	2
维生素 B_2/mg	5	5	5	8
泛酸/mg	15	15	15	15
尼克酸/mg	60	60	60	60
维生素 B_{12}/mg	0.1	0.1	0.1	0.01
胆碱/mg	8 000	1 800	1 100	1 100
生物素/mg	0.1	0.1	0.1	0.2
叶酸/mg	1	1	1	1.5
维生素 B_1/mg	4	4	4	2
维生素 B_6/mg	6	6	6	9

注:表中数字除百分数表示的以外,均为每千克饲粮含量,饲粮干物质为90%。

附表 1-8　肉鸭的氨基酸、维生素及矿物质的需要量

营养指标	北京鸭/周龄		土番鸭/周龄		杂交鸭/周龄	
	0～3	4～8	0～3	4～8	0～3	4～8
精氨酸/%	1.00	0.89	1.12	0.92	1.11	1.00
甘氨酸/%	1.00	0.89	1.22	0.71	1.11	1.00
组氨酸/%	0.40	0.36	0.43	0.35	0.44	0.40

营养指标	北京鸭/周龄		土番鸭/周龄		杂交鸭/周龄	
	0～3	4～8	0～3	4～8	0～3	4～8
异亮氨酸/%	0.50	0.44	0.66	0.54	1.67	1.50
亮氨酸/%	1.50	1.33	1.31	1.08	1.67	1.50
赖氨酸/%	1.00	0.89	1.10	0.90	1.11	1.00
蛋氨酸/%	0.45	0.45	—	—	0.50	0.45
蛋氨酸＋胱氨酸/%	0.77	0.98	0.69	0.57	0.85	0.77
苯丙氨酸/%	0.80	0.71	—	—	0.89	0.80
苯丙氨酸＋酪氨酸/%	1.19	1.06	1.14	1.19	1.33	1.19
苏氨酸/%	0.55	0.49	0.69	0.57	0.61	0.55
色氨酸/%	0.20	0.18	0.24	0.20	0.22	0.20
缬氨酸/%	0.80	0.71	0.80	0.68	0.89	0.80
钙/%	0.68	0.82	0.68	0.82		
总磷/%	0.63	0.75	0.57	0.68		
非植酸磷/%	0.40	0.48	0.34	0.41		
钠/%	0.15	0.18	0.15	0.17		
氯/%	0.13	0.16	0.13	0.16		
钾/%	0.38	0.45	0.33	0.4		
镁/mg	475	570	475	570		
铜/mg	11	14	11	14		
锰/mg	72	68	57	68		
锌/mg	77	93	77	93		
铁/mg	91	109	91	109		
碘/mg	0.45	0.55	0.45	0.55		
硒/mg	0.17	0.17	0.17	0.17		
维生素 A/IU	6 250	9 375	6 250	9 375		
维生素 D_3/IU	450	682	455	682		
维生素 E/IU	11.4	17.0	11.4	17.0		
维生素 K/mg	2.3	3.4	2.3	3.4		
维生素 B_2/mg	5.2	6.8	5.2	6.8		
泛酸/mg	8.4	10.9	8.4	10.9		
尼克酸/mg	52	68	52	68		
维生素 B_{12}/mg	0.017	0.022	0.017	0.022		

附 录

营养指标	育雏期(0～3周龄)		生长期(3～10周龄)	
	最低需要量[b]	推荐量[a,b]	最低需要量[b]	推荐量[a,b]
胆碱/mg	1 470	1 920	1 477	1 920
生物素/mg	0.09	0.12	0.09	0.12
叶酸/mg	1.1	1.5	1.1	1.5
维生素 B₁/mg	3.4	4.4	3.4	4.4
维生素 B₆/mg	2.5	3.4	2.5	3.3

注:表中数字除用百分数表示的以外,均为每千克饲粮含量,饲粮干物质为90%。

a. 脂溶性维生素:最低需要量乘以 1.5 为推荐量;其他物质:最低需要量乘以 1.3 为推荐量。

b. 饲粮含干物质为 88%。

四、火鸡的氨基酸、维生素及矿物质的需要量

附表 1-9 火鸡的氨基酸、维生素及矿物质的需要量

营养指标	生长火鸡(公、母)/周龄						种火鸡	
	0～4[a]	4～8[a]	8～12[a]	12～16[a]	16～20[a]	20～40[a]	维持	产蛋
	0～4[b]	4～8[b]	8～11[b]	11～14[b]	14～17[b]	17～20[b]		
精氨酸/%	1.6	1.4	1.1	0.9	0.75	0.6	0.5	0.6
甘氨酸+丝氨酸/%	1.0	0.9	0.8	0.7	0.6	0.5	0.4	0.5
组氨酸/%	0.58	0.5	0.4	0.3	0.25	0.2	0.2	0.3
异亮氨酸/%	1.1	1.0	0.8	0.6	0.5	0.45		
亮氨酸/%	1.9	1.75	1.5	1.25	1.0	0.8	0.5	0.5
赖氨酸/%	1.6	1.5	1.3	1.0	0.8	0.65	0.5	0.6
蛋氨酸/%	0.55	0.45	0.4	0.35	0.25	0.25	0.2	0.2
蛋氨酸+胱氨酸/%	1.05	0.95	0.8	0.65	0.55	0.45	0.4	0.4
苯丙氨酸/%	1.0	0.9	0.8	0.7	0.6	0.5	0.4	0.55
苯丙氨酸+酪氨酸/%	1.8	1.6	1.2	1.0	0.9	0.9	0.8	1.0
苏氨酸/%	1.0	0.95	0.8	0.75	0.6	0.5	0.4	0.45
色氨酸/%	0.26	0.24	0.2	0.18	0.15	0.13	0.1	0.13
缬氨酸/%	1.2	1.2	0.9	0.8	0.7	0.6	0.5	0.58
钙/%	1.2	1.0	0.85	0.75	0.65	0.55	0.5	2.25
非植酸磷/%	0.6	0.5	0.42	0.38	0.32	0.28	0.25	0.35
钾/%	0.7	0.6	0.5	0.5	0.4	0.4	0.4	0.6
钠/%	0.17	0.15	0.12	0.12	0.12	0.12	0.12	0.12
氯/%	0.15	0.14	0.14	0.12	0.12	0.12	0.12	0.12
镁/mg	500	500	500	500	500	500	500	500
铜/mg	8	8	6	6	6	6	6	6

饲料添加剂

营养指标	生长火鸡(公、母)/周龄						种火鸡	
	0~4[a]	4~8[a]	8~12[a]	12~16[a]	16~20[a]	20~40[a]	维持	产蛋
	0~4[b]	4~8[b]	8~11[b]	11~14[b]	14~17[b]	17~20[b]		
锰/mg	60	60	60	60	60	60	60	60
锌/mg	70	65	50	40	40	40	40	65
铁/mg	80	60	60	60	50	50	50	60
碘/mg	0.4	0.4	0.4	0.4	0.4	0.4	0.4	0.4
硒/mg	0.2	0.2	0.2	0.2	0.2	0.2	0.2	0.2
维生素 A/IU	5 000	5 000	5 000	5 000	5 000	5 000	5 000	5 000
维生素 D_3/IU	1 100	1 100	1 100	1 100	1 100	1 100	1 100	1 100
维生素 E/IU	12	12	10	10	10	10	10	25
维生素 K/mg	1.75	1.5	1.0	0.75	0.75	0.5	0.5	1.0
维生素 B_2/mg	4.0	3.6	3.0	3.0	2.5	2.5	2.5	4.0
泛酸/mg	10.0	9.0	9.0	9.0	9.0	9.0	9.0	16.0
尼克酸/mg	60.0	60.0	50.0	50.0	40.0	40.0	40.0	40.0
维生素 B_{12}/mg	0.003	0.003	0.003	0.003	0.003	0.003	0.003	0.003
胆碱/mg	1 600	1 400	1 100	1 100	950	800	800	1 000
生物素/mg	0.25	0.2	0.125	0.125	0.1	0.1	0.1	0.2
叶酸/mg	1.0	1.0	0.8	0.8	0.7	0.7	0.7	1.0
维生素 B_1/mg	2.0	2.0	2.0	2.0	2.0	2.0	2.0	2.0
维生素 B_6/mg	4.5	4.5	3.5	3.5	3.0	3.0	3.0	4.0

注:表中数字除用百分数表示的以外,均为每千克饲粮含量,饲粮干物质为90%。

a. 公火鸡各阶段营养需要量是基于早期实际年龄分段研究结果,由于育种使火鸡体增重有了显著的改善,故在大群饲养条件下,该营养水平应提前执行,即相应的年龄分段为:0~3周;3~6周;6~9周;9~12周;12~15周;15~18周。

b. 基于与公火鸡相同原因,母火鸡的年龄阶段划分为:0~3周龄;3~6周;6~9周;9~12周。

①当日粮中含有较高水平的植酸磷时,钙的需要量增加。

②非植酸磷指非植酸磷。

③在小麦型日粮中需要量增加。

④国际雏鸡单位。

五、日本鹌鹑的氨基酸、维生素及矿物质的需要量

附表 1-10　日本鹌鹑的氨基酸、维生素及矿物质的需要量

营养指标	幼龄及生长期	种用
精氨酸/%	1.25	1.26
甘氨酸＋丝氨酸/%	1.15	1.17
组氨酸/%	0.36	0.42
异亮氨酸/%	0.98	0.90

营养指标	幼龄及生长期	种用
亮氨酸/%	1.69	1.42
赖氨酸/%	1.30	1.00
蛋氨酸/%	0.50	0.45
蛋氨酸＋胱氨酸/%	0.75	0.70
苯丙氨酸/%	0.96	0.78
苯丙氨酸＋酪氨酸/%	1.80	1.40
苏氨酸/%	1.02	0.74
色氨酸/%	0.22	0.19
缬氨酸/%	0.95	0.92
钙/%	0.8	2.5
非植酸磷/%	0.30	0.35
钠/%	0.15	0.15
氯/%	0.14	0.14
镁/mg	300	500
铜/mg	5	5
锰/mg	60	60
锌/mg	25	50
铁/mg	120	60
碘/mg	0.3	0.3
硒/mg	0.2	0.2
维生素 A/IU	1 650	3 300
维生素 D_3/国际雏鸡单位	750	900
维生素 E/IU	12	25
维生素 K/mg	1	1
维生素 B_2/mg	4	4
泛酸/mg	10	15
尼克酸/mg	40	20
维生素 B_{12}/mg	0.003	0.003
胆碱/mg	2 000	1 500
生物素/mg	0.3	0.15
叶酸/mg	1	1
维生素 B_1/mg	2	2
维生素 B_6/mg	3	3

注:表中数字除用百分数表示的以外,均为每千克饲粮含量,饲粮干物质为90%。

饲料添加剂

六、犬、猫的氨基酸、维生素及矿物质的需要量

附表 1-11　生长犬、猫的氨基酸、维生素及矿物质的需要量

营养指标	生长犬	生长猫
精氨酸/mg	327	478
组氨酸/mg	117	114
异亮氨酸/mg	234	239
亮氨酸/mg	380	374
赖氨酸/mg	335	383
蛋氨酸＋胱氨酸/mg	253	359
苯丙氨酸＋酪氨酸/mg	466	407
苏氨酸/mg	304	335
色氨酸/mg	98	72
缬氨酸/mg	251	287
钙/mg	382	382
磷/mg	287	287
钾/mg	287	191
钠/mg	36	24
氯/mg	55	91
镁/mg	26	19
锰/mg	335	239
铜/mg	191	239
锌/mg	2.3	2.4
铁/mg	2.1	3.8
碘/mg	38	17
硒/mg	7.2	4.8
维生素 A/μg	72	48
维生素 D$_3$/μg	0.66	0.6
维生素 E/mg	1.5	1.4
维生素 K/μg	—	4.7
维生素 B$_2$/μg	163	191
泛酸/μg	645	239
尼克酸/μg	717	1 912
维生素 B$_{12}$/μg	1.7	1.0
胆碱/μg	81	115

营养指标	生长犬	生长猫
生物素/μg		
叶酸/μg	12.9	38.2
维生素 B_1/μg	65	239
维生素 B_6/μg	71.7	191

七、兔的氨基酸、维生素及矿物质的需要量

附表 1-12　兔的氨基酸、维生素及矿物质的需要量(法国)

营养指标	4～12周生长兔	泌乳兔	妊娠兔	成年兔(包括公兔)	肥育兔
精氨酸/%	0.9	0.8	—	—	0.55
组氨酸/%	0.35	0.43	—	—	0.4
异亮氨酸/%	0.6	0.7	—	—	0.65
亮氨酸/%	1.5	1.25	—	—	1.2
赖氨酸/%	0.6	0.75	—	—	0.7
蛋氨酸＋胱氨酸/%	0.5	0.6	—	—	0.55
苯丙氨酸＋酪氨酸/%	1.2	1.4	—	—	1.25
苏氨酸/%	0.55	0.7	—	—	0.65
色氨酸/%	0.18	0.22	—	—	0.2
缬氨酸/%	0.7	0.85	—	—	0.8
钙/%	0.5	1.1	0.8	0.6	1.1
磷/%	0.3	0.8	0.5	0.4	0.8
钠/%	0.4	0.4	0.4	—	0.4
氯/%	0.4	0.4	0.4	—	0.4
钾/%	0.8	0.9	0.9	—	0.9
镁/%	0.04	—	—	—	0.04
硫/%	0.04	—	—	—	0.04
铜/mg	5	5	—	—	5
钴/mg	1	—	—	—	1
锰/mg	8.5	2.5	2.5	2.5	8.5
锌/%	50	70	70	—	70
铁/%	50	50	50	50	50
碘/%	0.2	0.2	0.2	0.2	0.2

饲料添加剂

营养指标	4~12周 生长兔	泌乳兔	妊娠兔	成年兔 (包括公兔)	肥育兔
维生素 A/IU	6 000	12 000	12 000	—	10 000
胡萝卜素/mg	0.83	0.83	0.83	—	0.83
维生素 D/IU	90	90	90	—	90
维生素 E/mg	50	50	50	50	50
维生素 K/mg	0	2	2	0	2
维生素 B_2/mg	6	—	—	—	4
泛酸/mg	20	—	—	—	—
维生素 B_{12}/mg	0.01	—	—	—	—
叶酸/mg	1	—	—	—	—
维生素 B_1/mg	2	—	—	—	2
维生素 B_6/mg	40	—	—	—	2

注：表中数字除用百分数表示的以外，均为每千克饲粮含量，饲粮干物质为90％。

八、马及其他特种动物的维生素需要量

附表 1-13　马及其他特种动物的维生素需要量(每千克体重的维生素推荐量，瑞士)

维生素种类	马			貂及狐	鲤鱼及其 他鲤科鱼	鳟及鲑	鳝鱼
	驹、断奶 (1岁)	役马和 乘马	赛马和 种用马				
维生素 A/IU	10 080	10 000	15 000	10 000	8 000	15 000	12 000
维生素 D/IU	1 000	1 000	1 400	1 000	1 800	3 000	2 000
维生素 E/mg	50	50	200	80	40	80	160
维生素 K_3/mg	5	+	+	—	3	8	4
维生素 B_2/mg	15	15	20	—	—	—	—
泛酸/mg	15	15	15	15	60	50	60
尼克酸/mg	25	25	25	30	70	180	80
维生素 B_{12}/mg	0.17	0.17	0.25	0.03	0.01	0.05	0.15
胆碱/mg	200	200	250	1 000	800	1 800	800
生物素/mg	0.10	—	—	0.25	0.30	0.25	0.80
叶酸/mg	10	10	10	0.6	1.0	5.0	5.0
维生素 B_1/mg	15	15	20	4	6	15	30
维生素 B_6/mg	10	10	15	2	6	15	20
维生素 C/mg	250	—	250	100	150	500	300

九、牛的维生素、矿物质元素的需要量

附表 1-14　乳牛的维生素、矿物质元素的需要量（NRC,2001）

营养指标	泌 乳 牛				成年种公牛	育成期牛（公、母）	最大浓度（全种类）
	牛体重/kg	每日产奶量/kg					
	≤400	<8	8~13	13~18	>18		
	500	<11	11~17	17~23	>23		
	600	<14	14~21	21~29	>29		
	≥700	<18	18~26	26~45	>45		
钙/%	0.43	0.48	0.54	0.60	0.24	0.40	—
磷/%	0.31	0.34	0.38	0.40	0.18	0.26	—
钠/%	0.18	0.18	0.18	0.18	0.10	0.10	—
氯化钠/%	0.46	0.46	0.46	0.46	0.25	0.25	5
钾/%	0.80	0.80	0.80	0.80	0.80	0.80	—
镁/%	0.20	0.20	0.20	0.20	0.16	0.16	—
硫/%	0.20	0.20	0.20	0.20	0.17	0.16	0.35
铜/(mg/kg)	10	10	10	10	10	10	80
钴/(mg/kg)	0.10	0.10	0.10	0.10	0.10	0.10	—
锰/(mg/kg)	40	40	40	40	40	40	500
锌/(mg/kg)	40						500
铁/(mg/kg)	—						30
碘/(mg/kg)	0.50	0.50	0.50	0.50	0.25	0.25	50
硒/(mg/kg)	0.10	0.10	0.10	0.10	0.10	0.10	5
钼/(mg/kg)	—						6
维生素 A/(IU/kg)	3 200	3 200	3 200	3 200	3 200	2 200	—
维生素 D/(IU/kg)	300	300	300	300	300	300	—

注：最大浓度是指每千克饲料中的含量。

附表 1-15　肉牛矿物质、维生素的需要量（NRC,2000）

营养指标	小牛、育成及育肥期牛	怀孕干奶牛	种公牛及泌乳牛	最大浓度
钙/%	0.19~1.13	0.17~0.38	0.20~0.58	2
磷/%	0.18~0.48	0.17~0.25	0.19~0.39	1
钠/%	0.08	0.08	0.08	10(盐)
钾/%	0.65	0.65	0.65	3
镁/%	0.10	0.10	0.10	0.40

营养指标	小牛、育成及育肥期牛	怀孕干奶牛	种公牛及泌乳牛	最大浓度
硫/%	0.10	0.10	0.10	0.40
铜/(mg/kg)	8	8	8	115
钴/(mg/kg)	0.10	0.10	0.10	5
锰/(mg/kg)	20~40	40	40	1 000
锌/(mg/kg)	30	30	30	500
铁/(mg/kg)	50~100	50	50	1 000
碘/(mg/kg)	0.5	0.5	0.5	50
硒/(mg/kg)	0.2	20	0.2	2
维生素 A/(IU/kg)	2 200	2 800	3 900	—
维生素 D/(IU/kg)	275	275	275	—
维生素 E/(IU/kg)	15~60	—	15~60	—

注:最大浓度是指每千克饲料中的含量。

附表 1-16　犊牛饲粮中矿物质、维生素的推荐量(NRC,2001)

营养指标	代乳品	开食料	生长料	全乳
钙/%	1	0.7	0.6	0.95
磷/%	0.7	0.45	0.4	0.76
钠/%	0.4	0.15	0.14	0.38
氯/%	0.25	0.2	0.2	0.92
钾/%	0.65	0.65	0.65	1.12
镁/%	0.07	0.1	0.1	0.1
硫/%	0.29	0.1	0.2	0.32
铜/(mg/kg)	10	10	10	0.1~1.1
钴/(mg/kg)	0.11	0.1	0.1	0.004~0.008
锰/(mg/kg)	40	40	40	15~38
锌/(mg/kg)	40	40	40	0.2~0.4
铁/(mg/kg)	100	50	50	3
碘/(mg/kg)	0.5	0.25	0.25	0.1~0.2
硒/(mg/kg)	0.3	0.3	0.3	0.02~0.05
维生素 A/(IU/kg)	9 000	4 000	4 000	11 500
维生素 D/(IU/kg)	600	600	600	307
维生素 E/(IU/kg)	50	25	25	8

注:代乳品每千克干物质含 ME 18.4 MJ,45 kg 的犊牛每日代乳品的进食量是 0.56 kg 时,能量可满足日增重达 0.3 kg 需要。表中数据均是以干物质为基础。

附

录

附表 1-17　干奶牛的矿物质、维生素需要量(NRC,2001)

营养指标	妊娠天数/d		
	240	270	279
可吸收钙/g	18.1	21.5	22.5
饲粮钙/%	0.44	0.48	0.48
可吸收磷/g	19.9	20.3	16.9
饲粮磷/%	0.22	0.23	0.26
钠/%	0.1	0.1	0.14
氯/%	0.13	0.15	0.2
钾/%	0.51	0.52	0.62
镁/%	0.11	0.12	0.16
硫/(mg/kg)	0.2	0.2	0.2
铜/(mg/kg)	12	13	18
钴/(mg/kg)	0.11	0.11	0.11
锰/(mg/kg)	16	18	24
锌/(mg/kg)	21	22	30
铁/(mg/kg)	13	13	18
碘/(mg/kg)	0.4	0.4	0.5
硒/(mg/kg)	0.3	0.3	0.3
维生素 A/(IU/kg)	5 576	6 030	8 244
维生素 A/(IU/d)	80 300	82 610	83 270
维生素 D/(IU/kg)	1 520	1 645	2 249
维生素 D/(IU/d)	21 900	21 530	22 710
维生素 E/(IU/kg)	81	88	120
维生素 E/(IU/d)	1 168	1 202	1 211

注:此表适用于妊娠体重为 680 kg,体况为 3.3 分,犊牛初生重为 45 kg,妊娠期日增重为 670 g 的干奶牛。

饲料添加剂

附录二　饲料添加剂法规

一、新饲料和新饲料添加剂管理办法

中华人民共和国农业部令（2012 年　第 4 号）

《新饲料和新饲料添加剂管理办法》已经 2012 年农业部第 6 次常务会议审议通过,现予公布,自 2012 年 7 月 1 日起施行。

第一条　为加强新饲料、新饲料添加剂管理,保障养殖动物产品质量安全,根据《饲料和饲料添加剂管理条例》,制定本办法。

第二条　本办法所称新饲料,是指我国境内新研制开发的尚未批准使用的单一饲料。

本办法所称新饲料添加剂,是指我国境内新研制开发的尚未批准使用的饲料添加剂。

第三条　有下列情形之一的,应当向农业部提出申请,参照本办法规定的新饲料、新饲料添加剂审定程序进行评审,评审通过的,由农业部公告作为饲料、饲料添加剂生产和使用,但不发给新饲料、新饲料添加剂证书:

（一）饲料添加剂扩大适用范围的;

（二）饲料添加剂含量规格低于饲料添加剂安全使用规范要求的,但由饲料添加剂与载体或者稀释剂按照一定比例配制的除外;

（三）饲料添加剂生产工艺发生重大变化的;

（四）新饲料、新饲料添加剂自获证之日起超过 3 年未投入生产,其他企业申请生产的;

（五）农业部规定的其他情形。

第四条　研制新饲料、新饲料添加剂,应当遵循科学、安全、有效、环保的原则,保证新饲料、新饲料添加剂的质量安全。

第五条　农业部负责新饲料、新饲料添加剂审定。

全国饲料评审委员会（以下简称评审委）组织对新饲料、新饲料添加剂的安全性、有效性及其对环境的影响进行评审。

第六条　新饲料、新饲料添加剂投入生产前,研制者或者生产企业（以下简称申请人）应当向农业部提出审定申请,并提交新饲料、新饲料添加剂的申请资料和样品。

第七条　申请资料包括:

（一）新饲料、新饲料添加剂审定申请表;

（二）产品名称及命名依据、产品研制目的;

（三）有效组分、化学结构的鉴定报告及理化性质,或者动物、植物、微生物的分类鉴定报告;微生物产品或发酵制品,还应当提供农业部指定的国家级菌种保藏机构出具的菌株保藏编号;

（四）适用范围、使用方法、在配合饲料或全混合日粮中的推荐用量,必要时提供最高限

量值；

（五）生产工艺、制造方法及产品稳定性试验报告；

（六）质量标准草案及其编制说明和产品检测报告；有最高限量要求的，还应提供有效组分在配合饲料、浓缩饲料、精料补充料、添加剂预混合饲料中的检测方法；

（七）农业部指定的试验机构出具的产品有效性评价试验报告、安全性评价试验报告（包括靶动物耐受性评价报告、毒理学安全评价报告、代谢和残留评价报告等）；申请新饲料添加剂审定的，还应当提供该新饲料添加剂在养殖产品中的残留可能对人体健康造成影响的分析评价报告；

（八）标签式样、包装要求、贮存条件、保质期和注意事项；

（九）中试生产总结和"三废"处理报告；

（十）对他人的专利不构成侵权的声明。

第八条　产品样品应当符合以下要求：

（一）来自中试或工业化生产线；

（二）每个产品提供连续3个批次的样品，每个批次4份样品，每份样品不少于检测需要量的5倍；

（三）必要时提供相关的标准品或化学对照品。

第九条　有效性评价试验机构和安全性评价试验机构应当按照农业部制定的技术指导文件或行业公认的技术标准，科学、客观、公正开展试验，不得与研制者、生产企业存在利害关系。

承担试验的专家不得参与该新饲料、新饲料添加剂的评审工作。

第十条　农业部自受理申请之日起5个工作日内，将申请资料和样品交评审委进行评审。

第十一条　新饲料、新饲料添加剂的评审采取评审会议的形式。评审会议应当有9名以上评审委专家参加，根据需要也可以邀请1至2名评审委专家以外的专家参加。参加评审的专家对评审事项具有表决权。

评审会议应当形成评审意见和会议纪要，并由参加评审的专家审核签字；有不同意见的，应当注明。

第十二条　参加评审的专家应当依法履行职责，科学、客观、公正提出评审意见。

评审专家与研制者、生产企业有利害关系的，应当回避。

第十三条　评审会议原则通过的，由评审委将样品交农业部指定的饲料质量检验机构进行质量复核。质量复核机构应当自收到样品之日起3个月内完成质量复核，并将质量复核报告和复核意见报评审委，同时送达申请人。需用特殊方法检测的，质量复核时间可以延长1个月。

质量复核包括标准复核和样品检测，有最高限量要求的，还应当对申报产品有效组分在饲料产品中的检测方法进行验证。

申请人对质量复核结果有异议的，可以在收到质量复核报告后15个工作日内申请复检。

第十四条　评审过程中，农业部可以组织对申请人的试验或生产条件进行现场核查，或者对试验数据进行核查或验证。

第十五条　评审委应当自收到新饲料、新饲料添加剂申请资料和样品之日起 9 个月内向农业部提交评审结果;但是,评审委决定由申请人进行相关试验的,经农业部同意,评审时间可以延长 3 个月。

第十六条　农业部自收到评审结果之日起 10 个工作日内作出是否核发新饲料、新饲料添加剂证书的决定。

决定核发新饲料、新饲料添加剂证书的,由农业部予以公告,同时发布该产品的质量标准。新饲料、新饲料添加剂投入生产后,按照公告中的质量标准进行监测和监督抽查。

决定不予核发的,书面通知申请人并说明理由。

第十七条　新饲料、新饲料添加剂在生产前,生产者应当按照农业部有关规定取得生产许可证。生产新饲料添加剂的,还应当取得相应的产品批准文号。

第十八条　新饲料、新饲料添加剂的监测期为 5 年,自新饲料、新饲料添加剂证书核发之日起计算。

监测期内不受理其他就该新饲料、新饲料添加剂提出的生产申请和进口登记申请,但该新饲料、新饲料添加剂超过 3 年未投入生产的除外。

第十九条　新饲料、新饲料添加剂生产企业应当收集处于监测期内的产品质量、靶动物安全和养殖动物产品质量安全等相关信息,并向农业部报告。

农业部对新饲料、新饲料添加剂的质量安全状况组织跟踪监测,必要时进行再评价,证实其存在安全问题的,撤销新饲料、新饲料添加剂证书并予以公告。

第二十条　从事新饲料、新饲料添加剂审定工作的相关单位和人员,应当对申请人提交的需要保密的技术资料保密。

第二十一条　从事新饲料、新饲料添加剂审定工作的相关人员,不履行本办法规定的职责或者滥用职权、玩忽职守、徇私舞弊的,依法给予处分;构成犯罪的,依法追究刑事责任。

第二十二条　申请人隐瞒有关情况或者提供虚假材料申请新饲料、新饲料添加剂审定的,农业部不予受理或者不予许可,并给予警告;申请人在 1 年内不得再次申请新饲料、新饲料添加剂审定。

以欺骗、贿赂等不正当手段取得新饲料、新饲料添加剂证书的,由农业部撤销新饲料、新饲料添加剂证书,申请人在 3 年内不得再次申请新饲料、新饲料添加剂审定;以欺骗方式取得新饲料、新饲料添加剂证书的,并处 5 万元以上 10 万元以下罚款;构成犯罪的,依法移送司法机关追究刑事责任。

第二十三条　其他违反本办法规定的,依照《饲料和饲料添加剂管理条例》的有关规定进行处罚。

第二十四条　本办法自 2012 年 7 月 1 日起施行。农业部 2000 年 8 月 17 日发布的《新饲料和新饲料添加剂管理办法》同时废止。

二、饲料和饲料添加剂生产许可管理办法

中华人民共和国农业部令(2012 年 第 3 号)

《饲料和饲料添加剂生产许可管理办法》已经 2012 年农业部第 6 次常务会议审议通过,

现予公布,自 2012 年 7 月 1 日起施行。

第一章 总 则

第一条 为加强饲料、饲料添加剂生产许可管理,维护饲料、饲料添加剂生产秩序,保障饲料、饲料添加剂质量安全,根据《饲料和饲料添加剂管理条例》,制定本办法。

第二条 在中华人民共和国境内生产饲料、饲料添加剂,应当遵守本办法。

第三条 饲料添加剂和添加剂预混合饲料生产许可证由农业部核发。单一饲料、浓缩饲料、配合饲料和精料补充料生产许可证由省级人民政府饲料管理部门(以下简称省级饲料管理部门)核发。

省级饲料管理部门可以委托下级饲料管理部门承担单一饲料、浓缩饲料、配合饲料和精料补充料生产许可申请的受理工作。

第四条 农业部设立饲料和饲料添加剂生产许可证专家审核委员会,负责饲料添加剂和添加剂预混合饲料生产许可的技术评审工作。

省级饲料管理部门设立饲料生产许可证专家审核委员会,负责本行政区域内单一饲料、浓缩饲料、配合饲料和精料补充料生产许可的技术评审工作。

第五条 任何单位和个人有权举报生产许可过程中的违法行为,农业部和省级饲料管理部门应当依照权限核实、处理。

第二章 生产许可证核发

第六条 设立饲料、饲料添加剂生产企业,应当符合饲料工业发展规划和产业政策,并具备下列条件:

(一)有与生产饲料、饲料添加剂相适应的厂房、设备和仓储设施;

(二)有与生产饲料、饲料添加剂相适应的专职技术人员;

(三)有必要的产品质量检验机构、人员、设施和质量管理制度;

(四)有符合国家规定的安全、卫生要求的生产环境;

(五)有符合国家环境保护要求的污染防治措施;

(六)农业部制定的饲料、饲料添加剂质量安全管理规范规定的其他条件。

第七条 申请设立饲料、饲料添加剂生产企业,申请人应当向生产地省级饲料管理部门提出申请,并提交农业部规定的申请材料。

申请设立饲料添加剂、添加剂预混合饲料生产企业,省级饲料管理部门应当自受理申请之日起 20 个工作日内进行书面审查和现场审核,并将相关资料和审查、审核意见上报农业部。农业部收到资料和审查、审核意见后,交饲料和饲料添加剂生产许可证专家审核委员会进行评审,根据评审结果在 10 个工作日内作出是否核发生产许可证的决定,并将决定抄送省级饲料管理部门。

申请设立单一饲料、浓缩饲料、配合饲料和精料补充料生产企业,省级饲料管理部门应当自受理之日起 10 个工作日内进行书面审查;审查合格的,组织进行现场审核,并根据审核结果在 10 个工作日内作出是否核发生产许可证的决定。

生产许可证式样由农业部统一规定。

第八条 申请人凭生产许可证办理工商登记手续。

第九条　取得饲料添加剂、添加剂预混合饲料生产许可证的企业,应当向省级饲料管理部门申请核发产品批准文号。

第十条　饲料、饲料添加剂生产企业委托其他饲料、饲料添加剂企业生产的,应当具备下列条件,并向各自所在地省级饲料管理部门备案:

(一)委托产品在双方生产许可范围内。委托生产饲料添加剂、添加剂预混合饲料的,双方还应当取得委托产品的产品批准文号;

(二)签订委托合同,依法明确双方在委托产品生产技术、质量控制等方面的权利和义务。

受托方应当按照饲料、饲料添加剂质量安全管理规范和饲料添加剂安全使用规范及产品标准组织生产,委托方应当对生产全过程进行指导和监督。委托方和受托方对委托生产的饲料、饲料添加剂质量安全承担连带责任。

委托生产的产品标签应当同时标明委托企业和受托企业的名称、注册地址、许可证编号;委托生产饲料添加剂、添加剂预混合饲料的,还应当标明受托方取得的生产该产品的批准文号。

第十一条　生产许可证有效期为 5 年。

生产许可证有效期满需继续生产的,应当在有效期届满 6 个月前向省级饲料管理部门提出续展申请,并提交农业部规定的材料。

第三章　生产许可证变更和补发

第十二条　饲料、饲料添加剂生产企业有下列情形之一的,应当按照企业设立程序重新办理生产许可证:

(一)增加、更换生产线的;

(二)增加单一饲料、饲料添加剂产品品种的;

(三)生产场所迁址的;

(四)农业部规定的其他情形。

第十三条　饲料、饲料添加剂生产企业有下列情形之一的,应当在 15 日内向企业所在地省级饲料管理部门提出变更申请并提交相关证明,由发证机关依法办理变更手续,变更后的生产许可证证号、有效期不变:

(一)企业名称变更;

(二)企业法定代表人变更;

(三)企业注册地址或注册地址名称变更;

(四)生产地址名称变更。

第十四条　生产许可证遗失或损毁的,应当在 15 日内向发证机关申请补发,由发证机关补发生产许可证。

第四章　监督管理

第十五条　饲料、饲料添加剂生产企业应当按照许可条件组织生产。生产条件发生变化,可能影响产品质量安全的,企业应当经所在地县级人民政府饲料管理部门报告发证机关。

附录

第十六条　县级以上人民政府饲料管理部门应当加强对饲料、饲料添加剂生产企业的监督检查,依法查处违法行为,并建立饲料、饲料添加剂监督管理档案,记录日常监督检查、违法行为查处等情况。

第十七条　饲料、饲料添加剂生产企业应当在每年2月底前填写备案表,将上一年度的生产经营情况报企业所在地省级饲料管理部门备案。省级饲料管理部门应当在每年4月底前将企业备案情况汇总上报农业部。

第十八条　饲料、饲料添加剂生产企业有下列情形之一的,由发证机关注销生产许可证:

(一)生产许可证依法被撤销、撤回或依法被吊销的;

(二)生产许可证有效期届满未按规定续展的;

(三)企业停产一年以上或依法终止的;

(四)企业申请注销的;

(五)依法应当注销的其他情形。

第五章　罚　　则

第十九条　县级以上人民政府饲料管理部门工作人员,不履行本办法规定的职责或者滥用职权、玩忽职守、徇私舞弊的,依法给予处分;构成犯罪的,依法追究刑事责任。

第二十条　申请人隐瞒有关情况或者提供虚假材料申请生产许可的,饲料管理部门不予受理或者不予许可,并给予警告;申请人在1年内不得再次申请生产许可。

第二十一条　以欺骗、贿赂等不正当手段取得生产许可证的,由发证机关撤销生产许可证,申请人在3年内不得再次申请生产许可;以欺骗方式取得生产许可证的,并处5万元以上10万元以下罚款;构成犯罪的,依法移送司法机关追究刑事责任。

第二十二条　饲料、饲料添加剂生产企业有下列情形之一的,依照《饲料和饲料添加剂管理条例》第三十八条处罚:

(一)超出许可范围生产饲料、饲料添加剂的;

(二)生产许可证有效期届满后,未依法续展继续生产饲料、饲料添加剂的。

第二十三条　饲料、饲料添加剂生产企业采购单一饲料、饲料添加剂、药物饲料添加剂、添加剂预混合饲料,未查验相关许可证明文件的,依照《饲料和饲料添加剂管理条例》第四十条处罚。

第二十四条　其他违反本办法的行为,依照《饲料和饲料添加剂管理条例》的有关规定处罚。

第六章　附　　则

第二十五条　本办法所称添加剂预混合饲料,包括复合预混合饲料、微量元素预混合饲料、维生素预混合饲料。

复合预混合饲料,是指以矿物质微量元素、维生素、氨基酸中任何两类或两类以上的营养性饲料添加剂为主,与其他饲料添加剂、载体和(或)稀释剂按一定比例配制的均匀混合物,其中营养性饲料添加剂的含量能够满足其适用动物特定生理阶段的基本营养需求,在配合饲料、精料补充料或动物饮用水中的添加量不低于0.1%且不高于10%。

微量元素预混合饲料,是指两种或两种以上矿物质微量元素与载体和(或)稀释剂按一定比例配制的均匀混合物,其中矿物质微量元素含量能够满足其适用动物特定生理阶段的微量元素需求,在配合饲料、精料补充料或动物饮用水中的添加量不低于 0.1%且不高于 10%。

维生素预混合饲料,是指两种或两种以上维生素与载体和(或)稀释剂按一定比例配制的均匀混合物,其中维生素含量应当满足其适用动物特定生理阶段的维生素需求,在配合饲料、精料补充料或动物饮用水中的添加量不低于 0.01%且不高于 10%。

第二十六条　本办法自 2012 年 7 月 1 日起施行。农业部 1999 年 12 月 9 日发布的《饲料添加剂和添加剂预混合饲料生产许可证管理办法》、2004 年 7 月 14 日发布的《动物源性饲料产品安全卫生管理办法》、2006 年 11 月 24 日发布的《饲料生产企业审查办法》同时废止。

本办法施行前已取得饲料生产企业审查合格证、动物源性饲料产品生产企业安全卫生合格证的饲料生产企业,应当在 2014 年 7 月 1 日前依照本办法规定取得生产许可证。

三、进口饲料和饲料添加剂登记管理办法

2000 年 8 月 17 日中华人民共和国农业部令第 38 号发布

第一条　为加强进口饲料、饲料添加剂监督管理,保证养殖动物的安全生产,根据《饲料和饲料添加剂管理条例》的规定,制定本办法。

第二条　本办法所称饲料是指经工业化加工、制作的供动物食用的饲料,包括单一饲料、添加剂预混合饲料、浓缩饲料、配合饲料和精料补充料。

本办法所称饲料添加剂是指饲料加工、制作、使用过程中添加的少量或者微量物质,包括营养性饲料添加剂和一般饲料添加剂。

第三条　外国企业生产的饲料和饲料添加剂首次在中华人民共和国境内销售的,应当向中华人民共和国农业部申请登记,取得产品登记证;未取得产品登记证的饲料、饲料添加剂不得在中国境内销售、使用。

第四条　进口的饲料、饲料添加剂应当符合安全、有效和不污染环境的原则。生产国(地区)已淘汰或禁止生产、销售、使用的饲料和饲料添加剂,不予登记。

第五条　外国厂商或其代理人申请进口饲料和饲料添加剂产品登记证,应当向中华人民共和国农业部提交下列资料和产品样品:

(一)进口饲料或饲料添加剂登记申请表(一式二份,中英文填写)。

(二)代理人需提交生产企业委托登记授权书。

(三)提交申请资料(中英文一式二份),包括下列内容:

1. 产品名称(通用名称、商品名称);

2. 生产国(地区)批准在本国允许生产、销售的证明和在其他国家的登记资料;

3. 产品来源、组成成分和制造方法;

4. 质量标准和检验方法;

5. 标签式样、使用说明书和商标;

6. 适用范围和使用方法或添加量;

7. 包装规格、贮存注意事项及保质期；

8. 必要时提供安全性评价试验报告和稳定性试验报告；

9. 饲喂试验资料及推广应用情况；

10. 其他相关资料。

(四)提交产品样品

1. 每个品种需 3 个不同批号,每个批号 3 份样品,每份为检验需要量的 3～5 倍。同时附同批号样品的质检报告单。

2. 必要时提供该产品相对应的标准品对照品。

第六条　农业部在收到上述全部申请资料和产品样品后 15 个工作日内做出是否受理的决定。决定受理的,交农业部指定的饲料质量检验机构进行产品质量复核检验。

第七条　饲料质量检验机构应当在收到产品样品和相关资料后 3 个月内完成产品质量复核检验,并将检验结果报送农业部全国饲料工作办公室。申请人应当协助饲料质量检验机构进行复核质量检验。

第八条　凡未获得生产国(地区)注册登记许可的饲料和饲料添加剂在中国境内登记时,必须进行饲喂试验和安全性评价试验。试验费用由申请人承担。

第九条　进口中华人民共和国尚未允许使用但出口国已批准生产和使用的饲料和饲料添加剂,应当进行饲喂试验,必要时进行安全性评价试验。试验方案应经农业部审查,试验承担单位由农业部认可。试验费用由申请人承担。

第十条　试验过程中因产品样品应用造成的不良后果,由申请人承担责任。

第十一条　申请资料完整,质量复核检验合格的产品,经农业部审核合格后,发给进口饲料、饲料添加剂产品登记证。属于第八条、第九条规定情况的,应当将饲喂试验、安全性评价试验结果提交全国饲料评审委员会审定通过后,由农业部发给产品登记证。

第十二条　凡已登记并在中华人民共和国使用的饲料和饲料添加剂,一旦证实对人体、养殖动物和环境有危害时,立即宣布限用或撤销登记。外国厂商应当赔偿全部经济损失。

第十三条　从事进口饲料和饲料添加剂登记、评审、复核试验等工作的有关单位和人员,应当为申请人提供的需要保密的技术资料保密。

第十四条　进口饲料和饲料添加剂产品登记证的有效期限为 5 年。期满后,仍需继续在中国境内销售的,应当在产品登记证期满前 6 个月内申请续展登记。

第十五条　办理续展登记需提供以下资料和产品样品:

(一)提交续展登记申请表;

(二)提交原产品登记证复印件;

(三)提供生产国(地区)最新批准文件、质量标准和产品说明书等其他必要的资料。

第十六条　未按规定时限办理续展登记或监督抽查检验 1 次不合格的进口饲料和饲料添加剂,需送交产品样品,进行复核检验。但受到停止经营处罚的除外。

第十七条　生产国(地区)已停止生产、使用的饲料和饲料添加剂,或连续两次以上监督抽查检验不合格的进口饲料和饲料添加剂不予续展。

第十八条　改变生产厂址、产品标准、产品配方成分和使用范围的,应当重新办理登记。

第十九条　进口的饲料、饲料添加剂在国内销售的,必须按《饲料标签》标准(GB10648)

的要求附具中文标签,并在标签上标明产品登记证号。

第二十条 办理进口饲料、饲料添加剂产品登记证需按有关规定交纳登记费、检验费和评审费。

第二十一条 违反本办法规定的,按《饲料和饲料添加剂管理条例》有关规定处罚。

第二十二条 本办法由中华人民共和国农业部负责解释。

第二十三条 本办法自公布之日起施行。《中华人民共和国农业部关于进口饲料添加剂登记的暂行规定》同时废止。

附注:

中华人民共和国农业部令第38号(2004年7月1日),公布了《关于修订农业行政许可规章和规范性文件的决定》,并于2004年7月1日起施行,对涉及行政许可的规章和规范性文件进行了修订。其中《进口饲料和饲料添加剂登记管理办法》修改条款如下:

1. 第六条修改为:"农业部在受理申请后5日内,将产品样品交指定的饲料质量检验机构进行产品质量复核检验。"

2. 第十一条修改为:"农业部在收到质量复核检验报告后15日内,决定是否发放进口饲料、饲料添加剂产品登记证。属于第八条、第九条规定情况的,应当在5日内将饲喂试验、安全性评价试验结果提交全国饲料评审委员会审定,并根据评审结果在10日内决定是否发放进口饲料、饲料添加剂产品登记证。"

3. 第十七条修改为:"生产国(地区)已停止生产、使用的饲料和饲料添加剂,或连续两次以上监督抽查检验不合格的进口饲料和饲料添加剂,由农业部注销其产品登记证并予公告。"

4. 删除第二十条。

四、饲料药物添加剂使用规范

中华人民共和国农业部公告第168号

为加强兽药的使用管理,进一步规范和指导饲料药物添加剂的合理使用,防止滥用饲料药物添加剂,根据《兽药管理条例》的规定,我部制定了《饲料药物添加剂使用规范》(以下简称《规范》),现就有关问题公告如下:

一、农业部批准的具有预防动物疾病、促进动物生长作用,可在饲料中长时间添加使用的饲料药物添加剂(品种收载于《规范》附录一中),其产品批准文号须用"药添字"。生产含有《规范》附录一所列品种成分的饲料,必须在产品标签中标明所含兽药成分的名称、含量、适用范围、停药期规定及注意事项等。

二、凡农业部批准的用于防治动物疾病,并规定疗程,仅是通过混饲给药的饲料药物添加剂(包括预混剂或散剂,品种收载于《规范》附录二),其产品批准文号须用"兽药字",各畜禽养殖场及养殖户须凭兽医处方购买、使用,所有商品饲料中不得添加《规范》附录二中所列的兽药成分。

三、除本《规范》收载品种及农业部今后批准允许添加到饲料中使用的饲料药物添加剂外,任何其他兽药产品一律不得添加到饲料中使用。

四、兽用原料药不得直接加入饲料中使用,必须制成预混剂后方可添加到饲料中。

五、各地兽药管理部门要对照本《规范》于10月底前完成本辖区饲料药物添加剂产品批准文号的清理整顿工作，印有原批准文号的产品标签、包装可使用至2001年12月底。

六、凡从事饲料药物添加剂生产、经营活动的，必须履行有关的兽药报批手续，并接受各级兽药管理部门的管理和质量监督，违者按照兽药管理法规进行处理。

七、本《规范》自2001年7月3日起执行。原我部《关于发布〈允许作饲料药物添加剂的兽药品种及使用规定〉的通知》（农牧发〔1997〕8号）和《关于发布"饲料添加剂允许使用品种目录"的通知》（农牧发〔1994〕7号）同时废止。

中华人民共和国农业部

二〇〇一年九月四日

五、饲料添加剂品种目录

农业部第1126号公告

为加强饲料添加剂的管理，保证养殖产品质量安全，促进饲料工业持续健康发展，根据《饲料和饲料添加剂管理条例》的有关规定，现公布《饲料添加剂品种目录（2008）》（以下简称《目录（2008）》），并就有关事宜公告如下：

一、《目录（2008）》由《附录一》和《附录二》两部分组成。凡生产、经营和使用的营养性饲料添加剂及一般饲料添加剂均应属于《目录（2008）》中规定的品种，饲料添加剂的生产企业应办理生产许可证和产品批准文号。《附录二》是保护期内的新饲料和新饲料添加剂品种，仅允许所列申请单位或其授权的单位生产。禁止《目录（2008）》外的物质作为饲料添加剂使用。凡生产《目录（2008）》外的饲料添加剂，应按照《新饲料和新饲料添加剂管理办法》的有关规定，申请并获得新产品证书后方可生产和使用。

二、生产源于转基因动植物、微生物的饲料添加剂，以及含有转基因产品成分的饲料添加剂，应按照《农业转基因生物安全管理条例》的有关规定进行安全评价，获得农业转基因生物安全证书后，再按照《新饲料和新饲料添加剂管理办法》的有关规定进行评审。

三、《目录（2008）》是在《饲料添加剂品种目录（2006）》的基础上进行的修订，增加了实际生产中需要且公认安全的部分饲料添加剂品种，明确了酶制剂和微生物的适用范围。

四、将保护期满的9个新产品正式纳入《附录一》中，包括烟酸铬、半胱氨盐酸盐、保加利亚乳杆菌、吡啶甲酸铬、半乳甘露寡糖、低聚木糖、低聚壳聚糖、α-环丙氨酸、稀土（铈和镧）壳糖胺螯合盐。

五、2006年5月31日农业部发布的《饲料添加剂品种目录（2006）》（农业部公告第658号）即日起废止。

二〇〇八年十二月十一日

类别	通用名称	适用范围
氨基酸	L-赖氨酸、L-赖氨酸盐酸盐、L-赖氨酸硫酸盐及其发酵副产物(产自谷氨酸棒杆菌,L-赖氨酸含量不低于 51%)、DL-蛋氨酸、L-苏氨酸、L-色氨酸、L-精氨酸、甘氨酸、L-酪氨酸、L-丙氨酸、天(门)冬氨酸、L-亮氨酸、异亮氨酸、L-脯氨酸、苯丙氨酸、丝氨酸、L-半胱氨酸、L-组氨酸、缬氨酸、胱氨酸、牛磺酸	养殖动物
	蛋氨酸羟基类似物、蛋氨酸羟基类似物钙盐	猪、鸡和牛
	N-羟甲基蛋氨酸钙	反刍动物
维生素	维生素 A、维生素 A 乙酸酯、维生素 A 棕榈酸酯、β-胡萝卜素、盐酸硫胺(维生素 B_1)、硝酸硫胺(维生素 B_1)、核黄素(维生素 B_2)、盐酸吡哆醇(维生素 B_6)、氰钴胺(维生素 B_{12})、L-抗坏血酸(维生素 C)、L-抗坏血酸钙、L-抗坏血酸钠、L-抗坏血酸-2-磷酸酯、L-抗坏血酸-6-棕榈酸酯、维生素 D_2、维生素 D_3、α-生育酚(维生素 E)、α-生育酚乙酸酯、亚硫酸氢钠甲萘醌(维生素 K_3)、二甲基嘧啶醇亚硫酸甲萘醌、亚硫酸氢烟酰胺甲萘醌、烟酸、烟酰胺、D-泛醇、D-泛酸钙、DL-泛酸钙、叶酸、D-生物素、氯化胆碱、肌醇、L-肉碱、L-肉碱盐酸盐	养殖动物
矿物元素及其络(螯)合物[1]	氯化钠、硫酸钠、磷酸二氢钠、磷酸氢二钠、磷酸二氢钾、磷酸氢二钾、轻质碳酸钙、氯化钙、磷酸氢钙、磷酸二氢钙、磷酸三钙、乳酸钙、硫酸镁、氧化镁、氯化镁、柠檬酸亚铁、富马酸亚铁、乳酸亚铁、硫酸亚铁、氯化亚铁、氯化铁、碳酸亚铁、氯化铜、硫酸铜、氧化锌、氯化锌、碳酸锌、硫酸锌、乙酸锌、氯化锰、氧化锰、硫酸锰、碳酸锰、磷酸氢锰、碘化钾、碘化钠、碘酸钾、碘酸钙、氯化钴、乙酸钴、硫酸钴、亚硒酸钠、钼酸钠、蛋氨酸铜络(螯)合物、蛋氨酸铁络(螯)合物、蛋氨酸锰络(螯)合物、蛋氨酸锌络(螯)合物、赖氨酸铜络(螯)合物、赖氨酸锌络(螯)合物、甘氨酸铜络(螯)合物、甘氨酸铁络(螯)合物、酵母铜*、酵母铁*、酵母锰*、酵母硒*、蛋白铜*、蛋白铁*、蛋白锌*	养殖动物
	烟酸铬、酵母铬*、蛋氨酸铬*、吡啶甲酸铬	生长肥育猪
	丙酸铬*	猪
	丙酸锌*	猪、牛和家禽
	硫酸钾、三氧化二铁、碳酸钴、氧化铜	反刍动物
	稀土(铈和镧)壳糖胺螯合盐	畜禽、鱼和虾

续附表2-1

类别	通用名称	适用范围
饲料添加剂 / 酶制剂[2]	淀粉酶(产自黑曲霉、解淀粉芽孢杆菌、地衣芽孢杆菌、枯草芽孢杆菌、长柄木霉*、米曲霉*)	青贮玉米、玉米、玉米蛋白粉、豆粕、小麦、次粉、大麦、高粱、燕麦、豌豆、木薯、小米、大米
	支链淀粉酶(产自酸解支链淀粉芽孢杆菌)	
	α-半乳糖苷酶(产自黑曲霉)	豆粕
	纤维素酶(产自长柄木霉)	玉米、大麦、小麦、麦麸、黑麦、高粱
	β-葡聚糖酶(产自黑曲霉、枯草芽孢杆菌、长柄木霉、绳状青霉*)	小麦、大麦、菜籽粕、小麦副产物、去壳燕麦、黑麦、黑小麦、高粱
	葡萄糖氧化酶(产自特异青霉)	葡萄糖
	脂肪酶(产自黑曲霉)	动物或植物源性油脂或脂肪
	麦芽糖酶(产自枯草芽孢杆菌)	麦芽糖
	甘露聚糖酶(产自迟缓芽孢杆菌)	玉米、豆粕、椰子粕
	果胶酶(产自黑曲霉)	玉米、小麦
	植酸酶(产自黑曲霉、米曲霉)	玉米、豆粕、葵花籽粕、玉米糁渣、木薯、植物副产物
	蛋白酶(产自黑曲霉、米曲霉、枯草芽孢杆菌、长柄木霉*)	植物和动物蛋白
	木聚糖酶(产自米曲霉、孤独腐质霉、长柄木霉、枯草芽孢杆菌、绳状青霉*)	玉米、大麦、黑麦、小麦、高粱、黑小麦、燕麦
微生物	地衣芽孢杆菌*、枯草芽孢杆菌、两歧双歧杆菌*、粪肠球菌、屎肠球菌、乳酸肠球菌、嗜酸乳杆菌、干酪乳杆菌、乳酸乳杆菌*、植物乳杆菌、乳酸片球菌、戊糖片球菌*、产朊假丝酵母、酿酒酵母、沼泽红假单胞菌	养殖动物
	保加利亚乳杆菌	猪、鸡和青贮饲料
非蛋白氮	尿素、碳酸氢铵、硫酸铵、液氨、磷酸二氢铵、磷酸氢二铵、缩二脲、异丁叉二脲、磷酸脲	反刍动物
抗氧化剂	乙氧基喹啉、丁基羟基茴香醚(BHA)、二丁基羟基甲苯(BHT)、没食子酸丙酯	养殖动物
防腐剂、防霉剂和酸度调节剂	甲酸、甲酸铵、甲酸钙、乙酸、双乙酸钠、丙酸、丙酸铵、丙酸钠、丙酸钙、丁酸、丁酸钠、乳酸、苯甲酸、苯甲酸钠、山梨酸、山梨酸钠、山梨酸钾、富马酸、柠檬酸、柠檬酸钾、柠檬酸钠、柠檬酸钙、酒石酸、苹果酸、磷酸、氢氧化钠、碳酸氢钠、氯化钾、碳酸钠	养殖动物

类别	通用名称	适用范围
着色剂	β-胡萝卜素、辣椒红、β-阿朴-8'-胡萝卜素醛、β-阿朴-8'-胡萝卜素酸乙酯、β,β-胡萝卜素-4,4-二酮(斑蝥黄)、叶黄素、天然叶黄素(源自万寿菊)	家禽
	虾青素	水产动物
调味剂和香料	糖精钠、谷氨酸钠、5'-肌苷酸二钠、5'-鸟苷酸二钠、食品用香料[3]	养殖动物
黏结剂、抗结块剂和稳定剂	α-淀粉、三氧化二铝、可食脂肪酸钙盐、可食用脂肪酸单/双甘油酯、硅酸钙、硅铝酸钠、硫酸钙、硬脂酸钙、甘油脂肪酸酯、聚丙烯酸树脂Ⅱ、山梨醇酐单硬脂酸酯、聚氧乙烯20山梨醇酐单油酸酯、丙二醇、二氧化硅、卵磷脂、海藻酸钠、海藻酸钾、海藻酸铵、琼脂、瓜尔胶、阿拉伯树胶、黄原胶、甘露糖醇、木质素磺酸盐、羧甲基纤维素钠、聚丙烯酸钠*、山梨醇酐脂肪酸酯、蔗糖脂肪酸酯、焦磷酸二钠、单硬脂酸甘油酯	养殖动物
	丙三醇	猪、鸡和鱼
	硬脂酸*	猪、牛和家禽
多糖和寡糖	低聚木糖(木寡糖)	蛋鸡和水产养殖动物
	低聚壳聚糖	猪、鸡和水产养殖动物
	半乳甘露寡糖	猪、肉鸡、兔和水产养殖动物
	果寡糖、甘露寡糖	养殖动物
其他	甜菜碱、甜菜碱盐酸盐、大蒜素、山梨糖醇、大豆磷脂、天然类固醇萨洒皂角苷(源自丝兰)、二十二碳六烯酸(DHA)、啤酒酵母培养物*、啤酒酵母提取物*、啤酒酵母细胞壁*	养殖动物
	糖萜素(源自山茶籽饼)、牛至香酚*	猪和家禽
	乙酰氧肟酸	反刍动物
	半胱氨盐酸盐(仅限于包被颗粒,包被主体材料为环状糊精,半胱氨盐酸盐含量27%)	畜禽
	α-环丙氨酸	鸡

注:*为已获得进口登记证的饲料添加剂,进口或在中国境内生产带"*"的饲料添加剂时,农业部需要对其安全性、有效性和稳定性进行技术评审。

1. 所列物质包括无水和结晶水形态;

2. 酶制剂的适用范围为典型底物,仅作为推荐,并不包括所有可用底物;

3. 食品用香料见《食品添加剂使用卫生标准》(GB2760—2007)中食品用香料名单。

附

录

附表 2-2　保护期内的新饲料和新饲料添加剂品种目录

序号	产品名称	申请单位	适用范围	批准时间
1	苜草素（有效成分为苜蓿多糖、苜蓿黄酮、苜蓿皂甙）	中国农业科学院畜牧研究所	仔猪、育肥猪、肉鸡	2003 年 12 月
2	碱式氯化铜	长沙兴嘉生物工程有限公司	猪	2003 年 12 月
3	碱式氯化铜	深圳绿环化工实业有限公司	仔猪、肉仔鸡	2004 年 04 月
4	饲用凝结芽孢杆菌 TQ33 添加剂	天津新星兽药厂	肉用仔鸡、生长育肥猪	2004 年 05 月
5	杜仲叶提取物（有效成分为绿原酸、杜仲多糖、杜仲黄酮）	张家界恒兴生物科技有限公司	生长育肥猪、鱼、虾	2004 年 06 月
6	保得®微生态制剂（侧孢芽孢杆菌）	广东东莞宏远生物工程有限公司	肉鸡、肉鸭、猪、虾	2004 年 06 月
7	L-赖氨酸硫酸盐（产自乳糖发酵短杆菌）	长春大成生化工程开发有限公司	生长育肥猪	2004 年 06 月
8	益绿素（有效成分为羊藿甙）	新疆天康畜牧生物技术有限公司	鸡、猪、绵羊、奶牛	2004 年 09 月
9	壳寡糖	北京英惠尔生物技术有限公司	仔猪、肉鸡、肉鸭、虹鳟鱼	2004 年 11 月
10	共轭亚油酸饲料添加剂	青岛澳海生物有限公司	仔猪、蛋鸡	2005 年 01 月
11	二甲酸钾	北京挑战农业科技有限公司	猪	2005 年 03 月
12	β-1,3-D-葡聚糖（源自酿酒酵母）	广东智威畜水产有限公司	水产动物	2005 年 05 月
13	4,7-二羟基异黄酮（大豆黄酮）	中牧实业股份有限公司	猪、产蛋家禽	2005 年 06 月
14	乳酸锌（α-羟基丙酸锌）	四川省饲料科研有限公司	生长育肥猪、家禽	2005 年 06 月
15	蒲公英、陈皮、山楂、甘草复合提取物（有效成分为黄酮）	河南省金鑫饲料工业有限公司	猪、鸡	2005 年 06 月
16	液体 L-赖氨酸（L-赖氨酸含量不低于 50%）	四川川化味之素有限公司	猪	2005 年 10 月
17	壳寡糖（寡聚糖 β-(1-4)-2-氨基-2-脱氧-D-葡萄糖）	北京格莱克生物工程技术有限公司	猪、鸡	2006 年 05 月

续附表 2-2

序号	产品名称	申请单位	适用范围	批准时间
18	碱式氯化锌	长沙兴嘉生物工程有限公司	仔猪	2006 年 05 月
19	N,O-羧甲基壳聚糖	北京紫冠碧螺科技发展有限公司	猪、鸡	2006 年 05 月
20	地顶孢霉培养物	合肥迈可罗生物工程有限公司	猪、鸡	2006 年 07 月
21	碱式氯化铜（α-晶型）	深圳东江华瑞科技有限公司	生长育肥猪	2007 年 02 月
22	甘氨酸锌	浙江建德市维丰饲料有限公司	猪	2007 年 08 月
23	紫苏籽提取物粉剂（有效成分为 α-亚油酸、亚麻酸、黄酮）	重庆市优胜科技发展有限公司	猪、肉鸡、鱼	2007 年 08 月
24	植物甾醇（源于大豆油/菜籽油，有效成分为 β-谷甾醇、菜油甾醇、豆甾醇）	江苏春之谷生物制品有限公司	家禽、生长育肥猪	2008 年 01 月

附表 2-3 新饲料和新饲料添加剂品种目录

产品名称	适用范围	申请单位	证书编号	备注
绿环铜（碱式氯化铜）	仔猪、肉仔鸡	深圳绿环化工实业有限公司	新饲证字（2004）01 号	农业部公告第 366 号
饲用凝结芽孢杆菌 TQ33 添加剂	肉用仔鸡、生长育肥猪	天津新星兽药厂	新饲证字（2004）02 号	农业部公告第 372 号
杜仲叶提取物	生长育肥猪、鱼、虾	张家界恒兴生物科技有限公司	新饲证字（2004）03 号	农业部公告第 384 号
保得"微生态制剂	肉鸡、肉鸭、猪、虾	广东东莞宏远生物工程有限公司	新饲证字（2004）04 号	农业部公告第 384 号
饲料级 L-赖氨酸硫酸盐	生长育肥猪	长春大成生化工程开发有限公司	新饲证字（2004）05 号	农业部公告第 384 号
益绿素	鸡、猪、绵羊、奶牛	新疆天康畜牧生物技术股份有限公司	新饲证字（2004）06 号	农业部公告第 408 号

附表 2-4　进口饲料和饲料添加剂产品登记证目录（2012—13）

登记证号	通用名称	商品名称	产品类别	使用范围	生产厂家	有效期限	备注
（2012）外饲准字 405 号	羟基蛋氨酸钙 Methionine Hydroxy Calcium	罗迪美®钙盐 AR-hodimet® A-Dry	矿物质饲料添加剂 Mineral Feed Additive	养殖动物 All species or categories of animals	法国 Innocaps 公司 Innocaps Company Limited, France	2012. 11 至 2017. 11	
（2012）外饲准字 406 号	屎肠球菌 Enterococcus Faecium	普乐康 Protexin Concentrate	微生物饲料添加剂 Microbial Feed Additive	家禽、猪、牛和羊 Poultry, Pig, Cattle and Sheep	英国普碧欧丝国际有限公司 Probiotics International Ltd, UK	2012. 11 至 2017. 11	
（2012）外饲准字 407 号	多种有机酸 Multi Organic Acids	活力酸-S（固体）Vitacidex Dry	饲料酸化剂 Feed Acidifier	猪 Pig	法国科勒蒙萨顿公司 CCA Nutrition, France	2012. 11 至 2017. 11	
（2012）外饲准字 408 号	多种有机酸 Multi Organic Acids	活力酸-L（液体）Liquid Vitacid	饲料酸化剂 Feed Acidifier	猪和鸡 Pig and Chicken	法国科勒蒙萨顿公司 CCA Nutrition, France	2012. 11 至 2017. 11	
（2012）外饲准字 409 号	牛肝脏和磷酸 Beef Liver and Phosphoric Acid	得望高级狗粮口味增强剂 D'Tech 8L	饲料添加剂 Feed Additive	狗 Dog	澳大利亚 SPF Diana 有限公司 SPF Diana Australia Pty Ltd	2012. 11 至 2017. 11	
（2012）外饲准字 410 号	天然类固醇皂角苷（源自丝兰）YUCCA（Yucca Schidigera Exact）	丝兰宝 Biopowder	饲料添加剂 Feed Additive	家禽、猪、牛和宠物 Poultry, Pig, Cattle and Pet	墨西哥 BAJA Agro International, S.A. de C. V.公司 BAJA Agro International, S.A. de C. V., Mexico	2012. 11 至 2017. 11	
（2012）外饲准字 411 号	木质纤维素 Lignocelluloses	万利纤 Opticell	饲料添加剂 Feed Additive	猪、鸡、兔子、小牛和宠物 Pig, Chicken, Rabbit, Calf and Pet	奥地利艾吉美公司 Agromed Austria GmbH	2012. 11 至 2017. 11	
（2012）外饲准字 412 号	麦麸和碳酸钙 Wheat Flour and Calcium Carbonate	育幼保 Baby Guard	饲料添加剂 Feed Additive	家禽 Poultry	台湾信逢胶股份有限公司 New Well Powder Co., Ltd.	2012. 11 至 2017. 11	

续附表2-4

登记证号	通用名称	商品名称	产品类别	使用范围	生产厂家	有效期限	备注
(2012)外饲准字413号	水解植物油 Hydrolyzed Vegetable Oil	朋洛弥 Palomys	能量饲料 Energy Feed	家禽和猪 Poultry and Pig	美国哈迪动物营养公司 Hardy Animal Nutrition, USA	2012.11至2017.11	
(2012)外饲准字414号	鱼油 Fish Oil	鱼油（饲料级）Fish Oil(Feed Grade)	能量饲料 Energy Feed	养殖动物 All species or categories of animals	墨西哥 Maz Industrial S.A. de C.V.公司 Maz Industrial S. A. de C. V., Mexico	2012.11至2017.11	
(2012)外饲准字415号	发酵豆粕 Fermentation of Defatted Soybean meal	速益泰 Soytide	蛋白质饲料 Protein Feed	猪、家禽、水产、反刍动物 Swine, Poultry, Aquaculture Ruminant	希杰第一制糖 仁川 2 工厂 CJ Cheiljedang Corporation, Incheon 2 Plant, Korea	2012.11至2017.11	
(2012)外饲准字416号	含可溶物干玉米酒糟 Dried Corn Distillers Grains With Solubles	玛吉斯 DDGS-Marquis DDGS	蛋白质饲料 Protein Feed	家禽、猪和水产 Poultry、Swine and Aquaculture	玛吉斯能源有限公司 Marquis Energy LLC, USA	2012.11至2017.11	
(2012)外饲准字417号	肉骨粉 Meat and Bone Meal	牛羊肉骨粉 Bovine Ovine Meat and Bone Meal	蛋白质饲料 Protein Feed	家禽、猪和水产 Poultry、Swine and Aquaculture	乌拉圭 Yarus S. A. 公司 Yarus S. A., Uruguay	2012.11至2017.11	
(2012)外饲准字418号	肉骨粉 Meat and Bone Meal	鸡肉粉 Poultry By-Product Meal	蛋白质饲料 Protein Feed	家禽、猪和水产 Poultry、Swine and Aquaculture	美国温泽世家公司 G. A. Wintzer & Son Co., USA	2012.11至2017.11	
(2012)外饲准字419号	肉骨粉 Meat and Bone Meal	羽毛粉 Wapak Feather Meal	蛋白质饲料 Protein Feed	家禽、猪和水产 Poultry、Swine and Aquaculture	美国温泽世家公司 G. A. Wintzer & Son Co., USA	2012.11至2017.11	

续附表2-4

登记证号	通用名称	商品名称	产品类别	使用范围	生产厂家	有效期限	备注
(2012)外饲准字420号	鱼骨粉 Fish Bone Meal	鱼骨粉 Fish Bone Meal	蛋白质饲料 Protein Feed	家禽,猪和水产 Poultry, Swine and Aquaculture	美国 Westward Seafoods Inc.公司 Westward Seafoods Inc., USA	2012.11至2017.11	
(2012)外饲准字421号	红鱼粉 Red Fishmeal	红鱼粉（三级）Red Fishmeal（III）	蛋白质饲料 Protein Feed	家禽,猪和水产 Poultry, Swine and Aquaculture	毛里塔尼亚 ALFA Services Limited 公司 ALFA Services Limited, Mauritania	2012.11至2017.11	
(2012)外饲准字422号	红鱼粉 Red Fishmeal	智利红鱼粉（一级）Chilean Red Fishmeal（I）	蛋白质饲料 Protein Feed	家禽,猪和水产 Poultry, Swine and Aquaculture	智利 Orizon S.A.公司 Orizon S.A., Chile	2012.11至2017.11	
(2012)外饲准字423号	白鱼粉 White Fishmeal	白鱼粉（一级）White Fishmeal（I）	蛋白质饲料 Protein Feed	家禽,猪和水产 Poultry, Swine and Aquaculture	列宁集体渔庄(工船加工 Seroglazka CH-036) Lenin Kolkhoz Fishing Company（Produced on Board Seroglazka CH-036）	2012.11至2017.11	
(2012)外饲准字424号	白鱼粉 White Fishmeal	白鱼粉（一级）White Fishmeal（I）	蛋白质饲料 Protein Feed	家禽,猪和水产 Poultry, Swine and Aquaculture	列宁集体渔庄(工船加工 Sergey Novosyolov CH-038) Lenin Kolkhoz Fishing Company（Produced on Board Serggey Novosyolov CH-038）	2012.11至2017.11	

续附表2-4

登记证号	通用名称	商品名称	产品类别	使用范围	生产厂家	有效期限	备注
(2012)外饲准字425号	白鱼粉 White Fishmeal	白鱼粉（一级）White Fishmeal（Ⅰ）	蛋白质饲料 Protein Feed	家禽、猪和水产 Poultry, Swine and Aquaculture	列宁集体渔庄（工船加工 Mikhail Staritsyn CH-037）Lenin Kolkhoz Fishing Company （ Produced on Board Mikhail Staritsyn CH-037）	2012.11至 2017.11	
(2012)外饲准字426号	白鱼粉 White Fishmeal	白鱼粉（一级）White Fishmeal（Ⅰ）	蛋白质饲料 Protein Feed	家禽、猪和水产 Poultry, Swine and Aquaculture	列宁集体渔庄（工船加工 UMS Victor Gavrilov CH-106 ）Lenin Kolkhoz Fishing Company (Produced on Board UMS Victor Gavrilov CH-106)	2012.11至 2017.11	
(2012)外饲准字427号	白鱼粉 White Fishmeal	白鱼粉（三级）White Fishmeal（Ⅲ）	蛋白质饲料 Protein Feed	家禽、猪和水产 Poultry, Swine and Aquaculture	塔里斯斯集团有限公司 PH384 渔船 Talley's Group Limited, Product on Vessel, No.PH384	2012.11至 2017.11	
(2012)外饲准字428号	白鱼粉 White Fishmeal	白鱼粉（三级）White Fishmeal（Ⅲ）	蛋白质饲料 Protein Feed	家禽、猪和水产 Poultry, Swine and Aquaculture	塔里斯斯集团有限公司 PH622 渔船 Talley's Group Limited, Product on Vessel, No.PH622	2012.11至 2017.11	

附 录

续附表2-4

登记证号	通用名称	商品名称	产品类别	使用范围	生产厂家	有效期限	备注
(2012)外饲准字429号	白鱼粉 White Fishmeal	白鱼粉（三级）White Fishmeal（III）	蛋白质饲料 Protein Feed	家禽,猪和水产 Poultry, Swine and Aquaculture	塔里斯集团有限公司 PH475 渔船 Talley's Group Limited, Product on Vessel, No. PH475	2012. 11 至 2017. 11	
(2012)外饲准字430号	狗干粮 Dog Dry Food	优卡小型犬成犬犬粮 Eukanuba Adult Small Breed	配合饲料 Compound Feed	犬 Dog	宝洁阿根廷有限公司 Procter Gamble Argentina S.R.L., Argentina	2012. 11 至 2017. 11	
(2012)外饲准字431号	狗干粮 Dog Dry Food	优卡迷你雪纳瑞犬专用犬粮 Eukanuba Miniature Schnauzer	配合饲料 Compound Feed	犬 Dog	宝洁阿根廷有限公司 Procter Gamble Argentina S.R.L., Argentina	2012. 11 至 2017. 11	
(2012)外饲准字432号	狗干粮 Dog Dry Food	优卡小型犬体重控制犬粮 Eukanuba Weight Control Small Breed	配合饲料 Compound Feed	犬 Dog	宝洁阿根廷有限公司 Procter Gamble Argentina S.R.L., Argentina	2012. 11 至 2017. 11	
(2012)外饲准字433号	狗干粮 Dog Dry Food	优卡中型犬体重控制犬粮 Eukanuba Weight Control Medium Breed	配合饲料 Compound Feed	犬 Dog	宝洁阿根廷有限公司 Procter Gamble Argentina S.R.L., Argentina	2012. 11 至 2017. 11	
(2012)外饲准字434号	狗干粮 Dog Dry Food	幼犬用软性饲料 Dr. Soft Food（Puppy）	配合饲料 Compound Feed	犬 Dog	韩国巴乌哇鸣公司 BOWWOW, Korea	2012. 11 至 2017. 11	

续附表2-4

登记证号	通用名称	商品名称	产品类别	使用范围	生产厂家	有效期限	备注
(2012)外饲准字435号	丙酸、甲酸、乙酸和丙酸铵 Propionic Acid, Formic Acid, Acetic Acid and Ammonium Propionate	菲乐斯（液体）FY-LAX®-Liquid	饲料防霉剂 Feed Mould Inhibitor	养殖动物 All species or categories of animals	荷兰赛尔可公司 Selko B.V., the Netherlands	2012.11至2017.11	续展
(2012)外饲准字436号	丙酸、甲酸、乙酸和甲酸铵 Propionic Acid, Formic Acid, Acetic Acid and Ammonium Formate	肥酸宝 Selacid®-Dry	饲料酸化剂 Feed Acidifier	养殖动物 All species or categories of animals	荷兰赛尔可公司 Selko B.V., the Netherlands	2012.11至2017.11	续展
(2012)外饲准字437号	维生素 D_3 VD_3	罗维素®D3 500 Rovimix® D3 500	饲料级维生素 Vitamin Feed Grade	养殖动物 All species or categories of animals	帝斯曼誉营养产品法国有限公司 DSM Nutritional Products France SAS, France	2012.11至2017.11	续展
(2012)外饲准字438号	维生素A乙酸酯 Vitamin A Acetate	露他维 A500S Lutavit A500S	饲料级维生素 Vitamin Feed Grade	养殖动物 All species or categories of animals	巴斯夫欧洲公司 BASF SE, Germany	2012.11至2017.11	续展
(2012)外饲准字439号	维生素E乙酸酯 Vitamin A Acetate	露他维 E50S Lutavit E50S	饲料级维生素 Vitamin Feed Grade	养殖动物 All species or categories of animals	巴斯夫欧洲公司 BASF SE, Germany	2012.11至2017.11	续展
(2012)外饲准字440号	98.5% L-赖氨酸盐酸盐 L-Lysine Monohydrochloride 98.5%	饲料级98.5%L-赖氨酸盐酸盐 L-Lysine Monohydrochloride 98.5% Feed Grade	饲料级氨基酸 Amino Acid Feed Grade	养殖动物 All species or categories of animals	味之素（泰国）有限公司 Ajinomoto Co., (Thailand)Ltd.	2012.11至2017.11	续展

续附表2-4

登记证号	通用名称	商品名称	产品类别	使用范围	生产厂家	有效期限	备注
(2012)外饲准字441号	维生素E Vitamin E	维生素E®混合型50Microvit® E Promix	饲料级维生素 Vitamin Feed Grade	养殖动物 All species or categories of animals	安迪苏法国公司 Rue Marcel Lingot, France	2012.11至2017.11	续展
(2012)外饲准字442号	蛋氨酸羟基类似物 Methionine Hydroxy Analogue	粉状美斯特®蛋氨酸羟基类似物MetaSmart®	饲料级氨基酸 Amino Acid Feed Grade	奶牛 Cow	安迪苏法国公司 Rue Marcel Lingot, France	2012.11至2017.11	续展
(2012)外饲准字443号	灭活酿酒酵母 Inactivated Saccharomyces cerevisiae	莱克素 Biolex® MB40	饲料添加剂 Feed Additive	养殖动物 All species or categories of animals	德国莱博有限公司 Leiber GmbH, Germany	2012.11至2017.11	续展
(2012)外饲准字444号	水合硅铝酸钠钙 Hydrated Sodium-Calcium Aluminosilicate	克毒宝 Fintox	饲料添加剂 Feed Additive	养殖动物 All species or categories of animals	西班牙 Lipidos Toledo有限公司 Lipidos Toledo S.A.C., Spain	2012.11至2017.11	续展
(2012)外饲准字445号	多种维生素、氨基酸、大豆蛋白 Multi Vitamin, Amino Acid, Soybean Protein	爱胺补 Arcavit A-mino	添加剂预混合饲料 Feed Additive Premix	畜禽 Livestock and Poultry	意大利阿卡公司 Prodotti Arca S.R.L., Italia	2012.11至2017.11	续展
(2012)外饲准字446号	多种维生素、矿物元素 Multi Vitamin, Amino Acid, Minerals	爱固壮 Arcavit WP	添加剂预混合饲料 Feed Additive Premix	家禽和猪 Swine and Poultry	意大利阿卡公司 Prodotti Arca S.R.L., Italia	2012.11至2017.11	续展
(2012)外饲准字447号	多种维生素、氨基酸、矿物元素 Multi Vitamin, Amino Acid, Minerals	爱金维 Arcavit Forte	添加剂预混合饲料 Feed Additive Premix	家禽和猪 Swine and Poultry	意大利阿卡公司 Prodotti Arca S.R.L., Italia	2012.11至2017.11	续展

续附表2-4

登记证号	通用名称	商品名称	产品类别	使用范围	生产厂家	有效期限	备注
(2012)外饲准字448号	白鱼粉 White Fishmeal	Ramoen 牌白鱼粉（一级）Ramoen Brand White Fishmeal（Ⅰ）	蛋白质饲料 Protein Feed	家禽,猪和水产 Poultry, Swine and Aquaculture	挪威沃达海产品公司（工船加工 F/T Ramoen）Vartdal Seafood AS, Produced In Factory Trawler F/T Ramoen Norway	2012.11 至 2017.11	续展
(2012)外饲准字449号	鱼油 Fish Oil	鱼油（饲料级）Fish Oil (Feed Grade)	能量饲料 Energy Feed	家禽,猪和水产 Poultry, Swine and Aquaculture	厄瓜多尔 Fortidex S. A.公司 Data de Posorja 工厂 Fortidex S. A., Data de Posorja Plant	2012.11 至 2017.11	续展
(2012)外饲准字450号	白鱼粉 White Fishmeal	ICICLE® 白鱼粉（特级）ICICLE Brand White Fishmeal	蛋白质饲料 Protein Feed	家禽,猪和水产 Poultry, Swine and Aquaculture	美国 ICICLE 海鲜公司（工船加工 M/V Northern Victor,工船编号 4078）ICICLE Seafoods, Inc., Product on Vessel M/V Northern Victor, No. 4078	2012.11 至 2017.11	续展
(2012)外饲准字451号	乳清粉 Whey Permeate Powder	饲料级乳清粉 Feed Grade Whey Permeate Powder	能量饲料 Energy Feed	家畜、仔猪和犊牛 Livestock,Piglet and Cattle	美国国际生物营养有限公司 Bio-Nutritiong International, Inc., USA	2012.11 至 2017.11	
(2012)外饲准字452号	乳清粉 Whey Permeate Powder	加士能低蛋白乳清粉 Milk Permeate Powder	能量饲料 Energy Feed	猪 Pig	美国绿草地乳制品公司 Grassland Dairy Products Inc., USA	2012.11 至 2017.11	

附　录

续附表2-4

登记证号	通用名称	商品名称	产品类别	使用范围	生产厂家	有效期限	备注
(2012)外饲准字453号	美国栗树叶提取物 Chestnut Leaves Extract	福美酚 Farmatan LE	饲料香味剂 Feed Flavoring Enhancement	养殖动物 All species or categories of animals	斯洛文尼亚天菱有限公司 Tanin Sevnica D. D., Slovenija	2012.11至2017.11	
(2012)外饲准字454号	蛋白酶(源自米曲霉) Protease(by Aspergillusniger oryzae)	六畜安®(粉末) Toxi-end® (Powder)	饲料酶制剂 Feed Enzymes	畜禽 Livestock and Poultry	台湾生百兴业有限公司 Life Rainbow Biotech Co., Ltd	2012.11至2017.11	

附录三　微量元素饲料添加剂原料质量标准

附表 3-1　微量元素饲料添加剂原料质量标准

化合物名称	w/%	元素名称	w/%	性状	重金属/(mg/kg) 铅	重金属/(mg/kg) 砷	w(水不溶物或水分)/%	w(氯化物等)/(mg/kg)	细度
硫酸铜($CuSO_4 \cdot 5H_2O$)	≥98.5	Cu	≥25.0	淡蓝色结晶性粉末	≤10	≤5	≤0.2		通过 $\phi=800$ μm 试验筛≥95%
硫酸镁($MgSO_4 \cdot 7H_2O$)	≥99.0	Mg	≥9.7	无色结晶或白色粉末	≤10	≤2		$w(Cl)$≤140	通过 $\phi=400$ μm 试验筛≥95%
硫酸锌($ZnSO_4 \cdot 7H_2O$)	≥98.0	Zn	≥35.0	白色结晶性粉末	≤20	≤5	≤0.05		通过 $\phi=250$ μm 试验筛≥95%
硫酸锌($ZnSO_4 \cdot H_2O$)	≥99.0	Zn	≥22.5	白色粉末	≤10	≤5	≤0.05		通过 $\phi=800$ μm 试验筛≥95%
硫酸亚铁($FeSO_4 \cdot 7H_2O$)	≥98.0	Fe	≥19.68	浅绿色结晶	≤20	≤2	≤0.2		通过 $\phi=2.8$ mm 试验筛≥95%
硫酸锰($MnSO_4 \cdot H_2O$)	≥98.0	Mn	≥31.8	白色或略带粉红色结晶	≤15	≤5	≤0.05		通过 $\phi=250$ μm 试验筛≥95%
亚硒酸钠(Na_2SeO_3)	≥98.0	Se	≥44.7	无色结晶粉末			水分≤0.2		

饲料添加剂

续附表3-1

化合物		元 素		性 状	重金属/(mg/kg)		w(水不溶物或水分)/%	w(氯化物等)/(mg/kg)	细 度
名称	w/%	元素名称	w/%		铅	砷			
氯化钴(CoCl₂·6H₂O)	≥98.0	Co	≥24.3	红色或红紫色结晶	≤10	≤5	≤0.03		通过 $\phi=800$ μm 试验筛≥95%
碘化钾(KI)	≥99.0	I	≥75.7	白色结晶	≤10	≤2	水分≤1.0	w(Ba)≤10	通过 $\phi=800$ μm 试验筛≥95%
轻质碳酸钙(CaCO₃)	≥98.3	Ca	≥39.2	白色粉末	≤30	≤2	水分≤1.0	w(Ba)≤50	
磷酸氢钙(CaHPO₄·2H₂O)		Ca	≥21.0	白色粉末	≤20	≤30		w(F)≤1 800	通过 $\phi=400$ μm 试验筛≥95%
		P	≥16.0						

350

附录四 维生素饲料添加剂标准

附表 4-1 维生素饲料添加剂标准

名称	含量	外观和性状	w(重金属 Pb)/%	w(水分)/%	折光率,比旋光度及其他	w(炽灼残渣)/%	分子式
维生素 A 乙酸酯明胶微粒	以 $C_{22}H_{32}O_2$ 计,标示量(30 万,40 万,50 万IU/g)的 90%~120%	灰黄色至淡褐色颗粒,易吸湿,遇热、酸性气体、见光或吸湿后分解		≤5.0			$C_{22}H_{32}O_2$
维生素 D_3 明胶和淀粉喷雾法微粒	标示量(50 万,40 万,30 万IU/g)的 85.0%~120.0%	米黄色或黄棕色微粒,遇热、见光或吸潮后易分解,降解		≤5.0			
维生素 AD_3 明胶和淀粉喷雾法微粒	标示量的 85.0%~102.0%	黄色或棕色微粒,遇热、见光或吸潮后分解,降解		≤5.0			
维生素 E (原料)	以 $C_{31}H_{52}O_3$ 计≥96%	微绿黄色或黄色黏稠液体,遇光、色渐变深	<0.002	游离生育酚(耗 0.01 mol/L 硫酸铈液≤1 mL)	n_{D}^{20} 1.494~1.499		$C_{31}H_{52}O_3$
抗生素 E 吸附性粉剂	以 $C_{31}H_{52}O_3$ 计,标示量的 90.0%~110.0%	类白色或淡黄色粉末,易吸湿		≤5.0			$C_{31}H_{52}O_3$
维生素 K_3 (亚硫酸氢钠甲萘醌)	以 $C_{11}H_8O_2 \cdot NaHSO_3 \cdot 3H_2O$ 计;60.0%~75.0%;$NaHSO_3$ 28.0%~42.0%	白色或灰黄褐色结晶性粉末,无臭或微有特殊臭味,有吸湿性,遇光易分解	≤0.002	7.0~13.0			$C_{11}H_8O_2 \cdot NaHSO_3 \cdot 3H_2O$

附录

续附表4-1

名称	含量	外观和性状	w(重金属Pb)/%	w(水分)/%	折光率、比旋光度及其他	w(炽灼残渣)/%	分子式
维生素 B₁ (盐酸硫胺)	以 $C_{12}H_{17}ClN_4OS \cdot HCl$ 计 98.5%~101.0%	白色结晶或结晶性粉末，有微弱的特殊臭味，味苦；干燥品在空气中迅速吸收约4%水分		≤5.0	硫酸盐，以 SO_4 计，≤0.03%	≤0.1	$C_{12}H_{17}ClN_4OS \cdot HCl$
维生素 B₁ (硝酸硫胺)	$C_{12}H_{17}N_5O_4S$ 计 98.0%~101.0%	白色或微黄色结晶性粉末，有微弱的特殊臭味		≤1.0		≤0.2	$C_{12}H_{17}N_5O_4S$
维生素 B₂ (核黄素)	以 $C_{17}H_{20}N_4O_6$ 干燥品计 96.0%~102.0%	黄色至橙黄色结晶性粉末，微臭，味微苦，溶液易变质，碱性溶液中遇光变变质更快		≤1.5	比旋光度 $[\alpha]_D^{20}$ -120°~ -140°	≤0.3	$C_{17}H_{20}N_4O_6$
维生素 B₆	以 $C_8H_{11}NO_3 \cdot HCl$ 干燥品计 98.0%~101.0%	白色至微黄色的结晶性粉末，无臭，味酸苦，遇光渐变质	≤0.003	≤0.5	比旋光度 $[\alpha]_D^{20}$ +24°~ +28.5°	≤0.1	$C_8H_{11}NO_3 \cdot HCl$
D-泛酸钙	含 Ca:8.2%~8.6% N:5.7%~6.0%	类白色粉末，无臭，味微苦，有吸湿性	≤0.002	≤5.0			$C_{18}H_{32}CaN_2O_{10}$
烟酸	以 $C_6H_5NO_2$ 干燥品计 99%~101.0%	白色至微黄色结晶性粉末，无臭或微臭，味微酸	≤0.002	≤0.5	硫酸盐，以 SO_4 计，≤0.02%	≤0.1	$C_6H_5NO_2$
烟酰胺	以 $C_6H_6N_2O$ 干燥品计 98.5%~101.0%	白色至微黄色结晶性粉末，无臭或几乎无臭，味苦	≤0.002	≤0.5		≤0.1	$C_6H_6N_2O$

名称	含量	外观和性状	w(重金属Pb)/%	w(水分)/%	折光率、比旋光度及其他	w(炽灼残渣)/%	分子式
叶酸	以 $C_{19}H_{19}N_7O_6$ 计 95.0%~102.0%	黄色或橙黄色结晶性粉末，无臭，无味		≤8.5		≤0.5	$C_{19}H_{19}N_7O_6$
维生素 B_{12} 粉剂	$C_{63}H_{88}CoN_{14}O_{14}P$ 计，标示量 (1%、5%、10%) 的 90%~130%	浅红至橙色细微粉末，具有吸湿性		以玉米淀粉稀释者≤12.0，碳酸钙稀释者≤5.0			$C_{63}H_{88}CoN_{14}O_{14}P$
氯化胆碱水溶液	≥70.0%	无色透明的黏性液体，稍具有特异臭味，吸收二氧化碳，放出胺臭味	≤0.002		乙二醇，≤0.50%	≤0.2	$C_5H_{14}NClO$
氯化胆碱粉剂	≥50%	白色或黄褐色干燥的流动性粉末或颗粒，具有吸湿性，有特异臭味		≤4.0			
抗坏血酸	以 $C_6H_8O_6$ 计 ≥99.0%~101.0%	白色或类白色结晶性粉末，无臭，味酸，久置渐变微黄色	≤0.002		比旋光度 $[\alpha]_D^{20}$ +20.5°~+21.5°	≤0.1	$C_6H_8O_6$

附表 5-1　饲料与饲料添加剂卫生指标

序号	卫生指标项目	产品名称	指　标	试验方法	备　注
1	砷（以总砷计）的允许量（每千克产品中）/mg	石粉	≤2.0	GB/T 13079	不包括国家主管部门批准使用的有机砷制剂中的砷含量
		硫酸亚铁、硫酸镁			
		磷酸盐	≤20.0		
		沸石粉、膨润土、麦饭石	≤10.0		
		硫酸铜、硫酸锰、硫酸锌、碘化钾、碘酸钙、氯化钴	≤5.0		
		氧化锌	≤10.0		
		鱼粉、肉粉、肉骨粉	≤10.0		
		家禽、猪配合饲料	≤2.0		
		牛、羊精料补充料	≤10.0		
		猪、家禽浓缩饲料			以在配合饲料中20%的添加量计
		猪、家禽添加剂预混合饲料			以在配合饲料中1%的添加量计
2	铅（以 Pb 计）的允许量（每千克产品中）/mg	生长鸭、产蛋鸭、肉鸭配合饲料，鸡配合饲料，猪配合饲料	≤5	GB/T 13080	
		奶牛、肉牛精料补充料	≤8		
		产蛋鸡、肉用仔鸡浓缩饲料，仔猪、生长肥育猪浓缩饲料	≤13		以在配合饲料中20%的添加量计
		骨粉、肉骨粉、鱼粉、石粉	≤10		
		磷酸盐	≤30		
		产蛋鸡、肉用仔鸡复合预混合饲料，仔猪、生长肥育猪复合预混合饲料	≤40		以在配合饲料中1%的添加量计

饲料添加剂

序号	卫生指标项目	产品名称	指标	试验方法	备注
3	氟（以 F 计）的允许量（每千克产品中）/mg	鱼粉	≤500	GB/T 13083	高氯饲料用 HG 2636—1994 中 4.4 条
		石粉	≤2 000		
		磷酸盐	≤1 800	HG 2636	
		肉用仔鸡、生长鸡配合饲料	≤250	GB/T 13083	
		产蛋鸡配合饲料	≤350		
		猪配合饲料	≤100		
		骨粉、肉骨粉	≤1 800		
		生长鸭、肉鸭配合饲料	≤200		
		产蛋鸭配合饲料	≤250		
		牛（奶牛、肉牛）精料补充料	≤50		
		猪、禽添加剂预混合饲料	≤1 000	GB/T 13083	以在配合饲料中1%的添加量计
		猪、禽浓缩饲料	按添加比例折算后，与相应猪、禽配合饲料规定值相同		
4	霉菌的允许量（每千克产品中）霉菌总数×10³ 个	玉米	≤40	GB/T 13092	限量饲用：40～100 禁用：>100
		小麦麸、米糠			限量饲用：40～80 禁用：>80
		豆饼（粕）、棉籽饼（粕）、菜籽饼（粕）	≤50		限量饲用：50～100 禁用：>100
		鱼粉、肉骨粉	≤20		限量饲用：20～50 禁用：>50
		鸭配合饲料	≤35		
		猪、鸡配合饲料 猪、鸡浓缩饲料 奶、肉牛精料补充料	≤45		

附录

序号	卫生指标项目	产品名称	指　标	试验方法	备　注
5	黄曲霉毒素 B_1 允许量（每千克产品中）/μg	玉米花生饼（粕）、棉籽饼（粕）、菜籽饼（粕）	≤50	GB/T 17480 或 GB/T 8381	
		豆粕	≤30		
		仔猪配合饲料及浓缩饲料	≤10		
		生长育肥猪、种猪配合饲料及浓缩饲料	≤20		
		肉用仔鸡前期、雏鸡配合饲料及浓缩饲料	≤10		
		肉用仔鸡后期、生长鸡、产蛋鸡配合饲料及浓缩饲料	≤20		
		肉用仔鸡前期、雏鸭配合饲料及浓缩饲料	≤10		
		肉用仔鸭后期、生长鸭、产蛋鸭配合饲料及浓缩饲料	≤15		
		鹌鹑配合饲料及浓缩饲料	≤20		
		奶牛精料补充料	≤10		
		肉牛精料补充料	≤50		
6	铬（以 Cr 计）的允许量（每千克产品中）/mg	皮革蛋白粉	≤200	GB/T 13088	
		鸡猪配合饲料	≤10		
7	汞（以 Hg 计）的允许量（每千克产品中）/mg	鱼粉	≤0.5	GB/T 13081	
		石粉鸡配合饲料，猪配合饲料	≤0.1		
8	镉（以 Cd 计）的允许量（每千克产品中）/mg	米糠	≤1.0	GB/T 13082	
		鱼粉	≤2.0		
		石粉	≤0.75		
		鸡配合饲料，猪配合饲料	≤0.5		
9	氰化物（以 HCN 计）的允许量（每千克产品中）/mg	木薯干	≤100	GB/T 13084	
		胡麻饼（粕）	≤350		
		鸡配合饲料，猪配合饲料	≤50		
10	亚硝酸盐（以 $NaNO_2$ 计）的允许量（每千克产品中）/mg	鱼粉	≤60	GB/T 13085	
		鸡配合饲料，猪配合饲料	≤15		

饲料添加剂

序号	卫生指标项目	产品名称	指 标	试验方法	备 注
11	游离棉酚的允许量(每千克产品中)/mg	棉籽饼(粕)	≤1 200	GB/T 13086	
		肉用仔鸡、生长鸡配合饲料	≤100		
		产蛋鸡配合饲料	≤20		
		生长育肥猪配合饲料	≤60		
12	异硫氰酸酯(以丙烯基异硫氰酸酯计)的允许量(每千克产品中)/mg	菜籽饼(粕)	≤4 000	GB/T 13087	
		鸡配合饲料生长育肥猪配合饲料	≤500		
13	噁唑烷硫酮的允许量(每千克产品中)/mg	肉用仔鸡、生长鸡配合饲料	≤1 000	GB/T 13089	
		产蛋鸡配合饲料	≤800		
14	六六六的允许量(每千克产品中)/mg	米糠 小麦麸 大豆饼(粕) 鱼粉	≤0.05	GB/T 13090	
		肉用仔鸡、生长鸡配合饲料 产蛋鸡配合饲料	≤0.3		
		生长育肥猪配合饲料	≤0.4		
15	滴滴涕的允许量(每千克产品中)/mg	米糠 小麦麸 大豆饼(粕) 鱼粉	≤0.02	GB/T 13090	
		鸡配合饲料,猪配合饲料	≤0.2		
16	沙门氏杆菌	饲料	不得检出	GB/T 13091	
17	细菌总数的允许量(每克产品中)细菌总数×10⁶ 个	鱼粉	<2	GB/T 13093	限量饲用:2～5 禁用,>5

注:1. 所列允许量均为以干物质含量为88%的饲料为基础计算。

　2. 浓缩饲料、添加剂预混合饲料添加比例与本标准备注不同时,其卫生指标允许量可进行折算。

附录六 卫生部、农业部公布敌敌畏等非法食品添加物名单

核心提示:卫生部、农业部公布 151 种食品和饲料中非法添加剂名单,包括敌敌畏、罂粟壳、镇定剂等 47 种违法食用添加物,22 种易滥用食品添加剂和 82 种禁止在动物饲料中使用的物质。

据新华社电 记者 23 日从国务院食品安全委员会办公室获悉,为严厉打击食品生产经营中违法添加非食用物质、滥用食品添加剂以及饲料、水产养殖中使用违禁药物,卫生部、农业部等部门根据风险监测和监督检查中发现的问题,不断更新非法使用物质名单,至今已公布 151 种食品和饲料中非法添加名单,包括 47 种可能在食品中"违法添加的非食用物质"、22 种"易滥用食品添加剂"和 82 种"禁止在饲料、动物饮用水和畜禽水产养殖过程中使用的药物和物质"的名单。

根据有关法律法规,任何单位和个人禁止在食品中使用食品添加剂以外的任何化学物质和其他可能危害人体健康的物质,禁止在农产品种植、养殖、加工、收购、运输中使用违禁药物或其他可能危害人体健康的物质。这类非法添加行为性质恶劣,对群众身体健康危害大,涉嫌生产销售有毒有害食品等犯罪,依照法律要受到刑事追究,造成严重后果的,直至判处死刑。

这次公布的 151 种食品和饲料中非法添加名单,是由卫生部、农业部等部门在分次分批公布的基础上汇总再次公布,目的是提醒食品生产经营者和从业人员严格守法按标准生产经营,警示违法犯罪分子不要存侥幸心理;同时,欢迎和鼓励任何单位个人举报其他非法添加的行为。

附表 6-1 食品中可能违法添加的非食用物质名单

序号	名称	可能添加的食品品种	检测方法
1	吊白块	腐竹、粉丝、面粉、竹笋	GB/T 21126—2007 小麦粉与大米粉及其制品中甲醛次硫酸氢钠含量的测定;卫生部《关于印发面粉、油脂中过氧化苯甲酰测定等检验方法的通知》(卫监发〔2001〕159 号)附件 2 食品中甲醛次硫酸氢钠的测定方法
2	苏丹红	辣椒粉、含辣椒类的食品(辣椒酱、辣味调味品)	GB/T 19681—2005 食品中苏丹红染料的检测方法,高效液相色谱法
3	王金黄、块黄	腐皮	
4	蛋白精、三聚氰胺	乳及乳制品	GB/T 22388—2008 原料乳与乳制品中三聚氰胺检测方法 GB/T 22400—2008 原料乳中三聚氰胺快速检测液相色谱法

序号	名称	可能添加的食品品种	检测方法
5	硼酸与硼砂	腐竹、肉丸、凉粉、凉皮、面条、饺子皮	无
6	硫氰酸钠	乳及乳制品	无
7	玫瑰红B	调味品	无
8	美术绿	茶叶	无
9	碱性嫩黄	豆制品	
10	工业用甲醛	海参、鱿鱼等干水产品、血豆腐	SC/T 3025—2006　水产品中甲醛的测定
11	工业用火碱	海参、鱿鱼等干水产品、生鲜乳	无
12	一氧化碳	金枪鱼、三文鱼	无
13	硫化钠	味精	无
14	工业硫黄	白砂糖、辣椒、蜜饯、银耳、龙眼、胡萝卜、姜等	无
15	工业染料	小米、玉米粉、熟肉制品等	无
16	罂粟壳	火锅底料及小吃类	参照上海市食品药品检验所自建方法
17	革皮水解物	乳与乳制品含乳饮料	乳与乳制品中动物水解蛋白鉴定——L（－）-羟脯氨酸含量测定（检测方法由中国检验检疫科学院食品安全所提供。该方法仅适用于生鲜乳、纯牛奶、奶粉。联系方式：Wkzhong@21cn.com）
18	溴酸钾	小麦粉	GB/T 20188—2006　小麦粉中溴酸盐的测定　离子色谱法
19	β-内酰胺酶（金玉兰酶制剂）	乳与乳制品	液相色谱法（检测方法由中国检验检疫科学院食品安全所提供。联系方式：Wkzhong@21cn.com）
20	富马酸二甲酯	糕点	气相色谱法（检测方法由中国疾病预防控制中心营养与食品安全所提供）
21	废弃食用油脂	食用油脂	无
22	工业用矿物油	陈化大米	无
23	工业明胶	冰淇淋、肉皮冻等	无
24	工业酒精	勾兑假酒	无
25	敌敌畏	火腿、鱼干、咸鱼等制品	GB/T 5009.20—2003食品中有机磷农药残留的测定

附录

序号	名称	可能添加的食品品种	检测方法
26	毛发水	酱油等	无
27	工业用乙酸	勾兑食醋	GB/T 5009.41—2003 食醋卫生标准的分析方法
28	肾上腺素受体激动剂类药物（盐酸克伦特罗、莱克多巴胺等）	猪肉、牛羊肉及肝脏等	GB/T 22286—2008 动物源性食品中多种 β-受体激动剂残留量的测定,液相色谱串联质谱法
29	硝基呋喃类药物	猪肉、禽肉、动物性水产品	GB/T 21311—2007 动物源性食品中硝基呋喃类药物代谢物残留量检测方法,高效液相色谱—串联质谱法
30	玉米赤霉醇	牛羊肉及肝脏、牛奶	GB/T 21982—2008 动物源食品中玉米赤霉醇、β-玉米赤霉醇、α-玉米赤霉烯醇、β-玉米赤霉烯醇、玉米赤霉酮和赤霉烯酮残留量检测方法,液相色谱—质谱/质谱法
31	抗生素残渣	猪肉	无,需要研制动物性食品中测定万古霉素的液相色谱—串联质谱法
32	镇静剂	猪肉	参考 GB/T 20763—2006 猪肾脏和肌肉组织中乙酰丙嗪、氯丙嗪、氟哌啶醇、丙酰二甲氨基丙嗪、甲苯噻嗪、阿扎哌垄阿扎哌醇、咔唑心安残留量的测定,液相色谱—串联质谱法无,需要研制动物性食品中测定安定的液相色谱—串联质谱法
33	荧光增白物质	双孢磨菇、金针菇、白灵菇、面粉	磨菇样品可通过照射进行定性检测面粉样品无检测方法
34	工业氯化镁	木耳	无
35	磷化铝	木耳	无
36	馅料原料漂白剂	焙烤食品	无,需要研制馅料原料中二氧化硫脲的测定方法
37	酸性橙Ⅱ	黄鱼、鲍汁、腌卤肉制品、红壳瓜子、辣椒面和豆瓣酱	无,需要研制食品中酸性橙Ⅱ的测定方法。参照江苏省疾控创建的鲍汁中酸性橙Ⅱ的高效液相色谱—串联质谱法（说明:水洗方法可作为补充,如果脱色,可怀疑是违法添加了色素）
38	氯霉素	生食水产品、肉制品、猪肠衣、蜂蜜	GB/T 22338—2008 动物源性食品中氯霉素类药物残留量测定
39	喹诺酮类	麻辣烫类食品	无,需要研制麻辣烫类食品中喹诺酮类抗生素的测定方法
40	水玻璃	面制品	无

饲料添加剂

序号	名称	可能添加的食品品种	检测方法
41	孔雀石绿	鱼类	GB/T 20361—2006 水产品中孔雀石绿和结晶紫残留量的测定,高效液相色谱荧光检测法(建议研制水产品中孔雀石绿和结晶紫残留量测定的液相色谱—串联质谱法)
42	乌洛托品	腐竹、米线等	无,需要研制食品中六亚甲基四胺的测定方法
43	五氯酚钠	河蟹	SC/T 3030—2006 水产品中五氯苯酚及其钠盐残留量的测定 气相色谱法
44	喹乙醇	水产养殖饲料	水产品中喹乙醇代谢物残留量的测定 高效液相色谱法(农业部 1077 号公告－5-2008);水产品中喹乙醇残留量的测定 液相色谱法(SC/T 3019—2004)
45	碱性黄	大黄鱼	无
46	磺胺二甲嘧啶	叉烧肉类	GB/T 20759—2006 畜禽肉中 16 种磺胺类药物残留量的测定 液相色谱—串联质谱法
47	敌百虫	腌制食品	GB/T 5009.20—2003 食品中有机磷农药残留量的测定

附表 6-2　食品中可能滥用的食品添加剂品种名单

序号	食品品种	可能易滥用的添加剂品种	检测方法
1	渍菜(泡菜等)、葡萄酒	着色剂(胭脂红、柠檬黄、诱惑红、日落黄)等	GB/T 5009.35—2003 食品中合成着色剂的测定 GB/T 5009.141—2003 食品中诱惑红的测定
2	水果冻、蛋白冻类	着色剂、防腐剂、酸度调节剂(己二酸等)	
3	腌菜	着色剂 、防腐剂、甜味剂(糖精钠、甜蜜素等)	
4	面点、月饼	乳化剂(蔗糖脂肪酸酯等、乙酰化单甘脂肪酸酯等)、防腐剂、着色剂、甜味剂	
5	面条、饺子皮	面粉处理剂	
6	糕点	膨松剂(硫酸铝钾、硫酸铝铵等)、水分保持剂磷酸盐类(磷酸钙、焦磷酸二氢二钠等)、增稠剂(黄原胶、黄蜀葵胶等)、甜味剂(糖精钠、甜蜜素等)	GB/T 5009.182—2003 面制食品中铝的测定
7	馒头	漂白剂(硫黄)	
8	油条	膨松剂(硫酸铝钾、硫酸铝铵)	

序号	食品品种	可能易滥用的添加剂品种	检测方法
9	肉制品和卤制熟食、腌肉料和嫩肉粉类产品	护色剂(硝酸盐、亚硝酸盐)	GB/T 5009.33—2003 食品中亚硝酸盐、硝酸盐的测定
10	小麦粉	二氧化钛、硫酸铝钾	
11	小麦粉	滑石粉	GB/T 21913—2008 食品中滑石粉的测定
12	臭豆腐	硫酸亚铁	
13	乳制品(除干酪外)	山梨酸	GB/T 21703—2008《乳与乳制品中苯甲酸和山梨酸的测定方法》
14	乳制品(除干酪外)	纳他霉素	参照 GB/T 21915—2008《食品中纳他霉素的测定方法》
15	蔬菜干制品	硫酸铜	无
16	"酒类"(配制酒除外)	甜蜜素	
17	"酒类"	安赛蜜	
18	面制品和膨化食品	硫酸铝钾、硫酸铝铵	
19	鲜瘦肉	胭脂红	GB/T 5009.35—2003 食品中合成着色剂的测定
20	大黄鱼、小黄鱼	柠檬黄	GB/T 5009.35—2003 食品中合成着色剂的测定
21	陈粮、米粉等	焦亚硫酸钠	GB/T 5009.34—2003 食品中亚硫酸盐的测定
22	烤鱼片、冷冻虾、烤虾、鱼干、鱿鱼丝、蟹肉、鱼糜等	亚硫酸钠	GB/T 5009.34—2003 食品中亚硫酸盐的测定

注:滥用食品添加剂的行为包括超量使用或超范围使用食品添加剂的行为。

饲料添加剂

附录七 禁止在饲料和动物饮用水中使用的药物品种目录

（农业部公告第 176 号）

为加强饲料、兽药和人用药品管理，防止在饲料生产、经营、使用和动物饮用水中超范围、超剂量使用兽药和饲料添加剂，杜绝滥用违禁药品的行为，根据《饲料和饲料添加剂管理条例》、《兽药管理条例》、《药品管理法》的规定，农业部、卫生部、国家药品监督管理局联合发布公告，公布了《禁止在饲料和动物饮用水中使用的药物品种目录》，目录收载了 5 类 40 种禁止在饲料和动物饮用水中使用的药物品种。公告要求：

一、凡生产、经营和使用的营养性饲料添加剂和一般饲料添加剂，均应属于《允许使用的饲料添加剂品种目录》（农业部公告第 105 号）中规定的品种及经审批公布的新饲料添加剂，生产饲料添加剂的企业需办理生产许可证和产品批准文号，新饲料添加剂需办理新饲料添加剂证书，经营企业必须按照《饲料和饲料添加剂管理条例》第十六条的规定从事经营活动，不得经营和使用未经批准生产的饲料添加剂。

二、凡生产含有药物饲料添加剂的饲料产品，必须严格执行《饲料药物添加剂使用规范》（农业部公告第 168 号，简称《规范》）的规定，不得添加《规范》附录二中的饲料药物添加剂。凡生产含有《规范》附录一中的饲料药物添加剂的饲料产品，必须执行《饲料标签》标准的规定。

三、凡在饲养过程中使用药物饲料添加剂，需按照《规范》规定执行，不得超范围、超剂量使用药物饲料添加剂。使用药物饲料添加剂必须遵守休药期、配伍禁忌等有关规定。

四、人用药品的生产、销售必须遵守《药品管理法》及相关法规的规定。未办理兽药、饲料添加剂审批手续的人用药品，不得直接用于饲料生产和饲养过程。

五、生产、销售《禁止在饲料和动物饮用水中使用的药物品种目录》所列品种的医药企业或个人，违反《药品管理法》第四十八条规定，向饲料企业和养殖企业（或个人）销售的，由药品监督管理部门按照《药品管理法》第七十四条的规定给予处罚；生产、销售《禁止在饲料和动物饮用水中使用的药物品种目录》所列品种的兽药企业或个人，向饲料企业销售的，由兽药行政管理部门按照《兽药管理条例》第四十条的规定给予处罚；违反《饲料和饲料添加剂管理条例》第十一条、第十七条规定，生产、经营、使用《禁止在饲料和动物饮用水中使用的药物品种目录》所列品种的饲料和饲料添加剂生产企业或个人，由饲料管理部门按照《饲料和饲料添加剂管理条例》第二十六条、第二十七条的规定给予处罚。其他单位和个人生产、经营、使用《禁止在饲料和动物饮用水中使用的药物品种目录》所列品种，用于饲料生产和饲养过程中的，上述有关部门按照谁发现谁查处的原则，依据各自法律法规予以处罚；构成犯罪的，要移送司法机关，依法追究刑事责任。

六、各级饲料、兽药、食品和药品监督管理部门要密切配合，协同行动，加大对饲料生产、经营、使用和动物饮用水中非法使用违禁药物违法行为的打击力度。

农业部、卫生部、国家药品监督管理局
2002 年 2 月 9 日

禁止在饲料和动物饮用水中使用的药物品种目录

（农业部公告第 176 号）

一、肾上腺素受体激动剂

（1）盐酸克伦特罗（Clenbuterol hydrochloride）：中华人民共和国药典（以下简称药典）2000 年二部 P605。β-肾上腺素受体激动药。

（2）沙丁胺醇（Salbutamol）：药典 2000 年二部 P316。β-肾上腺素受体激动药。

（3）硫酸沙丁胺醇（Salbutamol sulfate）：药典 2000 年二部 P870。β-肾上腺素受体激动药。

（4）莱克多巴胺（Ractopamine）：一种 β 兴奋剂，美国食品和药物管理局（FDA）已批准，中国未批准。

（5）盐酸多巴胺（Dopamine Hydrochloride）：药典 2000 年二部 P591。多巴胺受体激动药。

（6）西巴特罗（Cimaterol）：美国氰胺公司开发的产品，一种 β 兴奋剂，FDA 未批准。

（7）硫酸特布他林（Terbutaline Sulfate）：药典 2000 年二部 P890。β-肾上腺受体激动药。

二、性激素

（8）己烯雌酚（Diethylstibestrol）：药典 2000 年二部 P42。雌激素类药。

（9）雌二醇（Estradiol）：药典 2000 年二部 P1005。雌激素类药。

（10）戊酸雌二醇（Estradiol Valerate）：药典 2000 年二部 P124。雌激素类药。

（11）苯甲酸雌二醇（Estradiol Benzoate）：药典 2000 年二部 P369。雌激素类药。中华人民共和国兽药典（以下简称兽药典）2000 年版一部 P109。雌激素类药。用于发情不明显动物的催情及胎衣滞留、死胎的排出。

（12）氯烯雌醚（Chlorotrianisene）药典 2000 年二部 P919。

（13）炔诺醇（Ethinylestradiol）药典 2000 年二部 P422。

（14）炔诺醚（Quinestml）药典 2000 年二部 P424。

（15）醋酸氯地孕酮（Chlormadinone acetate）药典 2000 年二部 P1037。

（16）左炔诺孕酮（Levonorgestrel）药典 2000 年二部 P107。

（17）炔诺酮（Norethisterone）药典 2000 年二部 P420。

（18）绒毛膜促性腺激素（绒促性素）（Chorionic Conadotrophin）：药典 2000 年二部 P534。促性腺激素药。兽药典 2000 年版一部 P146。激素类药。用于性功能障碍、习惯性流产及卵巢囊肿等。

（19）促卵泡生长激素（尿促性素主要含卵泡刺激 FSHT 和黄体生成素 LH）（Menotropins）：药典 2000 年二部 P321。促性腺激素类药。

三、蛋白同化激素

(20)碘化酪蛋白(Iodinated Casein)：蛋白同化激素类，为甲状腺素的前驱物质，具有类似甲状腺素的生理作用。

(21)苯丙酸诺龙及苯丙酸诺龙注射液(Nandrolone phenylpro pionate)药典 2000 年二部 P365。

四、精神药品

(22)(盐酸)氯丙嗪(Chlorpromazine Hydrochloride)：药典 2000 年二部 P676。抗精神病药。兽药典 2000 年版一部 P177。镇静药。用于强化麻醉以及使动物安静等。

(23)盐酸异丙嗪(Promethazine Hydrochloride)：药典 2000 年二部 P602。抗组胺药。兽药典 2000 年版一部 P164。抗组胺药。用于变态反应性疾病，如荨麻疹、血清病等。

(24)安定(地西泮)(Diazepam)：药典 2000 年二部 P214。抗焦虑药、抗惊厥药。兽药典 2000 年版一部 P61。镇静药、抗惊厥药。

(25)苯巴比妥(Phenobarbital)：药典 2000 年二部 P362。镇静催眠药、抗惊厥药。兽药典 2000 年版一部 P103。巴比妥类药。缓解脑炎、破伤风、士的宁中毒所致的惊厥。

(26)苯巴比妥钠(Phenobarbital Sodium)：兽药典 2000 年版一部 P105。巴比妥类药。缓解脑炎、破伤风、士的宁中毒所致的惊厥。

(27)巴比妥(Barbital)：兽药典 2000 年版二部 P27。中枢抑制和增强解热镇痛。

(28)异戊巴比妥(Amobarbital)：药典 2000 年二部 P252。催眠药、抗惊厥药。

(29)异戊巴比妥钠(Amobarbital Sodium)：兽药典 2000 年版一部 P82。巴比妥类药。用于小动物的镇静、抗惊厥和麻醉。

(30)利血平(Reserpine)：药典 2000 年二部 P304。抗高血压药。

(31)艾司唑仑(Estazolam)。

(32)甲丙氨脂(Mcprobamate)。

(33)咪达唑仑(Midazolam)。

(34)硝西泮(Nitrazepam)。

(35)奥沙西泮(Oxazcpam)。

(36)匹莫林(Pemoline)。

(37)三唑仑(Triazolam)。

(38)唑吡旦(Zolpidem)。

(39)其他国家管制的精神药品。

五、各种抗生素滤渣

(40)抗生素滤渣：该类物质是抗生素类产品生产过程中产生的工业三废，因含有微量抗生素成分，在饲料和饲养过程中使用后对动物有一定的促生长作用。但对养殖业的危害很大，一是容易引起耐药性，二是由于未做安全性试验，存在各种安全隐患。

参考文献

[1] 方希修,等.饲料添加剂与分析检测技术[M].北京:中国农业大学出版社,2003.

[2] 张丽英.饲料分析及饲料质量检测技术[M].北京:中国农业大学出版社,2003.

[3] 陈代文.饲料添加剂学[M].北京:中国农业出版社,2003.

[4] 郭艳丽.饲料添加剂预混料配方设计与加工工艺[M].北京:化学工业出版社,2003.

[5] 中国农科院饲料研究所.中国饲料原料采购指南[M].北京:中国农业大学出版社,2007.

[6] 蔡辉益.常用饲料添加剂无公害使用技术[M].北京:中国农业出版社,2003.

[7] 扬振海,蔡辉益.饲料添加剂安全使用规范[M].北京:中国农业出版社,2003.

[8] 王恬,陆治年,张晨.饲料添加剂应用原理及技术[M].南京:江苏科学技术出版社,1994.

[9] 熊家林,张珩.饲料添加剂[M].北京:化学工业出版社,2001.

[10] 中华人民共和国国家标准 GB13078—2001 饲料卫生标准[S].2001.

[11] 方希修,王冬梅,等.大蒜素添加剂的营养生理功能与应用研究[J].中国饲料添加剂,2003(6):10-12.

[12] 方希修,管军军,王冬梅.大豆营养因子在饲料中的应用研究[J].山东饲料,2004(9):7-9.

[13] 付光武,苏锡云.复合预混料生产技术要点[J].中国饲料,2001(3):22-23.

[14] 李军国,秦玉昌,来光明,等.规模化复合预混料加工工艺设计分析[J].饲料工业,200829(17):1-4.

[15] 李军国,牛力斌,董颖超.预混料加工工艺技术分析[J].中国饲料,2004(4):31-32,35.

[16] 黄金昌,林化成,吴广金.中国预混料加工工艺技术的研究进展[J].湖南饲料,2012(6)13-15.

[17] 肖艳,魏品康.提取物制剂的制备与抗肿瘤作用中草药提取物的开发[J].中国中医药信息杂志,2005,12(10):52-54.

[18] 孟冬霞,武果桃,薛俊龙,等.中药现代化种植,加工和质控技术研究进展[J].中兽医医药杂志,2007(5):68-70.

[19] 陈佳佳,廖森泰,孙远明,等.中草药抑菌活性成分研究进展[J].中药材,2011,34(8):1313-1317.

[20] 周洪锐.中草药提取物抗病毒作用的研究进展[J].畜牧兽医科技信息,2012(5):6-7.

[21] 曹授俊,鲍杰,雷莉辉,等.中药添加剂对动物机体免疫功能影响研究进展[J].2012(1):81-82.

[22] 安载学,金海林,刘志全.我国饲料和饲料添加剂的分类及管理现状分析[J].农业与技术,2011(4):1-5.

[23] 王道地.畜牧兽医行政管理[M].北京:中国农业出版社,2004.

[24] 周国忠.饲料添加剂的基本概念及其分类[J].兽药饲料添加剂,1996(4):26-27.

[25] 周明.添加剂预混合饲料生产过程的质量控制技术[J].饲料工业,2002,23(9):1-2.

[26] David Brubaker.畜牧生产与环境可持续发展[J].中国家禽,2001,23(24):35-36.

[27] 胡民强.环保型饲料与生态环境保护[J].现代化农业,2003(9).

[28] 汪莉.采用营养调控措施降低猪场环境污染的研究进展概况[J].四川畜牧兽医学院学

报,2001,15(3).

[29] Baidoo S,K,著.顾宪红译.猪禽营养对环境的影响[J].国外畜牧科技,2001(1):6-9.

[30] Campbell,et al. A combined anacrobie-acrobie process for the co-trement of efferents from piggery and cheese factory[J]. J Agric Engng Res,1998(51):91-100.

[31] 方希修,王冬梅.饲用酸化剂在畜禽生产上的应用及其研究发展[J].中国饲料添加剂,2001(11).

[32] 方希修,王冬梅.现代生物技术在动物营养中的应用研究进展[J].饲料工业,2003(10):43-46.

[33] 陆庆泉,等.动物微生态制剂在畜牧业中的作用[J].饲料博览,2000,3:28-30.

[34] 孙凤俊,等.饲料添加剂与无公害动物性食品[J].农业系统科学与综合研究,2002(2).

[35] 郑黎,等.猪铁营养的研究[J].广东畜牧兽医科技,2002,25(12):4.

[36] 冷静,等.锌添加水平对断奶仔猪不同组织中锌沉积的影响[J].河南农业科学,2003(11).

[37] 方静,等.锌中毒对雏鸭免疫系统结构及其功能影响的研究[J].营养学报,2003,25(3):2.

[38] 唐芳索,等.锌对动物体健康影响的研究进展[J].饲料工业,2003,24(5).

[39] 方希修,王冬梅.氨基酸螯合铁的营养生理功能及其在养猪生产上的应用研究[J].饲料世界,2003(5).

[40] 韩友文.微量元素氨基酸螯合物的生物效价及其应用中的一些问题[J].饲料博览,2001(11):6-9.

[41] 张照熙.赖氨酸螯合铁在母猪日粮中的应用[J].饲料博览,2002(3):42-43.

[42] 呙于明.营养性饲料添加剂研发进展[J].中国家禽,2011,33(9):36-37.

[43] 江素梅.氨基酸螯合物在食品安全及饲料中的应用前景[J].饲料研究,2012(2):30-32.

[44] 旭义.氨基酸类饲料添加剂的合理使用[J].农村新技术,2010(14):44-45.

[45] 沈绍新,许卫华,曹红云,等.不同配比鸡羽毛粉微量元素铜和锰螯合物对断奶仔猪生长性能的影响[J].饲料工业,2009,30(20):42-43.

[46] 任艺兵,马海滨,管同恒,等.复合型氨基酸微量元素螯合物对妊娠母猪的饲喂效果[J].猪业科学,2008,25(4):67-68.

[47] 沈思军,代蓉,谭会泽,等.不同类型有机微量元素对母猪乳中微量元素含量及其生产性能的影响[J].畜牧与兽医,2008,40(1):32-35.

[48] 张纯,邝声耀,唐凌.不同比例有机锌与无机锌对断奶仔猪生长性能的影响[J].中国畜牧兽医,2010,37(1):22-24.

[49] 刘方正,高仲平,马杰,等.中草药饲料添加剂的研究进展[J].畜牧与饲料科学,2010,31(5):65-66.

[50] 金立志.植物提取物添加剂在动物营养中的应用及其机制的研究进展[J].动物营养学报,2010,22(5):1154-1164.

[51] 毛红霞,武书庚,张海军,等.植物提取物在动物生产中的应用进展[J].中国畜牧兽医,2010,37(7):24-27.

[52] 姜秀华.畜产品有害物质残留与饲料安全[J].山东畜牧兽医,2011,32(2):47-48.

[53] 贾涛,周德刚,王有月,等.关于解决饲料安全的几点建议[J].饲料研究,2011(12)：71-74.

[54] 王生雨,张全臣,连京华,等.规模化养殖饲料安全隐患因素与对策[J].家禽科学,2011(2):9-13.

[55] 王国祥,龙泽.浅谈饲料品质与畜产品安全生产[J].绿色科技,2010(7):143-144.

[56] 刘宗凤.浅析当前畜产品的安全隐患与对策[J].中国畜牧兽医文摘,2011,27(6)：11-12.

[57] 李绍章.饲料安全的隐患与控制(一)饲料安全隐患的根源[J].湖北畜牧兽医,2011(9)：8-10.

[58] 江山,刘作华,杨飞云,等.饲料与动物产品安全[J].饲料研究,2010(4):80-82.

[59] 张会子,姚宏弟,孙国涛.危害畜产品质量安全的因素及控制措施[J].畜牧兽医杂志,2012(31):119.

[60] 马力,田婷婷.我国的饲料安全与保障措施[J].西南民族大学学报(自然科学版),2008,34(1):107-111.

[61] 李晓双.饲料污染与畜产品安全辨析[J].中国畜牧业,2012(21):62-63.

[62] 左晓磊.饲料对畜产品安全的影响[J].当代畜禽养殖业,2011(9):5-10.

[63] 姜秀华.畜产品有害物质残留与饲料安全[J].山东畜牧兽医,2011(2):47-48.

[64] 魏梅松,等.饲料添加剂对畜产品安全的影响[J].养殖技术顾问,2008(5):44-45.

[65] 赵小明.寡糖的动物营养研究进展[J].武警工程学院学报,2002,18(2):15-17.

[66] 狄维,等.寡糖及其微生物的生物活性研究进展[J].中国药物化学杂志,2002,48(4)：243-245.

[67] 许金新,陈安国.饲料源活性肽研究进展[J].中国饲料,2003(20):4-7.

[68] 程云辉,文新华.生物活性肽制备的研究进展[J].食品与机械,2001(4):4-6.

[69] 苏秀兰.生物活性肽的研究进展[J].内蒙古医学院学报,2006(5):471-473.

[70] 张少斌,张力,梁玉金,等.生物活性肽制备方法的研究进展[J].黑龙江畜牧兽医,2011(6):39-41.

[71] 杨晓斌,林庆生.微生物饲用添加剂的研究进展[J].氨基酸和生物资源,2003,25(2)：10-13.

[72] 武秀琴.微生物饲用添加剂研究[J].河南科学,2008,26(11):1379-1383.

[73] 郑健斌.复合微生物菌剂的应用与发展前景[J].甘肃农业,2001(3):26-27.

[74] 冯树,周樱桥,张忠泽.微生物混合培养及其应用[J].微生物学通报,2001,28(3):92-95.

[75] 赵献军.微生物饲用添加剂[J].陕西农业科学,2002(2):18-21.

[76] 李旋亮,吴长德,李建涛,等．微生物发酵饲料的研究与应用[J].饲料博览,2010(2)：27-28.

[77] 黄庆生,王加启.微生物饲用添加剂安全性问题的探讨[J].中国农业科技导报,2001(5):62-65.

[78] Tuomola,E M, Ouwehand, A C. Salminen. S J. The effect of probiotic bacteria on the adhesion of pathogens to human intestinal mucus[J].FEMS Immunology and Medica Microbiology,1999,26(2):137-142.

［79］Forestier C，De Champs C，Vatoux C.Probiotic activities of *Lactobacillus casei* rhamnosus：In vitro adherence to intestinal cells and antimicrobial properties［J］.Res Microbiol,2001,152(2):167-173.

［80］Maia，O，B.Duarte R,Silva A,M.,et al.Evaluation of the components of a commercial-probiotic in gnotobiotic mice experimentally challenged with *Salmonella enterica* sub-sp.en-terica ser.Typhimurium［J］.Veterinary Microbiology,2001,79(2):183-189.

［81］Fang H,Elina T,Heikki A,et al.Modulation of humoral immune response through probiotic intake［J］.FEMS Immunology and Medical Microbiology,2000,29(1):47-52.

［82］Gill，H S.Rutherfurd K J.Probiotic supplementation to enhance natural immunity in the elderly：Effects of a newly characterized immunostimulatory strain *Lactobacillus rhamnosus* HN001（DR20（tm））on leucocyte phagocytosis［J］.Nutrition Research,2001,21(1-2):183-189.

［83］Andrew Chesson 等著.任鹏摘译.范维佳校.微生物饲用添加剂［J］.国外畜牧科技,1997,24(2):21-23.

［84］罗永发,蒋小艺,杨得坡,等.几种酵母菌添加剂对奶牛产奶量及乳成分的影响［J］.中国乳品工业,2007,35(10):30-33.

［85］Fritts C A,Kersey J H,Motl M A,et al.*Bacillus subtilis* C-3102（Calsporin）improves live performance and microbiological status of broiler chickens［J］.Journal of Applied Poultry Research,2000,9(2):149-155.

［86］张桂荣,秦广军,王旭,等.肉仔鸡饲喂玉米秸秆粉发酵饲料初探［J］.中国家禽,2003,25(14):17-18.

［87］朱立国.肉鸭微生物发酵饲料的工艺研究及应用［D］.西安:西北大学,2007.

［88］孙守钧,李向林.中国饲草饲料研究进展［M］.北京:中国农业出版社,2006.

参考文献